国防电子信息技术丛书

电子战原理与应用

EW101: A First Course in Electronic Warfare
EW102: A Second Course in Electronic Warfare

[美] David L. Adamy 著

王 燕 朱 松 译
姜道安 孟 建 审

電子工業出版社
Publishing House of Electronics Industry
北京·BEIJING

内 容 简 介

本书由上篇《电子战基础》(EW101)和下篇《电子战进阶》(EW102)两部分组成,其中上篇内容包括:基本的数学公式、天线类型与定义、接收机、电子战处理、辐射源定位、干扰与雷达诱饵等;下篇内容包括:威胁、雷达特性、红外与光电、对通信信号的电子战、辐射源定位精度、通信卫星链路等。书后附录为《电子战基础》和《电子战进阶》的问题与解答。

全书从最基础的数学公式开始,由浅入深,图文并茂,全面讲述了电子战所涉及的各种基础技术,是电子战专业技术人员和高校师生的实用参考资料。

1-58053-169-5　EW101:a first course in electronic warfare　©2001 ARTECH HOUSE, INC.
685 Canton Street, Norwood, MA 02062
1-58053-686-7　EW102:a second course in electronic warfare　©2004 Horizon House Publications, Inc.

All rights reserved. Printed and bound in the United States of America. No part of this book may be reproduced or utilized in any form or by any means, electronic or mechanical, including photocopying, recording, or by any information storage and retrieval system, without permission in writing from the publisher.

All terms mentioned in this book that are known to be trademarks or service marks have been appropriately capitalized. Artech House cannot attest to the accuracy of this information. Use of a term in this book should not be regarded as affecting the validity of any trademark or service mark.

本书中文翻译版专有出版权由 Artech House Inc. 授予电子工业出版社,未经许可,不得以任何方式复制或抄袭本书之部分或全部内容。

版权贸易合同登记号　图字:01-2007-4581
版权贸易合同登记号　图字:01-2007-4582

图书在版编目(CIP)数据

电子战原理与应用/(美)戴维•L.阿达米(David L. Adamy)著;王燕,朱松译. —北京:电子工业出版社,2017.6
(国防电子信息技术丛书)
书名原文:EW101: a first course in electronic warfare & EW 102: A Second Course in Electronic Warfare
ISBN 978-7-121-31474-2

Ⅰ. ①电… Ⅱ. ①戴… ②王… ③朱… Ⅲ. ①电子对抗 Ⅳ. ①E866

中国版本图书馆 CIP 数据核字(2017)第 097009 号

策划编辑:竺南直
责任编辑:竺南直
印　　刷:北京捷迅佳彩印刷有限公司
装　　订:北京捷迅佳彩印刷有限公司
出版发行:电子工业出版社
　　　　　北京市海淀区万寿路 173 信箱　邮编 100036
开　　本:787×1 092　1/16　印张:22.25　字数:588 千字
版　　次:2017 年 6 月第 1 版
印　　次:2025 年 8 月第 22 次印刷
定　　价:58.00 元

凡所购买电子工业出版社图书有缺损问题,请向购买书店调换。若书店售缺,请与本社发行部联系,联系及邮购电话:(010)88254888,88258888。
质量投诉请发邮件至 zlts@phei.com.cn,盗版侵权举报请发邮件至 dbqq@phei.com.cn。
本书咨询联系方式:davidzhu@phei.com.cn。

译 者 序[1]

电子战是指使用电磁能和定向能控制电磁频谱或攻击敌军的任何军事行动，它包含电子战支援、电子攻击和电子防护三大部分。电子战的作战对象包括雷达、通信、光电、引信、导航、敌我识别、计算机、指挥与控制以及武器制导等所有利用电磁频谱的电子设备，其作战目的是从整体上瘫痪敌信息系统和武器控制与制导系统，进而降低或削弱敌方战斗力并确保己方电子装备正常工作，增强己方战斗力。

在现代高技术战争中，电子战已经发展成为一种独立的作战方式，是不对称战争环境中具有信息威慑能力的主战武器和作战力量之一。局部战争的实践表明，电子战是现代战争的序幕与先导，并贯穿于战争的全过程，进而决定战争的进程和结局。随着军事信息技术广泛应用于现代战争的各个领域，电子战作为现代信息化战争的主要作战样式之一，其作用范围将更广、规模更大、强度更高、进程更加激烈。电子战必将成为未来信息战场的核心和支柱，成为掌握信息控制权、赢得战场主动权和获取战争制胜权的关键。

随着科学技术的进步和世界各国对电子战的投入不断增大，电子战技术正以史无前例的速度向前发展，新技术和新装备不断涌现，性能水平持续提高，从而促使电子战的作战领域和作战方式不断变化，电子战装备的能力也在发生着革命性的变化。

David Adamy 是一位国际知名的电子战专家，曾在 2001 年担任过美国"老乌鸦协会"主席，现为该协会董事会成员。他在电子战及其相关领域出版了十多本专著，并在世界范围内讲授电子战相关课程，向军方和电子战公司提供咨询服务。《电子战基础》（EW101）和《电子战进阶》（EW102）是他多年来为"老乌鸦协会"会刊《电子防御杂志》撰写的电子战讲座专栏经重新修订、补充编写而成的电子战技术专著。这两本书已于 2007 年分别引进出版，得到了广大读者的认可与肯定，并有部分院校选为教材。现在我们借重印之机，将这两本书（分为上篇与下篇）合并出版，定名为《电子战原理与应用》，校正了原译文的某些偏差或编排错误，并更正了原书的个别计算错误。另外，为保持相对独立性并便于读者参考原著，未改变原书章节号和所有图、表及公式序号，只是将原《电子战进阶》（EW102）的附录改为全书的附录。

上篇：《电子战基础》（EW101）共包含十一章内容，第 1 章：概述；第 2 章：基本的数学公式，包括 dB、链路方程和球面三角形；第 3 章：天线，包括类型、定义和参数折衷；第 4 章：接收机，包括类型、定义、应用和灵敏度计算；第 5 章：电子战处理，包括信号识别、控制机理和操作员界面；第 6 章：搜索，包括搜索技术、限制和折衷；第 7 章：低截获概率信号，主要针对低截获概率通信信号；第 8 章：辐射源定位，即电子战系统采用的辐射源通用定位技术；第 9 章：干扰，包括概念、定义、限制和方程；第 10 章：雷达诱饵，包括有源、无源以及正确的计算；第 11 章：仿真，即用于概念评估、训练和系统测试的仿真技术。

下篇：《电子战进阶》（EW102）共包含七章内容，第 1 章：简介；第 2 章：威胁，包括

---

[1] 本书符号的正斜与原书保持一致。

定义、频率范围、威胁制导方法、威胁雷达的扫描特征、威胁雷达的调制特性、通信信号威胁；第3章：雷达特性，包括雷达方程、探测距离、雷达调制、连续波和脉冲多普勒雷达、动目标指示雷达、合成孔径雷达、低截获概率雷达；第4章：电子战中的红外和光电问题，包括电磁频谱、红外制导导弹、红外行扫描器、红外成像、夜视设备、激光目标指示、红外对抗；第5章，对通信信号的电子战，包括频率范围、HF传播、VHF/UHF传播、传播介质中的信号、背景噪声、数字通信、扩谱信号、通信干扰、对扩谱信号的干扰、对扩谱发射机的定位；第6章，辐射源定位精度，包括基本辐射源定位方法、角度测量方法、精确辐射源定位技术、辐射源定位精度、辐射源定位误差估计；第7章，通信卫星链路，包括卫星通信特性、术语和定义、噪声温度、链路损耗、链路性能计算、对卫星链路的干扰。

书后附录了《电子战基础》和《电子战进阶》的问题与解答。

全书从最基础的数学公式开始，由浅入深，图文并茂，全面讲述了电子战所涉及的各种基础技术，是电子战专业技术人员和高校师生的实用参考资料。

本书上篇《电子战基础》由信息综合控制国家重点实验室的王燕、朱松翻译，下篇《电子战进阶》由朱松、王燕翻译，全书由姜道安、孟建审校。本书的翻译出版得到了中国电子科技集团公司第二十九研究所毛嘉艺所长的大力支持，在此表示衷心感谢。

由于译者水平有限，译著中肯定会存在不少错误，敬请广大读者批评指正！

译 者

原著前言

　　EW101（电子战基础）是《电子防御杂志》（Journal of Electronic Defense，JED）上一个非常受欢迎的栏目，迄今已持续了多年。在每月一期的《电子防御杂志》中，EW101栏目都以短小的篇幅讲述电子战知识，涉及了电子战的方方面面。在其中一部分内容的基础上，为保证内容的连贯性，补充了一些新素材，出版了《电子战基础》（EW101）。这本书，同其在期刊上的栏目一样，受到读者的好评。自那以后，又写了差不多60期的栏目文章，其中一些是对第一本书的内容进行更深一步的分析，而另一些则涉及全新的领域，于是又推出了第二本书《电子战进阶》（EW 102）。

　　EW101和EW102的目标读者，是针对新入行的电子战从业人员、电子战某一领域的专家，以及电子战外围技术领域的专家。另一大类读者就是技术管理人员，他们必须根据电子战知识来做决策。总之，本书就是针对那些希望了解电子战概况、掌握基础知识并能进行总体层次计算的读者。

　　谨以此书献给我亲爱的电子战同行们，无论是穿军装的还是不穿军装的。电子战是一个广泛的领域，有关内容可以讨论很多年。我期待着将来能看到一系列版本的电子战技术专著。

　　我们的行业是一个陌生而富有挑战的行业，真诚地希望本书能对您的工作有所帮助，节省您的时间，解决您的问题，有时还能帮助您摆脱困境。

David Adamy

---

　　* 根据《电子战基础》（EW101）和《电子战进阶》（EW102）的原著前言整理而成。

作者简介

David Adamy 是一位国际知名的电子战专家,为美国"老乌鸦协会"《电子防御杂志》撰写了多年的 EW101 专栏。他已在军队和电子战工业领域工作了 40 多年,作为系统工程师、项目技术负责人及项目经理,直接参与了从直流到可见光各个领域、多个项目的工作。这些项目所完成的系统应用于从潜艇到太空的各种平台上,满足了多项需求。

Adamy 拥有亚利桑那州立大学的电子工程学士学位和圣克拉拉大学的电子工程硕士学位,在电子战、侦察及其相关领域出版了十多本专著,并在世界范围内讲授电子战相关课程,向军方和电子战公司提供咨询服务。他是"老乌鸦协会"董事会成员,并在 2001 年当选过该协会主席。

目　　录

上篇　电子战基础（EW101）

第 1 章　概论 ... 3
第 2 章　基本数学概念 ... 5
2.1　dB 值与方程 ... 5
2.2　电子战功能中的链路方程 ... 7
2.3　电子战应用中的链路问题 ... 10
2.4　球面三角形的关系 ... 13
2.5　球面三角形的电子战应用 ... 16

第 3 章　天线 ... 20
3.1　天线参数与定义 ... 20
3.2　天线类型 ... 23
3.3　抛物面天线的参数折中 ... 24
3.4　相控阵天线 ... 27

第 4 章　接收机 ... 30
4.1　晶体视频接收机 ... 31
4.2　IFM 接收机 ... 32
4.3　调谐式射频接收机 ... 33
4.4　超外差接收机 ... 33
4.5　固定调谐式接收机 ... 34
4.6　信道化接收机 ... 34
4.7　布拉格小盒接收机 ... 35
4.8　压缩接收机 ... 35
4.9　数字接收机 ... 36
4.10　接收机系统 ... 36
4.11　接收机灵敏度 ... 39
4.12　调频灵敏度 ... 42
4.13　数字灵敏度 ... 43

第 5 章　电子战处理 ... 45
5.1　处理任务 ... 45
5.2　确定参数值 ... 48
5.3　去交错 ... 50
5.4　操作员界面 ... 53
5.5　现代飞机操作员界面 ... 57
5.6　战术 ESM 系统中的操作员界面 ... 60

第 6 章　搜索

6.1　定义和参数限制
6.2　窄带频率搜索策略
6.3　信号环境
6.4　间断观察法

第 7 章　LPI 信号

7.1　低截获概率信号
7.2　跳频信号
7.3　线性调频信号
7.4　直接序列扩谱信号
7.5　一些实际考虑

第 8 章　辐射源定位

8.1　辐射源定位规则
8.2　辐射源定位的几何位置
8.3　辐射源定位精度
8.4　基于幅度的辐射源定位
8.5　干涉仪测向
8.6　干涉仪测向的实现
8.7　多普勒测向原理
8.8　到达时间辐射源定位

第 9 章　干扰

9.1　干扰的分类
9.2　干扰－信号比
9.3　烧穿
9.4　覆盖干扰
9.5　距离欺骗干扰
9.6　逆增益干扰
9.7　AGC 干扰
9.8　速度门拖引
9.9　对单脉冲雷达的欺骗干扰技术

第 10 章　诱饵

10.1　诱饵类型
10.2　RCS 和发射功率
10.3　无源诱饵
10.4　有源诱饵
10.5　饱和诱饵
10.6　诱骗诱饵
10.7　交战场景中的有效 RCS

第 11 章 仿真 149
- 11.1 定义 149
- 11.2 计算机仿真 151
- 11.3 交战场景模型 155
- 11.4 操作员界面仿真 158
- 11.5 操作员界面仿真的实际考虑 161
- 11.6 模拟 164
- 11.7 天线模拟 167
- 11.8 接收机模拟 169
- 11.9 威胁模拟 172
- 11.10 威胁天线方向图模拟 175
- 11.11 多信号模拟 179

下篇 电子战进阶（EW102）

第 1 章 概论 185
- 1.1 电子战概述 185
- 1.2 信息战 186
- 1.3 如何理解电子战 187

第 2 章 威胁 188
- 2.1 定义 188
- 2.2 频率范围 191
- 2.3 威胁制导方法 192
- 2.4 威胁雷达的扫描特征 194
- 2.5 威胁雷达的调制特性 197
- 2.6 通信信号威胁 200

第 3 章 雷达特性 203
- 3.1 雷达方程 203
- 3.2 雷达距离方程 205
- 3.3 探测距离与可探测距离 208
- 3.4 雷达调制 212
- 3.5 脉冲调制 213
- 3.6 连续波和脉冲多普勒雷达 217
- 3.7 动目标指示雷达 220
- 3.8 合成孔径雷达 222
- 3.9 低截获概率雷达 225

第 4 章 电子战中的红外和光电问题 231
- 4.1 电磁频谱 231
- 4.2 红外制导导弹 234

4.3　红外行扫描器 ·· 236
　　4.4　红外成像 ·· 238
　　4.5　夜视设备 ·· 241
　　4.6　激光目标指示 ·· 243
　　4.7　红外对抗 ·· 245

第 5 章　对通信信号的电子战 ··· 249
　　5.1　频率范围 ·· 249
　　5.2　HF 传播 ··· 249
　　5.3　VHF/UHF 传播 ·· 252
　　5.4　传播介质中的信号 ·· 255
　　5.5　背景噪声 ·· 257
　　5.6　数字通信 ·· 258
　　5.7　扩谱信号 ·· 265
　　5.8　通信干扰 ·· 267
　　5.9　对扩谱信号的干扰 ·· 270
　　5.10　对扩谱发射机的定位 ··· 276

第 6 章　辐射源定位精度 ··· 280
　　6.1　基本辐射源定位方法 ·· 280
　　6.2　角度测量方法 ·· 281
　　6.3　精确辐射源定位技术 ·· 285
　　6.4　辐射源定位——报告定位精度 ·· 290
　　6.5　辐射源定位——误差估计 ·· 292
　　6.6　到达角误差转换为定位误差 ·· 295
　　6.7　精确定位系统中的定位误差 ·· 297

第 7 章　通信卫星链路 ··· 303
　　7.1　卫星通信的特性 ·· 303
　　7.2　术语和定义 ·· 304
　　7.3　噪声温度 ·· 305
　　7.4　链路损耗 ·· 309
　　7.5　典型链路中的链路损耗 ·· 312
　　7.6　链路性能计算 ·· 314
　　7.7　相关的通信卫星和电子战公式 ·· 317
　　7.8　对卫星链路的干扰 ·· 318

附录 A　问题与解答 ·· 321

附录 B　参考书目 ·· 343

上 篇

电子战基础（EW101）

第 1 章　概论
第 2 章　基本数学概念
第 3 章　天线
第 4 章　接收机
第 5 章　电子战处理
第 6 章　搜索

第 7 章　LPI 信号
第 8 章　辐射源定位
第 9 章　干扰
第 10 章　诱饵
第 11 章　仿真

上 篇

电子线基础 (EWB)

第1章 概　　论

本书的目的是使读者全面了解电子战（EW）领域的概貌，并试图使其对相关领域的专家有所帮助。该书涵盖了系统级的射频（RF）电子战，更多地讨论了硬件和软件将要完成的功能而不是其工作原理。为避免复杂的数学计算，本书假设读者已经具备代数和三角知识，并坚持避开微积分。

电子战概述

电子战的定义是：为确保己方使用电磁频谱，同时阻止敌方使用电磁频谱所采取的战术与技术。电磁频谱包含从直流（DC）到光波以及更远的频率范围。因此，电子战覆盖了全部射频频谱、红外频谱、光学频谱及紫外频谱等频率范围。

如图1.1所示，传统电子战分为：

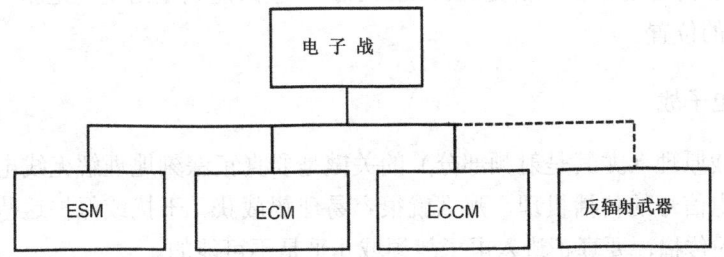

图1.1　传统电子战分为 ESM、ECM 和 ECCM 三部分，反辐射武器没有被作为电子战的一部分

- 电子支援措施（ESM）——电子战的接收部分；
- 电子对抗（ECM）——利用干扰、箔条和曳光弹来扰乱雷达、军事通信和热寻的武器的正常工作；
- 电子反对抗（ECCM）——在雷达或通信系统的设计或工作过程中为阻遏 ECM 的影响所采取的各种措施。

尽管知道反辐射武器（ARW）和定向能武器（DEW）与电子战密切相关，但在当时它们没有被作为电子战的一部分，而是被划归为武器类。

最近几年，许多国家（但不是所有国家）都将电子战重新定义为图1.2所示的几个组成部分。目前北约国家公认的定义为：

- 电子战支援（ES）——即传统的 ESM；
- 电子攻击（EA）——不仅包括传统的 ECM（干扰、箔条和曳光弹），而且包括反辐射武器和定向能武器；
- 电子防护（EP）——即传统的 ECCM。

ESM（即 ES）不同于由通信情报（COMINT）和电子情报（ELINT）构成的信号情报（SIGINT），尽管两者都涉及对敌辐射信号进行侦收。这种差异随着信号复杂度的不断提高正变得越来越模糊，只存在于对辐射信号的侦收目的不同。

- COMINT 侦收敌通信信号，目的是从这些信号所携带的信息中提取情报。
- ELINT 侦收敌非通信信号，目的是获得敌电磁系统的详细情况以便制定对抗措施。因此，ELINT 系统通常要在较长时间内搜集大量数据，才能支持详尽的分析。
- ESM/ES 搜集敌信号（通信信号或非通信信号），目的是立刻对这些信号或与这些信号有关的武器采取某种行动。可以干扰接收的信号或将其信息传送给致命打击能力。接收的信号还可用于态势感知，即识别敌方部队、武器或电子能力的类型与位置。通常，ESM/ES 采集大量的信号数据来支持吞吐率很高的处理。ESM/ES 一般只能确定出现的是哪一类已知辐射源及它们的位置。

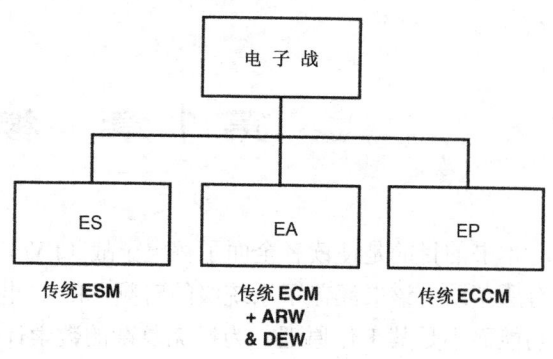

图 1.2　目前，北约的电子战定义将 EW 分为 ES、EA 和 EP 三部分，EA 现在包含反辐射武器和定向能武器

如何理解电子战

理解电子战原理（尤其是射频部分）的关键是要真正深刻地理解无线电的传播理论。如果明白无线电信号的传播机理，那么就很容易理解截获、干扰或保护这些信号的原理。若不了解信号的传播，要真正进入电子战领域几乎是不可能的。

一旦了解了一些简单的公式，如 dB 形式的单向链路方程和雷达距离方程等，那么你就能够自己解决一些电子战问题。掌握了这点，在面临电子战问题时你就能迅速切中要害，并迅速、便捷地解决问题。

上篇具体内容

- 第 2 章：基本的数学公式，包括 dB、链路方程和球面三角形。
- 第 3 章：天线，包括类型、定义和参数折中。
- 第 4 章：接收机，包括类型、定义、应用和灵敏度计算。
- 第 5 章：电子战处理，包括信号识别、控制机理和操作员界面。
- 第 6 章：搜索，包括搜索技术、限制和折中。
- 第 7 章：低截获概率信号，主要针对低截获概率通信信号。
- 第 8 章：辐射源定位，即电子战系统采用的辐射源通用定位技术。
- 第 9 章：干扰，包括概念、定义、限制和方程。
- 第 10 章：雷达诱饵，包括有源、无源，以及正确的计算。
- 第 11 章：仿真，即用于概念评估、训练和系统测试的仿真技术。

第 2 章 基本数学概念

本章讨论书中介绍的电子战概念所涉及的数学基础，包括 dB 值与方程、无线电传播和球面三角法。

2.1 dB 值与方程

在有关无线电传播的领域，信号强度、增益和损耗通常用 dB 形式表示。因为，采用 dB 形式的方程比采用原有形式的方程更方便。

用 dB 表示的数字是对数的，便于比较相差很多数量级的数值。为方便起见，我们将非 dB 形式的数字称为线性数字，以区别于 dB 形式的对数数字。dB 形式的数字还具备便于处理这一极大优势：

- 欲将线性数字相乘，则将其对数形式的数字相加即可。
- 欲将线性数字相除，则将其对数形式的数字相减即可。
- 欲将线性数字增大 n 次方，则将其对数形式的数字乘以 n 即可。
- 欲求线性数字的 n 次方根，则可将其对数形式的数字除以 n 而得。

为了最大程度地利用这种便利，我们在处理过程中应尽可能早地采用 dB 形式的数字，同时尽可能晚地将其转换为线性形式的数字。在许多情况下，最常见的答案形式仍是 dB 形式的。

重要的是要了解用 dB 表示的值必须是一个比值（已转换为对数形式）。常见的例子有放大器或天线的增益和电路或无线电传播中的损耗。

2.1.1 线性数字与 dB 数字的转换

利用下列公式即可将线性数字（N）转换为 dB 形式的数字：

$$N(\text{dB})=10\log_{10}(N)$$

对本书中的大多数方程来说，我们只假定是 $10\log(N)$，即以 10 为底的对数。如果要用科学计算器进行该运算，则输入线性数字，然后按下"log"键，再乘以 10 即可。

采用下述公式即可将 dB 值转换为线性形式：

$$N=10^{N(\text{dB})/10}$$

利用科学计算器，输入 dB 形式的数字，除以 10，然后按下第二功能键，再按下"log"键。该过程还可以被称为取 dB 值除以 10 的"反对数"。

例如，如果放大器的增益为 100 倍，我们可以说它具有 20dB 的增益，因为：

$$10\log(100)=10\times 2=20\text{dB}$$

逆转这个过程，可以求出 20dB 放大器的线性形式增益：

$$10^{20/10}=100$$

2.1.2 dB 形式的绝对值

为了将绝对值表示为 dB 数字，我们首先借助比较熟悉的常数将该值转换为比值，最常见的例子是以 dBm 表示的信号强度。为了将功率电平转换为 dBm，我们将其除以 1mW，然后再转换为 dB 形式。例如，4W 等于 4000mW，然后将 4000 转换为 dB 形式，即为 36dBm。小写字母 m 表示这是一个相对于 1mW 的比值。

$$10 \log(4000) = 10 \times 3.6 = 36 \text{dBm}$$

然后，再转换为瓦（W）：

$$\text{Antilog}(36/10) = 4000 \text{mW} = 4 \text{W}$$

其他 dB 形式的绝对值例子见表 2.1。

表 2.1 通用的 dB 定义

dBm	=1 毫瓦功率的 dB 值	用于描述信号强度
dBW	=1 瓦功率的 dB 值	用于描述信号强度
dBsm	=1 平方米面积的 dB 值	用于描述天线面积或雷达截面积
dBi	=天线增益相对于各向同性天线增益的 dB 值	根据定义，0dBi 即为全向天线（各向同性）的增益

2.1.3 dB 方程

在本书中，为方便起见，我们采用多种 dB 形式的方程。这些方程具备下列形式之一，但是可以有任意项数：

$$A(\text{dBm}) \pm B(\text{dB}) = C(\text{dBm})$$

$$A(\text{dBm}) - B(\text{dBm}) = C(\text{dB})$$

$$A(\text{dB}) = B(\text{dB}) \pm N \log（非 \text{dB} 数字）$$

其中，N 是 10 的倍数。

最后一类方程形式用于乘以一个数的平方（或更高次方）的情况，无线电传播中的扩展损耗方程就是一个重要例子：

$$L_S = 32 + 20\log(d) + 20\log(f)$$

其中，

L_S=扩展损耗（单位：dB）；

d=链路距离（单位：km）；

f=辐射频率（单位：MHz）。

系数 32 是人为设定的，目的是以所希望的单位方便地给出最终答案。该数字实际上等于 4π 的平方除以光速的平方，再乘以和除以一些单位转换系数——全部转换为 dB 形式并四舍五入为整数。重要的是要明白设定的这个数字（以及包含这个数字的方程）只在严格使用正确的单位时才是恰当的。其中，距离的单位必须为 km，频率的单位必须为 MHz，否则，得出的损耗值是不正确的。

2.2 电子战功能中的链路方程

利用各个通信链路可以分析每一类雷达、军事通信、信号情报和干扰系统的工作情况。链路包括一个辐射源、一部接收装置和随着电磁能从辐射源传送到接收机所发生的一切。辐射源与接收机可以采用的形式很多。例如，当雷达脉冲经飞机蒙皮反射时，其反射机理可以被认为与发射机类似。反射脉冲一旦离开飞机蒙皮，它就遵从与通信信号从一个收发信机传播到另一个收发信机相同的传播定律。

2.2.1 单向链路

基本通信链路（有时称为单向链路）是由发射机（XMTR）、接收机（RCVR）、发射和接收天线，以及两个天线间的传播路径组成的。图 2.1 所示为无线电信号通过此链路时其强度的变化情况。在图中，信号强度用 dBm 表示，信号强度的增大和减小用 dB 表示。

图 2.1 给出的是气候良好时的视距链路（即，发射天线和接收天线能彼此看到，但两者之间的传输路径不能距地面或水面太近），这是我们首先要考虑的情况。稍后，再讨论恶劣气候条件和非视距传播对链路计算的影响。信号离开发射机后，其功率电平（单位：dBm）增大了一个系数，这个系数就等于发射天线的增益。（如果天线增益小于 1，即 0dB，则天线输出的信号强度小于发射机的输出功率。）天线输出的信号功率称为有效辐射功率（ERP），通常用 dBm 表示。随后，辐射信号在发射天线和接收天线之间进行传输，因此它将衰减很多。对良好气候条件下的视距链路而言，衰减系数恰好等于扩展损耗和大气损耗。通过接收天线后，该信号增大了，其增大的系数即等于接收天线的增益（依据天线的性质，可以是正数，也可以是负数）。然后，信号以所收到的功率到达接收机。

图 2.1 所描述的过程称为链路方程或 dB 形式的链路方程。尽管我们介绍的是单个方程，但链路方程实际上是指一组各不相同的方程，利用这些方程并参考其他所有因素我们能够计算传播过程中任意点的信号强度。

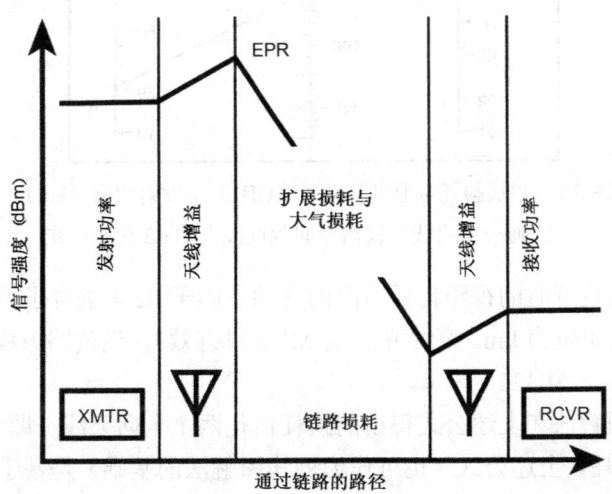

图 2.1 将发射机功率（dBm）加上发射天线增益（dB）、减去链路损耗（dB）、再加上接收天线增益（dB）即可计算出接收的信号电平（dBm）

以下是链路方程应用的一个典型例子：
发射机功率(1W)=+30dBm
发射天线增益=+10dB
扩展损耗=100dB
大气损耗=2dB
接收天线增益=+3dB
接收功率=+30dBm+10dB−100dB−2dB+3dB=−59dBm

2.2.2 传播损耗

上述方程中有两个值得注意的因素：扩展损耗（又称为空间损耗）和大气损耗。这两个传播损耗因子均随传播距离和发射频率而变化。首先，我们可从图 2.2 中方便地获得扩展损耗。利用该图表，从图左边的频率刻度线（如实例中的 1GHz）到图右边的发射距离刻度线（如实例中的 20km）画一条直线，该直线与图中间的刻度线相交于 119dB 处，此值即为图示特定频率和发射距离处的扩展损耗。此外，还有一种计算扩展损耗的简单 dB 形公式：

$L_S(dB)=32.4+20\log_{10}$（距离（km））$+20\log_{10}$（频率（MHz））

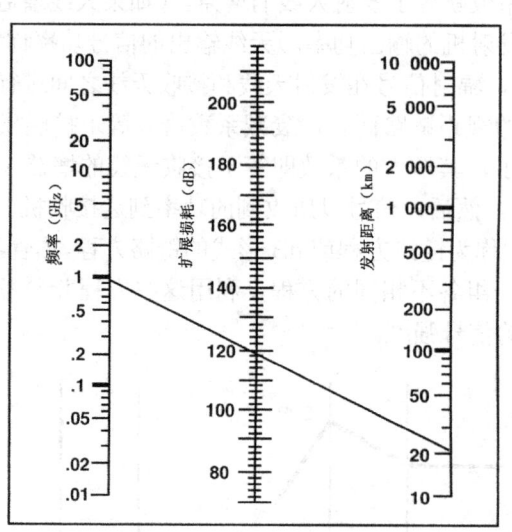

图 2.2 扩展损耗可通过从频率（GHz）至发射距离（km）
画一条直线并读出中间刻度线上的 dB 值来确定

注意这是对气候良好时的视距传播情况而言的。因子 32.4 融合了所有的单位换算以便得出答案（只在距离单位为 km，频率单位为 MHz 时有效）。当链路方程用于 1dB 精度时，因子 32.4 通常四舍五入为 32。

此外，由列线图解法和上述公式得出的损耗值是两个全向天线（即天线的增益为 1 或 0dB）之间的扩展损耗。上述公式（也可作为列线图解法的基础）是基于全向发射天线成球状辐射能量的事实而导出的，因此有效辐射功率（ERP）均匀地分布在一扩展的球体表面上。全向接收天线有一个有效面积，它与频率有关。全向接收天线的有效面积取决于增益为 1

的天线将搜集的球体（其半径等于发射机至接收机的距离）表面积的大小。扩展损耗等于该球体整个表面积与全向天线（位于工作频率）的面积之比。

由于大气衰减是非线性的，所以只通过读图 2.3 的值就能很好地处理它。在该实例中，发射频率为 50GHz。从 50GHz 处画一条直线到曲线，然后直接延伸到左边来确定每千米传输路径的大气损耗。在图示实例中，每千米的大气损耗为 0.4dB，因此 50GHz 的信号传播 20 千米将有 8dB 的大气损耗。注意：就大部分点对点战术通信所用的频率而言，大气衰减相当低，在链路计算中常常可以忽略不计。当然，在频率更高的微波和毫米波频段，以及通过整个大气层往返于地球卫星的传播中，大气衰减非常大。

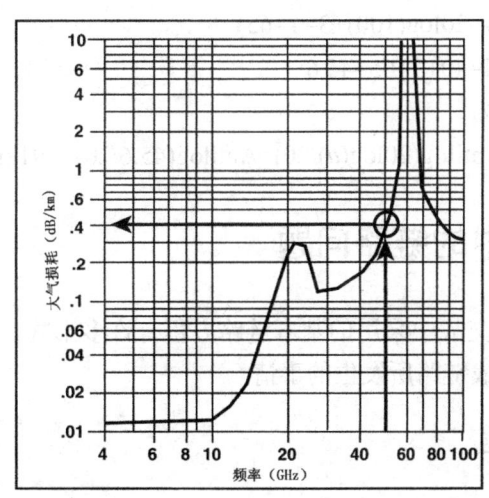

图 2.3　每千米传输路径中的大气衰减（dB）可以通过从频率（GHz）点向上画一条直线与曲线相交，然后向左延伸到衰减刻度线来确定

2.2.3　接收机灵敏度

虽然有关接收机灵敏度问题将在第 4 章进行深入讨论，但是应该明白的是目前讨论的接收机灵敏度被定义为在可继续提供特定适当输出的情况下所能接收到的最小信号强度。

假如接收功率电平至少等于接收机灵敏度，那么通信在链路上发生。例如，若接收功率为-59dBm，接收机灵敏度为-65dBm，则通信将发生。由于接收信号比接收机灵敏度大 6dB，我们认为链路有 6dB 的余量。

2.2.4　有效距离

在最大链路距离上，接收功率将等于接收机灵敏度。因此，我们可以设定接收功率等于灵敏度并求出距离。为简单起见，我们以 100MHz 为例，在此频率上的大气损耗在正常陆地链路距离上是可以忽略不计的。

假设发射机功率为 10W（等于+40dBm），频率为 100MHz，发射机天线增益为 10dB，接收天线增益为 3dB，接收机灵敏度为-65dBm，且收发天线之间是直线可达的，那么最大链路距离是多少呢?

$$P_R = P_T + G_T - 32.4 - 20\log(f) - 20\log(d) + G_R$$

其中,P_R=接收功率(dBm);P_T=发射机输出功率(dBm);G_T=发射天线增益(dB);f=发射频率(MHz);d=传播距离(km);G_R=接收天线增益(dB)。

设 P_R=Sens(接收机灵敏度),并求出 $20\log(d)$ 的值:

Sens=P_T+G_T−32.4−$20\log(f)$ −$20\log(d)+G_R$

$20\log(d)=P_T+G_T$−32.4−$20\log(f)+G_R$−Sens

代入上述有关值:

$20\log(d)$=+40+10−32.4−$20\log(100)$+3− (−65)

　　　　=+40+10−32.4−40+3+65=45.6

然后求出有效距离 d 为:

$$d = \text{Antilog}(20\log(d)/20) = \text{Antilog}(45.6/20) = 191\text{km}$$

2.3　电子战应用中的链路问题

在各种电子战系统和交战中采用的基本链路方程有许多形式。还有一种重要的方法能使我们很容易地理解电子战链路所发生的事情。

2.3.1　电磁波中的功率

本书给出的链路方程公式存在着一个严重的逻辑缺陷,即我们讨论的是处在发射天线和接收天线间的电磁波中的信号功率(dBm)。问题是 dBm 只是 mW(毫瓦)的对数表示法。由于信号强度(dBm)是功率且电功率只限于线路或电路中,所以,虽然信号从发射天线传输到接收天线,但必须根据其"电场强度"来准确地描述它,而电场强度常用每米微伏(μV/m)来表示(参见图 2.4 和图 2.5)。

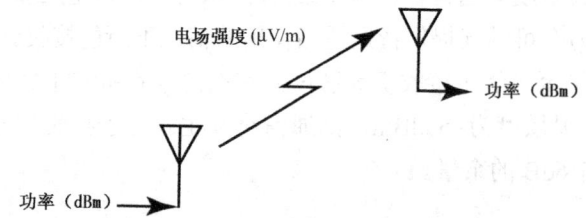

图 2.4　实际上,用 dBm 表示线路或电路中的信号强度是精确的。而在电磁波中,以 μV/m 表示电场强度才是正确的

那么该如何求出传输波的 dBm 值以得到正确的链路分析结果呢?可以采用一种巧妙的方法,即采用一个假想的、位于空间某点(可在此位置将信号强度分配给所关注的信号)的理想的单位增益天线。以 dBm 表示的信号强度将出现在假想天线的输出中。因此,有效辐射功率(ERP)将由假想天线输出,假设假想天线位于发射天线到接收天线的连线上并相

当接近发射天线（忽略近场效应）。同样，在到达接收天线的功率（常用 P_A 表示）表达式中，假想天线将位于同一条直线上，但接近接收天线。

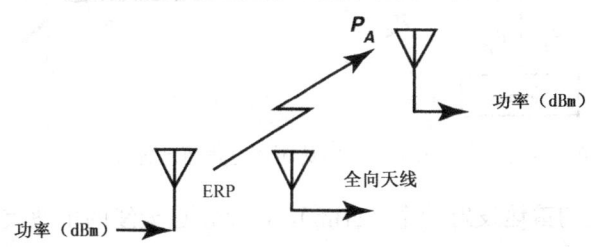

图 2.5 辐射信号常根据理想接收机和全向天线所接收的信号来描述

2.3.2 用 μV/m 表示的灵敏度

接收机灵敏度有时用 μV/m 而非 dBm 来表示。这在天线与接收机之间存在着密切而复杂关系的设备中特别准确。采用空间分集天线阵的测向系统就是最好的实例。所幸，利用一对简单的 dB 形公式（基于假想的单位增益天线）即可在 μV/m 和 dBm 之间进行转换。在本章所有的公式中，"log"均代表以 10 为底。利用下式可将 μV/m 转换为 dBm：

$$P = -77 + 20\log(E) - 20\log(F)$$

其中，P=信号强度（dBm）；E=电场强度（μV/m）；F=频率（MHz）。

下式可将 dBm 转换为 μV/m：

$$E = 10^{(P+77+20\log[F])/20}$$

这些公式基于方程：

$$P = (E^2 A)/Z_0$$

和

$$A = (Gc^2)/(4\pi F^2)$$

其中，P=信号强度（W）；E=电场强度（V/m）；A=天线面积（m²）；Z_0=自由空间阻抗（$120\pi\Omega$）；G=天线增益（对全向天线而言等于 1）；c=光速（3×10^8 m/s）；F=频率（Hz）。

只要记得单位转换因子，将方程转换为 dB 形式是非常简单的。

2.3.3 雷达中的链路

许多教材都给出了对雷达专业人员最有用的雷达距离方程，因为这种方程着重于雷达的工作性能。但是，对电子战界而言，根据构成的链路来考虑雷达距离方程并利用 dB 和 dBm 来处理每个问题将更有用，如图 2.6 所示。这样我们就能够处理抵达目标的雷达功率、干扰机产生的与目标反射到雷达接收机的功率相等或更大的功率，以及许多其他意义的值。

众所周知，扩展损耗的表达式为 $[32.4+20\log(D)+20\log(F)]$，为方便起见，通常将 32.4 四舍五入为 32。目标雷达截面积引起的信号反射因子也有一个表达式，即 $[-39+10\log(\sigma)+20\log(F)]$，该表达式将在第 10 章进行详细的讨论和推导。

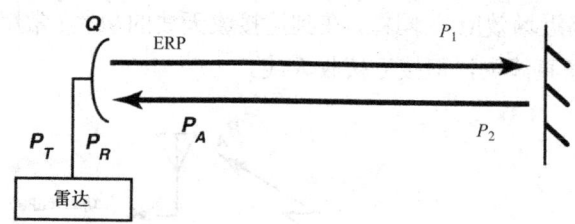

图 2.6　为便于电子战应用,雷达距离方程可被描述为一系列链路

设 P_T 是进入天线的雷达发射功率（dBm）, G 是雷达天线的主波束增益（dB）, ERP 是有效辐射功率, P_1 是到达目标的信号功率（dBm）, P_2 是目标反射回雷达的信号功率（dBm）, P_A 是到达雷达天线的信号功率（dBm）, P_R 是进入雷达接收机的接收功率（dBm）。

以 dB 形式表示：

$$\text{ERP}=P_T+G$$

$$P_1=\text{ERP}-32-20\log(D)-20\log(F)$$
$$=P_T+G-32-20\log(D)-20\log(F)$$

其中, $D=$目标的距离（km）, $F=$频率（MHz）。

$$P_2=P_1-39+10\log(\sigma)+20\log(F)$$

其中, $\sigma=$目标的雷达截面积（m^2）。

$$P_A=P_2-32-20\log(D)-20\log(F)$$

$$P_R=P_A+G$$

因此,

$$P_R=P_T+2G-103-40\log(D)-20\log(F)+10\log(\sigma)$$

2.3.4　干扰信号

如果两个频率相同的信号到达一个天线,通常认为一个是有用信号,另一个则是干扰信号,如图 2.7 所示。无论干扰信号是有意的还是无意的,都采用同样的方程。假设接收天线对两个信号呈现同样的增益,则两个信号间的功率差的 dB 形表达式为：

$$P_S-P_I=\text{ERP}_S-\text{ERP}_I-20\log(D_S)+20\log(D_I)$$

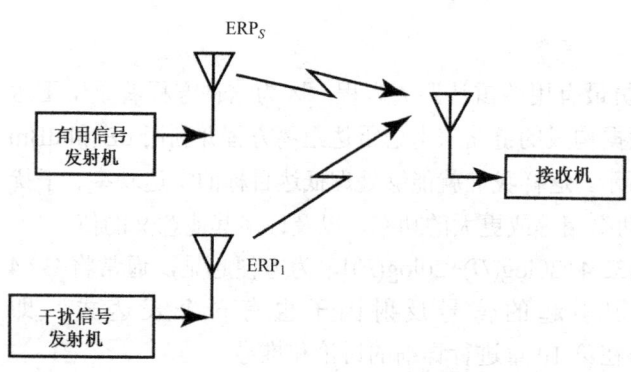

图 2.7　干扰信号可以用从每个发射机至接收机的链路来描述

其中, P_S 为接收的有用信号功率（即接收机输入端的功率）; P_I 为接收的干扰信号功率; ERP_S 为有用信号的有效辐射功率; ERP_I 为干扰信号的有效辐射功率; D_S 为至有用信号发射机的路径距离; D_I 为至干扰信号发射机的路径距离。

这是最简单的干扰方程形式。我们将在第 3 章讨论定向接收天线,它会导致应用于两个信号的天线增益因子不同。当然,我们还将讨论干扰信号（即来自干扰机）连同有用的雷达回波信号一起被雷达接收机接收的情况。所有这些表达式都建立在上述简单的 dB 形表达式之上。

2.3.5 近地低频信号

前面给出的扩展损耗表达式在电子战链路应用中是很典型的，但是该方程还有另一种形式应用于传输信号往返于近地天线的、频率相对较低的情况。

如果其链路超出菲涅耳区，则在菲涅耳区的扩展损耗遵从以下公式：$L_S=32+20\log(f)+20\log(d)$。超过该距离的扩展损耗则由下式决定：

$$L_S=120+40\log(d)-20\log(h_T)-20\log(h_R)$$

其中，L_S=菲涅耳区以外的扩展损耗（dB）；d=菲涅耳区以外的链路距离（km）；h_T=发射天线高度（m）；h_R=接收天线高度（m）。

从发射机到菲涅耳区的距离可由下列方程算出：

$$F_Z=(h_T \times h_R \times f)/75\,000$$

其中，F_Z=到菲涅耳区的距离（km）；h_T=发射天线高度（m）；h_R=接收天线高度（m）；f=发射频率（MHz）。

2.4 球面三角形的关系

球面三角形在电子战的很多领域中都是很有价值的工具，尤其在第 11 章讨论的电子战建模与仿真中是必不可少的。

2.4.1 球面三角形在电子战中的作用

球面三角形是解决三维问题的一种方法，它在以传感器视角来处理空间关系方面具有相当优势。例如，雷达天线通常有一个俯仰角和一个方位角，它们能确定目标的方向。另一个例子是安装在飞机上的天线的视轴方向。借助于球面三角形，根据安装在飞机上的天线和飞机的俯仰、偏航与滚转方向来确定视轴方向是可行的。还有一个例子就是确定当发射机和接收机位于两架具有任意速度矢量的不同飞机时的多普勒频移量。

2.4.2 球面三角形

球面三角形用单位球，即半径为 1 的球体来定义。如图 2.8 所示，球心在导航问题中位于地球的中心，在视角问题中位于天线的中心，在交战场景中位于飞机或武器的中心。当然，还有许多应用，但是对每一种应用而言，球心位于三角法运算将产生有用信息的地方。

球面三角形的边必须是单位球的大圆。也就是说，它们必须是球体表面与穿过球心的平面的交线。三角形的角是这些平面相交的夹角。球面三角形的边和夹角都用度来度量。一条边的大小等于该边的两个端点在球心处所形成的夹角。标准术语中，常用小写字母表示边，用大写字母表示该边所对的角，如图 2.9 所示。

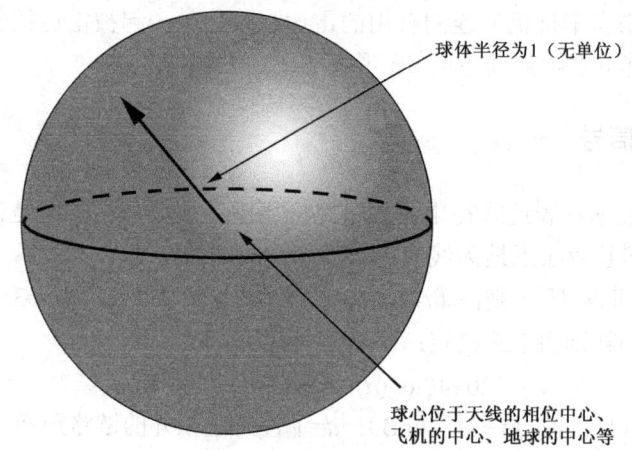

图 2.8 球面三角形建立在单位圆的关系之上。球心是与待解决的问题有关的某点

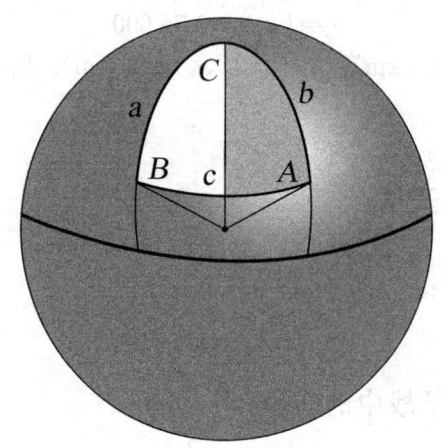

图 2.9 球面三角形有三个由球体的大圆组成的边和三个由包含这些大圆的平面相交构成的角

重要的是要认识到，平面三角形的某些特性并不适用于球面三角形。例如，球面三角形中的三个角均可等于 90°。

2.4.3 球面三角形中的三角关系

尽管存在很多三角公式，但电子战应用中最常用的有三个：正弦定律、用于角的余弦定律和用于边的余弦定律，其定义如下：

- 用于球面三角形的正弦定律

$$\sin a/\sin A = \sin b/\sin B = \sin c/\sin C$$

- 用于边的余弦定律

$$\cos a = \cos b \cos c + \sin b \sin c \cos A$$

- 用于角的余弦定律

$$\cos A = -\cos B \cos C + \sin B \cos C \cos a$$

当然，a 可以是所考虑三角形的任意一条边，A 是对应于这条边的角。注意：这三个公式类似于平面三角形的同类公式。

$$a/\sin A = b/\sin B = c/\sin C$$
$$a^2 = b^2 + c^2 - 2bc \cos A$$
$$a = b \cos C + c \cos B$$

2.4.4 球面直角三角形

如图 2.10 所示,球面直角三角形有一个 90°的角。该图说明了在地球表面某点的纬度和经度在导航问题中的表示方式,采用类似的球面直角三角形可以分析许多电子战应用问题。

球面直角三角形可以利用由奈培法则生成的一组简化的三角方程。注意:图 2.11 的五分段圆包含了球面直角三角形除 90°角外的所有部分。还需注意:其中有三部分在前面加上了"co-",这意味着在奈培法则中该部分三角形的三角函数必须变为余函数(即正弦变为余弦等)。

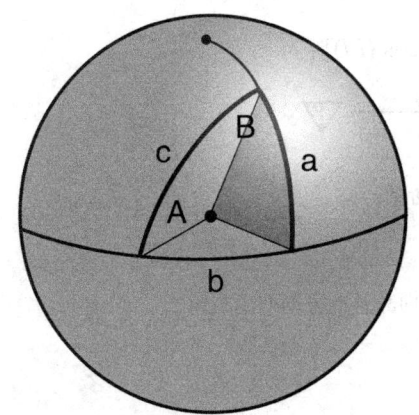 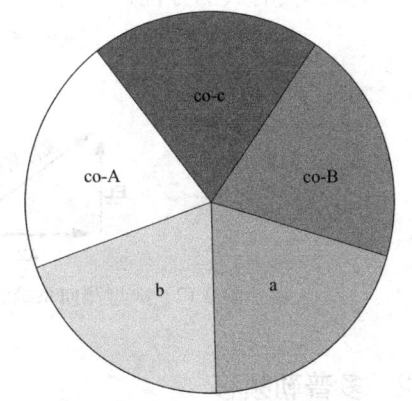

图 2.10 球面直角三角形有一个 90°的角　　图 2.11 对球面直角三角形而言,利用奈培法则可以简化该五分段圆的方程

奈培法则具体内容如下:
- 中间部分的正弦等于相邻部分的正切之积。
- 中间部分的正弦等于相对部分的余弦之积。

以下是根据奈培法则生成的几个公式:

$$\sin a = \tan b \cotan B$$
$$\cos A = \cotan c \tan b$$
$$\cos c = \cos a \cos b$$
$$\sin a = \sin A \sin c$$

在应用于实际电子战问题时,这些公式大大简化了包括球面直角三角形等球体处理中所涉及的数学问题。

2.5 球面三角形的电子战应用

2.5.1 方位测向系统中的仰角误差

测向（DF）系统旨在测量信号的到达方位。然而，信号有可能位于测向系统设想的辐射源所处平面之外。那么，与水平面上的辐射源仰角有关的方位误差将有多大？

假定这是一个简单的比幅测向系统。测向系统测量从基准方向（通常为天线的基线中心）到信号到达方向的真实角度。在方位测向系统中，该测量角称为到达方位角（即测量角加上基准方向的方位角）。

如图 2.12 所示，测量角与真实方位和仰角一起构成了一个球面直角三角形。真实方位由下式确定：

$$\cos(Az) = \cos(M)/\cos(El)$$

与实际仰角有关的方位误差由下式计算：

$$误差 = M - a\cos[\cos(M)/\cos(El)]$$

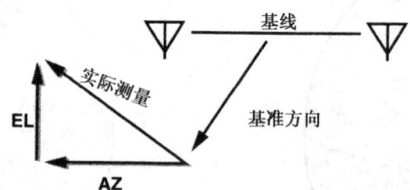

图 2.12　典型测向系统测量信号到达方向与基准方向间的夹角

2.5.2 多普勒频移

由于发射机和接收机都是运动的，所以它们各自都有一个任意方向的速度矢量。多普勒频移与发射机和接收机之间的距离变化率有关。为了求出发射机和接收机间的距离变化率（与两个速度矢量有关），必须确定每个速度矢量与发射机至接收机的直达线间的夹角。那么，距离变化率就等于发射机速度乘以其夹角（发射机处）的余弦加上接收机速度乘以其夹角（接收机处）的余弦。

我们将发射机和接收机置于 y 轴为北、x 轴为西、z 轴为上的直角坐标系中，发射机位于 X_T、Y_T、Z_T 处，接收机位于 X_R、Y_R、Z_R 处。因此，速度矢量的方向就是仰角（x、y 平面之上或之下）和方位角（自 x、y 平面北方顺时针方向的夹角），如图 2.13 所示。可以利用平面三角形法求出接收机（自发射机方向）的方位和仰角。

$$Az_R = A\tan[(X_R - X_T)/(Y_R - Y_T)]$$

$$El_R = a\tan\{(Z_R - Z_T)/\text{SQRT}[(X_R - X_T)^2 + (Y_R - Y_T)^2]\}$$

第 2 章 基本数学概念

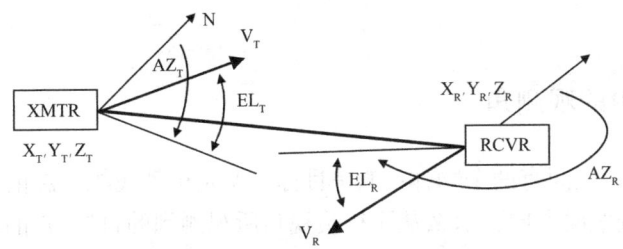

图 2.13 对一般情况下的多普勒频移计算而言，发射机
和接收机都可能以任意方向的速度矢量运动

现在考虑图 2.14 所示的发射机处的角度变换。这是一组原点位于发射机的球体上的球面三角形。N 为北方；V 为速度矢量方向；R 是接收机的方向。从北方至速度矢量的夹角可用速度矢量的方位和仰角形成的球面直角三角形来确定。同样，从北方至接收机的夹角可由其方位和仰角形成的球面直角三角形来确定：

$$\cos(d) = \cos(Az_V)\cos(El_V)$$
$$\cos(e) = \cos(Az_{RCVR})\cos(El_R)$$

Az_{RCVR} 和 El_{RCVR} 用 2.5.3 节介绍的方法确定。

角 A 和角 B 用下式确定：

$$\operatorname{ctn}(A) = \sin(Az_V)/\tan(El_V)$$
$$\operatorname{ctn}(B) = \sin(Az_{RCVR})/\tan(El_R)$$
$$C = A - B$$

那么，利用边余弦定律可由 N、V、R 构成的球面三角形求出发射机的速度矢量与接收机间的夹角：

$$\cos(VR) = \cos(d)\cos(e) + \sin(d)\sin(e)\cos(C)$$

现在，接收机方向的发射机速度矢量分量可用速度乘以 $\cos(VR)$ 求得。利用同样的运算可求出发射机方向的接收机速度分量。两个速度矢量相加可得出发射机和接收机间的距离变化率（V_{REL}）。而多普勒频移由下式得出：

$$\Delta f = f V_{REL}/c$$

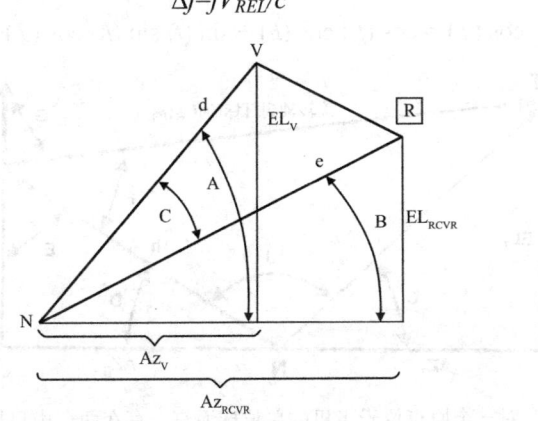

图 2.14 对原点位于发射机的单位球而言，速度矢量的方位和仰角与
接收机构成了两个球面直角三角形（从发射机方向观测）

2.5.3　3-D 交战中的观测角

假设三维（3-D）空间有两个物体：T 是目标，A 是机动飞机。A 的飞行员面向飞机的滚转轴坐在垂直于偏航面方向。那么从飞行员视角所观测到的目标 T 的水平角和垂直角是多少？这个问题必须解决才能确定威胁符号在平视显示器（HUD）上的位置。

图 2.15 所示为 3-D 博弈区的目标和飞机。目标位于 X_T、Y_T、Z_T，飞机位于 X_A、Y_A、Z_A。滚转轴由相对于博弈区坐标系的方位和仰角来定义。目标至飞机位置的方位和仰角由下式确定：

$$Az_T = a\tan[(X_T-X_A)/(Y_T-Y_A)]$$
$$El_T = a\tan\{(Z_T-Z_A)/\text{SQRT}[(X_T-X_A)^2+(Y_T-Y_A)^2]\}$$

注意：需要解决角度随象限变化时的不连续问题。

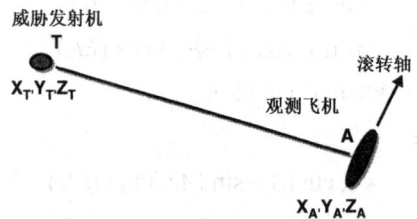

图 2.15　用飞机上的 ESM 系统来观测威胁辐射源

两个球面直角三角形和一个图 2.16 所示的球面三角形就可计算至滚转轴和目标（j）的角距离。

$\cos(f) = \cos(Az_T)\cos(El_T)$

$\cos(h) = \cos(Az_R)\cos(El_R)$

$\text{ctn}(C) = \sin(Az_T)/\tan(El_T)$

$\text{ctn}(D) = \sin(Az_R)/\tan(El_R)$

$J = 180° - C - D$

$\cos(j) = \cos(f)\cos(h) + \sin(f)\sin(h)\cos(J)$

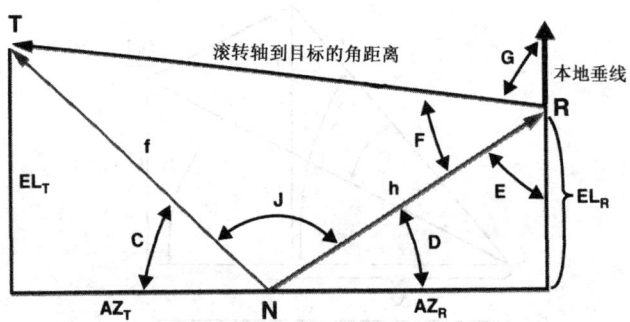

图 2.16　对一个原点位于飞机的单位球而言，存在两个由目标（T）的方位和仰角，以及滚转轴（R）的方位和仰角所构成的球面直角三角形

角 E 由下式确定：

$$\text{ctn}(E) = \sin(El_R)/\tan(Az_R)$$

角 F 由正弦定律确定：

$$\sin(F) = \sin(J)\sin f/\sin(j)$$

威胁偏离飞机本地垂线的角度为：

$$G = 180° - E - F$$

最后，平视显示器上的威胁符号位置距代表角距离（j）的显示中心一段距离，偏离平视显示器垂线的角度等于角 G 和飞机距垂线的倾侧角之和，如图 2.17 所示。

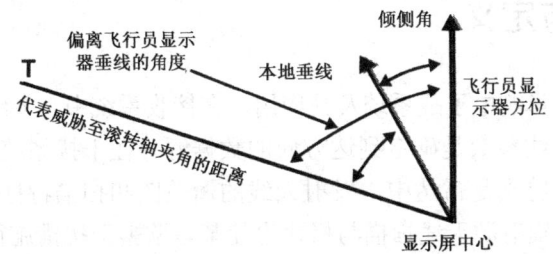

图 2.17 操作员显示屏上的威胁符号位置由距滚转轴的角距离，以及从威胁位置到本地垂线的角偏移与飞机滚转引起的角偏移之和来确定

第3章 天　　线

本章主要目的是使读者对天线，以及各种天线的作用和性能有一个大概的了解。还有一个目的就是使读者明白天线参数要折中考虑，从而能够详细说明并选择天线。

3.1 天线参数与定义

天线会在许多方面影响电子战系统及其应用。在接收系统中，天线提供增益和方向性。在许多测向系统中，天线参数是确定到达方向的数据源。在干扰系统中，天线提供增益和方向性。在威胁辐射源特别是雷达中，发射天线的增益图和扫描特性提供了一种识别威胁信号的重要方式。威胁辐射源天线扫描与极化也使某些欺骗干扰措施得以应用。

本章将讨论各种天线的参数及其常规应用，为天线类型与其必须完成的任务相匹配提供指导，并且给出一些用于折中考虑各种天线参数的简单公式。

3.1.1 定义

天线是将电信号转换为电磁波或将电磁波转换为电信号的装置。由于天线处理的信号频率和它们的工作参数不同，其体积和设计也大不相同。就功能而言，天线既可以发射信号，也可以接收信号。但是，用于高功率辐射信号的天线必须能处理大量功率。表3.1列出了常用的天线性能参数。

表3.1　常用的天线性能参数

术　语	定　义
增益	信号经天线处理后增加的信号强度（通常用dB表示。增益可正可负，各向同性天线的增益为1，即0dB）
频率覆盖	天线可发射或接收信号并提供适当参数性能的频率范围
带宽	天线的频率范围，常用百分比带宽表示（即100%×（最大频率－最小频率）/平均频率）
极化	发射或接收的E波和H波的方位，主要有水平极化、垂直极化、右旋圆极化或左旋圆极化、斜线性极化（任意角度）或椭圆极化
波束宽度	天线的角覆盖，通常以度表示
效率	发射或接收的信号功率与来自天线波束覆盖球体部分的理论功率之比的百分数

3.1.2 天线波束

在整个电子战领域，最重要的一个方面就是用各种参数来定义天线波束。图3.1描述了几种天线波束定义，这是天线在一个平面内的幅度方向图，它既可以是水平方向图也可以是垂直方向图，还可以是包含天线的其他平面内的方向图。这种方向图是在防止信号反射的微波暗室中测得的。当接收来自固定测试天线的信号时，该天线在一个平面内旋转，所接收的功率是天线方位相对于测试天线的函数。

视轴：视轴即为天线指向的方位。它通常为最大增益方向，其他的角参数一般都是相对于视轴定义的。

主瓣：天线的主波束或最大增益波束。该波束的形状由其增益和与视轴的夹角而确定。

波束宽度：即波束的宽度，通常用度来表示。波束宽度由与视轴的夹角确定，如果没有特别说明，波束宽度通常是指 3dB 波束宽度。

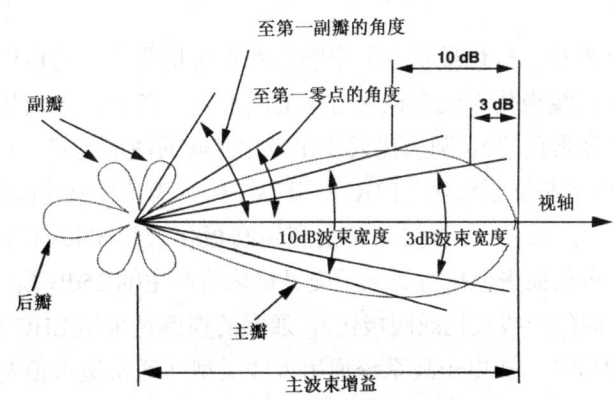

图 3.1　天线参数定义均基于天线增益方向图的几何关系

3dB 波束宽度：天线增益下降到视轴增益一半（即衰减了 3dB 增益）的两个增益值间的夹角。注意：所有的波束宽度都是双边值，例如，在一个 10° 3dB 波束宽度的天线中，距视轴 5°处的增益下降了 3dB，因此两个 3dB 点相隔 10°。

ndB 波束宽度：波束宽度可以定义在任何量级的增益衰减处。图 3.1 给出了 10dB 波束宽度。

副瓣：除主瓣外，天线还有其他波束。后瓣是与主波束方向相反的波束，副瓣是其他方向的波束。

至第一副瓣的角度：这是主瓣视轴至第一副瓣最大增益方向的夹角。注意：这是一个单边值。（在人们认识到波束宽度是双边值、而至副瓣的夹角是单边值之前，很难理解至第一副瓣的夹角小于主波束宽度。）

至第一零点的角度：这是视轴至主波束与第一副瓣间最小增益点的夹角。它也是一个单边值。

副瓣增益：通常即为相对于主波束视轴增益的增益（较大的负 dB 值）。天线并不是为某个特定的副瓣电平设计的，由于副瓣被认为是不好的，因此制造商要保证使其低于某个特定电平。但是，从电子战或侦察的角度来看，为截获信号而获悉发射天线的副瓣电平是很重要的。电子战接收系统常被设计为接收"0dB 副瓣"，也就是说副瓣低于主瓣一个增益值。例如，如果天线视轴直接指向你的接收天线，则增益为 40dB 的天线其"0dB 副瓣"发射的功率将比主瓣小 40dB。

3.1.3 天线增益

为了正好将天线增益加到接收信号的强度上,我们需要用 dBm 来表示信号强度。正如第 2 章所讨论的,dBm 实际上是单位为 mW 的功率的对数表达法。发射信号的强度可以用单位为每米微伏(μV/m)的场强更精确切地表述,包含整个天线的接收机灵敏度常用μV/m 表示。单位 dBm 和μV/m 之间可以很方便地进行转换。

3.1.4 极化

以电子战的观点来看,极化最重要的影响是若它与接收信号的极化不匹配其接收的功率将降低。一般而言,线极化天线在极化方向的图形是一条直线(例如,垂直极化天线在极化方向的图形往往是垂直的)。圆极化天线在极化方向的图形是圆,它们既可以是右旋圆极化(RHC),也可以是左旋圆极化(LHC)。图 3.2 所示为各种极化匹配下的增益衰减。

极化在电子战应用中的一个重要诀窍是利用圆极化天线来接收方位未知的线极化信号,虽然会有 3dB 的极化损失但可避免采用交叉极化将产生的 25dB 损失。当接收信号可能是任意极化方式时(即任一线极化或圆极化),通常的惯例是采用 LHC 和 RHC 天线进行快速测量并选择较强的信号。在电子战系统通用天线类型(通常覆盖很宽的频率范围)中,交叉极化天线的 25dB 极化损失是正常的。窄带天线(例如,通信卫星链路中的)通过精心设计可以实现 30dB 以上的交叉极化隔离度。而雷达告警接收机系统中的小型圆极化天线可能只有 10dB 的交叉极化隔离度。

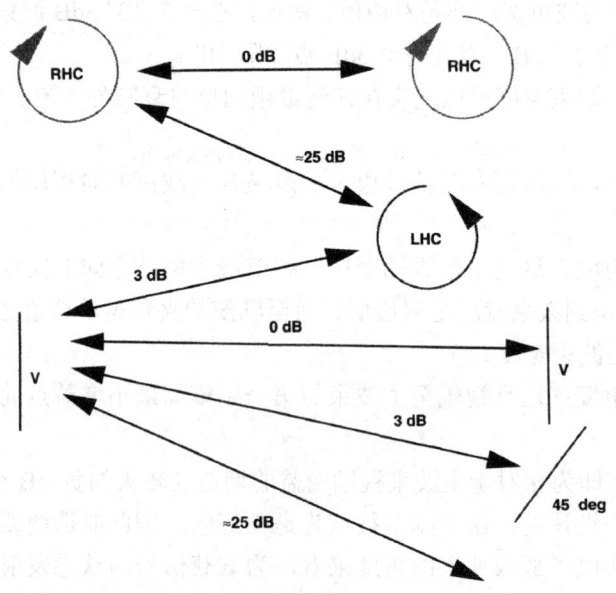

图 3.2 交叉极化的损失范围为 0~25dB。
注意任一线极化和圆极化的组合都有 3dB 的损失

3.2 天线类型

电子战应用中采用了许多不同类型的天线。这些天线的角度覆盖范围、所提供的增益、极化方式、体积和形状等参数各不相同。最佳天线的选择与实际应用场合密切相关，通常需要折中考虑性能和对其他系统设计参数产生重大影响的因素。

3.2.1 天线的选择

为了完成特定电子战应用所需的功能，天线必须提供适当的角度覆盖、极化方式和频带宽度。表3.2给出了根据总的性能参数选择天线的原则。在该表中，角度覆盖只划分为"360度方位"和"定向"。

具有360度方位覆盖的天线常被称为"全向天线"。全向天线将提供一致的球形覆盖，但这种天线只能提供有限的仰角覆盖。尽管如此，对必须随时接收来自任意方向的信号或在所有方向上发射信号的大多数应用而言，它们是"全向的"。

定向天线提供有限的方位覆盖和仰角覆盖。尽管它们必须指向目标发射机或接收机位置，但它们提供的增益一般大于360度方位覆盖的天线。定向天线的另一个优点是它们大大降低了接收的无用信号电平，或者是将有效辐射功率发射到敌接收机。

此外，表中的极化方式、频带宽度（宽或窄）都是有区别的。在多数电子战应用中，宽频带意味着大于一个倍频程（有时更多）。

表3.2 根据其角度覆盖、极化方式和频带宽度选择发射或接收天线

角度覆盖	极化	带宽	天线类型
360度方位	线	窄	鞭状、偶极子、环形
		宽	双锥或万十字章型
	圆	窄	法向模螺旋
		宽	菩提树型天线或四臂锥螺旋
定向	线	窄	八木、偶极子阵或喇叭馈源抛物面
		宽	对数周期、喇叭或对数周期馈源抛物面
	圆	窄	轴向模螺旋、带有极化器的喇叭或交叉偶极子馈源抛物面
		宽	背腔螺旋、锥螺旋或螺旋馈源抛物面

3.2.2 各种天线的特性

图3.3简要总结了用于电子战的各类天线的参数。就每一类天线而言，左边一栏给出了天线的物理特性图。中间一栏给出了该类天线大概的仰角与方位增益图，特定天线的实际增益图将由其设计所决定。右边一栏汇总了期望获得的典型指标。之所以称其为典型指标，是因为天线的指标参数范围可能非常广。例如，从理论上讲，采用任何频率范围内的任何天线都是可行的，但实际中都要考虑体积、安装及合适的使用，这就导致了特定的天线类型用于"典型"的频率范围。

天线类型	方向图	典型指标
偶极子	El / Az	极化：垂直 波束宽度：80°×360° 增益：2dB 带宽：10% 频率范围：0～微波
鞭状	El / Az	极化：垂直 波束宽度：45°×360° 增益：0dB 带宽：10% 频率范围：HF～UHF
环形	El / Az	极化：水平 波束宽度：80°×360° 增益：-2dB 带宽：10% 频率范围：HF～UHF
法向模螺旋	El / Az	极化：水平 波束宽度：45°×360° 增益：0dB 带宽：10% 频率范围：HF～UHF
轴向模螺旋	Az & El	极化：圆 波束宽度：50°×50° 增益：10dB 带宽：70% 频率范围：UHF～低微波
双锥	El / Az	极化：垂直 波束宽度：20°×100°×360° 增益：0～4dB 带宽：4比1 频率范围：UHF～毫米波
菩提树型天线	El / Az	极化：圆 波束宽度：80°×360° 增益：-1dB 带宽：2比1 频率范围：UHF～微波
万十字章型天线	El / Az	极化：水平 波束宽度：80°×360° 增益：-1dB 带宽：2比1 频率范围：UHF～微波
八木	El / Az	极化：水平 波束宽度：90°×50° 增益：5～15dB 带宽：5% 频率范围：VHF～UHF
对数周期	El / Az	极化：垂直或水平 波束宽度：80°×60° 增益：6～8dB 带宽：10比1 频率范围：HF～微波

天线类型	方向图	典型指标
背腔螺旋	Az & El	极化：右&左旋圆 波束宽度：60°×60° 增益：-15dB（最小频率）+3dB（最大频率） 带宽：9比1 频率范围：微波
锥螺旋	Az & El	极化：圆 波束宽度：60°×60° 增益：5～8dB 带宽：4比1 频率范围：UHF～微波
四臂锥螺旋	El / Az	极化：圆 波束宽度：50°×360° 增益：0dB 带宽：4比1 频率范围：UHF～微波
喇叭	El / Az	极化：线 波束宽度：40°×40° 增益：5～10dB 带宽：4比1 频率范围：VHF～毫米波
带极化器的喇叭	El / Az	极化：圆 波束宽度：40°×40° 增益：4～10dB 带宽：3比1 频率范围：微波
抛物面	Az & El	极化：取决于馈源 波束宽度：0.5°×30° 增益：10～55dB 带宽：取决于馈源 频率范围：UHF～微波
相控阵	El / Az	极化：取决于阵元 波束宽度：0.5°×30° 增益：10～40dB 带宽：取决于阵元 频率范围：VHF～微波

图 3.3　每种天线都有特定的增益图和典型指标，这是由天线的具体设计决定的

3.3　抛物面天线的参数折中

应用于电子战及其他许多场合中的最灵活的一种天线是抛物面天线。抛物线的定义是将来自一个点（焦点）的射线反射为一组平行线。在抛物面的焦点处放置一个发射天线（称

为馈源），从理论上讲就可以使到达抛物面的所有信号功率处于同一方向。理想馈源天线可将其全部能量辐射到抛物面上（实际上，大多数情况下能辐射 90%的能量到抛物面就是理想的）。实际天线方向图将生成一个主瓣、一个后瓣和一些副瓣。

天线反射器的体积、工作频率、效率、有效天线面积均与增益有关。下面几个图表描述了这种关系。

3.3.1 增益与波束宽度

图 3.4 所示为增益与效率为 55%的抛物面天线的波束宽度间的关系。该效率是带宽相当小（约 10%）的商用天线可以达到的效率。对电子战和侦察领域常用的宽带天线（一个倍频程以上）而言，该效率将小于 55%。假定波束在方位和仰角上对称。

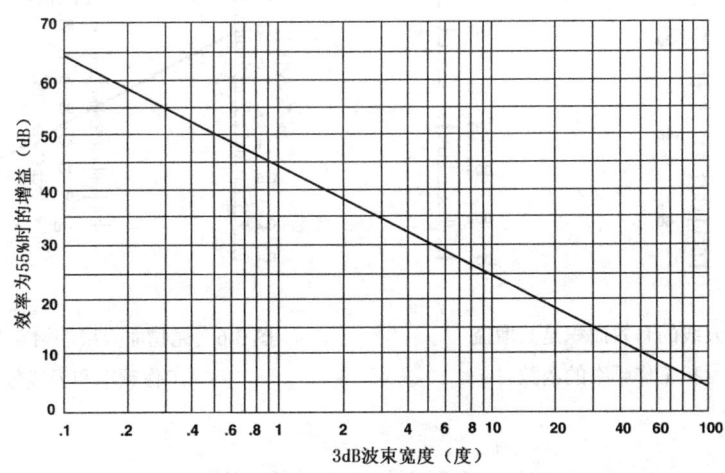

图 3.4　增益与效率为 55%的抛物面天线的波束宽度间的关系

3.3.2 天线有效面积

图 3.5 所示为工作频率、天线视轴增益和天线有效面积之间的关系。图中所示的是有效面积为 $1m^2$ 的全向天线（0dB 增益），可以看出，其对应的频率约为 85MHz，该图可用以下方程表示：

$$A=38.6+G-20\log(F)$$

其中，A 为面积（单位：dBsm，即相对于 $1m^2$ 的 dB 值），G 是视轴增益（dB），F 为工作频率（MHz）。

3.3.3 天线增益与直径和频率的关系

利用图 3.6，可根据直径和工作频率来确定天线的增益。注意：这是特指效率为 55%的天线。图中的直线表明直径为 0.5m、效率为 55%的天线，在 10GHz 频率处的增益约为 32dB。该图假定天线是抛物面天线，其增益用以下方程表示：

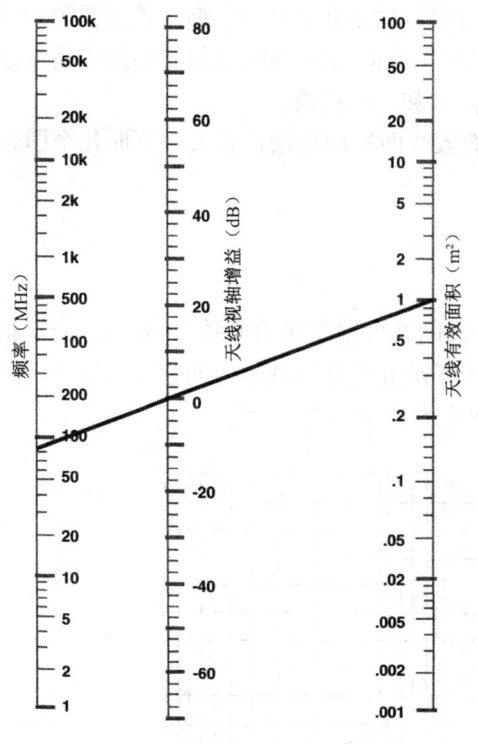

图 3.5 天线的有效面积是其增益和工作频率的函数

图 3.6 抛物面天线的增益与其直径、工作频率和天线效率有关

$$G = -42.2 + 20\log(D) + 20\log(F)$$

其中，G 为天线增益（dB）；D 为反射器直径（m）；F 为工作频率（MHz）。

表 3.3 给出了天线增益的调整与天线效率的关系。由于图 3.4 和图 3.6 都假设天线的效率为 55%，因此该表在将确定的增益调整为其他效率值的天线增益时非常有用。

表 3.3 利用此表可以将效率为 55%的天线的增益修改为其他效率下的增益

天线效率	调整增益（与55%的效率相比）
60%	加 0.4dB
50%	减 0.4dB
45%	减 0.9dB
40%	减 1.4dB
35%	减 2dB
30%	减 2.6dB

3.3.4 非对称天线的增益

上述讨论均假设天线波束是对称的，即波束的方位和仰角相等。效率为 55%的非对称抛物面天线的增益可由下列方程确定：

$$增益=[29\,000/(\theta_1 \times \theta_2)]$$

其中，θ_1 和 θ_2 为两个正交方向（如垂直和水平）的 3dB 波束宽度。显然，将上式右边的值取对数再乘以 10 就转换为增益的 dB 值了。

虽然这个方程是经验式，但是它可以通过假定增益等于集中在 3dB 波束宽度内的能量而导出（相当接近）。因此，增益等于球体表面积与位于球面的、长短轴（其大小是用球心角来度量的）分别为表示天线波束覆盖范围（请记住效率为 55%）的两个角的那个椭圆的表面积之比。

3.4 相控阵天线

基于许多非常现实的理由，相控阵天线在电子战领域正变得越来越重要。在雷达中，相控阵能够从一个目标立即转换到另一个目标，增强了捕获或跟踪多个目标的效率。但从电子战的角度看，通常这会使通过分析接收信号强度随时间的变化规律来确定威胁雷达的天线参数变得不可能。

将相控阵用于电子战接收天线或干扰天线时，电子战系统可获得与威胁雷达同样的灵活性。例如，干扰机可以将其干扰功率分配到多个威胁和/或立刻从一个威胁移到另一个威胁。在某些应用中，利用一个阵列同时进行接收和干扰是可行的。

当"灵巧蒙皮"技术得以在飞机上实现时，相控阵就达到了其最佳电子战效用。这种方案即是在飞机的大部分或全部蒙皮中都嵌入可以构成大量相控阵的天线阵元。

相控阵的另一个优点就是它可以做得与其携载平台的形状完全相同。研究机载机械扫描天线的空气动力学问题的专家很重视相控阵可与飞机蒙皮共形的能力，因为在试图扩展抛物面天线以指向更宽视角时会遇到很多空气动力学方面的问题。

当然，要获得这些优势是需要在性能及金钱方面付出代价的。下面讲述一些有关相控阵天线性能限制和设计局限的总方针。

3.4.1 相控阵天线工作

如图 3.7 所示，相控阵是与移相器相连的一组天线。用做发射天线时，待发射的信号被分配在天线中，调节每个天线的信号的相位以使从某个选定方向观察的所有信号均同相，从而这些信号将叠加。当从其他角度观察的信号不同相时，信号就不叠加，这就形成了天线波束。用做接收天线阵时，移相器使从选定方向接收的信号在信号合成器中同相叠加。

在线阵中，天线位于一条直线上，该直线受位于一个平面（如水平面）的移相器的限制和控制。在这种情况下，阵列的波束宽度只取决于该平面的移相器。在其他方位（如垂直方向）的波束宽度则取决于该方向的各个天线的波束宽度。

在平面阵中，天线排列在垂直和水平方向以控制垂直和水平方向的波束宽度，同时可由移相器进行调节。

注意：移相器产生的距离延迟等于信号波长（相移/360°）。

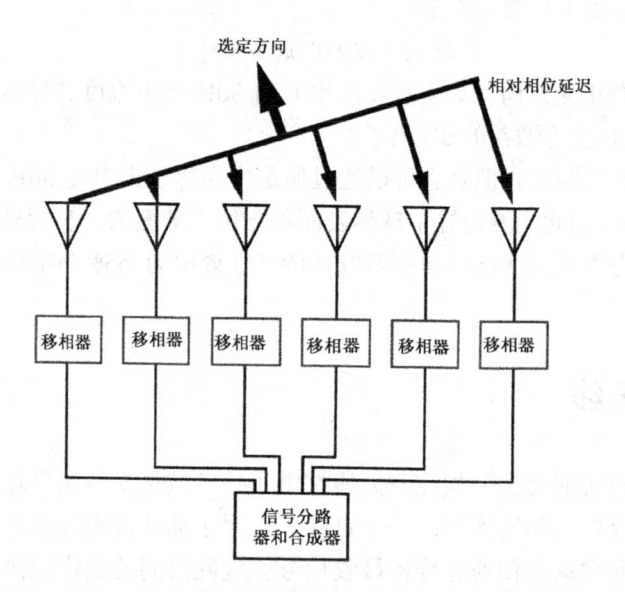

图 3.7 相控阵天线由一系列天线阵元组成,每一个天线阵元均与各被控移相器相连

就宽频带工作来说,移相器实际上就是"实时延迟"器件,它将使信号延迟一段时间,但延迟时间与信号的频率无关。

如同其他类型的天线一样,相控阵天线的波束宽度和增益也将相互影响。

3.4.2 天线阵元间隔

通常,构成相控阵的各个天线间的间隔应该为最高频率的半个波长,如图 3.8 所示。这样即可避免产生会降低天线性能的"栅状波瓣"。

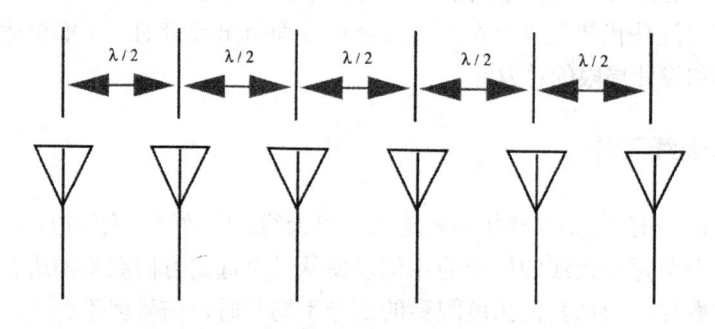

图 3.8 为了避免产生栅状波瓣,天线阵元的间隔必须不大于最高频率的半个波长

3.4.3 相控阵天线的波束宽度

具有偶极子阵元的相控阵的波束宽度由下式确定:

$$波束宽度 = 102/N$$

其中,N 为阵列的阵元数,波束宽度的单位为度。

例如,10 阵元水平线阵的水平波束宽度为 10.2°,这是在与阵列天线的方位成直角的方向上的波束宽度。对增益较高的阵列天线而言，波束宽度等于阵元波束宽度除以 N。

如图 3.9 所示，随着波束偏离阵列视轴一个角度，波束宽度将增大的倍数等于该角度的余弦值。在波束宽度为 10.2° 的情况下，若波束被控制到距视轴 45° 的位置，则波束宽度会增加到 14.4°。

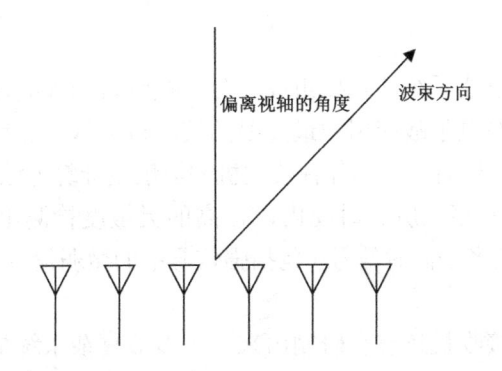

图 3.9　相控阵的增益下降的倍数等于视轴偏离角的余弦。而波束宽度增加了同样的倍数

3.4.4　相控阵天线的增益

阵元间隔为半个波长的相控阵天线的增益可由下式求出：
$$G=10\log_{10}(N)+G_e$$
其中，G 为相控阵的增益；N 为相控阵的阵元数；G_e 为各个阵元的增益。

例如，如果每个阵元的增益为 6dB，且有 10 个阵元，那么相控阵的增益将为 16dB。如图 3.9 所示，阵列增益降低的系数等于视轴偏离角的余弦，但这是增益系数，而不是增益的 dB 值。在 dB 形式中，阵列增益降低的系数为：
$$10\log_{10}(视轴偏离角的余弦)$$
对视轴偏离角为 45° 的情况来说，阵列增益下降了 0.707 或 1.5dB。

3.4.5　波束控制限制

阵元间隔为半个波长的相控阵只能被调控到距视轴约 45° 的位置。如果阵元间隔更小（将降低视轴增益），则它可以被调控到 60° 的位置。

第4章 接 收 机

接收机是每一类电子战系统的重要组成部分。接收机的种类很多,它们的特性决定了其作用。本章首先讲述在电子战应用中最重要的接收机类型。然后介绍将多种接收机用于一种应用的接收机系统。最后,介绍各种接收机的灵敏度计算方法。

理想电子战接收机能够在所有时间内以极高的灵敏度检测出全频段范围内的各种信号。它不仅能检测并解调多个同时信号(包括强信号中的微弱信号),而且体积小、重量轻、成本低、功耗小。

遗憾的是,这样的接收机还没有研制出来。大多数复杂系统是将几种接收机类型组合在一起以在特定信号环境中获得最佳效果。表4.1列出了电子战系统使用的9种最常见的接收机类型及其常规特性。表4.2列出了每类接收机的特性。

表4.1 电子战系统常用的接收机类型

接收机类型	常规特性
晶体视频	宽带瞬时覆盖;低灵敏度、无选择性;主要用于脉冲信号
瞬时测频	覆盖范围、灵敏度和选择性同晶体视频;测量接收信号的频率
调谐式射频	同晶体视频,但提供频率隔离和稍好点的灵敏度
超外差	最常用的接收机,有良好的选择性和灵敏度
固定调谐	良好的选择性和灵敏度;针对一个信号
信道化	具有良好的选择性、灵敏度和宽带覆盖
布拉格小盒	宽带瞬时覆盖;低动态范围;多个同时信号;不解调
压缩	提供频率隔离;测频;不解调
数字化	高度灵活;可处理参数未知的信号

表4.2 电子战接收机的特性

接收机类型	接收脉冲	接收连续波	测量频率	选择性	多信号	灵敏度	频率覆盖	截获概率	动态范围	解调信号
晶体视频	Y	N	N	P	N	P	G	G	G	Y
瞬时测频	Y	Y	Y	P	N	P	G	G	M	N
调谐式射频	Y	Y	Y	M	Y	P	G	P	G	Y
超外差	Y	Y	Y	G	Y	G	G	P	G	Y
固定调谐	Y	Y	Y	G	Y	G	P	P	G	Y
信道化	Y	Y	Y	G	Y	G	G	G	G	Y

续表

接收机类型	接收机能力									
	接收脉冲	接收连续波	测量频率	选择性	多信号	灵敏度	频率覆盖	截获概率	动态范围	解调信号
布拉格小盒	Y	Y	Y	G	Y	M	G	G	P	N
压缩	Y	Y	Y	G	Y	G	G	G	G	N
数字化	Y	Y	Y	G	Y	G	G	M	G	Y

注：G=良好；M=适中；P=差；Y=是；N=否。

通常，晶体视频接收机和瞬时测频（IFM）接收机用于在高密度脉冲信号环境中工作的中、低成本系统。这两种接收机均可提供100%的宽频覆盖范围，但不能处理多个同时信号。这样，在其频率范围内任何频率点的高功率连续波（CW）信号都会大大降低接收机接收脉冲的能力。而且，因它们的灵敏度较低，所以在强信号背景中工作最好。在现代系统中，这两种接收机常常与窄带接收机组合来解决问题。

由于固定调谐接收机和超外差接收机是窄带的，因此它们常与其他类型的接收机组合以隔离同时信号并改善灵敏度。调谐式射频（TRF）接收机也隔离同时信号。当然，这些类型的接收机存在的问题是它们在任何时刻只覆盖频谱的有限部分，致使其接收非预定信号的概率较低。

布拉格小盒接收机和压缩接收机提供瞬时宽频覆盖范围，可以处理多个同时信号，但是不能解调信号。

信道化接收机和数字接收机是未来的趋势。它们能提供电子战系统需要的大部分接收机性能参数，但是它们的体积、重量和功率规格反映了元件和子系统小型化的技术发展水平。在目前的技术水平下，这两种接收机的体积大、重量大、功耗大、价格昂贵，因此只能在相当复杂的系统中执行最艰巨的任务。

4.1 晶体视频接收机

晶体视频接收机是目前使用的最简单的一类接收机，它由晶体二极管检波器和视频放大器组成。它对输入到检波器的从直流到极高微波频率的每一个信号进行幅度解调。所有这些信号的调幅信号都在视频放大器中进行合并输出。

晶体视频接收机通常与一个带通滤波器相连接，因此只有感兴趣的某些频带内（如2～4GHz）的信号才能被接收并输出。一般来说，对数视频放大器用于这类接收机，以提供较大的动态范围。

输入到晶体检波器的信号的功率很低，以致检波器工作在"平方律特性"区域——即输出是输入功率而不是信号电压的函数。（在其他类型的接收机中，检波约在10mV电平进行，因此检波器可工作在"线性"区域。）考虑到大多数电子战系统都依靠自动脉冲处理（需要15dB以上的信噪比）且必须有足够的带宽来处理最窄的预定脉冲，对晶体视频接收机而言，其灵敏度的有效经验数据目前是−40～−45dBm。

晶体视频接收机的输出是幅度与接收的每个射频脉冲的信号功率成正比、并具有相同起始与终止时间的一系列脉冲。当两个接收脉冲交叠时，输出就是两者的合成。一个强的带内连续波信号将与所有的脉冲合成，从而使视频输出的幅度失真。

如图 4.1 所示，晶体视频接收机通常包含带通滤波器和前置放大器。采用最佳的前置放大器增益，前置放大的晶体视频接收机的灵敏度为：

$$S_{max}=-114dBm+N_{PA}+10\log_{10}(B_e)+SNR_{RQD}$$

其中，S_{max}=具有最佳前置放大器增益的灵敏度（dBm）；N_{PA}=前置放大器的噪声系数（dB）；B_e=有效带宽（MHz）=$(2B_rB_v-B_v^2)^{1/2}$；SNR_{RQD}=所需信噪比（dB）。

对典型结构的现代晶体视频接收机而言，采用自动处理输出，通过前置放大后灵敏度最终可以提高到 −65～−70 的范围。

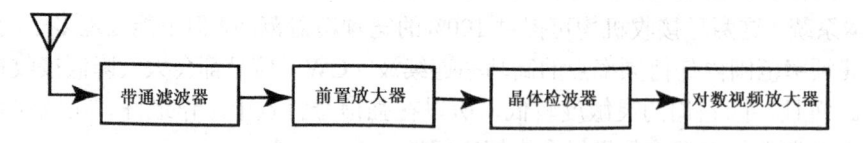

图 4.1　晶体视频接收机通常与带通滤波器和前置放大器一起使用，以适合其频率覆盖范围并改善其频率覆盖和灵敏度

4.2　IFM 接收机

顾名思义，瞬时测频接收机（IFM）仅测量射频输入信号的频率。基本的 IFM 电路产生一对与所接收的射频信号有关的信号，这些信号经过量化生成直接数字频率读数。如图 4.2 所示，输入带宽是有限的，IFM 电路中的延迟线调节其输出范围以便以最大精度非模糊地覆盖输入频段。由于 IFM 电路对信号电平比较敏感，所以 IFM 接收机的输入首先通过一个硬限幅放大器以产生恒定的信号电平。

前置放大的 IFM 接收机与晶体视频接收机相比灵敏度大致相同，但动态范围稍微小些。图 4.2 中的可变衰减器可将 IFM 接收机的动态范围扩展到与晶体视频接收机的动态范围相同的水平。IFM 接收机通常能够度量的最小信号频率约为其输入频率范围的 1/1000（如在 2～4GHz 范围内的分辨率为 2MHz）。这种接收机能在非常短的脉冲内（几微秒）足够快地测量频率，但是如果存在一个以上的强度相当的信号，则会给出无意义的读数。较强的带内连续波信号会妨碍 IFM 接收机准确地测量脉冲的频率。

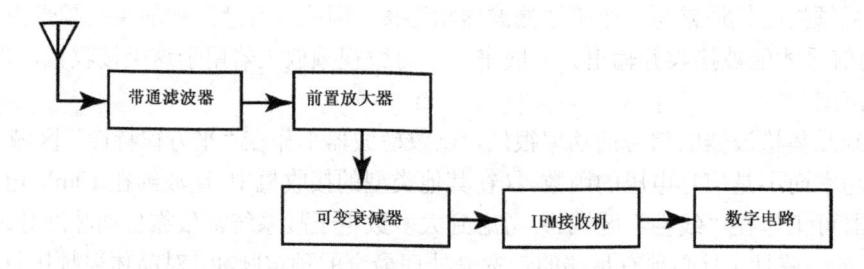

图 4.2　瞬时测频接收机提供脉冲或连续波信号的射频频率读数

4.3 调谐式射频接收机

在无线电广播发展初期，许多接收机都采用调谐式射频（TRF）设计，这些设计采用了多级调谐式滤波。后来，简单的超外差接收机设计在很多场合取代了 TRF 接收机设计。然而，电子战接收机设计采用的是另一种有时也称为调谐式射频的设计方法，如图 4.3 所示。

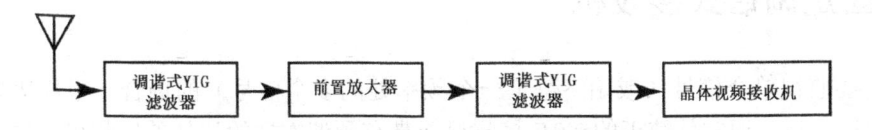

图 4.3 采用调谐式 YIG 滤波器来隔离同时信号的晶体
视频接收机常常被称为调谐式射频接收机

TRF 接收机基本上是一个其输入频率范围受限于调谐式 YIG 带通滤波器的晶体视频接收机。这样晶体视频接收机就能够控制多个同时信号，并且因射频带宽较窄还可提供更高的灵敏度。在系统应用中，TRF 接收机之前还可以增加前置放大器和可变衰减器来扩展其动态范围。

4.4 超外差接收机

超外差接收机非常灵活。由于它采用线性检波器或鉴频器，因此可提供与其预检波带宽和检波后处理增益有关的最佳灵敏度。基本的超外差接收机利用调谐式本振（LO）将一部分射频波段"外差"（即线性移动）到固定的中频（IF）频段。固定中频对提供必要的增益和滤波器的选择性是非常有效的。

隔离干扰信号是通过增加一个调谐式预选滤波器来实现的，控制该滤波器及本振从而选择仅被转换为 IF 宽带的输入频谱部分。图 4.4 所示为带有调谐式预选滤波器的简单超外差接收机。

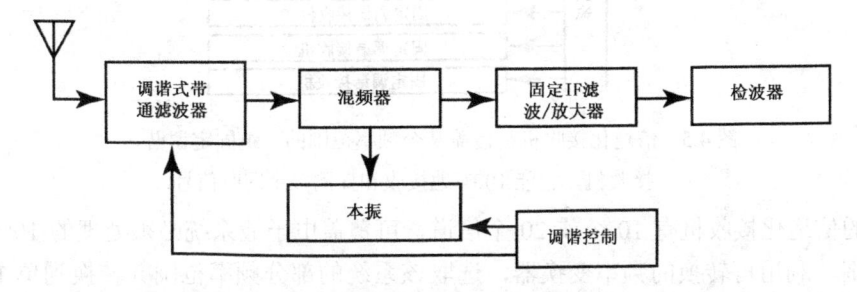

图 4.4 通过选择滤波器参数，超外差接收机可在
灵敏度、选择性和带宽之间获得最佳折中

调节预选器和 IF 带宽，可以获得最佳的灵敏度、选择性和瞬时频谱覆盖。更复杂的超外差接收机设计（包括多次转换），有时需要覆盖较大的频率范围或在复杂信号环境中提供较大的隔离。接收机常包含有可选择的 IF 带宽和检波器/鉴频器以应对不同的信号调制。

超外差接收机常被用于基本上是窄带的电子战侦察系统（如通信频段的 ESM 系统和许多 ELINT 搜集系统）。它们还被附加到宽带系统中以完成困难的任务（如连续波信号的详细参数分析）。

4.5 固定调谐式接收机

在需要监视单个信号（或始终位于一个频率处的多个信号）的场合，采用固定调谐式接收机比较合适，通常是纯正的 TRF 接收机或带有预调本振的超外差接收机。这两种简单接收机都能提供对单个频率的 100%的截获概率。

4.6 信道化接收机

一组可连续设置通带（通常一个接收机的 3dB 带宽的上限所处的频率与相邻的下一个接收机的 3dB 带宽的下限所处的频率相同）的固定频率接收机称为信道化接收机，如图 4.5 所示。这是一个理想的接收机类型。它在每个通道提供解调的信号输出，具有较窄的带宽，能提供极好的灵敏度和选择性。在其频率范围内，能提供 100%的信号截获概率，也能全特性接收位于不同频率通道的多个同时信号。

当然，这种接收机实现起来比较困难。如果要求在 2～4GHz 的频率范围内有 1MHz 的隔离，那么将需要 2000 个信道。而 2000 个独立的接收机，需要的体积、重量和功率为单个接收机的 2000 倍。值得欣慰的是封装技术在不断向前发展，小型化技术也使每个信道的体积、重量、功率和成本在以惊人的速度下降。但这些技术进步尚未能使信道化接收机到达可用的程度。

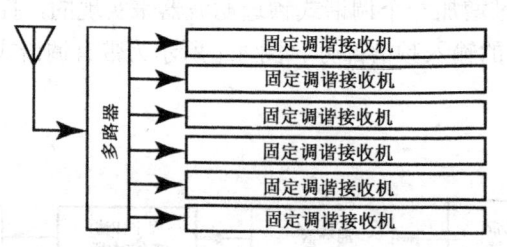

图 4.5 信道化接收机是覆盖某个频率范围的一组固定调谐
接收机，它能 100%地接收和探测多个同时信号

典型的信道化接收机有 10 个或 20 个信道，可覆盖电子战系统必须处理的 10%或 20%的频率范围。利用可转换的频率变换器，选取该系统的部分频率范围并转换到单个信道化接收机覆盖的频段。因此，信道化接收机用于解决在电子战系统频率范围内出现的难题（如连续波信号、多个同时信号或特别关键的参数）。它是一个可以根据优先方案谨慎使用（在计算机控制下）的很有价值的设备。

4.7 布拉格小盒接收机

图 4.6 所示的布拉格小盒接收机是一个能处理多个同时信号的瞬时频谱分析仪。放大到高功率电平的射频信号被施加到一个晶体"布拉格小盒",它通过产生间隔与接收机输入端的射频信号波长成正比的内部压缩线来起作用。这将导致激光波束在与所存在的射频成比例的角度处折射。这些折射波束聚焦在光检测阵列。该阵列检测所有绕射波束分量的偏转角并生成可以确定所有输入信号频率数字读数的输出信号。

实际上,布拉格小盒接收机用于确定信号的频率,因此窄带接收机可迅速地被调谐以对其进行处理。其灵敏度与具有相同频率分辨率的超外差接收机的灵敏度量级相当。

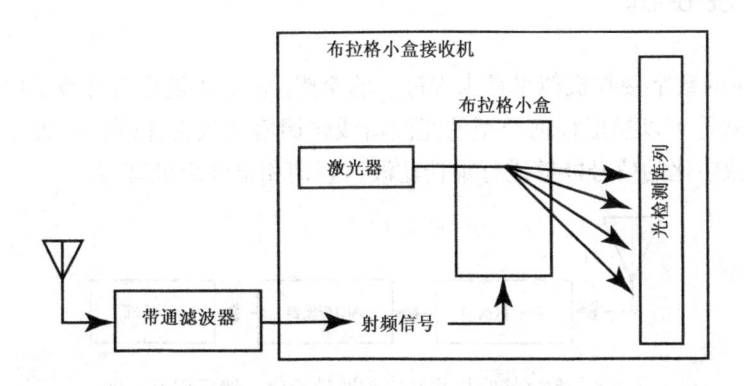

图 4.6 布拉格小盒接收机提供瞬时的、全频段测频,并处理多个同时信号

布拉格小盒接收机的动态范围有限,这是至今 30 多年来一直试图解决的问题。尽管适用于某些场合,但布拉格小盒技术正被持续发展的信道化接收机和数字接收机技术所超越。

4.8 压缩接收机

图 4.7 所示为压缩接收机(又称为微扫接收机)的组成方框图。它基本上是一个快速调谐的超外差接收机。通常,超外差接收机(或任何其他类型的窄带接收机)只能以一个速率调谐,并使其带宽驻留在一个频率上的时间等于或大于其带宽(即一个带宽为 1MHz 的接收机必须在每个频率上驻留至少 1μs 的时间)。压缩接收机的调谐速率比该速率快很多,但是其输出通过一个压缩滤波器后产生了一个与频率成比例的延迟。延迟与频率的关系正好补偿了接收机的扫描速率。因此,随着接收机带宽扫过信号,接收机的输出在时间上被相干压缩以生成一个强尖峰信号。最终的输出是接收机调谐的全频带频谱显示。

同布拉格小盒一样,压缩接收机对多个同时信号提供 100%的截获概率,其灵敏度与具有相同频率分辨率的常规超外差接收机的灵敏度相等,但动态范围更大。与布拉格小盒类似,它也不能解调信号,因此常常在检测新信号以便交予窄带接收机时更有用。

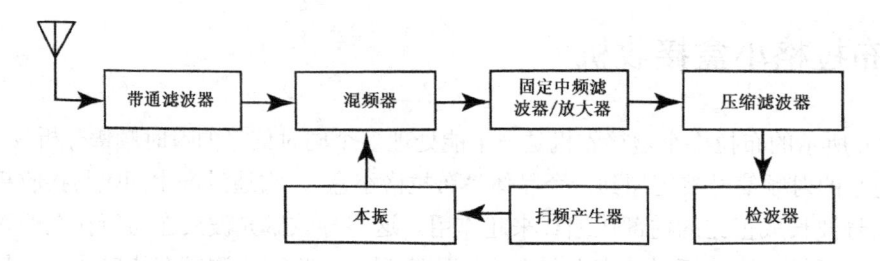

图 4.7　压缩接收机的扫频速度比常规的一个宽带限制快得多，它采用匹配的
压缩滤波器积累接收信号以便测量接收机频率范围内的所有信号的频率

4.9　数字接收机

图 4.8 所示的数字接收机似乎是未来最大的希望。它主要是将信号数字化以便计算机进行处理。由于软件可以模拟任何类型的滤波器或解调器（包括在硬件中难以实现的那些类型）的功能，数字化的信号能够进行最佳滤波、解调和检波后处理等。

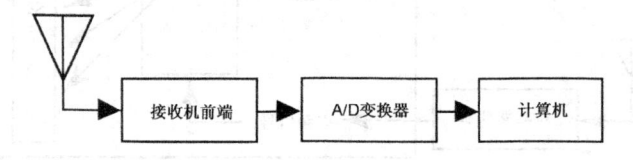

图 4.8　数字接收机将其中频通带量化，然后用适当的
软件实现滤波和解调功能以恢复所接收的信号

当然，问题主要是如何实现数字接收机。其中最关键的部件是模数（A/D）变换器。在待量化信号的每个最高频率周期中，必须采样两次才能为计算机提供适合的信号。虽然技术发展水平日新月异，但可量化的最高频率和可提供的最大分辨率仍然有限。

计算机的处理能力也是有限的（仍在不断进步），其处理能力限制了信号的数据吞吐量。复杂的软件需要大量的存储和处理内存。计算机的能力与体积、重量、功率和成本有很大关系。

尽管技术发展很快，但要实现全频段的数字接收机仍然是不切实际的，因此系统必须将一部分频率范围转换为数字接收机可以覆盖的频段。该频段有时被变换到"零中频"（中频段的低端接近直流），即对中频进行二次采样。中频二次采样的采样速率远低于中频，但等于待量化信号最高调制速率的两倍。

4.10　接收机系统

实际上，现代电子战侦察系统需要多种接收机才足以完成其任务。图 4.9 所示为典型接收机系统（或子系统）的结构。来自一个或多个天线的输入信号或者进行功率分配（如果所有接收机工作在全频率范围）或者进行分路（如果接收机工作在系统频率范围的不同部分）。在复杂系统中，该信号分配包括这两种情况的组合。

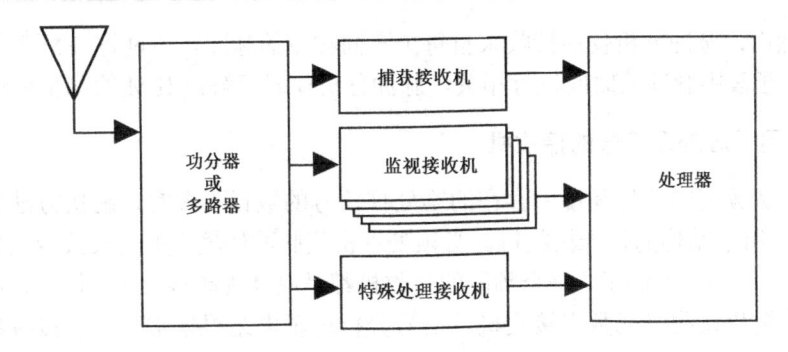

图 4.9 实际上，所有现代电子战侦察系统都采用
多种接收机来最佳地完成不同任务

采用窄带接收机的电子战侦察系统通常分派单个接收机（或接收机组）来搜索新的信号，然后将这些信号传送给专用接收机。在需要时，这些专用接收机以指定的带宽和解调设置保持在其指定频率上以便对信号进行深入分析，除非它们被重新分派给优先级更高的信号。

另一个常见的应用是采用一个特殊的处理接收机（比其他接收机更复杂的接收机）来提供由一个监视接收机处理的信号的额外信息。

下面是在电子战侦察系统中协同工作的多种接收机的典型应用实例。这些例子并不试图包含所有可能的途径，只讨论接收机系统的几个重要问题。

4.10.1 晶体视频和 IFM 接收机组合

由于电子支援系统特别是雷达告警接收机（RWR）必须非常迅速地确定它所接收的每个脉冲的所有参数，因此常常将晶体视频和瞬时测频（IFM）接收机配合使用，如图 4.10 所示。晶体视频接收机测量脉冲幅度、脉冲起始时间和终止时间，IFM 接收机测量每个脉冲的频率。

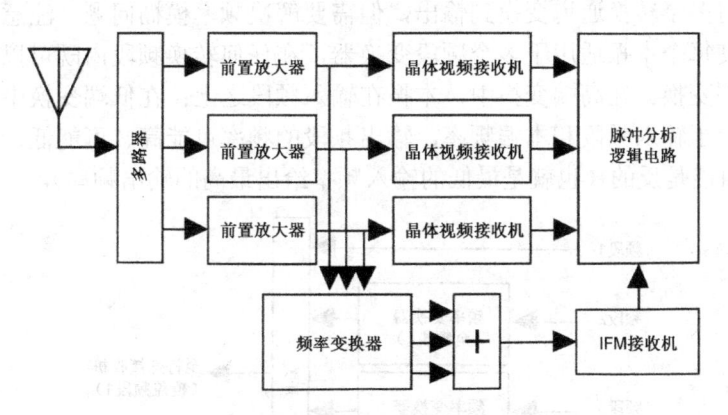

图 4.10 晶体视频接收机和瞬时测频接收机经常组合
应用以提供高密度信号环境中的脉冲参数信息

多路器将输入频率范围分为几段，以便每个晶体视频通道覆盖不同的波段（如 2～4GHz、4～6GHz 和 6～8GHz）。频率变换器将这些频段都变换到一个频率范围以便输入到 IFM（如 2～4GHz）。因此，IFM 的输出是模糊的（到 IFM 的 3GHz、5GHz 和 7GHz 似乎都

是 3GHz）。然而，脉冲分析仪能接收来自每个不同频段的脉冲。通过将 IFM 测量频率的时间与接收每个频段中脉冲的时间进行相关，脉冲分析仪即可解决 IFM 的测量模糊问题。

4.10.2 用于难处理信号的接收机

当预计在宽频范围信号环境中存在的难处理信号的数目不多时，解决方法就是选择性地采用图 4.11 所示结构的特殊接收机。必须处理密集脉冲环境中的连续波或其他复杂信号的现代 RWR 就是最好的例子。每个频段的接收机都是晶体视频接收机，特殊接收机是超外差接收机、信道化接收机或数字接收机。信号分析逻辑电路根据常规频段接收机所接收的信息、预计环境的先验知识和图 4.10 所示的 IFM 结构选定特殊接收机。如果没有其他提示信息，逻辑电路只能在整个频率范围内以优选的搜索模式轮转特殊接收机。

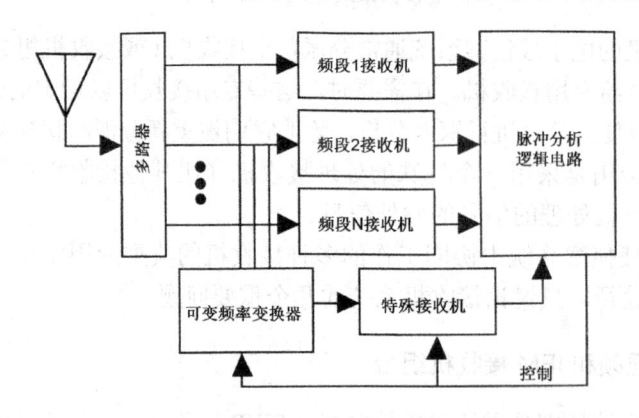

图 4.11 现代 RWR 采用特殊接收机（数字、信道化或超外差）来识别和定位具有不同调制信号的辐射源

在这种情况下，频率变换器将如图 4.12 所示，而特殊接收机将覆盖"频段 1"。系统也可以设计成能将多个转换通道变换到输出，但需要解决频率模糊问题。注意：频率变换器通常可设计为使每个本振适用于多个频段变换器，在任何转换频段内既可以采用高端变换也可以采用低端变换。在高端变换中，本振在输入频段之上；在低端变换中，本振在输入频段之下。取决于输入频段和本振频率，输出频段的频率可能高、可能低，频率的顺序可能是正的、也可能是反的（也就是最低的输入频率给出最高的输出频率）。

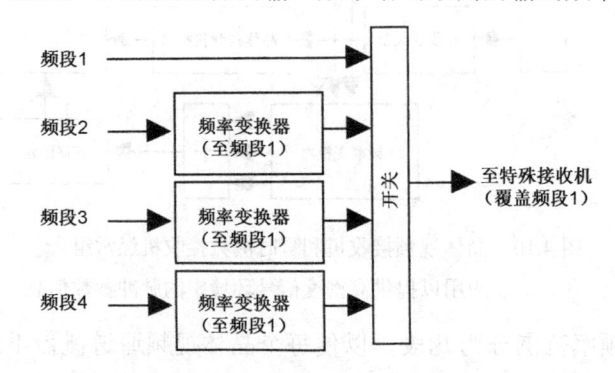

图 4.12 采用一个多频段变换器将系统全频段范围内的相同带宽部分混合到一个频段以便特殊接收机进行处理

4.10.3　几个操作员分时利用特殊接收机

图 4.13 所示为提供特定功能给各个独立分析接收机的特殊接收机。在这种情况下，负责对信号进行深入分析和需要辐射源定位信息的操作员分派任务给测向接收机。与所采用的辐射源定位技术有关（参见第 8 章），测向接收机可能需要额外的天线与几个测向站协同工作。

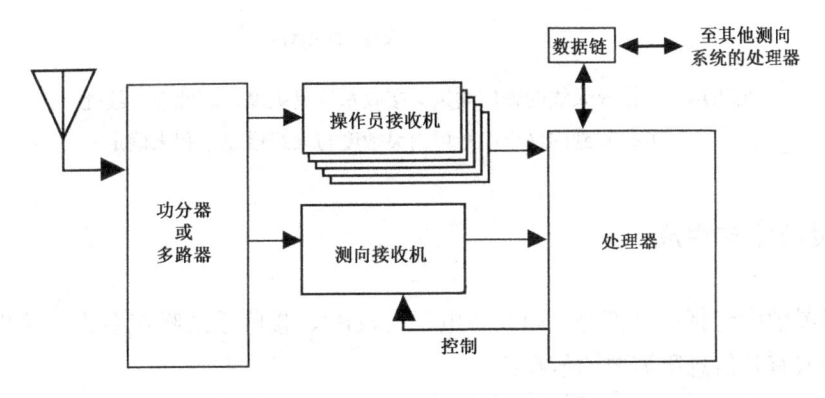

图 4.13　典型通信频段的测向系统在几个操作员间共享每个站的测向接收机

4.11　接收机灵敏度

接收机灵敏度定义了接收机可接收到的并仍能正常工作的最小信号强度。灵敏度是一个功率电平，通常用 dBm 表示（一般是一个较大的负 dBm 数）。它还可以用场强（μV/m）来表示。简单地说，如果链路方程的输出（如第 2 章所定义的）是等于或大于接收机灵敏度的接收功率，则链路在起作用，也就是说接收机能正确地提取发射信号中所包含的信息。如果接收功率小于灵敏度电平，那么所提取的信息质量就达不到要求。

4.11.1　灵敏度定义

尽管并不总是这样，但实际上在接收天线的输出端定义接收系统的灵敏度比较好，如图 4.14 所示。如果在此处定义灵敏度，则可以将接收天线的增益（dB）与到达接收天线的信号功率（dBm）相加来计算进入接收系统的功率。这意味着在计算接收系统的灵敏度时要考虑天线和接收机间的电缆损耗，以及前置放大器和功率分配网络的影响。当然，如果购买接收机，生产商提供的性能指标都假设天线和接收机之间没有损耗，因此是在接收机输入端定义接收机灵敏度（相对于接收系统灵敏度）。

以上问题的关键是在定义天线增益时必须考虑作为天线（或天线阵）组成部分的电缆、连接器等的损耗。这些看起来似乎微不足道，但在这方面的误解会在购买或销售设备时导致很大的争议。

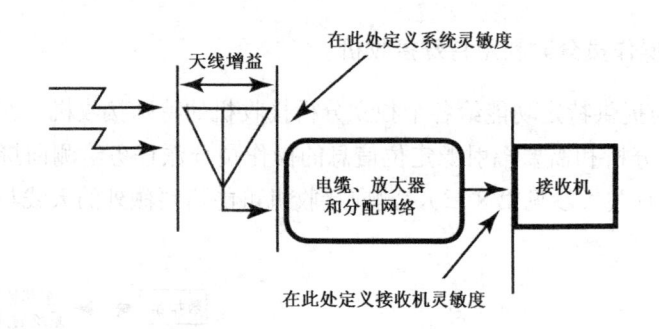

图 4.14 在接收天线的输出端定义接收系统灵敏度，因此在天线处
可接收到的最小信号可由灵敏度与天线增益之和来确定

4.11.2 灵敏度的组成

接收机灵敏度包括三个部分：热噪声电平（kTB）、接收系统噪声系数，以及从接收信号中准确提取有效信息所需要的信噪比。

4.11.2.1 kTB

kTB 实际上是三个数值的积：
- k 是玻耳兹曼常数（1.38×10^{-23} J/°K）；
- T 是工作温度（°K）；
- B 是接收机有效带宽。

kTB 定义了理想接收机中的热噪声功率电平。当工作温度设定在 290°K、接收机带宽设定在 1MHz，且结果被转换为 dBm 时，则 kTB 的大概值为-114dBm，常表示为：

$$kTB = -114 \text{dBm/MHz}$$

根据此经验数，可以迅速计算出任何接收机带宽下的理想热噪声电平，例如，如果接收机带宽为 100kHz，kTB 即为-114dBm -10dB= -124dBm。

4.11.2.2 噪声系数

如果不是理想接收机，则接收机会在所接收的信号中额外增加噪声。接收机带宽中的噪声与只存在 kTB 时的噪声之比称为噪声系数。实际上，噪声系数被定义为这个噪声比（噪声/kTB）是相当不真实的，它必须被注入理想的无噪声接收机（或接收系统）的输入端以生成实际存在于其输出端的噪声，如图 4.15 所示。同样的定义适用于放大器的噪声系数。

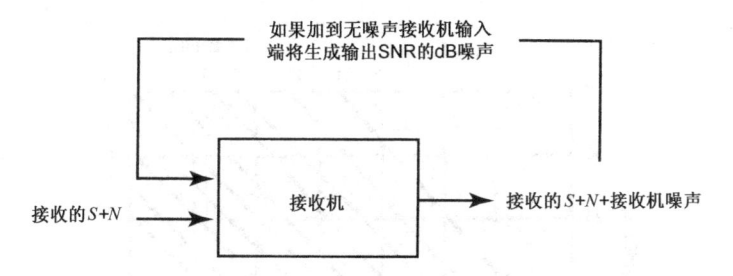

图 4.15 接收机的噪声系数是接收机加到接收信号的、基于接收机输入端的热噪声

接收机或放大器的噪声系数由其生产商确定，但是系统噪声系数的确定更复杂些。首先考虑用有损耗的电缆（或其他无增益的无源器件，如无源功分器）将单个接收机与天线相连的简单接收系统。在这种情况下，将天线和接收机之间的所有损耗叠加到接收机的噪声系数上即可确定系统的噪声系数。例如，如果在天线输出端和噪声系数为 12dB 的接收机输入端之间有一根损耗为 10dB 的电缆，则系统的噪声系数为 22dB。

现在，讨论包括前置放大器的接收系统的噪声系数，如图 4.16 所示。L_1（天线与前置放大器间的损耗，dB）、G_P（前置放大器的增益，dB）、N_P（前置放大器的噪声系数，dB）、L_2（前置放大器和接收机之间的损耗，dB）、N_R（接收机的噪声系数，dB）定义为变量。该系统的噪声系数（NF）由下式确定：

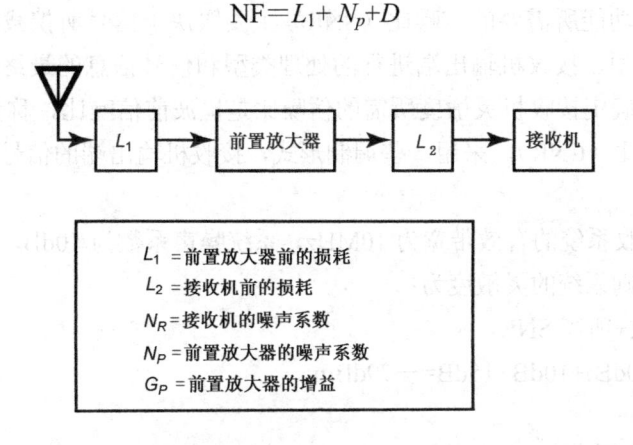

$$NF = L_1 + N_P + D$$

图 4.16 接收系统的噪声系数可能会由于增加了前置放大器而降低

其中，L_1 和 N_P 正好被插入，D 是由于增加了前置放大器而恶化的系统噪声系数。D 的值根据图 4.17 来确定。为利用这个图表，从横坐标上的接收机噪声系数（N_R）值开始画一条垂直线，从噪声系数与前置放大器增益之和再减去前置放大器至接收机间的损耗值（$N_P+G_P-L_2$）处画一条水平线。这两条线相交于恶化系数处（dB）。在图示例子中，接收机噪声系数为 12dB，前置放大器增益与噪声系数相加并减去其至接收机的损耗后的值为 17dB（如增益 15dB，噪声系数 5dB，损耗 3dB），恶化系数为 1dB。如果天线与前置放大器间的损耗为 2dB，则最终的系统噪声系数将为 2dB+5dB+1dB=8dB。

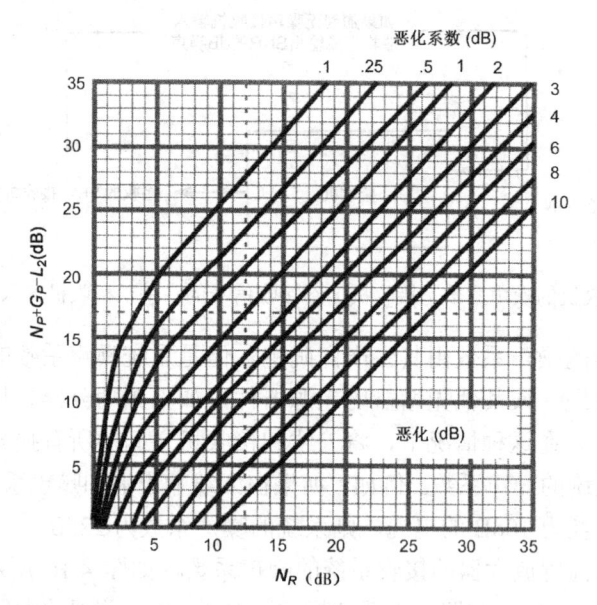

图 4.17 根据此图表可以确定增加了前置放大器后系统噪声系数的恶化程度

4.11.2.3 所需信噪比

接收机履行其功能所需要的信噪比（SNR）主要取决于信号所携载的信息类型、携载信息的信号调制类型、接收机输出端进行的处理类型和信号信息的最终用途。重要的是要认识到必须定义要确定接收机灵敏度所需的信噪比是检波前信噪比，称为射频信噪比（RF SNR）或载波噪声比（CNR）。采用一些调制形式，接收机输出端的信号中的信噪比可以远远大于射频信噪比。

例如：如果接收系统的有效带宽为10MHz，系统噪声系数为10dB，且旨在接收脉冲信号进行自动处理，则系统的灵敏度为：

kTB+噪声系数+所需 SNR

=(-114dBm+10dB)+10dB+15dB=-79dBm

4.12 调频灵敏度

根据调频（FM）信号的调制性质，调频接收机的灵敏度由接收功率电平和调制特性确定。接收功率必须足够大以使进入调频鉴频器的信噪比（SNR）足以恢复调制。一旦达到此门限，频率调制的宽度即可确定能提高灵敏度的信噪比改善因子。

调频信号将调制信号的幅度变化表示为发射频率的变化，如图 4.18 所示的正弦波调

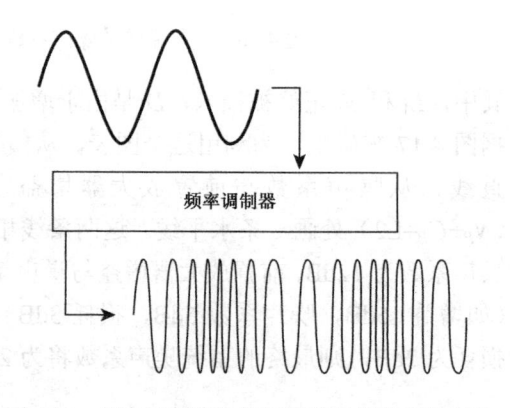

图 4.18 频率调制信号的幅度随发射频率的变化

制信号。最大发射频率偏移（自非调制载波信号的频率）与调制信号的最大频率之比称为调制指数，用希腊字母 β 表示。

经正确解调后，只要射频信噪比（RF SNR）大于所需的门限，输出信号的质量将比射频信噪比提高一个系数（为 β 值的函数）。

4.12.1 调频改善因子

标准调频鉴频器的门限射频信噪比约为 12dB。对锁相环型的调频鉴频器来说，该值大约为 4dB。小于接收信号射频信噪比门限值时，输出信噪比严重衰减；大于该门限时，输出信噪比提高的倍数等于一个调频改善因子：

$$IF_{FM}(dB)=5+20\log_{10}\beta$$

例如，如果接收机有一个标准调频鉴频器，接收信号足以产生 12dB 的射频信噪比，接收信号的调制指数为 4，那么调频改善因子为：

$$IF_{FM}(dB)=5+20\log_{10}(4)=5+12=17dB$$

则输出信噪比为：

$$SNR=RF\ SNR+IF_{FM}=12+17=29dB$$

调频改善因子的实现取决于当信号移过接收机时具有合适的带宽。

又如，假设要输出 40dB 的信噪比（无雪花电视图像要求的），如果所发射的电视信号是调制指数为 5 的调频信号，那么所需的射频信噪比（确定接收机灵敏度所需要的）由下式计算：

$$IF_{FM}(dB)=5+20\log_{10}(5)=5+14=19dB$$

所需的 RF SNR=输出 SNR$-IF_{FM}$=40$-$19=21dB

4.13 数字灵敏度

数字信号的输出质量与调制参数有关。射频信噪比太低将产生误码。数字信号的优点是只要每个接收机的射频信噪比足以将误码保持在一个可以接受的水平上，它就能在不损失信号质量的情况下多次转发信号。

4.13.1 输出信噪比

被量化的模拟信号的输出信噪比实际上是信号量化噪声比（SQR）。如图 4.19 所示，初始模拟信号被量化，然后在接收机的输出端通过数模变换器恢复为模拟形式，它类似于图中所示的再生数字信号。采用合适的滤波器可以平滑波形的尖角，但再生信号的精度实际上并没有提高，因为被传送的只有数字信号信息。依据信号幅度的量化位数，SQR 的简易表达式为：

$$SQR(dB)=5+3(2m-1)$$

其中，m 为每个样本的位数。

例如，对每个样本的 6 位量化信号来说，其 SQR 为：

$$SQR(dB)=5+3(11)=38dB$$

4.13.2 误码率

所有数字格式的信号都是以采用某种调制技术调制在射频载波信号上的一系列"1"和"0"来传送的。可以采用的特定调制类型有很多，每一种都各有其优缺点——包括发射带宽与数字信息码率之比和误码率与射频信噪比性能的关系。大多数情况下，各种调制都需要射频带宽与数字信息之比位于 1 和 2 之间（即 1Mbps 的数据需要 1～2MHz 的发射带宽）。

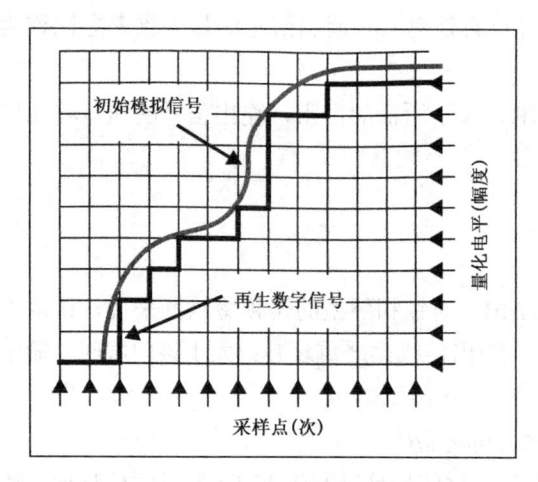

图 4.19 从被量化的信号中恢复的模拟信号的精度在产生量化噪声的量化过程中有所下降

每种调制类型的误码率与射频信噪比性能的关系都是不同的，但对图 4.20 所示的通用相干相移键控（PSK）调制和非相干频移键控（FSK）调制来说，几乎都落在曲线之间。误码率是平均差错位数与发射位数之比。在图示例子中，采用非相干频移键控调制并以 11dB 射频信噪比抵达接收机的数字信号的误码率将稍小于 10^{-3}。如果调制是相干相移键控的，则误码率约为 10^{-6}。请注意：数字信息系统所需的传输精度通常根据"字差错率"或"报文差错率"来确定。在可以用这样的图表将差错率转换为所需的射频信噪比之前，我们需要将其转换为误码率。例如，误码率等于报文差错率与标准报文的位数之比。如果一个标准报文的位数为 1000，且只有 1% 的报文是错误的，那么误码率必定为 10^{-5}。

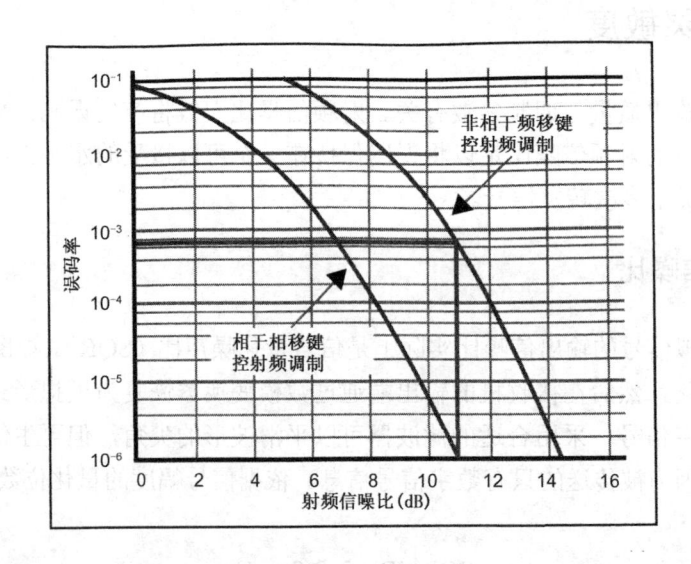

图 4.20 对用来携带数字信息的任何射频调制类型来说，接收信号的误码率都与射频信噪比有关

第 5 章　电子战处理

关于电子战处理有三点必须强调。首先，电子战处理是一个范围很广的主题，本章并不试图涵盖所有的内容。其次，其他章节中的一些内容也考虑了处理问题。本章将参考这些内容，并与目前的讨论相结合。最后，由于计算机硬件能力处于爆炸性增长时期，所以电子战处理技术的发展日新月异。因此，本章重点论述要做什么和为什么这样做，而不是具体实施的硬件和特定软件。

5.1　处理任务

就其本质而言，电子战是对其周围环境中存在的威胁信号做出的响应。因此，从 1940 年现代电子战诞生时起，电子战就需要进行某种处理以确定何时使用电子对抗，以及如何恰当地使用电子对抗。最初，是完全依靠熟练操作员确定存在哪些威胁信号以便采取适当的对抗措施。由于人类无法直接检测射频信号，所以用接收机检测信号，然后以某种方式进行处理并以操作员能够识别的形式进行显示。

随着信号环境变得更为复杂、雷达控制的武器杀伤力更大、所需时间更短，自动检测和识别威胁就变得十分必要。在几乎所有的电子战系统中，威胁识别都是电子战处理的主要任务。

辐射源定位是电子战的另一项基本任务。在第 8 章将讨论辐射源定位（和测向），因而本章不再涉及。但是，高级处理功能与辐射源定位的作用是密切相关的。

由于现代电子战系统，尤其是机载系统，必须处理许多信号（包括每秒数百万个脉冲），因此从接收的大量射频信号中分离出各个信号可能是关键的处理任务。

现代电子战系统常常是高度综合的，包含了多个传感器和多个对抗系统。所有这些系统资源必须是可控和可协调的。第 4 章已经讨论了在搜索任务中多个接收机的控制问题，但我们还将在某些电子战应用中论述一些更特殊的选择标准。

与干扰直接相关的处理功能将在第 9 章介绍干扰技术时涉及。因此，这里只介绍与干扰机控制有关的处理。

表 5.1 列出了电子战处理的主要类型及其在电子战任务中的作用，这是电子战领域内公认的一种划分。该表格的目的是产生一种逻辑结构，以便我们能在其中讨论电子战处理问题。

表 5.1　电子战处理任务

处 理 任 务	在电子战任务中的作用
威胁识别	根据信号参数确定辐射源类型
信号相关	将信号分量分配给信号以支援威胁识别
辐射源识别	识别各个辐射源（针对辐射源类型）
辐射源定位	确定信号的到达方向或辐射源位置

续表

处理任务	在电子战任务中的作用
传感器控制	在数据分析的基础上分配电子战系统的传感器资源
对抗措施控制	以接收的信号数据为基础产生综合电子战系统的对抗措施控制输入
传感器引导	降低窄孔径设备的参数搜索量
人机界面	读控制输入并生成显示
数据融合	融合来自多个传感器或系统的数据以产生电子战斗序列

5.1.1 射频威胁识别

让我们从所接收的 RF 信号参数开始来讨论威胁识别问题。通常，威胁信号参数包括：
- 有效辐射功率；
- 天线方向图；
- 天线扫描类型；
- 天线扫描速率；
- 发射频率；
- 调制类型；
- 调制参数。

当这些信号到达接收机时，它们的特性略有不同。接收的信号参数包括：
- 接收信号的强度；
- 接收的频率；
- 观测到的天线扫描；
- 调制类型；
- 调制参数。

其中一些参数相对容易测量，而另一些参数却很难测量——需要采用特殊的设备。因为电子战中的威胁识别通常是实时处理的，因此必须仔细考虑要分析的参数顺序。

5.1.2 威胁识别中的逻辑流程

现代系统中的威胁识别是非常复杂的，因为存在许多威胁，而且威胁参数也越来越复杂。通常，我们必须知道所存在的威胁的类型、威胁所处的位置和威胁的工作模式。对射频制导威胁而言，通常根据接收到的射频信号即可确定其类型、位置和工作模式这三个信息。

关于威胁识别逻辑流程，可以概括为以下三点：
- 首先完成最容易分析的任务。通常这些任务只需要利用宽带设备和非常短的信号截获时间。
- 去除早期容易分析的信号数据，以便对已减少的数据进行更复杂的分析。
- 所有需要的模糊一被解除，分析就终止。

例如，研究对抗脉冲辐射源的雷达告警接收机（RWR），我们必须分析的信号参数有：
- 脉冲宽度；
- 频率；

- 脉冲重复间隔；
- 天线扫描。

接收的这些信号参数用图 5.1 来说明。

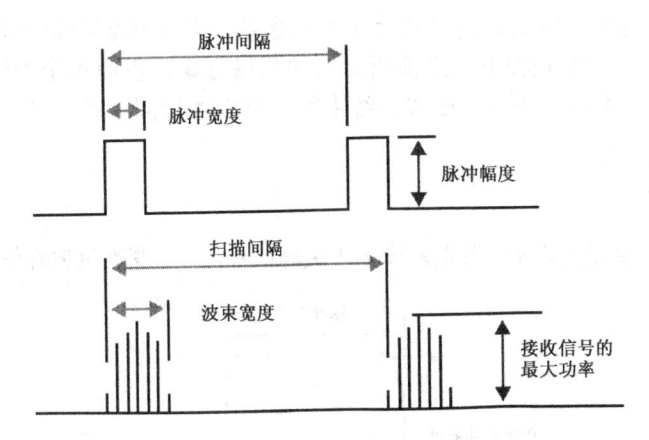

图 5.1　分析雷达信号脉冲和扫描参数以确定产生这些参数的雷达类型

在图 5.2 中，RWR 首先试图根据每个脉冲的参数（频率和脉冲宽度）来确定威胁类型。如果威胁信号的类型恰好能从这两个参数中识别出来，那么处理器将停止分析并报告威胁身份。

然后，RWR 分析脉冲重复间隔，因为只需要确定两个脉冲之间的间隔。遗憾的是，这非常复杂。如果存在多个脉冲序列，则必须将脉冲分选到各个信号中。同时，脉冲序列的脉冲重复间隔并不简单，它可能是参差或抖动的。然而，事实上脉冲间隔的分析是另一个较容易的任务，因此第二步应当处理它。如果就此获得了识别结果，则处理器就此停止工作。

最后，RWR 分析天线扫描。由于这包括分析一长串脉冲的相对幅度，所以需要分析已经与各信号相关的许多顺序到达的脉冲。这是最难，也最耗时的任务。事实上，接收天线波束之间的间隔可能与 RWR 完成分析并报告威胁身份所规定的总时间处于同一量级。

图 5.3 所示为假设的威胁识别情况。已测出 3 个信号参数，存在着四种可能的威胁类型。威胁 1 最容易识别，因为它可以利用测得的参数 A 值进行准确识别。威胁 2 和 3 需要确定两个参数的值，以分辨它们的模糊性，因此，它们所需的分析比威胁 1 更多。威胁 4 只能通过测定所有三个参数的值来进行准确识别。

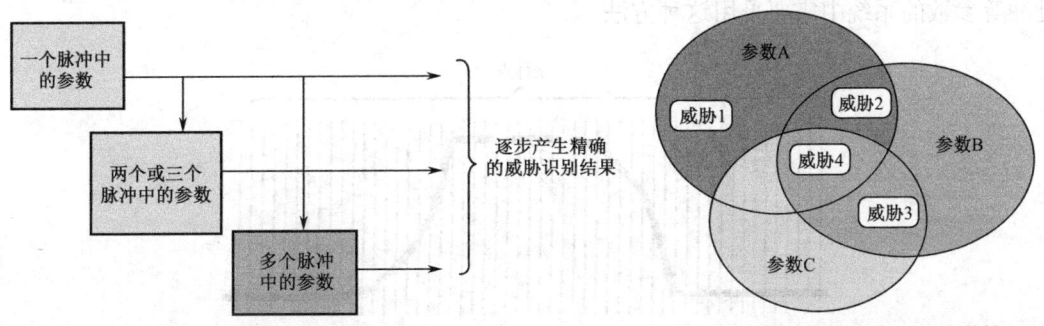

图 5.2　威胁识别处理通常是通过增加数据采集时间来不断精确的

图 5.3　电子战处理器通常只评估足够分辨出要识别的威胁类型间的模糊性的数据

5.2 确定参数值

分析威胁信号的第一步就是测量接收信号的参数。为了理解测量机理，就要考虑在计算机用于雷达告警接收机（RWR）之前所采用的测量方式。以前每个参数测量电路都由分立元件构成，只能完成单一任务。现代系统中的计算机执行同样的任务，但更有效。

5.2.1 脉冲宽度

当脉冲通过一高通滤波器后，其前沿变为正尖峰信号，后沿变为负尖峰信号，如图 5.4 所示。

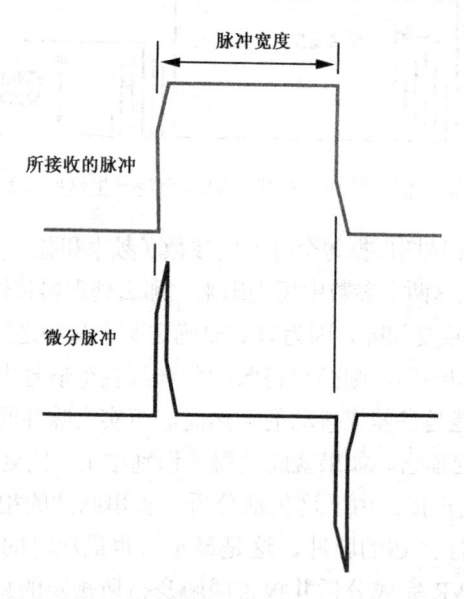

图 5.4　用前、后沿尖峰信号启动、终止一个计数器就能高精度地测量脉冲宽度

用正尖峰信号启动计数器、负尖峰信号终止计数器，就能很精确地测量脉冲宽度。图 5.5 所示为第二种方法。以较高的采样速率将脉冲信号数字化并进行分析，从而确定脉冲宽度。此方法还能提供有关脉冲波形的详细信息。除脉冲宽度外，在测量脉冲的上升时间、过冲等参数的系统中需要采用这种方法。

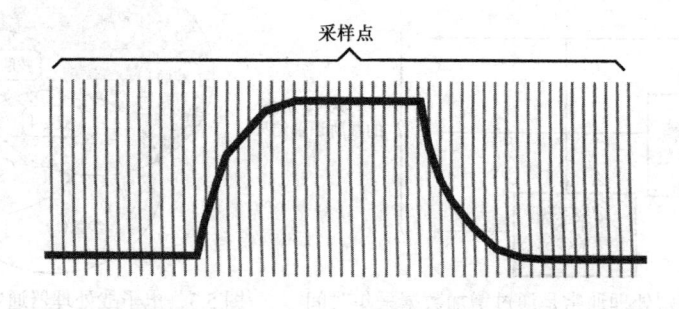

图 5.5　如果高速率采样脉冲波形，则可用数字方式捕获全脉冲波形

5.2.2 频率

早期的 RWR 采用晶体视频接收机,所以信号的频率只能通过采用滤波器将输入信号分为不同频段并在每个滤波器输出端连接一晶体视频接收机来确定。脉冲信号或连续波信号的频率还可以通过将窄带接收机调谐至一个信号来测得。该信号的频率就是接收机要调谐的频率。

随着实用性瞬时测频(IFM)接收机的出现,以及利用计算机来收集数据,每个脉冲的频率都可被测量并存储。

5.2.3 到达方向

采用第 8 章介绍的几种测向方法之一就能测量每个脉冲的到达方向(DOA)。用比幅测向法进行低精度 DOA 测量,用干涉仪方法进行高精度 DOA 测量。

5.2.4 脉冲重复间隔

过去,脉冲信号的脉冲重复间隔(PRI)是用数字滤波器测量的。这种滤波器专门检测存在的特定脉冲间隔。数字滤波器在迟于所接收脉冲一固定时间后打开接收门。如果一个脉冲出现在门打开的时刻,它将寻找同一间隔内的另一个脉冲。接收到足够多的合格脉冲时,就可确定有特定 PRI 的信号存在。每个威胁 PRI 必须有一个数字滤波电路,要控制参差脉冲序列需要多个数字滤波电路。该方法的一个优点是单个信号的脉冲可以从宽带接收机中许多信号的复合脉冲序列中去交错而得。

当然,现在的计算机能收集大量脉冲前沿的到达时间,并用数学方法确定多个 PRI 和参差 PRI。

5.2.5 天线扫描

早期的 RWR 必须设定门限并测量在此门限上所接收的序列脉冲数才能确定威胁辐射源的波束宽度,如图 5.6 所示。随着威胁天线波束扫过接收机位置,所接收的脉冲幅度如图所示变化。因此,计数脉冲起作用,除非计数期间出现其他信号。目前,因为有更好的去交错信号的方法,所以通常将单个信号的脉冲隔离并计算出脉冲幅度曲线。

采用 DOA 与接收信号功率间关系的直方图可以确定天线的扫描类型。图 5.7 所示为极不可能的情况:不同天线扫描类型的三个信

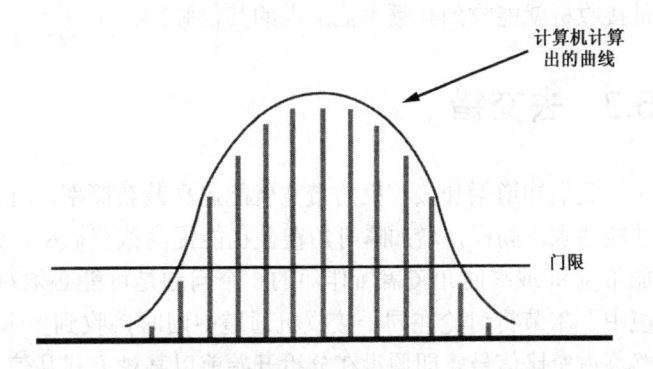

图 5.6 通过统计超过门限的脉冲数并分析脉冲幅度波形曲线可以确定脉冲型威胁信号的天线波束宽度

号沿着一个 DOA 部署。垂直轴为对应功率电平上所收到的脉冲数。如果考虑各种扫描类型下接收功率与时间的关系，就能明白所示三种扫描类型之间的波形是不同的。

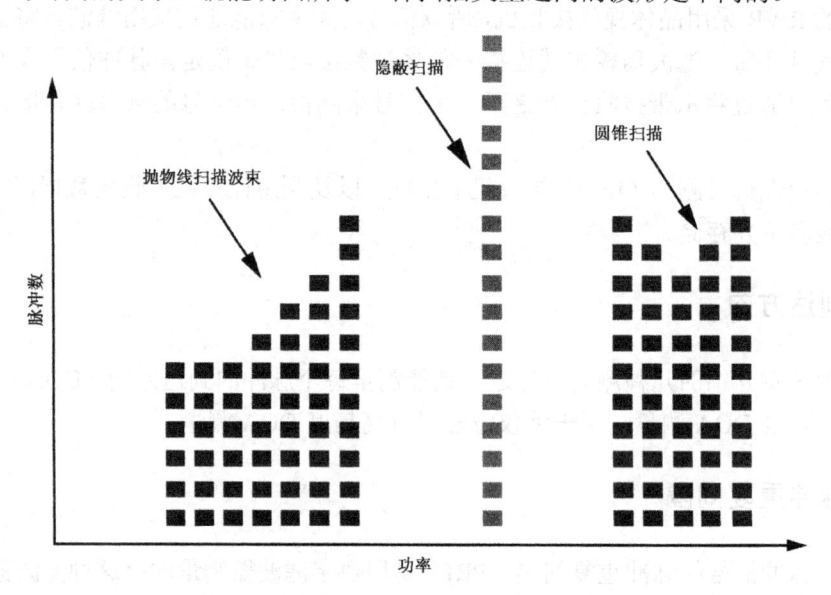

图 5.7 威胁天线扫描还可由 DOA 与幅度关系直方图来确定。该图为具有同样 DOA 的三个直方图

5.2.6 在有 CW 的情况下接收脉冲

前面我们讨论了工作在没有 CW 或高占空比脉冲信号（主要是脉冲多普勒信号）的理想状态下的 RWR。当 CW 信号与脉冲信号同时存在时，宽带接收机（如晶体视频接收机）的对数响应将失真。当存在高占空比脉冲信号时，其脉冲覆盖低占空比脉冲而导致同样的问题出现。由于需要精确测量幅度才能确定 DOA，所以 CW 信号妨碍了系统对脉冲的正确操作。还应注意：IFM 接收机是一个宽带接收机，它一次只能工作在一个信号上。解决办法是用一带阻滤波器滤出 CW 信号。那么当窄带接收机处理 CW 或脉冲多普勒信号时，宽带接收机就能收到其频率范围内的其他脉冲。

5.3 去交错

我们知道增加接收机的带宽就能提高截获概率，而宽开接收机可提供基本的频率-时间性能要求。同样，增加瞬时角覆盖也能提高截获概率，许多 EW 系统需要 360°的覆盖。增加带宽和/或瞬时角覆盖所伴随的一个问题是可能必须对付多个同时信号，尤其是在密集环境中。本节将讨论在同一接收机通道中同时接收到多个脉冲的情况。在此情况下，有意忽略高占空比信号，即假设在分析开始前以某种方式从信号集合中去掉了高占空比信号。

去交错就是将单个辐射源的脉冲与包含两个以上信号的脉冲流分离开的过程。图 5.8 所示为只有三个信号的简单脉冲环境中的视频信号。注意这些信号都用高占空比（脉冲宽度除以脉冲重复间隔）来描述。要求正常脉冲信号的占空比约为 0.1%。

所有这些信号的脉冲重复频率（PRF）都是固定的。信号 B 代表窄波束雷达扫过接收机的波束形状。其他两个信号有固定的幅度，这或许是因为我们的样本处在辐射源波束内。

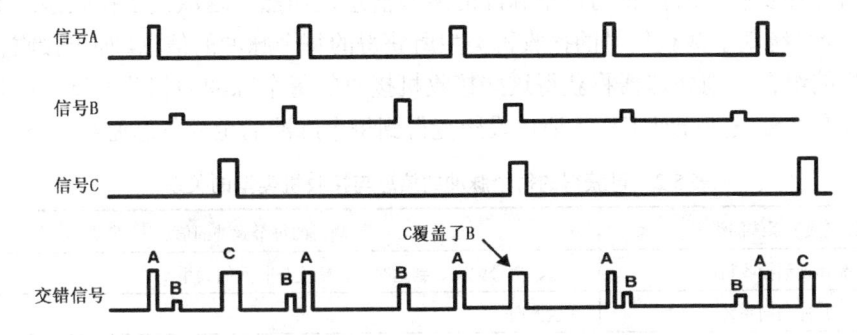

图 5.8　如果同一个接收通道收到了多个脉冲信号，就必须进行去交错处理以分离各个信号

图中的交错信号代表将出现在宽带接收机中的所有三个信号的复合信号。在每个脉冲上标出其信号，去交错后，三个脉冲序列被分离成各自独立的信号。还可以进一步进行处理。

5.3.1　脉冲重叠

注意信号 C 的第二个脉冲覆盖了信号 B 的第四个脉冲，这称做脉冲重叠，即 POP 问题。如果在此位置系统只发现了一个脉冲，则它将从一个去交错信号中去除那个脉冲。取决于去除的脉冲数和随后的信号识别处理特性，这可能会对系统的性能造成不良影响。

图 5.9 详细说明了两个交叠脉冲的情况。注意复合视频信号中存在的每个脉冲的幅度和持续时间。假若系统处理具有足够的分辨率来测量这些值，则两个脉冲都与其自身信号相关。然而，应该注意的是提供视频波形给处理单元的接收机必具有足够的带宽能使保真的复合视频信号通过以便进行有关测量。

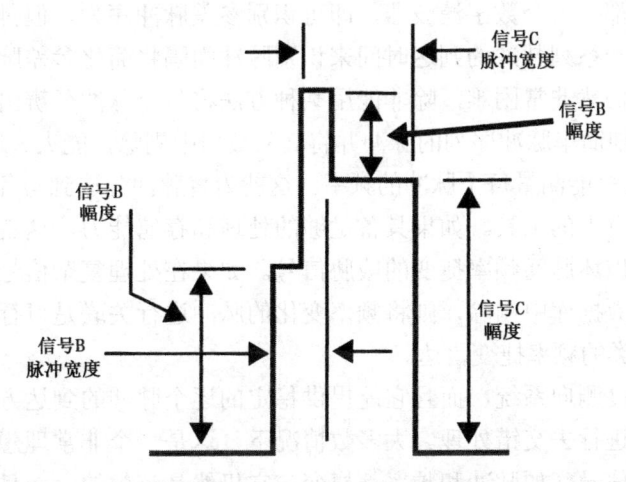

图 5.9　仔细观察两个交叠脉冲的视频波形可以发现：每个脉冲的幅度和宽度都是可以恢复的，交叠期间的复合脉冲幅度小于两个脉冲的幅度之和，因为典型电子战接收机的对数视频输出将压缩它

5.3.2 去交错工具

去交错处理要利用所接收的每个脉冲的所有信息,当然,这取决于接收系统的结构。表5.2所示为系统基于截获信号的接收机类型所获得的每个脉冲的信息。如果接收机系统是这些接收机的组合,则处理器将获得这些接收机接收的每个脉冲的相关信息。但是,由于该系统可以在各频段间分时工作,所以设想能得到每个脉冲的全部信息通常是不可靠的。

表5.2 可获得的每个脉冲的信息与接收机类型的关系

接收机或子系统的类型	测得的每个脉冲的信息
晶体视频接收机	脉宽、信号强度、到达时间、幅度与时间的关系
单脉冲测向系统	到达方向
瞬时测频接收机	射频频率
带调幅和调频鉴频器的接收机	脉宽、信号强度、到达时间、射频频率、幅度及频率与时间的关系
数字接收机	脉宽、信号强度、到达时间、射频频率、脉冲调频或数字调制
信道化接收机	脉宽、信号强度、到达时间、频率

注意第4章中讨论的电子战接收机的类型。

显然,如果能通过识别每个脉冲,然后将其分选到信号中来分离信号,那么去交错就更容易些。这不仅需要测量参数,而且需要有足够的分辨率来区分每个参数的信号间的差别。

在现代RWR发展初期,单脉冲测向系统中一般只有晶体视频接收机。由于接收的脉冲幅度随着威胁辐射源天线扫过接收机而变化,故只有定时和到达方向可用。但是,到达方向的测量结果相当不准确,而且随着接收天线增益的变化而变化。因此,到达方向不是可靠的参数。这意味着脉冲的到达时间是去交错脉冲的唯一可行方法,除非可用脉宽将脉冲区分开。

5.3.1节我们讨论了脉间去交错的新技术,但应注意这种方法对固定PRF信号最有效。如果每个参差周期都有一个数字滤波器,即可识别参差脉冲序列,但抖动脉冲序列不同。采用计算机处理由一系列脉冲的到达时间来识别脉冲间隔将简化参差脉冲的处理,但抖动脉冲序列的去交错仍然非常困难,除非能用某种方法将各个脉冲分辨出来。在处理更复杂的脉冲序列之前识别简单脉冲序列的脉冲并将其从数据中剔除,能大大增强该处理的能力。

采用IFM接收机能测量每个脉冲的频率。这就为将脉冲分选到与各信号相关的频率范围中提供了一个强有力的工具。如果具备足够的处理和存储能力,这就是一个强大的去交错工具。该技术可破坏脉间频率捷变的威胁信号。如果在处理复杂信号前能将简单脉冲序列中的所有脉冲从数据库中剔除,则将频率变化的脉冲进行关联是可行的,除非接收机中同时存在着多部同类的频率捷变雷达。

如果采用高精度测向系统,而且它能提供稳定的逐个脉冲的到达方向数据,则利用到达方向即可对脉冲进行去交错处理。大多数情况下,这是一个非常理想的去交错方法,因为即使对复杂调制信号(如脉冲和频率都捷变)它仍然是有效的。一旦分离出单个信号的脉冲,即可进行统计分析以从调制中提取必要的信息。

5.3.3 数字接收机

随着数字接收机越来越实用、功能越来越强大，老式系统中采用的所有技术将以软件形式体现。只要能够逼真地将信号数字化，就可用软件实现任何处理，这包括自适应解调、滤波、参数提取等。但是，"足够的保真度"是一个重要的限定词。数字化的局限是每次采样的位数（限制处理的动态范围）和数字化速率（限制处理的时间保真）。这两者均可通过新技术开发不断进行试验。

5.4 操作员界面

电子战处理的难点之一是操作员界面（又称人机界面，即 MMI）。该系统必须接受操作员的指令并将数据提供给他们。关键是电子战系统的用户界面要友好，这意味着要以对操作员而言最直观的形式来接受操作员的指令，并且以最简单方便的形式向操作员显示信息。这在实际应用时意义重大。我们将用两种特殊的电子战系统应用来说明这个问题，它们是机载综合电子战设备和与其他远程测向系统联网的战术辐射源定位系统。在这两个范例中，我们将描述所涉及的指令和数据，并讨论显示器的发展历程、目前通用的方法、预测的趋势及定时等问题。

5.4.1 概述

一般来说，计算机与人有着完全不同的输入/输出（I/O）信息的方法（如图 5.10 和 5.11 所示）。计算机希望其 I/O 信息与计算机的内部工作相兼容。也就是说在计算机准备利用信息时，其输入必须是可控的（以简单的、非模糊的数字格式）。这也意味着计算机一完成其运算就可立即以数字形式输出显示数据。计算机的 I/O 速度高达数百万比特每秒。计算机输

图 5.10　计算机和人输入/输出信息的方式极为不同，
数据率（不一定是有效信息率）也大为不同

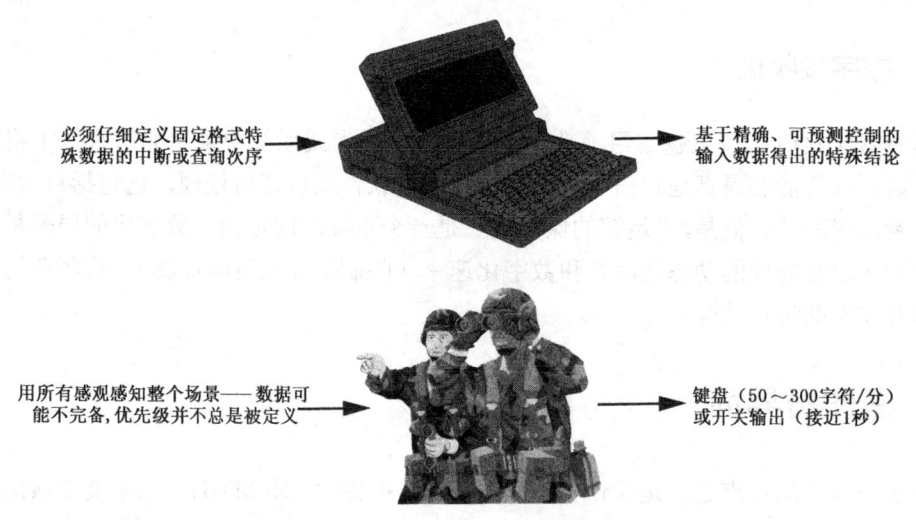

图 5.11 人与计算机处理信息的方式完全不同。人可以
利用较少的特定信息构成符合场景的结论

入既可以是查询式的（即在需要时用计算机查寻数据）又可以是中断式的（即计算机必须中断一部分工作以便接收输入）。计算机更倾向于查询式输入，因为中断会降低计算机的处理效率。计算机生成数字式输出数据，并以全 I/O 速率记录其终止时间。

计算机对 I/O 的需求非常明确。如果你想证明这一点，就试试在计算机想要逗号时键入一个句号或在计算机想要小写字母时键入大写字母。输入值被准确接受，并生成高分辨率的输出值。总之，计算机接受发送来的所有格式正确的数据，除非最大数据率太高或平均速率超过处理吞吐率。

另一方面，人们希望 I/O 能与其他任务综合在一起。人们用复杂的、有时甚至是截然不同的语言进行交流，这些语言因内容、时间和应用的地点不同而具有不同的含义。尽管人们通过眼睛、耳朵或触觉接收信息，但人们通过视觉获得了 90%的信息。如果同时通过两个通道（视觉和听觉、视觉和触觉、听觉和触觉）接收信息，人们就能更有效地接收信息。

假如呈现出信息的来龙去脉并与人们的经验相关，人们就能以惊人的速度接收大量信息。另一方面，人们接收随机或抽象信息非常慢，并且必须将新信息与某些以前使用过的熟悉的参考信息进行相关。人们利用信息的另一个特点是：人可以接收多个并非 100%正确或完备的输入信息并能将其编译为正确的信息。

解决这些人/机信息处理差异的方法就是讨论所选两种操作员界面实例的基础。

5.4.2 机载综合 EW 设备的操作员界面

在越战初期开始改进战斗机的 EW 能力时，几乎所有的 EW 系统及其子系统都有各自的控制器和指示器。操作员必须花费大量训练时间来学习"旋钮操作"，必须吸收并编译系统数据，然后必须手动实施相应的对抗措施。例如，B-52D 中的电子战操作员（EWO）位置有 34 个独立面板（加上其座椅后的一些设备）。这些面板包含了将近 1000 个开关位置加上相应的模拟调节的 200 多个旋钮和开关。

早期 EW 系统中的控制要求操作员直接修改设备的特定性能参数。状态显示器显示特定的设备工作情况，而接收信号显示器显示各个信号的详细参数。

或许最通用的信号探测装置是雷达告警接收机（RWR）。其显示器包括一个矢量显示器和一个带有发光按钮开关的面板。图 5.12 所示为 AN/APR-25 RWR 中采用的矢量显示器。矢量显示器安装在大多数作战飞机的仪表面板上。所接收的信号以选通脉冲形式显示在该显示器上。显示器顶部代表机头，选通脉冲代表威胁信号的相对到达方向。尽管选通脉冲不稳定，它们会随机变化大约一个平均方位，但操作员能很容易地确定几度范围之内的到达方向。选通脉冲的长度代表接收信号的强度。该信号的强度代表发射机的大致距离。该系统采用了第 8 章中讨论的多天线比幅测向技术，以及第 2 章中讨论的接收信号强度随发射机距离变化的方式。RWR 也包含了能确定威胁信号类型的电路。面板的发光开关代表威胁的类型。按下相应的开关，操作员可以改变系统的工作模式（如忽略某些威胁）。

操作员可采用的另一个信号识别工具是通过扩展接收脉冲来生成一个音频信号，从而使操作员能听见脉冲重复频率。随着威胁天线扫过飞机，接收信号的幅度发生变化，从而产生受训操作员能够识别的声音（例如，SA-2 的声音通常被描述为"像响尾蛇"）。

如果存在多个威胁，有时很难确定哪种威胁位于哪个位置。受过高级培训的操作员在相对较低的威胁密度中使用这种显示器是有效的。

图 5.13 所示为矢量显示器选通脉冲的产生机理。每个接收脉冲都有一个选通脉冲，它是通过在构成显示器的阴极射线管周围增加磁偏转线圈的电流而产生的。选通脉冲的方向和幅度由四个偏转线圈中的峰值电流的矢量之和来确定。

第二代处理器用提供每个到达方向的信号类型等信息的码选通替代了逐个脉冲选通。

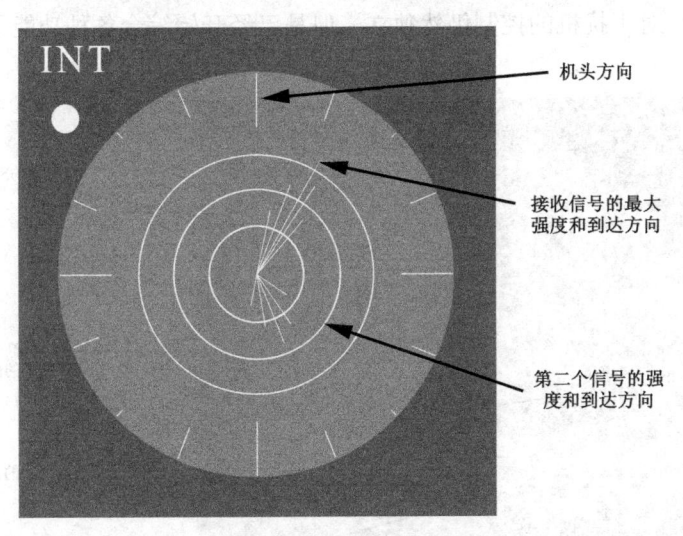

图 5.12　早期的 RWR 显示器（越战中采用的）包括一个矢量显示器，它显示各个脉冲的到达方向，操作员用眼睛综合所显示的信息以确定选通脉冲的最大长度和它在显示器上的角度。选通脉冲的长度与所收信号的强度成正比，它在显示器上的位置表明了相对于机头的到达方向

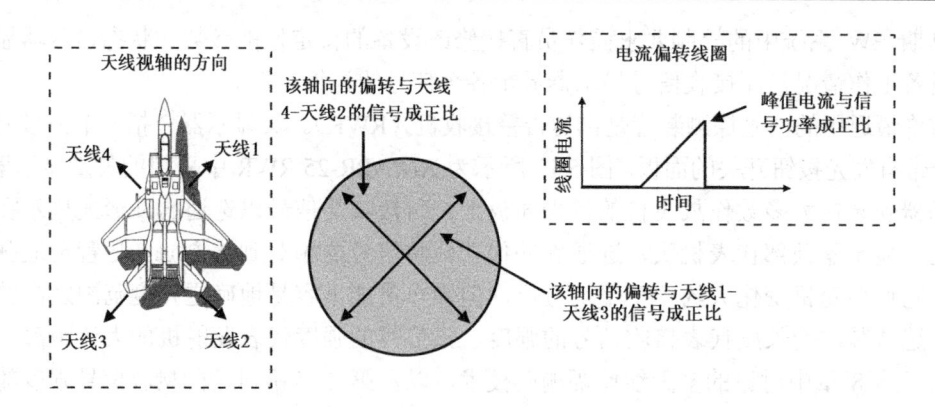

图 5.13 到矢量显示器的磁偏转线圈中的信号电流与飞机上的四个天线所收到的信号成正比，随着每个脉冲被接收，不断增加的电流被输入到每个线圈中，这就形成了显示器上的选通脉冲

至今，处理主要是在特定的模拟与数字硬件中完成的。

越战后期，数字显示器已安装到 RWR 中。图 5.14 所示为早期典型的数字显示器。一旦威胁类型被识别，计算机就生成一个表示此威胁类型的符号。该符号位于矢量显示器某一位置，这个位置就代表了辐射源相对于飞机的位置。飞机位置一般在屏幕中心，所以辐射源越近，该符号距中心就越近。在这些显示器中采用了许多符号，地空导弹（SAM）用类型来区分，防空高炮和空中拦截机以图形符号表示。显示器上还有各种符号调节装置。在图 5.14 中，6 的（代表 SA-6 SAM）周围有一个菱形，表示这是此刻优先级最高的威胁。符号调节装置用于指示威胁辐射源的模式（如跟踪或发射模式）或指示将要干扰的威胁信号。

在这个时期，对干扰机的控制仍然独立，但是已经开始综合各种功能了。

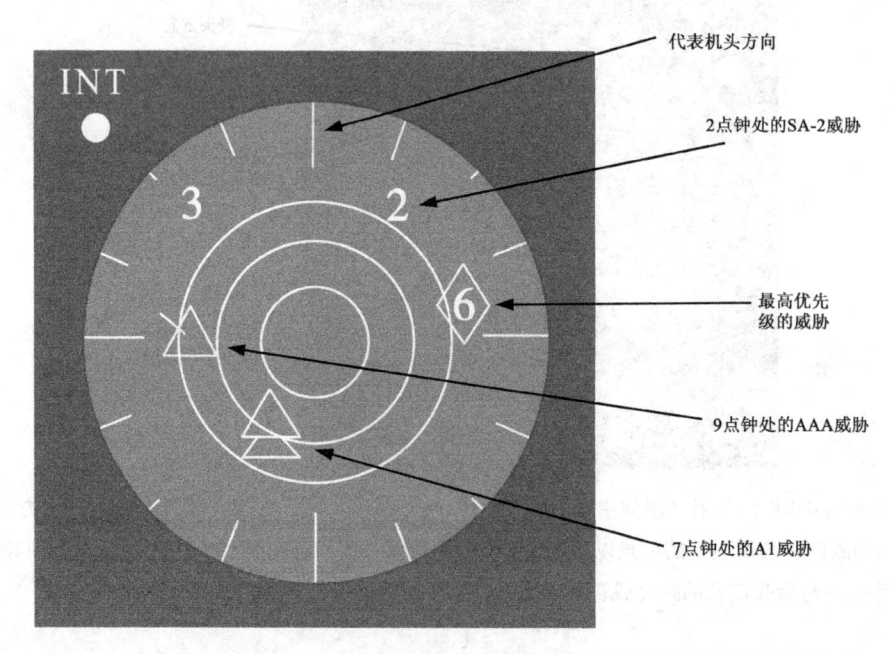

图 5.14 第三代 RWR 显示器用符号来识别威胁类型，符号在屏幕上的位置代表辐射源的位置。可给出典型符号，它们完全可由项目设计主管来选择

5.5 现代飞机操作员界面

随着威胁环境越来越密集（且更致命），在较短的时间内将更多的信息传送给操作员已变得非常必要。为使操作员在更短的允许反应时间内采取决定性行动，信息必须以态势图形式显示。尽管对一些工程师来说，这是一个难题，但战斗机飞行员在翻转时要承受6g的牵引力并要在5秒之内决定如何保证生存，所以他们无暇解算各种复杂的数据处理问题来了解战术态势。因此提供信息的计算机必须有直观、良好的人机界面。

现代电子战显示器综合了战术图像并且以能迅速可用的形式显示这些信息。下面我们将讨论现代飞机显示器和地面战术显示器。

5.5.1 图像格式显示器

本节的几幅图取自美国空军的研究报告（AFWAL-TR-87-3047 总结报告）。图 5.15 为通用的仪表面板布局图——基本上就是用于 F/A-18 和其他飞机的座舱布局。图中有五个图像显示器：平视显示器（HUD）、垂直态势显示器（VSD）、水平态势显示器（HSD）和两个多功能显示器（MFD）。这些显示器可用在任何乘员操作台上，但由于某些飞机只有一名机组人员（即飞行员），故下面着重讨论飞行员显示器。

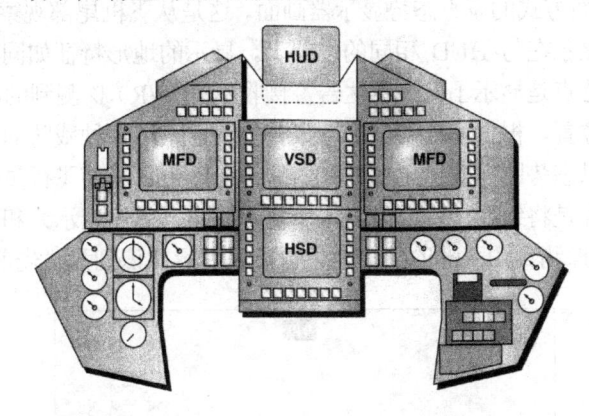

图 5.15　现代仪表面板有五个显示器：一个 HUD、一个 VSD、一个 HDS 和两个 MFD

5.5.2 平视显示器

采用 HUD 的主要原因就是可以使飞行员在不到 1 秒的时间内将视线从座舱内移向座舱外。飞行员在座舱内的视线较近，其注意力主要集中在仪表的人工操作上。当飞行员的视线移向座舱外时，其视线较远，注意力集中在实际场景的色彩、亮度、角移动和运动目标上。

HUD 能使飞行员的视线不用移向舱内就获得某些在舱内可观察到的关键信息。HUD 显示器是一个阴极射线管，它通过一个复杂的棱镜投影在位于飞行员视域内的一块玻璃上的全息图上，在不含数据的区域，HUD 是透明的。图 5.16 所示为 HUD 上的基本显示符号。

飞机的速度、航向和高度都显示在标准位置。在显示器的中心，有一个本机标志作为其他数据的参考基准。航迹符号示出飞行员要规避的威胁或地形，有源威胁的标志显示在"零俯仰基准线"以下的区域。

在空对空交战方式中，HUD可特别显示出有关本机致命地带和敌武器的情况。

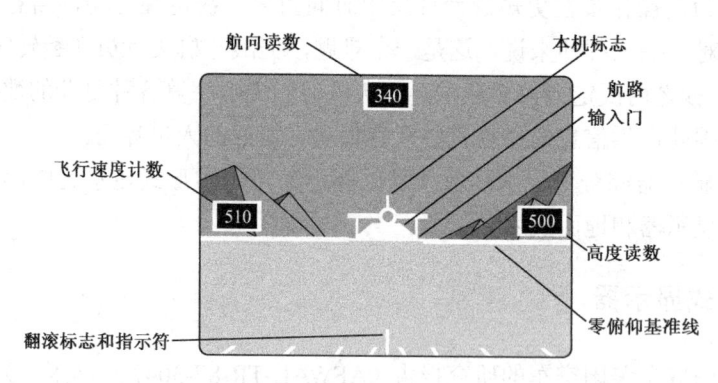

图 5.16 HUD显示可在座舱内获得的信息并在飞行员观察舱外时将其直接展现在飞行员的视线内

5.5.3 垂直态势显示器

图 5.17 所示为地面方式的垂直态势显示器画面。这是从飞机尾部观察到的场景。注意飞行速度、航向和高度都显示在与 HUD 相同的位置上。显示的地形特征如同直接看到时的一样。这种显示器的最显著特点是显示了机载雷达告警接收机（RWR）探测到的威胁致命地带。RWR 确定威胁的类型及其位置。根据先前的电子情报分析，可获得每种威胁的一个三维的致命地带图。因此，计算机能以态势图方式给出每种武器的致命地带从而使飞行员规避它们。大多数情况下，这种显示类型都是将致命地带分为全致命地带（常以黄色表示）和部分致命地带（常用红色标识）。其他飞机探测到的武器的致命地带也可以显示并识别为"先前威胁"。

图 5.17 VSD 示出了飞机周围的场景，它如同从飞机后面所看到的一样。这是地面方式的 VSD

VSD 还有一种"空中方式"，在这种方式中机载和地基威胁呈现在飞行员从显示器角度观察整个场景时就可看到它们的位置。

5.5.4 水平态势显示器

图 5.18 所示的水平态势显示器（地面方式）给出了飞机及其周围环境的下视图。本机标志位于圆心，数字航向位于顶部。由于飞行员可调节显示器的刻度，所以当前的刻度系数示于左下部。飞行路线用一连串线和点表示。威胁表示为在飞机当前高度上的致命区域（中心区威胁更大）。地形表示为飞机当前高度上的扩展区域。战术态势单元也显示在显示器上。例如，部队前线（FLOT）表示为指向敌人的带小三角形的一条线。

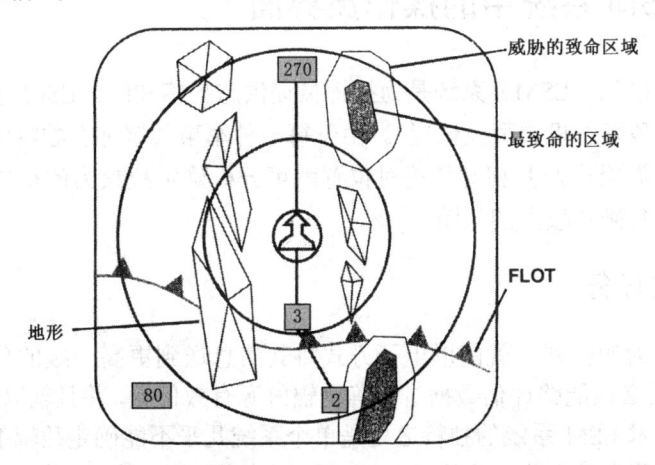

图 5.18　HSD 示出了飞行路线、地形特征及飞机当前高度处的威胁杀伤范围

HSD 空中方式显示了空对空作战的一些重要作战单元。在本机标志前面标出本机空空武器的杀伤半径。敌飞机及其武器的致命区域以合适的颜色标示（通常是红色的）。

5.5.5 多用途显示器

多用途显示器以图像格式显示对机务人员而言不太直观的信息，如引擎推力、燃料状况、液压系统状况、武器状况等信息。图 5.19 以图像格式示出了对抗状况。机组人员可根据需要调用数十种这样的显示画面。因为这些显示包括了非常重要的信息，如最低剩油量、引擎熄火、引擎点火等，所以显示器将自动进行显示。

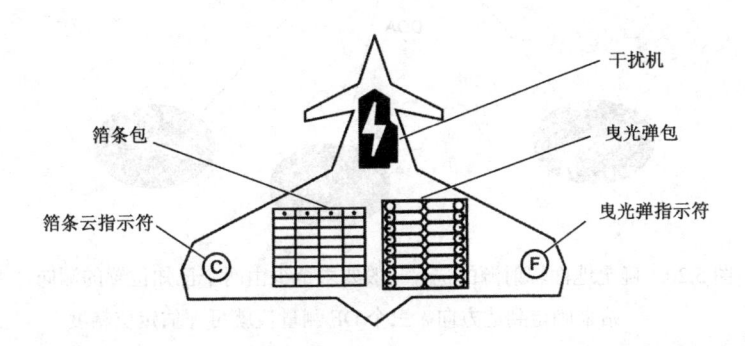

图 5.19　典型的 MPD（所采用的数十个之一）示出飞机的对抗状态

5.5.6 面临的问题

这些显示类型给显示计算机提出的一个难题是这些显示要与飞行员看到的场景相一致。飞机俯仰和偏航是相当慢的,但翻滚速率可以很高。由于这些显示需要的处理量很大,故随飞机的翻滚速率更新显示画面必须谨慎。

5.6 战术 ESM 系统中的操作员界面

战术电子支援措施(ESM)系统是为指挥员提供态势感知的。ESM 系统能确定敌人的电子战斗序列(即敌发射机类型及位置)。由于每一种军事部署都有独特的辐射源组合,所以了解存在的辐射源类型及其相对和绝对位置就可分析确定敌兵力的构成和位置。甚至可能根据电子战斗序列确定敌人的意图。

5.6.1 操作员的任务

一旦确定了辐射源位置,就能以电子方式将其信息送到更高一级的分析中心。但是,ESM 系统的操作员必须能够评估数据进而确定辐射源有效位置,并且辅以专门的显示画面。对抗地面部队的战术 ESM 系统的独特之处是单个系统几乎不能确定敌辐射源的位置,必须由已知位置的多个测向站来测量到达方向(DOA),如图 5.20 所示。然后,用三角测量法确定辐射源位置。当然,所测量的辐射源位置就位于两条 DOA 直线的交点处。

理想情况(平地和无障碍)下,两个 DOA 相交就足以确定辐射源的位置。但在实际情况中,地形反射会产生多径信号。地形还可能阻挡至接收机的视线路径。而且同一频率的其他辐射源也可能使一个或多个 DF 接收机得出虚假读数。这三个因素将导致每一条方位线都不是绝对精确的。

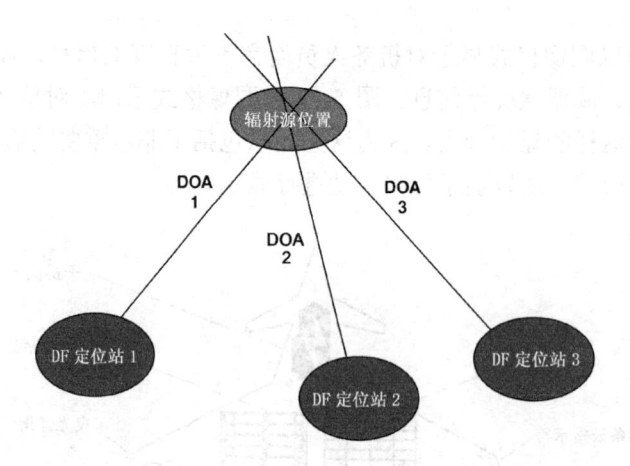

图 5.20 确定地面辐射源的位置一般要求至少由两个已知位置的测向站来确定到达方向。三个 DF 测量值就可评估定位精度

5.6.2 实际的三角测量法

有三个 DF 接收机,就有三个三角测量点。实际情况中,这些点不是并置的(如图 5.21 所示)。

多路径及干扰的影响越大,所计算出的各线截交点的分布范围就越大。进行几次 DF 测量之后,这些定位点的统计变化范围就可用来计算辐射源定位的品质因数,统计分布范围越小,品质因数越高。能看见方位线并且了解该地区地形的操作员显然能将计算机中的错误方位线剔除,从而使计算机尽可能计算出最精确的辐射源位置。因此,重要的是操作员的显示应将 DF 接收机位置、方位线和战术态势与地形关联起来。

多年以前,辐射源的密度相当低,而且战术态势通常并不那么易变,所以 DF 操作员口头报告 DOA 读数给分析中心是可行的。分析员将在战术地图上绘出 DF 站位置并画出所报告的方位线。然后,分

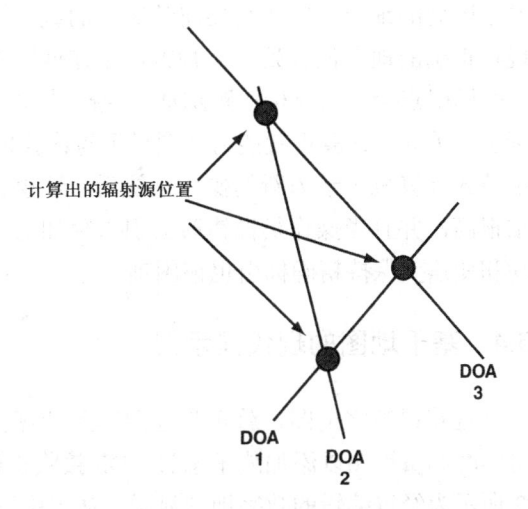

图 5.21 图 5.20 中三条方位线的三个交点在理想情况下应是并置的。它们的位置在几组测量值中的发散程度给出了定位精度的度量

析员就能读出地图上的三角坐标。随着信号密度增大、战术更灵活,采用计算机生成显示画面是一个显著的进步。

5.6.3 计算机生成的显示画面

早期的计算机显示画面如图 5.22 所示。它做出重要地形的直线图,然后画出战术态势。DF 接收机位置和方位线由系统画出。屏幕左边的数据使操作员能将三角测量点与信号频率(或任何其他的信号信息)关联起来,在此显示画面上,操作员显然可剔除错误的方位线并且能放大以详细分析三角测量点。一旦编辑出该数据,系统就可报告位置并将它们与其他已知信号数据进行关联。

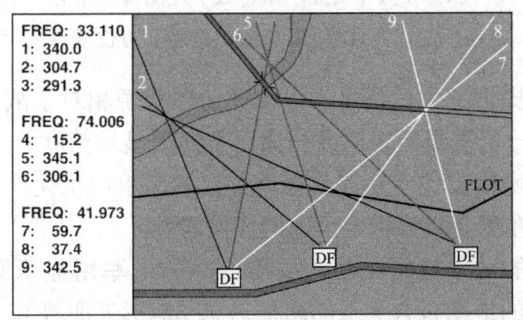

图 5.22 在早期的计算机化系统中,所测得的辐射源位置与地形和以线条显示的战术信息相融合。若各方位线可能是多路径产生的或这些方位线因多路径影响或共通道干扰而出错,则可以在编辑过程中删除它们

显然，可以将计算机产生的数据与战术地图在单个显示器上融合在一起，但还不能获得数字地图。解决方法之一是将摄像机放在战术地图上方来建立电子图像。然后，该视频地图可以与计算机数据一起显示在 CRT 上。在操作员控制下移动并变焦摄像机，就可显示关键地图处的细节。问题是要将计算机的数据标引在该地图上，以便计算机生成的位置将出现在正确的地图位置处。一种方法是在地图上画出标引点，并且要求操作员将光标置于每一个标引点上（用鼠标即跟踪球）。统一横轴墨卡托投影坐标系（即经度和纬度）再与每个标引点关联，计算机就能将地图显示与计算机生成的位置点谐调一致。令人感兴趣的是，在手持式计算机更新为新的操作系统后，这也是一个校准触摸屏的过程。该过程对操作员要求很高，并且当操作员做错时会引入附加的（无法解决的）误差。况且，随着摄像机的移动和变焦要保持精确标引也很困难。

5.6.4 基于地图的现代显示器

一旦获得数字地图，就可将地图装入计算机并将其他信息直接添加到数据文件中。现在可实时编辑地图以添加战术态势、DF 接收机位置、方位线和其他任何感兴趣的信息。图 5.23 所示为经过编辑的数字地图显示。从图中可知：我方部队前线（FLOT）位于陡峭的山峰顶部附近，DF 接收机（接收机 1、2、3）位于较高的地势以获得良好的视线。图中的三条方位线表示敌发射机位于 Gem 湖的东边。用符号示出的敌指挥部位于 Long 湖的西边。

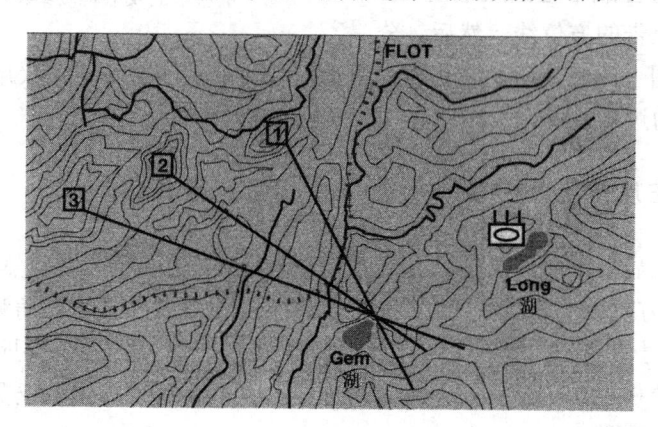

图 5.23　现代 ESM 操作员显示器将数字地图与战术态势信息融合
在一起，并且将 DF 接收机位置和方位线重合上去

这种显示为操作员提供了大量信息，以便评估辐射源相对于战术态势和地形特点的位置。它还可缩放，在另一位置重新定向或扫描而不损失显示精度。

这种显示便于几个操作员访问，并且根据各自的需求而优化。分析员或指挥员还可迅速查看原始数据以解决在更高级分析中出现的任何问题。

用来生成图 5.23 的数字地图是基于民用产品的，军用显示器使用美国国防测绘局（DMA）的地图。DMA 的地图包含大量附加信息（地形表面等），能根据需要以电子方式发送给已部署的系统。

第6章 搜 索

电子战系统设计师面临的最棘手的问题之一是探测威胁信号的存在。理想情况下,电子战系统的接收部分能够立刻在所有方向、所有频率上发现所有的调制信号,同时具有很高的灵敏度。这样的接收系统即使能够设计出来,其体积、复杂性和成本也使它在大多数应用中无法实现。因此,实际的电子战接收子系统会折中考虑以上所有的因素,以便在体积、重量、功率和成本有限的情况下获得最佳的截获概率。

6.1 定义和参数限制

截获概率(POI):即在特定威胁信号最初到达电子战系统位置之时直至电子战系统侦收不到它时的时间范围内,电子战系统检测到该威胁信号的概率。在特定时间内,当特定场景中存在着一组特定信号时,要求大多数电子战接收机对其威胁库中的每个信号的截获概率达到90%~100%。

扫描对扫描:从字面上讲,是指用扫描接收天线检测来自扫描发射天线的信号,如图6.1所示。然而,这一表述也可用来描述在二维或多维独立参量(如角度和频率)中必须发现一个信号的情况。扫描对扫描情况存在的难题是截获概率会下降,因为信号存在的周期与接收机能收到信号的周期完全无关。

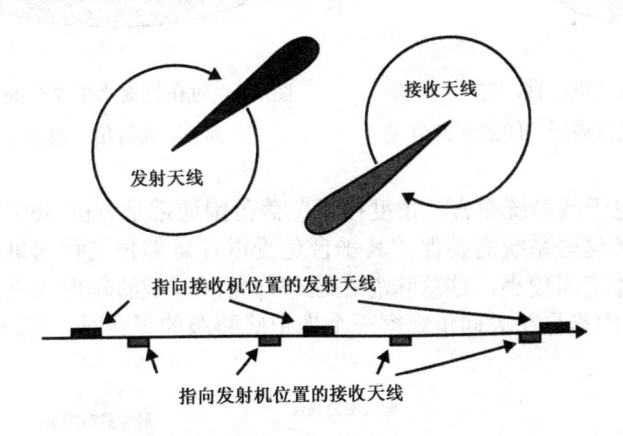

图6.1 在经典的扫描对扫描情况中,发射天线和接收天线彼此独立扫描。接收机只能在两个天线对准时接收信号

6.1.1 搜索参量

现在讨论电子战接收机发现威胁辐射源所必须要搜索的参量。它们有:到达方向、频率、调制、接收信号强度和时间。表6.1列出了每一参量对截获概率(POI)的影响。

表 6.1 搜索参量对 POI 的影响

搜索参量	对截获概率的影响
到达方向	大角度搜索需要较长的搜索时间或要求大带宽（即低增益）接收天线；两者均会降低 POI
频率	宽频率范围要求长搜索时间或大带宽（即低灵敏度）接收机；两者均会降低 POI
调制	强 CW 或 FM 信号可能会影响大带宽脉冲接收机，降低其对脉冲信号的 POI。而且，CW 和 FM 信号需要窄带接收机
接收信号强度	弱信号要求窄波束天线和/或窄带接收机，将降低 POI
时间	低占空比信号只在它们出现在接收机中时才能被检测到，延长了窄波束天线和/或窄带接收机所需的搜索时间。当搜索时间超过信号出现时间时，POI 降低

到达方向：尤其是对机载平台，到达方向是决定搜索成败的一个重要参量。一架机动战斗机或攻击机可能在任意方向，所以即使来自地面威胁发射机的信号也可从任意方向到达。因此，一般必须考虑来自飞机周围整个球体内的威胁，称之为"4π球面度覆盖"，如图 6.2 所示。在机翼水平飞行的飞机上，根据任务情况，通常只考虑 360°偏航平面角度范围和±10°～±45°仰角范围（取决于任务情况），如图 6.3 所示。

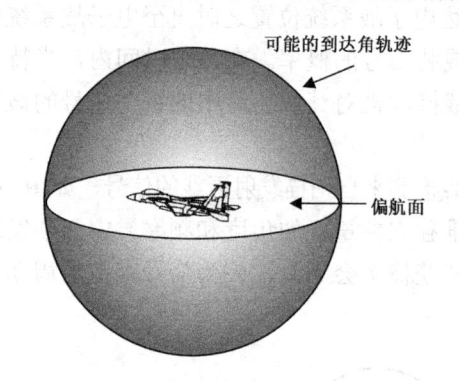

图 6.2 就战斗机或攻击机而言，信号到达角一般可以是飞机周围空间的任何位置

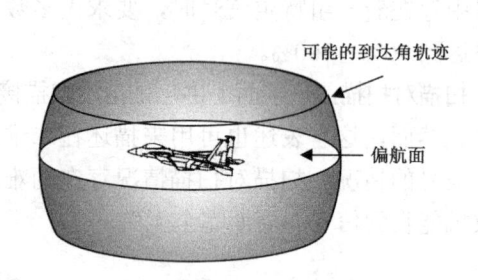

图 6.3 对在机翼水平飞行的飞机上的电子战系统而言，威胁角一般限于偏航面附近的角空间

对舰载和地基电子战系统而言，角度搜索覆盖范围通常是方位 360°、仰角 10°～30°（取决于任务）。尽管这些系统需要保护其平台免受以任意仰角飞行的机载威胁的影响，但高仰角情况下的立体空间较小，这意味着在这些仰角区域威胁辐射源飞过的时间很短，如图 6.4 所示。另一个因素是在大仰角观察一个携带威胁源的平台时，其距离很近，因此所收到的信号功率很强。

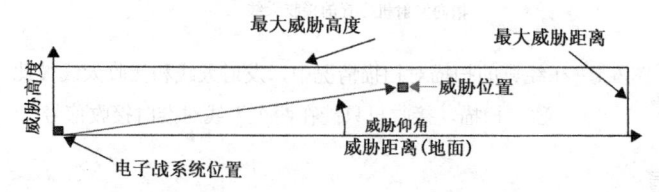

图 6.4 对典型的舰载或地基电子战系统而言，最大威胁距离远大于最大威胁高度，因此在大多数交战情况下是以低仰角观察威胁的

频率：雷达信号的频率范围覆盖 UHF 和微波频段，它也可以是毫米波频段。然而，有关潜在敌威胁辐射源的详细信息能将搜索范围缩小到这些辐射源的已知频率范围。战术通信信号位于 HF、VHF 和 UHF 频段。通常，每种类型的辐射源都可以在较宽的频率范围内进行调谐，因此通信频段的接收机通常必须搜索所关注的整个频段。

调制：为了接收信号，电子战接收机通常需要配备适当的解调器。如果有调制类型极为不同的信号出现时，就需要考虑另一个搜索参量。脉冲与连续波雷达信号就是最好的例子。连续波信号的发射电平通常比脉冲信号低很多，因此需要采用不同的检测方法。

在对通信信号的搜索中，常用"能量检测"方法进行最初的搜索，以便能同时检测连续波、调幅和调频信号。只要检测通带宽到足以包含调制，信号能量就是不变的。但是，由于载波被抑制使得单边带调制极为困难，所以接收信号的强度随调制而增加和下降。

接收信号强度：只探测主波束的系统具有较强的信号，因此可采用低灵敏度接收机和搜索技术。对未跟踪电子战系统装载平台的威胁进行探测的系统必须接收来自发射天线副瓣的信号，它可能比主波束的信号强度下降了 40dB 以上。

时间：探测并识别威胁辐射源的时间是特定的（很短，只有几秒钟）。电子战系统通常必须迅速发现信号以便能在信号消失前分析并识别它。由于在大多数情况下存在着许多威胁信号，所以时间就成为一个非常重要的搜索参量。

6.1.2 参数搜索策略

表 6.2 给出了设计搜索策略的主要折中考虑。一般来说，在电子战系统位置处的威胁信号强度和电子战系统能够探测到威胁的时间是搜索过程中两个重要的因素。强信号允许用宽波束天线（增益比窄波束天线低）和宽带接收机（灵敏度低于窄带接收机）。大波束宽度的天线能迅速地搜索到到达角，而宽带接收机能迅速地搜索到频率。角度和频率搜索都必须在探测信号所允许的时间内完成。

表 6.2 搜索参数间的折中考虑

搜索参量	折中对象	机 理
到达角	灵敏度	天线增益与波束宽度成反比
频率	灵敏度	接收机灵敏度与带宽成反比
信号强度	到达角	强信号允许采用宽波束天线
	时间	接收系统要能观测到威胁天线副瓣

6.2 窄带频率搜索策略

在讨论利用各种宽带接收机实现先进搜索方法之前，考虑一下探测在远大于单个接收机带宽的频率范围内存在的信号等有关问题是有益的。本节将讨论用于通信和雷达信号的窄带接收机基本搜索策略。

6.2.1 问题定义

如图 6.5 所示，假定信号位于频率范围 F_R（kHz 或 MHz）内并占据一频谱范围 F_M（Hz、kHz 或 MHz）（这意味着该频谱范围必须在接收机带宽内以便能检测到信号），搜索接收机带宽单位为 Hz、kHz 或 MHz。信号持续时间为 P（秒或毫秒）。通常，搜索功能是受时间限制的，即受信号预计出现的时间限制或受对致命威胁实施对抗的启动时间限制。对通信信号而言，一般要求在通话结束前检测存在的信号，或在通话结束前有足够的时间进行分析、定位或实施有效干扰。对雷达信号而言，搜索功能必须在一固定时间范围内（通常为零点几秒）发现信号，以便能识别、报告致命威胁，并在它们首次照射电子战所保护平台后一固定时间内（一般为几秒）引导对抗措施。

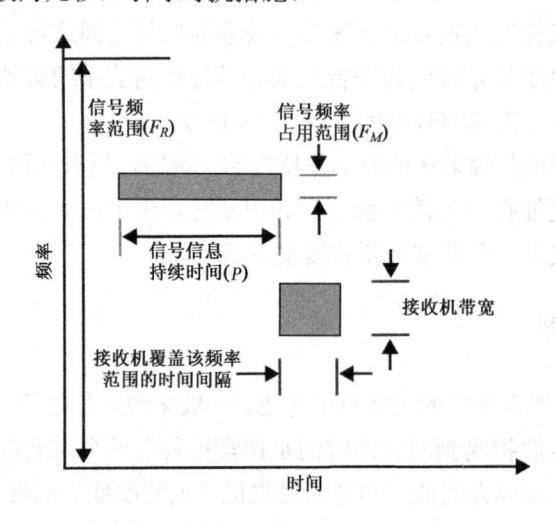

图 6.5 搜索问题可以用时间与频率的关系来描述。图中示出了接收机
通带、步长驻留时间、目标信号频段占用宽度和信息持续时间

一般来说，搜索接收机的调谐速率（每单位时间搜索的频谱范围）在一等于带宽倒数的时间范围内必定不大于一个带宽。例如，如果搜索接收机的带宽为 1MHz，那么它能以不大于 1MHz 每微秒的速率进行扫描。在现代数字调谐接收机中，这是指驻留在每一个调谐步长上的时间等于带宽的倒数。它常常被描述为"以 1/带宽的速率进行搜索"（注意：在某些接收机系统中对控制和处理速度的限制会进一步限制搜索速率）。

该搜索方法存在两个限制：一是接收机带宽必须大到足以接收被检测的信号；二是接收机必须具有足够的灵敏度以确保高质量地接收信号。熟悉搜索应用的人都知道，如果对感兴趣的信号有一些了解，以上限制就可通过巧妙处理得到缓解。在以很大的截获余量接收目标信号时尤其如此。我们将在以后讨论这些问题，但要记住无论处理方法多么巧妙，也不能违背物理定律。

6.2.2 灵敏度

当然，接收机灵敏度必须足够大才能接收要检测的信号，即接收信号强度必须大于灵敏度。灵敏度定义为使接收机能够产生足够输出的最小接收信号电平。正如第 4 章所描述的，灵敏度是由噪声系数（NF）、所需信噪比（SNR）和热噪声电平（kTB）三部分组成的。NF、SNR（单位均为 dB）与 kTB（单位为 dBm）之和即为与接收机灵敏度相等的信号电平。NF 取决于接收机构成和元部件质量，SNR 取决于信号调制和所载信息的性质，kTB 主要随接收机带宽而变化。

$$kTB(dBm)=-114dBm+10\log_{10}(BW/1MHz)$$

这意味着最佳搜索带宽是灵敏度（较大带宽等同于较低灵敏度）和接收机调谐速率（较大带宽等同于较快的调谐速率）之间的折中。

接收信号所需的灵敏度还取决于截获位置（接收信号强度在第 2 章讨论）。

6.2.3 通信信号搜索

由于搜索通信信号的过程在某些方面比搜索脉冲信号简单，所以首先讨论通信信号。假定有足够的灵敏度来接收现有截获位置的通信信号。

如图 6.6 所示，可行的基本搜索策略是在信号出现期间，用最大搜索速率以尽可能宽的带宽搜索尽可能大的频率范围。对带宽的主要限制是要考虑它对灵敏度的影响。但是，随着信号环境和信号处理方法的不同，带宽也可能受到干扰信号的影响。

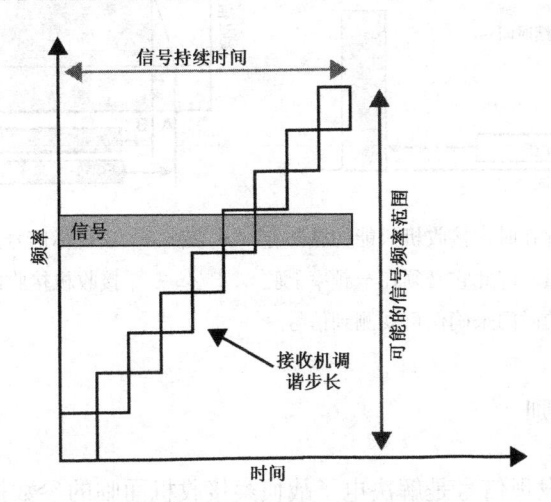

图 6.6 在对通信信号的搜索中，接收机带宽和调谐步长将可能在
预计的最小信号持续期间覆盖整个可能的信号频率范围

6.2.4 雷达信号搜索

搜索雷达信号面临的困难更多，这里讨论两个问题。雷达信号可以是脉冲调制的（而通信信号采用连续波调制），同时它们采用窄波束天线扫过接收机位置，但通信信号通常采用全向天线或固定宽波束天线。

首先，考虑图 6.7 所示的脉冲信号的截获情况。由于脉冲信号通常具有较大的功率，所以可能有一些其他方法比窄带搜索更有效，但在有些情况下只能采用窄带搜索。信号只在脉冲持续时间（PD）内存在，且每一脉冲重复间隔（PRI）内脉冲信号只出现一次。因此，窄带搜索接收机必须在每个调谐步长上等待一完整的 PRI 或快速地调谐以在 PD 期间覆盖多个步长（并在整个 PRI 期间重复该调谐方式）。如果接收机带宽为 10MHz、且 PD 为 1μs，则接收机在 PD 期间只能覆盖 100MHz。雷达信号搜索频段一般为几个 GHz 宽，所以这似乎不是一个很好的搜索策略。在每个调谐步长上驻留一个 PRI 的搜索方法较慢，但若采用较大的接收机带宽可以有所改善。

现在考虑窄波束扫描发射天线的情况，如图 6.8 所示。该图所示为接收机的接收信号功率与时间的关系。在发射天线对准接收机时的接收功率将由接收功率公式来确定。如果接收机灵敏度足够接收一个比最大功率小 3dB 的信号，则该信号可被认为存在于时间 B 与时间 C 之间。如果灵敏度足够接收一个比最大功率小 10dB 的信号，则该信号存在于时间 A 与时间 D 之间。当然，如果接收机灵敏度足够接收发射天线的副瓣（参见第 3 章），则信号被认为在 100%的时间内存在。

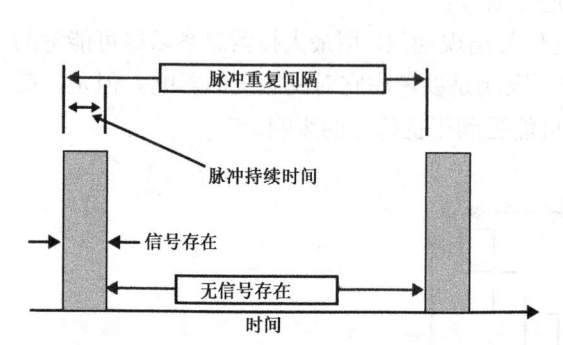

图 6.7 在脉冲目标信号存在时，接收机只能在脉冲存在期间接收到能量，因此它必须在一频率上驻留一个脉冲间隔的时间来确保可观测到信号

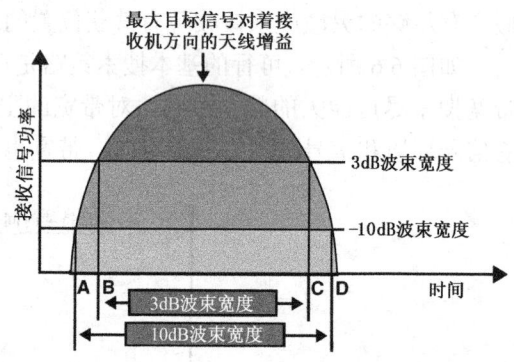

图 6.8 当目标信号天线扫过接收机位置时，接收机接收的功率随时间而变化

6.2.5 窄带搜索通则

利用窄带接收机发现信号是解决电子战侦察接收机面临的参数搜索问题的好方法。当然在实际应用中，它未必是进行信号搜索的最好方法。在讨论了信号环境的性质后，我们将讨论将各种接收机组合在一起以实现特定环境中的最佳搜索方法。

6.3 信号环境

通常，信号环境非常密集，而且其密集性还在不断增加。电子战侦察系统工作的信号环境随系统的位置、高度、灵敏度及其覆盖的特定频率而变。此外，信号环境受接收机要检测的信号的性质和它必须从信号中提取用以识别感兴趣信号的信息的影响很大。

信号环境定义为在接收机所覆盖的频率范围内抵达接收天线的所有信号。信号环境不仅包括接收机试图接收的威胁信号，而且还包括友方、中立方和非战斗方产生的信号。信号环境中友方与中立方的信号有可能比威胁信号还多，但为了消除不感兴趣的信号并识别出威胁，接收系统必须处理抵达天线的所有信号。

6.3.1 感兴趣的信号

电子战侦察系统接收的信号类型一般分为脉冲信号或连续波（CW）信号。这种情况下，连续波信号包括所有的具有连续波形的信号（未调制的射频载波、调幅、调频等）。脉冲多普勒雷达信号是脉冲信号，但是有很大的占空比，因此在搜索过程中有时必须像连续波信号一样来处理。当然，为了搜索这些信号，接收机必须有足够的带宽来接收足够的信号从而观测要测量的参数。对某些信号而言，检测信号所需的带宽远小于恢复信号调制所需的带宽。

6.3.2 高度与灵敏度

如图 6.9 所示，接收机必须考虑的信号数量随高度和灵敏度成正比增加。

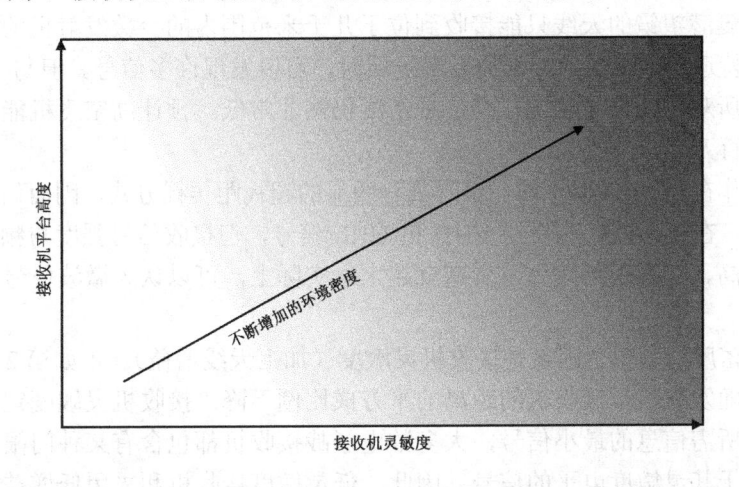

图 6.9 接收机必须处理的信号数量随平台高度和接收机灵敏度的增加而增加

VHF 和更高频率的信号会受到视距传输的限制，只有电波视距线以上的信号将包含于信号环境中。电波视距是从接收机到能产生电波视距传播的最远发射机之间的地球表面距离。电波视距与地球曲率有关，能通过大气折射延伸到光学视距以外（平均超出 33%）。确定电波视距的常用方法是解图 6.10 所示的三角形。考虑到折射因素（称为 4/3 地球因子），图中的地球半径为真实地球半径的 1.33 倍。发射机和接收机之间的视距可由下式求出：

$$D = 4.11 \times \left[\sqrt{H_T} + \sqrt{H_R}\right]$$

其中，D=发射机到接收机的距离（km）；H_T=发射机的高度（m）；H_R=接收机的高度（m）。

因此，电波视距有一个相对定义，它与接收机和发射机的高度有关。可以预计接收机收到的辐射源数量与其电波视距范围内的地球表面积成正比。当然，辐射源密度还取决于在该范围内所发生的事情。

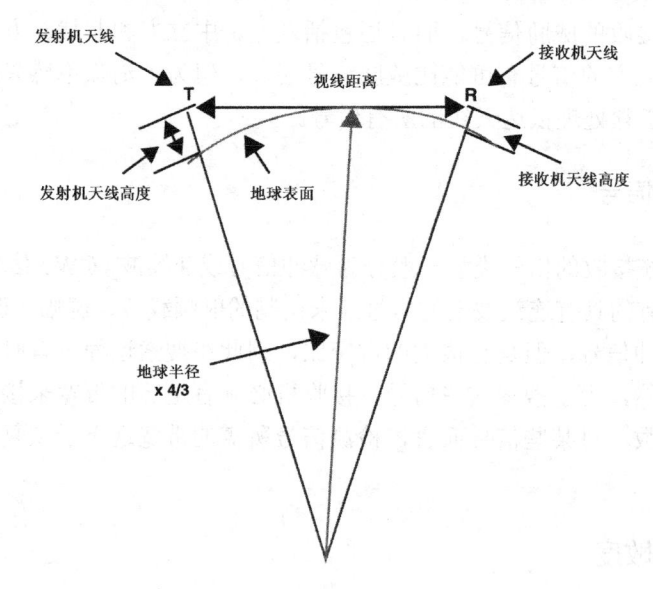

图 6.10 发射机与接收机间的视距由发射天线和接收天线的高度确定

例如，潜艇潜望镜的天线只能接收到位于几千米范围内的少数发射机的信号。当潜艇靠近大量海上特遣部队或活动频繁的近海区域时，可以发现许多信号。但与飞行在 5 万英尺高空的飞机所观察的信号相比，其信号密度仍然非常低。预计高空飞机能观测到数百个每秒钟包含数百万个脉冲的信号。

接收机工作在 30MHz 以下时，信号具有明显的超视距传播方式，因而信号密度与高度并不直接有关。在视距外也能收到 VHF 和 UHF 信号，但接收信号强度与频率和传播地形有关。频率越高、非视距角越大，衰减就越大。实际上，可以认为微波信号受到电波视距的限制。

决定信号密度的另一个因素是接收机灵敏度（加上天线增益）。正如第 2 章所讨论的，接收信号强度随发射机至接收机的距离的平方成比例下降。接收机灵敏度定义为接收机能够从中恢复出所需信息的最小信号，大多数电子战接收机都包含有某种门限控制装置，所以不必考虑低于其灵敏度电平的信号。因此，低灵敏度接收机和采用低增益天线的接收机处理的信号量远少于高灵敏度接收机和采用高增益天线的接收机。通过降低接收机系统识别威胁辐射源所必须考虑的信号数量，可以简化搜索问题。

6.3.3 从信号中恢复的信息

原则上，电子战侦察接收机系统必须恢复接收信号的全部调制参数。例如，若目标信号来自通信发射机——尽管系统可能并未设计用于窃听敌人在说什么——但仍需要确定频率、调制类型和调制特性以识别发射机类型（进而判别与之相关的军事装备类型）。就雷达信号而言，接收机必须正常恢复接收信号的频率、信号强度、脉冲参数，和/或 FM 或数字调制，以便识别雷达类型及其工作模式。

ESM 与侦察接收机系统之间的一个重大区别是：ESM 系统通常只从接收信号中恢复足够识别信号的信息，而侦察系统通常要进行一套完整的参数测量。

应该指出的是，许多 ESM 系统都将辐射源定位和搜索处理综合在一起，将初步的辐射源位置测量作为信号隔离与识别的一部分。在信号搜索中，信号可能为友方信号或中立方的信号，因此可根据辐射源的位置在进一步的搜索处理中将其剔除。

6.3.4 用于搜索的接收机类型

表 6.3 给出了电子战侦察系统采用的接收机类型。第 4 章描述了这些接收机类型的功能。该表只列出了与搜索问题有关的一些特点。

表 6.3 各种类型接收机的搜索能力

接收机类型	灵敏度	可恢复的信息	多信号能力	瞬时频率覆盖
晶体视频	差	调幅	否	全波段
IFM	差	频率	否	全波段
布拉格小盒	适中	频率与信号强度	是	全波段
压缩	好	频率与信号强度	是	全波段
信道化	好	频率与所有调制	是	全波段
数字	好	频率与所有调制	是	适中范围
超外差	好	频率与所有调制	否	窄范围

晶体视频接收机能够连续覆盖较宽的频率范围，但灵敏度有限，只能检测调幅信号，而且一次只能检测一个信号。这使它们非常适合于对付高密度脉冲信号环境，但单个连续波信号的出现就可能会阻碍它们准确接收脉冲信号。

瞬时测频（IFM）接收机能在极短的时间内测量数字频率，但灵敏度有限。它们在整个频段内测量每个输入脉冲的频率。与晶体视频接收机一样，它们一次只能测量一个信号。如果有一个信号比其他信号强得多，那么 IFM 接收机将测量它的频率。但是，如果有两个或多个信号的强度基本一样，IFM 接收机就不能进行有效的频率测量。IFM 接收机也是高密度脉冲环境中的理想接收机，但单个连续波信号同样会妨碍其对脉冲信号的测量。

布拉格小盒接收机能够测量多个同步信号的频率，因而它们不会被单个连续波信号所阻碍。但目前这种接收机的动态范围有限，因此不适用于大多数电子战应用。

压缩（即微扫描）接收机能迅速（通常在一个脉冲宽度内）扫描一宽频率范围。它们测量多个同时信号的频率及接收信号的强度，并且具有较高的灵敏度，但它们不能恢复信号调制。

信道化接收机能够同时测量不同信道中的多个信号的频率并恢复其调制。它们可以提供良好的灵敏度（与信道的带宽有关）。但是，带宽越窄，要覆盖指定频率范围所需的信道就越多。

数字接收机将一较大范围的频段数字化，然后用软件进行滤波和解调。它们能测量多个同时信号的频率并恢复其调制，同时能提供良好的灵敏度。

超外差接收机能测量频率并恢复任何类型的信号调制。通常，它们一次只能接收一个信号，因此不会受多个同时信号的影响。它们可以提供良好的灵敏度（取决于带宽）。超外差接收机的一个重要特点是可以设计成具有任意带宽，以便折中考虑频率覆盖范围和灵敏度。

6.3.5 宽带接收机搜索策略

电子战接收机采用的基本搜索策略有三种。第一种是将几部接收机中的一部专门用于搜索。第二种是用宽带测频接收机确定所有信号的频率，并用引导接收机进行详细的分析或监控。第三种是借助采用了陷波滤波器的宽带接收机和窄带辅助接收机进行必要的信号搜索与测量，以解决所遇到的特殊信号环境问题。

第一种搜索策略如图 6.11 所示。对电子情报和通信电子支援措施系统而言，这是一个通用的方法。搜索接收机的带宽通常大于引导接收机的带宽，而且以最大的实际速率进行扫描。它把被测信号的频率和快速测得的其他信息送入处理器，处理器将各个信号分派给引导接收机，以提取所需的详细信息。注意：天线的输出信号必须进行功率分配再送入各接收机，因为接收机可调节到频率范围内的任意频率处。由于功分器会降低系统的灵敏度，因此实际应用时在功分器前加入一个低噪前置放大器。

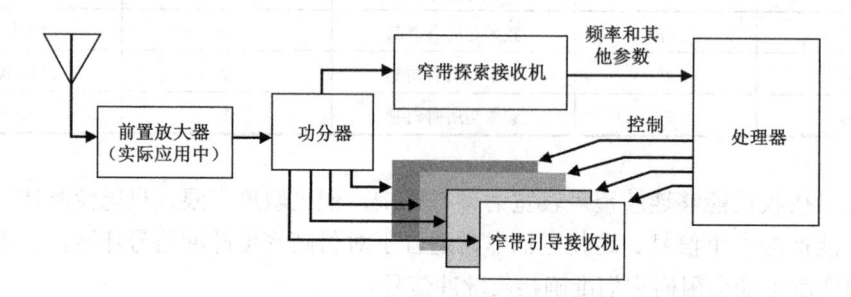

图 6.11 在只采用了窄带搜索接收机的系统中，通常有一部接收机专门用于搜索，以最大的速率进行扫描并把信号送入引导接收机进行分析

图 6.12 所示为第二种搜索策略。同样，天线输出必须进行功率分配，而且一部接收机可以为多个窄带接收机提供引导信息。现在采用的是宽带测频接收机。测频接收机可以是 IFM 接收机、压缩接收机或布拉格小盒接收机。由于测频接收机只能测量信号的频率，所以处理器必须根据频率来分派引导接收机。处理器将保持最近发现的所有信号的记录。一般情况下，它会将新信号或高优先级的信号分派给监视接收机。

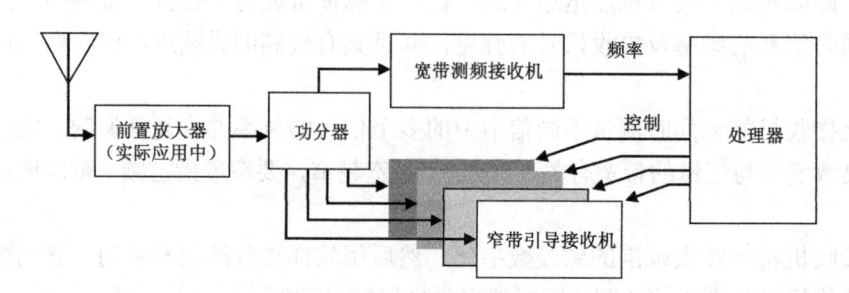

图 6.12 宽带测频接收机有时用于确定存在的所有信号的频率，然后，处理器将窄带接收机调节到最佳频率处，以便从优先级最高的信号中搜集所需信号

由于某些类型的测频接收机的灵敏度比窄带引导接收机的灵敏度低，所以它们可能接收不到某些被监控的信号。有两种方法可以解决这个问题。如果接收的信号来自扫描雷达，随着雷达的主波束扫过接收天线，不太灵敏的测频接收机就能检测到信号，因此高灵敏度的监视接收机通过接收目标辐射源的副瓣便可检测到信号。其次，检测信号并测量其射频频率所需的接收信号强度通常比获得全信号调制信息所需的接收信号强度小。

在雷达告警接收机（RWR）系统中，具备搜索功能是系统的首要特点。在图 6.13 中，典型 RWR 有一组宽带接收机（晶体视频和/或 IFM）来处理高密度脉冲信号。处理器接受每个所收脉冲的信息，并进行必要的信号识别分析。陷波滤波器可防止宽带接收机被连续波或高占空比信号阻塞。窄带引导接收机或信道化接收机用于处理连续波或高占空比信号并搜集宽带接收机无法恢复的其他数据。通常，每个频段都有一个专用宽带接收机，而且每个定向天线都有一组接收机，以便提供逐个脉冲的到达方向信息。

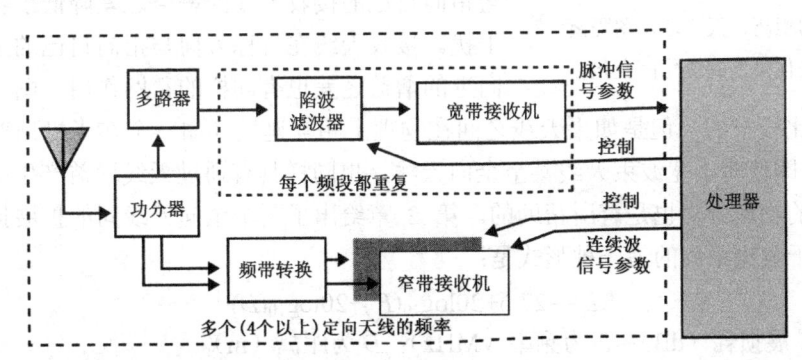

图 6.13　对工作在脉冲信号环境中的接收机而言，宽带接收机一般完成主要搜索功能，陷波滤波器保护它不受连续波信号的影响。窄带接收机处理连续波信号和高占空比信号

6.3.6　数字接收机

由于数字接收机具有很大的灵活性，所以总有一天它能完成全部搜索和监控工作。数字接收机受目前的数字化技术和计算机处理水平的限制，但这些领域的技术水平正在日新月异地发生着变化。

6.4　间断观察法

通常，对任何形式的电子战接收系统来说，要在实施搜索功能的短暂时间内检测存在的所有威胁信号是一件困难的事情。几乎总是要覆盖一个宽频率范围，并且有一些信号类型只能用窄带接收机设备接收。当干扰机与接收机在同一平台或在很近的距离上工作时，这一过程就会更加困难，因为干扰机有可能使接收机收不到输入信号。假设电子战接收机的灵敏度在 $-65 \sim -120\text{dBm}$ 之间，干扰机输出功率在数百或数千瓦。一个 100W 干扰机的有效辐射功率为 +50dBm 加上天线增益，那么预计该干扰机的输出信号比接收机正在搜索的信号强 $100 \sim 150\text{dB}$（或更高）。

只要可能，就将接收机与其关联干扰机的工作隔离，即接收机与干扰机协同完成搜索功能，这样在它搜索某些频段或频率范围时，暂时不会发生干扰。在采用瞄准式干扰和某类欺骗干扰时，这种工作上的隔离能使接收机实施非常有效的搜索，同时某种程度上的隔离能避免干扰机饱和接收机前端。遗憾的是这不能解决全部问题，所以必须采取其他措施。采用宽带干扰时，通常将会压制接收机的整个频段，除非具有足够的隔离。

首选的间断观察法能在干扰机和接收机之间实现尽可能高的隔离。如图6.14所示，天线波束增益所产生的隔离是很重要的。发射天线指向干扰对象的增益与指向自己的接收天线的增益之差降低了收发之间的干扰。接收天线在目标方向与指向自己的发射天线方向上的增益之差也有同样的帮助作用。图中所给出的天线波束是比较窄的，但是如果天线之间在物理上相互遮挡（如一个在飞机顶部，一个在飞机底部），即使对于宽波束天线甚至全向天线，也同样具有通过天线增益产生的隔离。

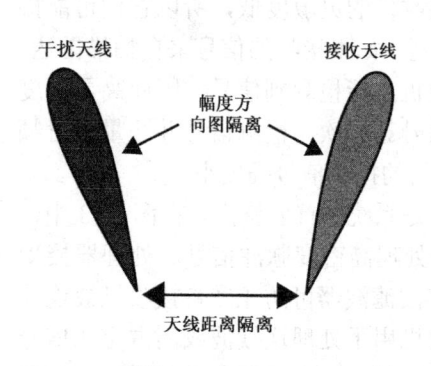

图6.14 接收机与干扰信号功率间的隔离随接收天线和干扰天线间的距离、天线增益图隔离和极化隔离的变化而变化

天线间的物理分隔也是有所帮助的。第2章给出了两个全向天线间的扩展损耗公式。该方程适用于较短距离的另一种形式是：

$$L = -27.6 + 20\log_{10}(F) + 20\log_{10}(D)$$

其中，L为扩展损耗（dB）；F为频率（MHz）；D为距离（m）。

这样，工作在4GHz、距接收机10m远的干扰机仅由干扰与接收天线间的距离就获得了64.4dB的隔离。

如果干扰天线和接收天线采用不同的极化方式，则可提供额外的隔离。如右旋圆极化和左旋圆极化天线间的隔离约为25dB。通常，宽带天线的极化隔离小于此值，窄带天线的极化隔离大于此值。

此外，采用雷达吸收材料也可以提供附加隔离，尤其是在较高的微波频率处。

如果干扰天线与接收天线之间不能实现充分的隔离，那么就必须提供图6.15所示的较短的间断观察期，在该时期内接收机完成其搜索功能。间断观察期的计时和持续时间是折中考虑干扰效果与接收机对威胁信号的截获概率的结果。间断观察期必须足够短，以防止威胁雷达接收到足够的信号而继续其工作。另一方面，接收机在特定时间段内接收最具挑战性威胁信号的概率将被降低一个系数，而这个系数与干扰机发射时间的百分数密切相关。

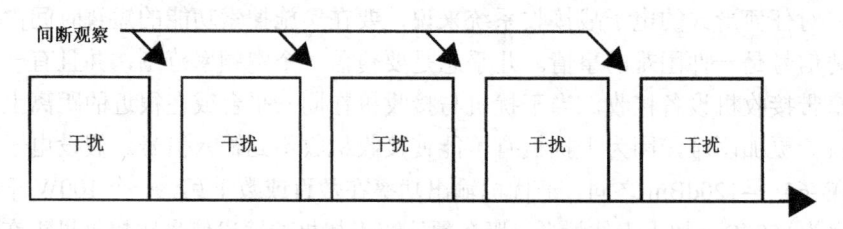

图6.15 如果接收机与干扰机之间的隔离不够，则必须中断干扰以使接收机有时间执行其搜索功能

第7章 LPI 信号

7.1 低截获概率信号

雷达信号和通信信号均被认为是低截获概率（LPI）信号。LPI 雷达就是窄天线波束、低有效辐射功率，以及扩展雷达信号频率的调制的组合。LPI 通信信号通常依靠扩展调制来使其很难被探测和干扰。我们将着重讨论 LPI 通信信号，特别是扩频调制，它能提供超越敌方接收机与干扰机的优势。

从设计上讲，接收系统是很难探测到 LPI 信号的。LPI 信号的定义非常广泛，它包括了使信号更难被探测或辐射源更难被定位的任何特征。最简单的 LPI 特征是辐射控制，即将发射机功率降低到最小电平，以使威胁信号（雷达或通信）提供足够的信噪比给相关接收机。较低的发射功率缩短了敌接收机对辐射信号的探测距离。类似的 LPI 方法还有：采用窄波束天线或副瓣抑制天线。由于这些天线发射的离轴功率较小，故敌接收机更难以探测到其信号。如果信号持续时间缩短，那么接收机搜索信号频率和/或到达角的时间就很短，因此降低了其截获概率。

然而，在我们考虑 LPI 信号时，我们最常考虑的是能降低信号可探测性的信号调制。LPI 调制是在频率上扩展信号的能量，因此发射信号的频谱大于携带信号信息所需的信息带宽。扩展信号能量降低了每个信息带宽的信号强度。由于接收机中的噪声是其带宽的函数（如第 4 章所描述的），任何试图在其整个带宽内接收和处理信号的接收机的信噪比将因信号扩展而大大下降。

如图 7.1 所示，在发射机和专用接收机之间有一个同步系统，使接收机能够解除同步调制，进而在信息带宽内处理接收信号。由于敌接收机未参与同步系统，所以它就无法使信号带宽变窄。

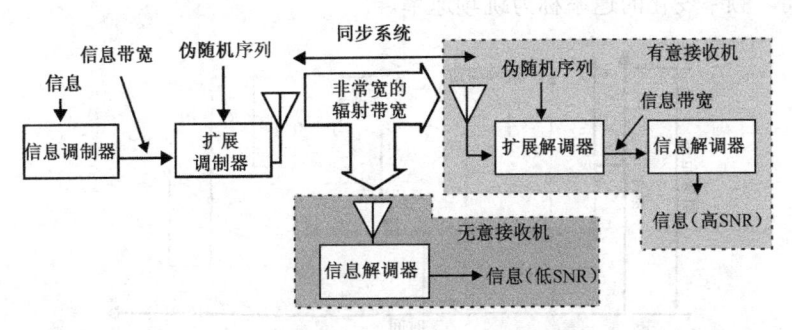

图 7.1 扩谱信号的带宽远大于所携带信息的带宽。有意接收机可以将带宽降低到信息带宽，但无意接收机不能

扩展信号频率的调制方法有三种：
- 周期性地改变发射频率（频率跳变）；
- 高速率扫描信号（线性调频）；
- 用高速数字信号调制信号（直接序列扩谱）。

LPI 调制给搜索功能带来的难题是迫使其必须在灵敏度和带宽之间进行折中。在有些情况下，扩展技术的结构能带给接收机一些优点，但这需要对调制特性有一定程度的了解，并且能够大大降低接收机及相关处理器的复杂度。

7.1.1 LPI 搜索策略

基本的 LPI 搜索技术总是包括优化截获带宽和下列多项内容：
- 采用各种综合方法进行能量检测；
- 快速扫描，积累并分析多个截获信号；
- 宽带测频并送入快速调谐接收机；
- 利用各种数学变换进行量化和处理。

应用于各种 LPI 调制的技术将在有关调制的章节中进行讨论。

7.2 跳频信号

由于跳频信号广泛应用于军事系统，而且常规的探测、截获、辐射源定位和干扰技术对其无效，所以它在电子战中是非常重要的。尽管频率随机变化的雷达信号可被看作是跳频信号，但我们着重讨论跳频通信信号。

7.2.1 频率与时间的关系

如图 7.2 所示，跳频信号在一频率上保持一较短时间，然后跳变到另一不同频率上。跳频间距通常为一固定间隔（如 25kHz），同时覆盖非常宽的频率范围（如 30~88MHz）。在此例子中，信号可能在 2320 个不同频率点出现。信号保持在一个频率点的时间称为跳频周期或跳频时间。频率变化的速率称为跳频速率。

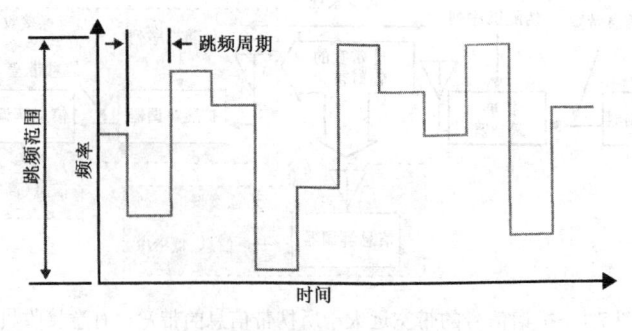

图 7.2 伪随机跳频序列

由于跳频信号携带有数字信息，因此存在着数据率（信息的比特率）和跳频速率。信号分为"慢跳频"和"快跳频"。根据定义，慢跳频信号是跳频速率小于数据率的信号，快跳频信号是跳频速率大于数据率的信号。然而，大多数人认为跳频速率为 100 跳/秒的信号为慢跳频信号，跳频速率更高的信号为快跳频信号。

7.2.2 跳频发射机

图 7.3 所示为跳频发射机的常见框图。首先，它生成一个载有信息的调制信号，然后，调制信号与本振（极快的合成器）差拍至发射频率。每次跳频，合成器都被调谐到伪随机过程选定的频率点。这意味着尽管敌侦听设备无法预测下一个调谐频率，但仍有办法使协同工作的接收机同步到发射机。同步时，接收机与发射机协调，所以它能近似连续地接收信号。

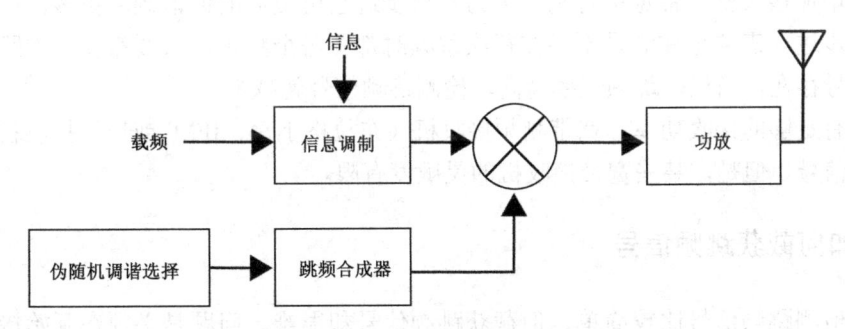

图 7.3 将调制信号与本振差拍生成跳频信号，本振根据
伪随机调谐频率选择电路的指令进行调谐

由于调整到一个新频率点要花一定时间同步（如图 7.4 所示），故在每次跳频开始有一段时间无数据发射。该时间在跳频周期中所占的百分比很小。这一调整时间就是信息必须以数字形式发射的原因。在跳频稳定期间发射的数据可用于在接收机中产生连续的输出信号，所以人耳不必应对跳频转换。

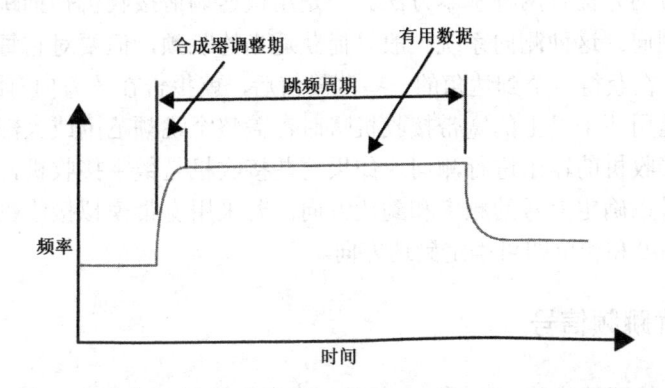

图 7.4 在跳频发射机可以发射数据前，跳频合成器需要调整一段时间

7.2.3 低截获概率

跳频信号是低截获概率信号，这是因为它占用频率的时间太短以致操作员无法检测到信号的存在。在上述例子中，预计信号只有 0.04%的时间存在于指定频率上，因此在该时间内其接收功率大大降低，即便在跳频周期内信号的全部功率都集中在单个频率上也是如此。

7.2.4 如何检测跳频信号

实际上，跳频信号（尤其是慢跳频信号）比其他类型的 LPI 信号更容易检测，因为其全部功率集中在一个信号带宽内（如同固定频率接收机）一段时间（对慢跳频信号来说约为 10ms）。接收机能在比这个时间短得多的时间内检测能量，因此每次跳频期间它能扫描许多信道。增加接收机的带宽更有利，因为每次步进它可覆盖的调谐频率更多，而且能以更高的速率步进。需要记住的是不必在每次跳频时都覆盖全频带，只要截获一次跳频，就能检测到信号存在。当然，跳频速率越高，检测跳频信号就越难。

假定有足够的接收功率，宽带测频接收机（布拉格小盒、IFM 或压缩接收机）就能较好地检测信号。但是，某些宽带接收机的灵敏度有限。

7.2.5 如何截获跳频信号

虽然检测跳频信号比较简单，但截获跳频信号却很难。问题是必须在开始接收信号的调制前检测跳频信号并确定其位置，然后调谐到该频率。由于无法预测下一个跳变频率，所以每次跳频都要重新进行搜索。如果希望接收每次跳频的 90%，就必须在 10%的跳变周期内（小于调整时间）搜索整个跳变范围。这或许需要某种宽带测频技术。

7.2.6 如何确定跳频发射机的位置

测量跳频信号的方位有两种基本方法。一是用快速调谐接收机扫描跳频范围，当发现信号时进行快速测向。这种测向系统一般只捕获适当的跳频，但要对它每次能够测量的到达方向进行跟踪。在获得一个到达角的一些测量值后，就报告在该方向有跳频发射机。

第二种方法是用两个以上的宽带接收机瞬时覆盖整个跳频范围或大部分跳频范围，并且通过处理这些接收机的输出进行测向。如果这些接收机是数字接收机，那么采用某种变换来处理数字信号以确定信号的频率和到达方向。若采用宽带模拟接收机，则比较接收机输入信号的相对幅度和相位即可确定到达方向。

7.2.7 如何干扰跳频信号

跳频信号具有抗干扰优势，如图 7.5 所示。该优势基于一个假设，即：干扰机知道全部跳频范围，并且必须将其干扰功率扩展到整个频率范围。在前面采用的例子中（以 25kHz 的步长跳变 2320 次），跳频电台的干扰优势为 2320，即 33.6dB。这意味着在特定干信比下，对抗跳频信号所需的干扰功率要比对抗固定频率通信链路所需的干扰功率大 33.6dB。

第 7 章　LPI 信号

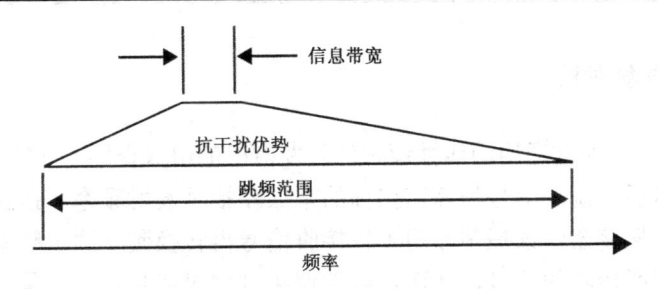

图 7.5　采用常规干扰机连续干扰跳频信号，干扰机的功率必须扩展到整个跳频范围。跳频范围与信息带宽之比就是抗干扰优势

这种方法有一个缺点，即极有可能会干扰到工作在该跳频范围内的友方通信链路。因此，可采用另外两种方法。第一种是采用跟随干扰。跟随干扰机检测每次跳变的频率，然后干扰此频率。这是一个很好的方法，但需要快速测频技术以使干扰机迅速对准信号进而干扰敌每次跳频的发射信息。

第二种是采用宽带干扰，但要使干扰机靠近敌接收机。该方法能以最小的干扰功率进行有效干扰，并且能保护友方的通信。

7.3　线性调频信号

本章讨论的第二种 LPI 信号是线性调频信号。线性调频雷达信号在其脉冲持续期间进行频率调制，以便压缩所接收的回波脉冲从而提高距离分辨率。然而，当扫频调制用于通信或数字信号时，其目的就是防止信号被探测、截获、干扰，或阻止发射机被定位。

7.3.1　频率与时间的关系

如图 7.6 所示，线性调频信号以极高的扫描速率迅速扫过相当大的频率范围。扫描波形不必是图中的线性信号，但重要的是要减小易损性以使敌接收机很难预测信号何时会出现在特定频率处。这可通过随机改变扫描速率（或调谐曲线的形状）或伪随机选定扫描起始时间的方法来实现。

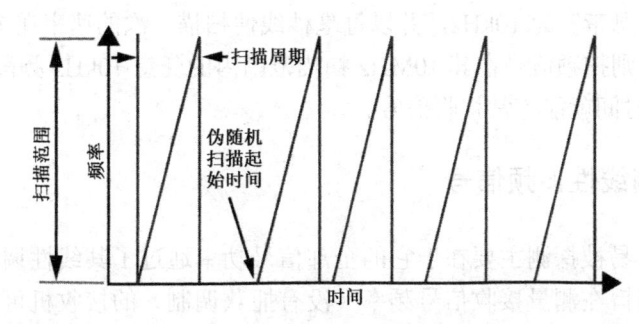

图 7.6　线性调频信号扫过较大的频率范围，在其扫描周期内扫描起始时间是伪随机选定的。这样能使敌接收机无法同步到线性调频信号的扫描频率上

7.3.2 线性调频发射机

图 7.7 所示为一个非常通用的线性调频信号发射机的组成框图。首先，它生成一携带信息的调制信号。然后，调制信号与高速扫描的本振差拍至发射频率。接收机有一个同步到发射机扫频的扫频振荡器。该振荡器用于将接收信号再转换到一固定频率，这可使接收机在信息带宽内处理所接收的信号，从而使线性调频过程对接收机而言是"透明"的。与跳频 LPI 方法一样，发送的数据可以是数字式的以便数据块同步到扫频，然后在接收机中重新变为连续的数据流。

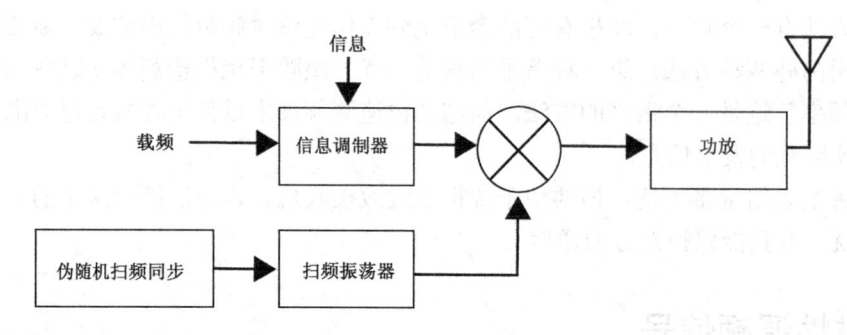

图 7.7 线性调频 LPI 信号通过将调制信号与本振差拍而产生，该本振以很高的
调谐速率扫过较大的频率范围。每次扫描的起始时间被伪随机地选定

7.3.3 低截获概率

线性调频信号的 LPI 品质与接收机的设计方法密切相关。接收机带宽一般约等于要接收的信号的频率占用范围。这样能提供最佳的灵敏度。为达到最大发射效率，调制信号带宽要约等于它所携带的信息的带宽。

正如第 6 章所介绍的，信号必须保持在接收机带宽内一段时间（该时间等于带宽的倒数），从而使接收机能以足够的灵敏度检测信号。例如，10kHz 带宽需要信号存在 1/10 000Hz，即 100μs 的时间。线性调频信号在接收机的带宽内存在的时间比所需时间少得多，如图 7.8 所示。

例如，假定信息带宽为 10kHz，并以每毫秒线性扫描一次的速率在 10MHz 范围内对信号进行线性调频，则扫频信号在其 10MHz 扫描范围内的任意 10kHz 频段内仅持续 1μs，那么只要 1%的所需时间就能正常接收信号。

7.3.4 如何检测线性调频信号

线性调频信号易被探测主要在于它的全部信号功率通过了其线性调频范围内的每一个频率点。这意味着旨在测量接收信号频率（没有捕获调制）的接收机可能会收到一个线性调频信号的许多频率点。对该数据的分析将表明此信号是线性调频的，同时还将给出一些频率扫描特性信息。设计一个其相对于瞬时 RF 带宽的灵敏度比恢复信号调制所需的灵敏度更高的载频接收机是可行的。

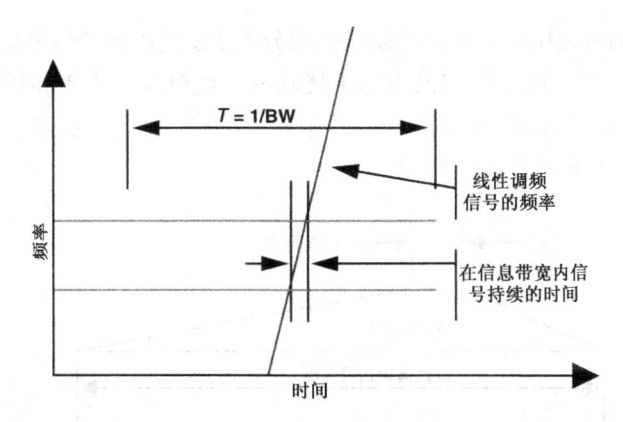

图 7.8 普通接收机要求信号在其带宽内持续的时间 T 至少等于其带宽的倒数，以接收该信号。由于线性调频信号的扫描速率较高，因此它在最优到信息信号的接收机带宽内持续的时间远远小于时间 T

7.3.5 如何截获线性调频信号

为了截获线性调频信号（即恢复它所携带的信息），必须生成近似连续的调制信号输出。显而易见的方法是提供一个其调谐斜率与线性调频发射机的调谐斜率相同的扫频接收机，并以某种方式将接收机扫描与信号扫描同步。

如果能从截获的一系列载频中计算出调谐斜率，那么要生成正确的接收机调谐曲线就很简单。如果解决了伪随机扫描同步问题，则可预测"扫描对扫描"的定时。另一种方法是将整个线性调频范围数字化，并且用软件进行曲线拟合以便在一定的处理等待时间内恢复调制。

无论怎样，从技术上讲要恢复具有伪随机选择斜率或扫描同步的线性调频信号的调制是很困难的。

7.3.6 如何定位线性调频发射机

如果能检测到线性调频信号，则采用第 8 章讨论的大部分测向技术就可确定发射机的位置。一般而言，采用的技术必须能使间歇接收的载频信号足够测量到其到达角。因此，采用两个以上天线同时接收信号的方法似乎最合适。

7.3.7 如何干扰线性调频信号

同跳频信号一样，干扰线性调频信号有两种基本方法。一种方法是预估信号频率与时间的特性曲线，并用干扰机以与试图接收的线性调频信号相同的频率将能量输入到接收机。这样就能在任何指定干扰功率和干扰位置都获得最大干信比（J/S）。

第二种方法是用宽带干扰信号覆盖全部或部分线性调频范围，该宽带干扰信号的功率必须足够大以在敌接收机的解线性调频输出中产生足够大的 J/S。在图 7.9 中，线性调频信号的抗干扰优势等于其信息带宽和线性调频频率范围之比。

根据信号调制的不同，实施有效的部分带宽干扰是可行的。这种干扰技术将干扰功率集中在一小段线性调频范围内,从而使被干扰部分的 J/S 能在携带信号信息的数字调制中产生较高的误码率。当然,被干扰的范围与干扰功率、线性调频发射机的有效辐射功率和该发射机与干扰机至被干扰接收机的相对距离有关。通常,部分干扰将会在任何指定干扰功率和干扰位置对通信系统产生最大的破坏。

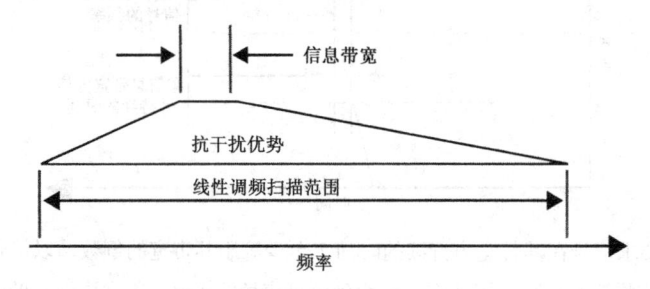

图 7.9　除非干扰机可与信号线性调频速率同步扫描,否则干扰机的功率必须扩展在整个扫频范围。线性调频范围与信息带宽之比即为抗干扰优势

7.4　直接序列扩谱信号

本章讨论的最后一类扩谱信号是直接序列扩谱信号(DS)。这种信号最符合扩谱信号的定义,因为从字面上讲它是扩展频率而不是在宽频率范围内快速调谐。DS 广泛用于军事和民用领域,它能对抗有意干扰和无意干扰,也能多次使用一个频段。

7.4.1　频率与时间的关系

在图 7.10 中,DS 信号连续占有一宽频率范围。由于 DS 信号功率分布在这个扩展的频率范围,故在信号的信息带宽内(即信号扩展前的带宽)所发射的功率降低了一个等于扩展系数的倍数。第 4 章给出了一个计算在指定接收机带宽下的噪声功率(kTB)的公式。在典型应用中,DS 扩谱信号的功率小于噪声功率。实际上,图 7.10 简明表述了直接序列扩谱信号的覆盖频率与时间之间的关系。该频谱形成了一个比信号携带的信息谱宽得多的正弦曲线。

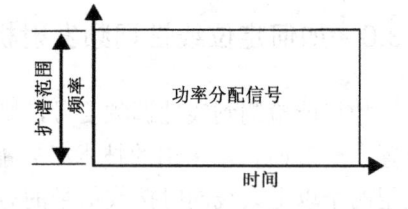

图 7.10　直接序列扩谱信号的发射功率均匀地扩展在一个远大于基本信号调制范围的频段内

7.4.2　低截获概率

DS 信号的低截获概率基于这样的事实:宽开接收信号的非兼容接收机将有很大的 kTB 噪声,从而使所截获信号的信噪比极低。这就是 DS 信号的功率电平低于噪声电平的含义。

7.4.3　直接序列扩谱发射机

图 7.11 所示为 DS 扩谱发射机的通用框图。首先,它产生一携带信息的调制信号。该信号具有足够的带宽来携带发射信息,所以可以说它是一个"信息带宽"信号。然后,该

调制信号再次与一个高比特率的数字信号进行调制。第二次调制可采用几种调相方法之一进行。数字调制信号的比特率（称为切普率）比最大信息信号频率大一到几个数量级，而且具有伪随机码模式。该调制的伪随机性质能使输出信号的频谱均匀地扩展在宽频率范围内。其功率分布特性随所采用的调相类型而变，但有效带宽的量级为 1/切普率。

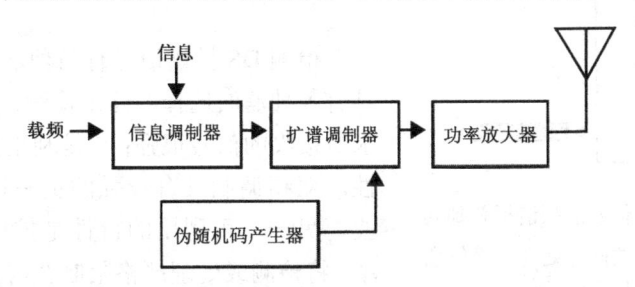

图 7.11　直接序列扩谱发射机用伪随机数字信号调制将信息信号，
该数字信号的比特率远大于携带信号信息所需的速率

7.4.4　DS 接收机

用于接收 DS 扩谱信号的接收机有一个扩谱解调器，该解调器采用了与发射机相同的伪随机信号，如图 7.12 所示。由于信号是伪随机的，所以具有伪随机信号的统计特性，但它可以恢复。通过同步处理可使接收机代码与所收信号代码同相。这时，所接收的信号被折叠到信息带宽内以恢复输入到发射机的扩谱调制器中的信号。

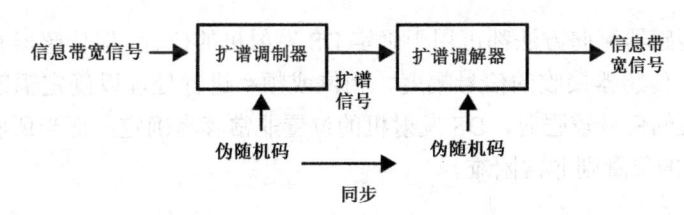

图 7.12　当扩谱信号通过兼容接收机的数字解调器时，采用与发射机相同的伪随机码将其解调。
接收机代码产生器与发射机代码产生器同步，这就恢复了信息带宽信号

由于军事应用中的扩谱代码是严格保密的，正如加密中采用的伪随机码严格受控一样，所以试图截获 DS 信号的敌人无法破坏信号，因而必须对付功率密度极低的扩谱发射信号。

7.4.5　去扩谱的非扩谱信号

扩谱解调器的一个非常有用的特性是未包含正确代码的信号被扩展了与编码正确的信号去扩展相同的倍数，如图 7.13 所示。这意味着 DS 接收机所收到的 CW 信号（即来自未调制的单频率发射机）将被扩频，因此，对所需信号（去扩谱的）的影响将大大降低。由于在几乎所有应用中所遇到的干扰信号大多是窄带的，所以 DS 链路在杂波中的通信功能极佳，为该技术用于商业和军事领域提供了广阔的前景。

采用 DS 扩谱的另一个理由是可通过码分多址（CDMA）多次使用同一信号频谱。代码集被设计成是相互正交的，也就是说，任意两个集的互相关性极低。这种正交性用一个 dB

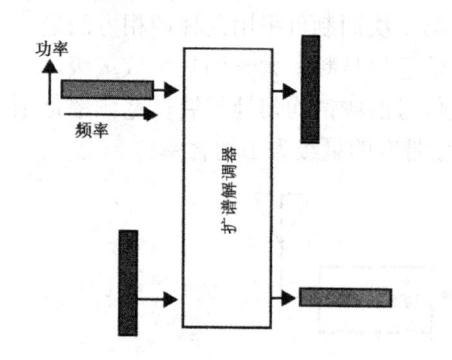

图 7.13 采用将扩谱信号的频谱折叠到其信息带宽内的同样处理可将任意非同步的信号扩展同样的倍数

值来表示：即假如没有选择正确的代码集，则鉴频器的输出所降低的 dB 数。

7.4.6 如何检测 DS 信号

检测 DS 扩谱信号有两种基本方法：一是通过具有各种滤波选择的能量检测，一般情况下，这要求所接收的信号很强；二是利用发射信号的某些特性。双相调制具有较强的更易被检测到的二次谐波，另一个可利用的特性是扩谱调制的恒定切普率。将检测或处理严格限制在与切普率相关的谱线附近以大大提高检测信噪比是可行的。

7.4.7 如何截获 DS 信号

同所有的扩谱信号一样，DS 信号很难截获（即恢复发射的信息）。如果全部或部分获知扩谱代码，即可用其进行复杂处理。此外，宽带数字接收机可以在相当近的距离上截获一部分信号并非实时地利用各种代码来恢复调制。

7.4.8 如何定位 DS 发射机

任何一种多传感器测向方法都可用于确定 DS 发射机的位置，但传感器必须能够检测信号。然后，对每个传感器接收的信号幅度、相位或频率进行处理以确定辐射源的位置。一般来说，当所接收的信号较强时，DS 发射机的位置非常容易确定；而当所收信号较弱时，要确定 DS 发射机的位置则非常困难。

7.4.9 如何干扰 DS 信号

如图 7.14 所示，DS 扩谱信号提供的抗干扰优势等于带宽的比值。因此，除非干扰机具有有效的扩谱调制信息，否则只有一种方法实用，即采用宽带干扰并将干扰机靠近敌接收机。这样就可用最小的干扰功率实施有效干扰并保护接收机远离干扰机的友方通信。

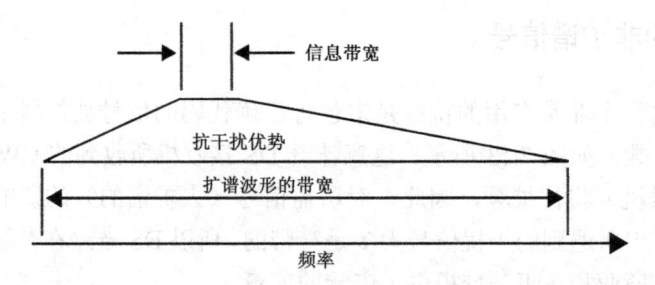

图 7.14 为了干扰扩谱信号，必须使足够的干扰能量经过去扩谱处理。去扩谱处理会将非同步的信号抑制一个等于扩展带宽与信息带宽之比的倍数

7.5 一些实际考虑

对 LPI 信号的定位和干扰有一些很重要的新技术和新方法。

7.5.1 扩谱信号的频率占用

通常，跳频设备不会占用全部的连续频率范围，而且现代接收与分析系统能够确定所使用的频率。图 7.15 所示为这种系统的典型输出，它可通过对准占有的跳频点而使辐射源定位和干扰系统的效率提高。

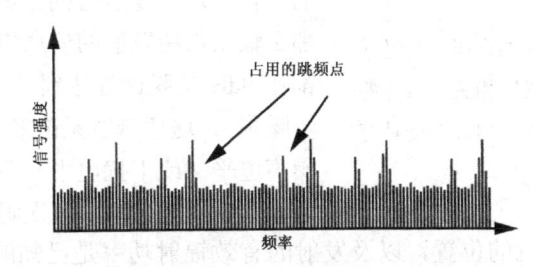

图 7.15　测得的跳频信号的频谱表示出正在使用的信道

这类系统还可以用来确定其他 LPI 信号的频谱占用。图 7.16 所示为直接序列扩谱信号的频谱。当然，此信息降低了每个扩谱类型的有效"抗干扰优势"。

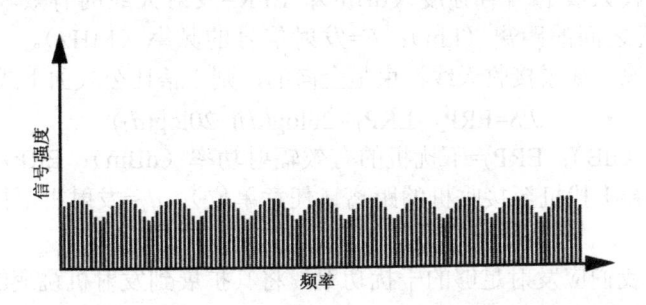

图 7.16　测得的直接序列扩谱信号的频谱表明了其功率在频带内不是均匀分布的

提高跳频检测和抗干扰优势的一个因素就是现代跳频电台对其采用的跳频点有很大的选择性，使其能够避免无意干扰和有意干扰。纠错码还能够增加跳频信号的抗干扰能力。

虽然从考虑 LPI 信号的工作方式而忽略这些复杂的问题开始是合适的，但不理解实际方案是复杂、多变的就很容易被误导。如同电子战的大多数领域一样，通信（或雷达）和对抗之间的竞争也非常激烈。

7.5.2 部分频带干扰

部分频带干扰是可对跳频信号实施最佳干扰的技术。跳频信号携带数字形式的信息。干扰数字信号的目的是产生足够的误码以防有用信息从发射机传送到接收机。被传送信息可容忍的误码率取决于其性质。有些类型的信息（如遥控指令）要求误码率极低，而语音通信可以容忍的误码率较大。纠错码也将使系统不易受到误码及由此产生的干扰的影响。

如图 7.17 所示，进入数字接收机的信噪比和呈现在它所产生的数字输出中的误码率之间是一种非线性关系。通信原理教科书中包含有一系列这种曲线，携带数字信息的每一类调制技术都对应其中一条曲线。然而，所有曲线都具有图示典型例子中的基本曲线，该曲线顶部平坦处大约有 50%的误码率。认为 50%的误码率与在数字信号中得到的一样不理想是合理的。如果误码率超过 50%，那么输出与所发射的信息相关性更高。所有的曲线都在 0dB 信噪比处达到 50%的误码率（即信号等于噪声）。这意味着无论采用何种调制类型，如果噪声电平（或干扰电平）等于所接收的信号电平，那么在干扰电平增大时误码率不会增大。

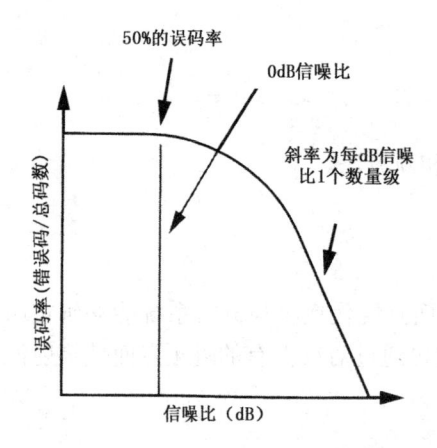

图 7.17　数字接收机输出端的误码率与进入接收机的带内信噪比相关。虽然各种调制的曲线不同，但该曲线具有代表性

假设发射机和接收机的位置，以及发射的有效辐射功率是已知的，那么就可计算出抵达接收机的信号功率。图 7.18 给出了通信和干扰的几何位置。到达接收天线的信号强度（采用 dB 值）为：

$$P_A = \text{ERP} - 32 - 20\log(d) - 20\log(F)$$

其中，P_A=到达接收天线的信号强度（dBm）；EPR=发射天线的有效辐射功率（dBm）；d=发射机和接收机之间的距离（km）；F=发射信号的频率（MHz）。

根据上面的情况，如果接收天线波束是全向的，则干信比公式由下式确定：

$$J/S = \text{ERP}_J - \text{ERP}_T - 20\log(d_J) + 20\log(d_T)$$

其中，J/S=干信比（dB）；ERP_J=干扰机的有效辐射功率（dBm）；ERP_T=发射机的有效辐射功率（dBm）；d_J=干扰机至接收机的距离（任意单位）；d_T=发射机至接收机的距离（同一单位）。

理想情况下，我们应发射足够的干扰功率，将其扩展到发射机跳变的所有信道上，以使接收天线处的干扰功率等于所需信号的功率（即，J/S=0dB）。

假如干扰机没有足够的功率在整个跳变范围内使 J/S=0dB，那么应缩窄干扰频段。通过将干扰功率集中在较少的信道直至被干扰的每个信道的 J/S 为 0dB，即可优化部分频带干扰的干扰效果。如果对发射信号结构具有足够的了解，从而能确定小于 0dB 的 J/S 可提供合适的误码率，那么不同的干扰功率分布就可提供最佳的结果。

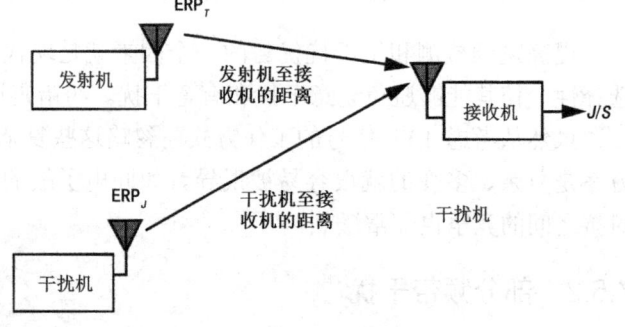

图 7.18　部分带宽干扰通过在尽可能多的信道中使每个信道的干扰功率等于所接收的来自发射机的信号强度来优化可用的干扰功率

第 8 章 辐射源定位

几乎所有的电子战（EW）和信号情报（SIGINT）系统都需要具备对敌信号源进行定位的能力，该功能通常被称做测向（DF）。这是一个重要的概念，DF 指标取决于所需的定位精度和截获位置。

8.1 辐射源定位规则

EW 和 SIGINT 系统对信号辐射源进行定位的理由有几种，见表 8.1。在许多系统中，信息以多种方式被应用，对定位精度要求最高的应用将决定系统的设计方案。表中的精度只是一些典型值，具体应用的要求千差万别。例如，确定电子战斗序列（EOB）所需的定位精度将取决于战术态势，而攻击定位目标所需的精确目标定位精度取决于武器的有效杀伤半径。

在许多情况下，绝对定位精度不如所提供的分辨率重要。分辨率旨在度量 DF 系统在其工作范围内能够测定的不同辐射源的数量。因此，为 EOB 收集辐射源位置信息的系统需要具备足够的分辨率以识别并置的辐射源类型，因为在 EOB 研究中这是一个重要的参数。

表 8.1 辐射源定位的目的及意义

目 的	意 义	所需精度
电子战斗序列	与特定武器和装备有关的辐射源的位置表明了敌方的实力、部署和作战任务	中等——约 1km
武器传感器定位（自卫）	聚焦干扰功率或机动规避威胁	低——角度一般，距离约等于 5km
武器传感器定位（自卫）	其他友方作战人员规避威胁	中等——约 1km
敌方资源定位	缩小侦察搜索范围或将信息传递给寻的装置	中等——5km
精确目标定位	利用炸弹和高炮直接进行攻击	高——约 100m
辐射源鉴别	根据位置分选出威胁进行识别处理	低——角度一般，距离约等于 5km

随着通过改变跳变频率和重频抖动等参数来隐藏信号的方法应用越来越广，辐射源位置的鉴别已成为 DF 系统一种更为重要的能力。利用位置来分选各个脉冲或通信信号的跳频可能是确定它们是否来自同一信号源的唯一方法，并且可能是采集足够数据以识别威胁类型的唯一方法。

每一个测量辐射源位置的理由都适用于从直流到光波任意频率范围内的电磁辐射源类型。尽管一种方法或技术可能更适于满足其中一个目的，但如果进行适当规定和设计，大多数方法都能实现任一目的。所收集的信号的性质、辐射源定位系统的配置平台和预测的战术态势通常将决定所做的选择。

8.2 辐射源定位的几何位置

辐射源定位是采用以下五种基本方法之一实现的。
- **三角定位法**：三角定位技术通过来自已知位置的两条直线的交点来确定辐射源的位置。图 8.1 以二维图形表示了这种方法，图中的两条直线是在两个截获站接收到的信号的方位。当必须确定辐射源在三维空间的位置时，就要在每个站测量方位和仰角。最好还是采用三个截获站，以便将辐射源位置限定在三条方位线的交点上。第三条方位线提供适当的校验，因为一条方位线会产生非常大的位置误差。
- **角度与距离法**：图 8.2 所示定位技术只需要一个截获站，但必须测量角度和距离两个参数。大多数雷达采用这种方法对目标进行定位，因为雷达是有源辐射器，可直接测量距离，但 EW 和 SIGINT 系统必须以无源方式测量距离。单站定位（SSL）系统采用这种方法来确定 HF（约为 3～30MHz）发射机的距离。由于 HF 信号是经电离层反射的，所以通过测量所接收的反射信号的仰角和反射点处电离层的状态（其高度）就可确定该距离。机载雷达告警接收机测量接收到的信号功率，并通过计算将已知辐射功率衰减到接收信号电平的传播损耗距离来确定功率已知的雷达的距离。这两种方法的精度都比较低。
- **多距离测量法**：该技术通过两个半径已知的圆弧的交点来确定辐射源的位置。在 EW 和 SIGINT 应用中，采用实际测距定位方法存在两个明显的问题。首先，来自两个截获位置的弧线相交于两点，如图 8.3 所示，所以必须采用某些技术来解决这个非单值性问题。其次，要以足够的精度来无源测量非合作辐射源的距离是很困难的。到达时差辐射源定位系统（在 8.8 节中详细讨论）采用这种方法的一种变形就能提供非常精确的定位数据。

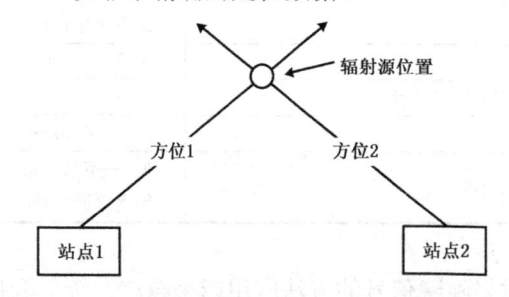

图 8.1 三角定位法就是从多个站点进行测向，其中二维测量值（方位）的交点就是辐射源的大概位置

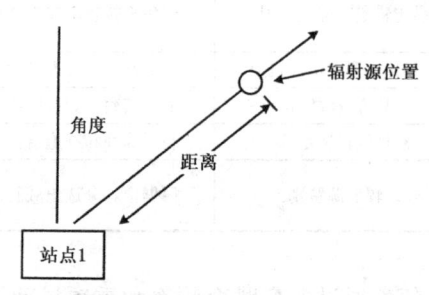

图 8.2 在角度和距离法中，辐射源至 DF 系统的距离可由接收信号的强度导出

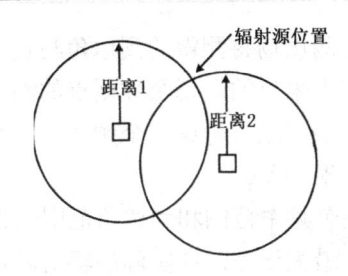

图 8.3　多距离测量法通过两条弧线的交点来确定辐射源的位置。由于两条弧线相交于两点，所以系统必须确定哪一点是真实的辐射源位置。而且，要确定从每条弧线的边到其中心的距离也是非常困难的

- **双角度与已知高度差分法**：当已知 DF 系统和发射机之间的高度差时，即可根据其方位角和仰角确定辐射源的位置，如图 8.4 所示。该方法的最佳实例是从采用惯性导航系统的飞机上对地基辐射源进行定位。发射站高度可根据截获系统计算机中的数字地图来确定。
- **单部移动式截获接收机的多角度测量法**：如图 8.5 所示，一部截获接收机可从不同位置进行测向来确定辐射源的位置。然而，精确定位要求方位线间的夹角约为 90°，这就要求当辐射源在空中和固定位置时截获接收机移动的距离约为目标最小距离的 1.4 倍。对远距离辐射源来说，这可能耗时过多，甚至对机载截获接收机来说也是如此。

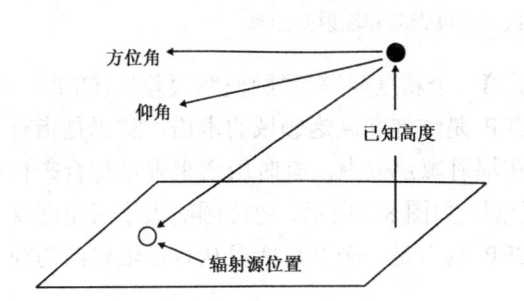

图 8.4　如果系统已知己方平台与辐射源之间的高度差，则测出方位角和仰角就能确定辐射源的位置

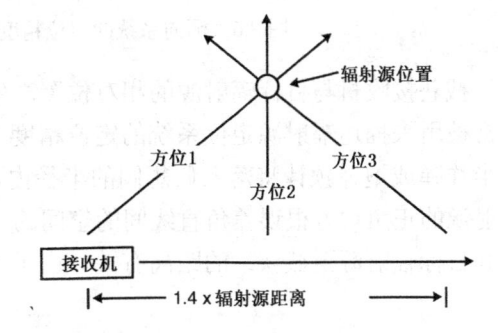

图 8.5　移动式截获接收机可以通过几次测向并比较其结果来确定固定辐射源的位置

8.3　辐射源定位精度

辐射源定位系统的精度可用几种方式来表述，所用术语含义的混乱在 EW 和 SIGINT 领域的供货商与用户之间引起了极大争议。精度通常用测量误差表示。在测角系统（DF 系统）中，误差是角度，而在测距系统中，误差是长度。最常见的定义如下。

- **均方根误差（RMS）**：描述系统在一量纲范围内（通常为频率或到达角）的总有效精度。讨论 DF 系统的到达角均方根误差最容易，该定义也适用于任何辐射源定位方

法。角度均方根误差可在测试场将测得的到达角与真实到达角进行比较而得出。数据是在许多角度和频率点上采集的。每个数据点的测量误差都取平方。均方根误差是误差平方平均值的平方根。通常考虑一个频率点所有角度的均方根误差或一个角度范围所有频率处的均方根误差。

- 总均方根误差：分布在整个频率范围和到达角范围的大量测量结果的均方根误差。
- 峰值误差：预计或测量的最大误差。在实际的辐射源定位系统中，常常会在一些角度/频率点上存在较大的测量误差，尤其是在站点位置不佳的外场试验中。如果大部分角度和频率点的测量误差都非常低，那么均方根误差就会大大低于峰值误差。

8.3.1 截获位置

在采用三角定位法的辐射源定位系统中，截获位置是非常重要的因素。如图8.6所示，定位精度与角度测量误差和被测辐射源距离均有关。因此，远距离DF系统需要很高的角度才能获得与近距离低精度系统相同的定位精度。

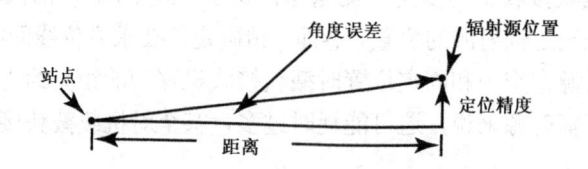

图 8.6 测向系统的定位精度取决于角度误差和辐射源距离

截获接收机与目标辐射源的相对位置产生了第二个精度问题。"圆概率误差"（CEP）一词常被用来描述辐射源定位系统的定位精度。CEP是炸弹和高炮领域的术语，意思是指有一半炸弹或炮弹预计将落入假想圆的半径内。在辐射源定位中，有时用它来表示符合来自辐射源的正负均方根误差角直线间的空间的一个圆，如图8.7所示。定位圆的大小与角度误差和目标辐射源至截获站的距离有关。由于"CEP圆"是一个圆，所以从目标辐射源的视

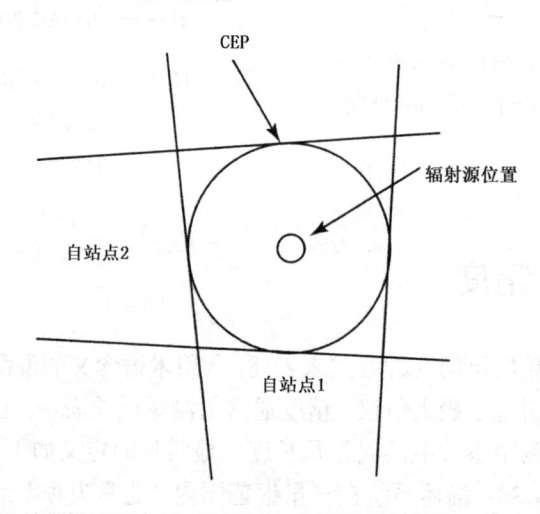

图 8.7 圆概率误差是描述两个DF站通过角度测量所提供的定位精度的一种常用方式

角看两个截获站必须相隔90°，且距离大致相等。当两个站相隔不到90°时，如图8.8所示，两条线之间的非对称区域就需要是椭圆，因此要用"椭圆概率误差"来描述在某一维的精度比另一维的精度差很多的定位精度。当两个站相隔90°以上或一个站距目标比另一个站近得多时，这种非对称性同样会出现。CEP 也可用于截获位置不太理想的情况，它通常定义为误差椭圆的长半轴和短半轴的矢量和，对其进行校正以使测得的辐射源位置将有50%的概率落入源自真实辐射源位置的CEP半径内。

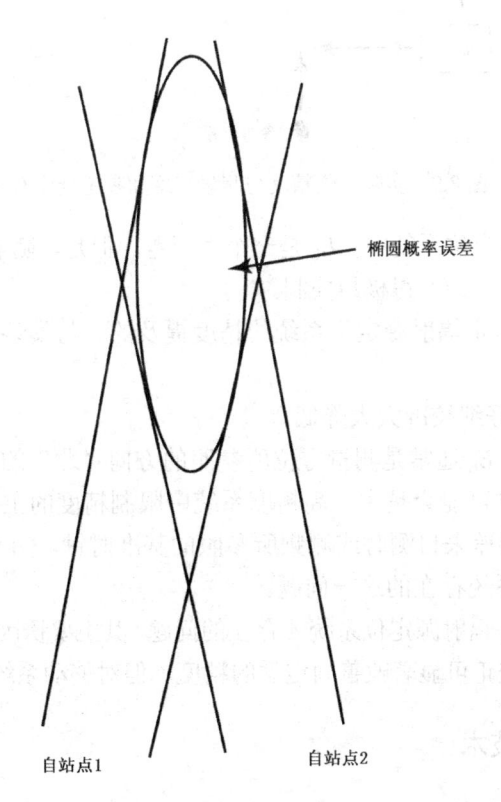

图8.8 椭圆概率误差是描述两个DF站截获位置不佳时所提供的非对称定位精度的一种常用方式

8.3.2 定位精度预估

对任何类型的辐射源定位系统而言，定位精度都与测量技术的固有精度和系统的安装及部署方式有关。所获得的定位精度大多是根据测角和测距数据的RMS误差得出的（如图8.9所示），它由下式定义：

$$E_{\text{RMS}} = \sqrt{E_L^2 + E_I^2 + E_M^2 + E_R^2 + E_S^2}$$

其中，E_L=截获站的位置误差；E_I=系统的测量误差；E_M=系统的安装误差；E_R=基准误差；E_S=站点误差。

如果每个误差源都是独立的且能产生合理的随机误差，则该方程可以相当准确地估计系统在实际应用时产生的定位误差。如果来自不同误差源的误差呈系统性增加或有较大的峰值测量误差未被补偿，那么实际的精度会降低。

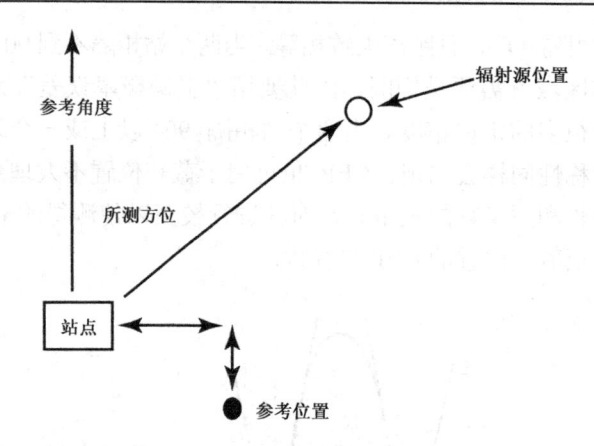

图 8.9　实际定位精度与测量精度和参考精度有关

- 在早期的辐射源定位系统中，E_L 是一个大问题。但是，随着低成本 GPS 接收机的面世，这个误差源已经变得极易控制。
- E_I 通常是作为特定辐射源定位系统的精度提及的。与安装误差和站点误差相比，它始终很小。
- E_M 通常可通过仔细校准大大降低。
- 在测角系统中，E_R 通常是测量方位所参照的方向"北"的误差。在没有惯导系统的小型平台上，这可能会是中、高精度系统中限制精度的主要因素。在精度非常高的系统中，基准误差来自测时或测频所参照的基准时钟。GPS 系统良好的时间/频率基准缓解了现代系统存在的这一问题。
- E_S 通常只是地基辐射源定位系统才存在的问题，其主要诱因来自邻近地形或物体的多径反射。站点校正可显著改善固定站的精度，但对移动系统来说常常是不切实际的。

8.3.3　辐射源定位技术

表 8.2 所示为 EW 和 SIGINT 系统中常用的辐射源定位技术，以及典型应用和品质因数。

在后面的章节中将讨论每一种技术，以及与实际部署的 EW 和 SIGINT 系统中因采用这些技术所产生的问题。

表 8.2　辐射源定位技术的典型品质因数和应用

技　术	精　度	成　本	灵敏度	速　度	典型应用
窄波束天线	高	高	高	低	侦察和海上 ESM
幅度比较	低	低	低	极高	机载雷达告警接收机
沃特森·瓦特 DF	中	低	中	高	固定和地面移动 ESM
干涉仪	高	高	高	高	机载和地面移动 ESM
多普勒	中	低	中	中	固定和地面移动 ESM
差分多普勒	极高	高	高	高	精确定位系统
到达时差	极高	高	高	中	精确定位系统

8.3.4 校准

任何类型的辐射源定位系统的精度都可以通过校准来改善。这一过程包括在受控的态势中采集大量数据并确定相对于测试发射机实际位置的测量误差。对到达方向类型的系统来说，要收集真实角度与测量角度的关系。该数据被存储在大型计算机中由频率和到达角构成的存储目录中。对除到达角之外的其他测量系统而言，要采集并存储合适的数据。另一种存储数据的方法是依据计算到达角的内部数据中的误差。

然后，在系统工作时，根据校准表来校正采集的数据。如果校准表按"类型"排列，则同样的数据用于采集数据的所有这类辐射源定位或测向系统。校准表还可以按"序号"或"尾号"排列，在这种情况下，要为每个系统采集一组唯一的数据。通过序号校准的精度更高，缺点是如果系统中有任何变化（如更换损坏的关键元件）该方法就不适用了。

用于干涉仪技术的校准方法将在 8.5 节中详细讨论。

8.4　基于幅度的辐射源定位

在多种辐射源定位方法中，从信号幅度导出其位置的方法通常被认为是最不精确的。一般来说，这是事实，但这些方法却是最容易实现的。由于这类方法可成功用于持续时间非常短的信号中，所以比幅方法广泛应用于电子战系统，但对需要精确定位辐射源的情况可能要结合其他方法来考虑。本节将讲述三种基于幅度的方法：单定向天线法、沃特森·瓦特法和多天线比幅法。

8.4.1　单定向天线法

从概念上讲，最简单的测向（DF）方法是采用一个单窄波束天线。如果只有一个辐射源落入天线波束中，并且已知天线的方位和俯仰指向角，那么就能获得该辐射源的方位和仰角。如果只需要辐射源的方位，那么可采用扇形的接收天线波束。图 8.10 所示为典型窄波束天线的一维波束图，它可以是抛物面天线也可以是相控阵天线，其副瓣和后瓣的增益通常大大低于主瓣的增益。

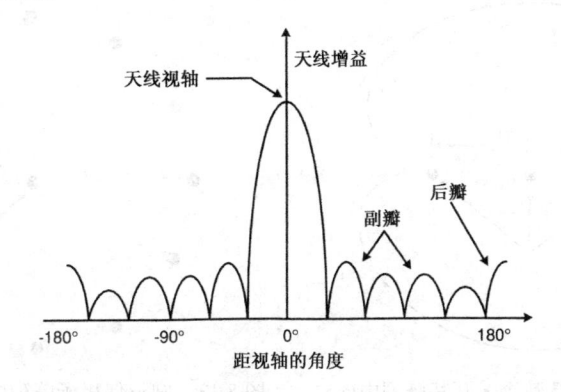

图 8.10　窄波束天线的增益在靠近其视轴处非常大，在其他角度处的信号衰减很大

在许多舰载 ES（以前为 ESM）系统中，持续旋转的窄波束天线被用来最大范围地检测新的威胁信号。定向天线法有许多优点，它隔离了各个信号，可以在密集信号环境下进行精确测向。它为弱信号提供天线增益，同时可以非常精确。但是，该方法在某些电子战应用中存在两个主要问题：在定位短时间存在的辐射源时有严重的波束对准问题，并且需要大型天线来提供较高精度。难点是要直接折中定向精度以解决波束对准问题。

为了利用单个定向天线来确定辐射源的实际位置，必须进行某种测距。如果辐射源的辐射功率是已知的（对电子战威胁信号而言经常是这种情况），那么可以根据接收信号的功率电平来估计距离。否则，距离必须由其他信息（例如，用图 8.4 所示的已知仰角差）来确定。

8.4.2 沃特森·瓦特法

该方法是罗伯特·沃特森·瓦特先生于 1920 年提出的，广泛应用于价格适中的地面移动测向系统中。如果三个偶极子天线馈接到三个分离的接收机上，如图 8.11 所示，那么两端天线（大约相隔 1/4 波长）与中间传感天线的相干之和形成了阵列的心形增益图，如图 8.12 所示。如果外面的两个天线绕着传感天线旋转，那么旋转的心形图将提供在任何方位的

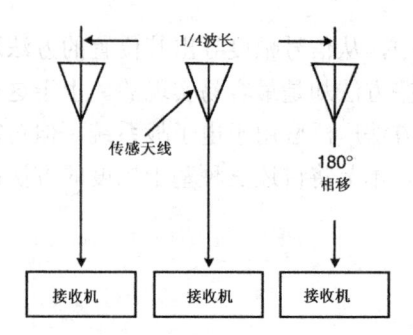

图 8.11 沃特森·瓦特法采用两个间隔 1/4 波长的天线和一个中央传感天线

信号的到达方向信息。在实际沃特森·瓦特系统中，许多天线按图 8.13 所示的形状排列，相对的两个外部天线依次转换到两个合适的接收机中来模仿旋转。天线数量越多，测向精度越高。但通过适当校准，四个天线即可提供满意的结果。

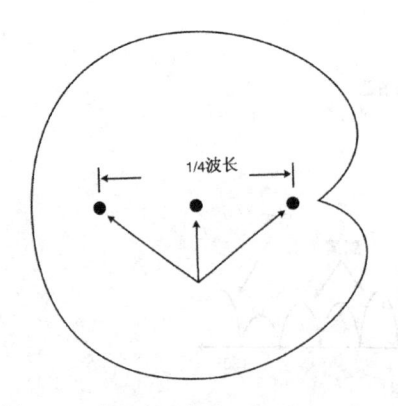

图 8.12 在基本沃特森·瓦特阵列中的三个天线形成了一个心形增益图

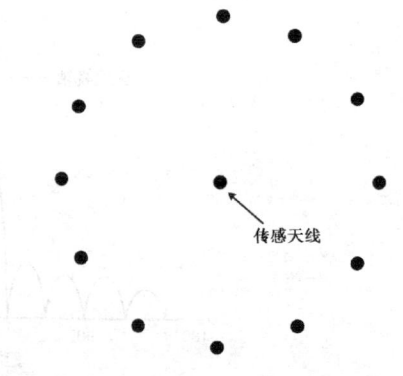

图 8.13 圆形偶极子阵列中的相对阵元可依次转换到沃特森·瓦特接收机中来模仿旋转

第 8 章　辐射源定位　　95

在简化方案中，中央传感天线的功能可由所有外部天线的和来提供。这样即可用四个垂直偶极子组成的简单阵对称地分布在天线杆周围来利用沃特森·瓦特原理。在本章后几节，同样的天线阵类型可用在几种测向方法中（当然，天线转换到系统的方式和数据处理的方式是相当不同的）。

8.4.3　多定向天线法

尽管适用于任何电子战系统，但多定向天线测向方法还是最常用于雷达告警接收机（RWR）系统中。该方法一般用具有非常宽的频率响应和稳定的增益与视轴角关系特性的四个或更多天线来实现，其高"前后比"（即忽略不在天线视轴 90°角范围内的信号的能力）也是非常令人满意的。理想情况下，功率增益随角度增大而线性降低（单位：dB），如图 8.14 所示。在大多数现代 RWR 中，采用增益特性接近理想情况的背腔式螺旋天线（能很好地抑制距视轴 90°以外的信号）。

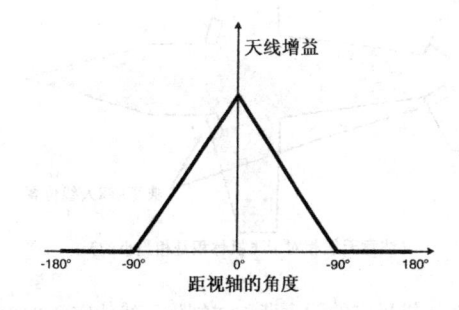

图 8.14　理想比幅测向天线的功率增益随角度从天线视轴到 90°而线性地变化

为了理解用该方法确定辐射源位置的原理，我们考虑在信号到达方位平面上相隔 90°的两个背腔式螺旋天线，如图 8.15 所示。两个天线的增益图用极坐标表示。每个天线的输出被传送到测量接收功率的接收机。我们从图中看到天线 1 接收的功率远大于天线 2 接收的功率，因为到达信号的路径更靠近天线 1 的视轴。现在我们分析矢量图。两个天线接收的信号的矢量和指向发射机，它的长度与接收功率成正比。如果到达方向位于两个天线的视轴（相距 90°）之间，那么到达方向和接收信号功率很容易根据下式由 P_1（天线 1 接收的功率）和 P_2（天线 2 接收的功率）算出：

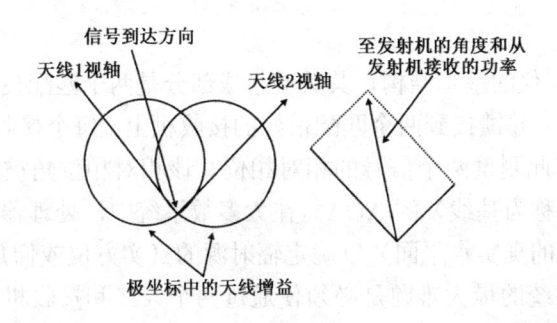

图 8.15　两个彼此相隔 90°的线性增益天线的极坐标表示法
　　　　　表明了利用多天线比幅法确定辐射源位置的原理

到达角度（相对于天线 1）=arctan（P_2/P_1）

接收信号功率=$(P_1^2+P_2^2)^{1/2}$

由于电子战威胁信号的辐射功率一般是已知的，所以根据接收功率可以计算辐射源的大概距离，进而确定辐射源的位置。

将四个这样的天线对称地布设在飞机周围即可实现 360°覆盖，如图 8.16 所示。天线的高前后比意味着只有两个天线将接收到很大的来自单个发射机的信号功率，除非该发射机距一个天线视轴非常近。非规则形状的机身将导致每个天线的增益图变形，如果不通过系统校正消除最终误差，则会降低实际测向精度。但是，利用这种系统要在距离或方位上实现较高的精度需要采用极其复杂的校准方案，因此在要求测向精度大于 5°～10°时通常采用其他测向技术。

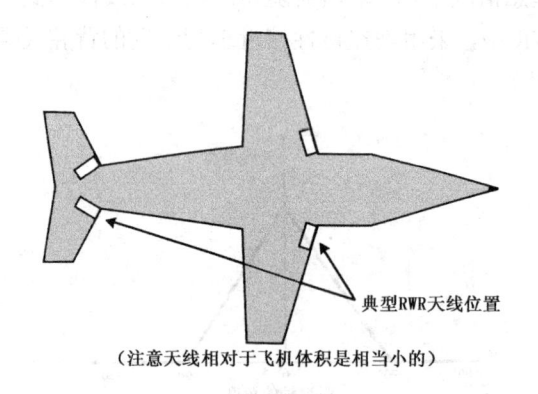

图 8.16　对称分布在飞机周围的四个背腔式螺旋天线能实现 360°瞬时辐射源定位

8.5　干涉仪测向

对工作在从直流到光频率上的辐射源进行高精度定位，干涉仪是最常用的技术。干涉仪系统一般通过测量信号到达两个或多个测向站的到达角（AOA）来确定辐射源的位置。通常，采用该技术的系统能提供约 1°（RMS）量级的角测量误差。干涉仪测向技术在电子战系统中得到广泛应用，但最常见的是应用在雷达和通信电子支援系统中。

8.5.1　基本结构

图 8.17 所示为干涉仪的基本结构，其关键组成部分是两个匹配良好的天线，它们牢固地安装在各自的位置上，并馈接到两个匹配很好的接收机上。每个接收机的中频（IF）输出被传送到比相器中，在此测量两个信号的相对相位。该相对相位角被送到处理器中以计算相对于两个天线方位（称为基线）的 AOA。在大多数系统中，处理器还接收基线的方位信息（相对于正北或当地的真实水平面）以确定辐射源的真实方位或仰角。

构建干涉仪测向系统的最大难题是必须使通过两个天线和接收机的电路径尽可能一样长，因为 AOA 的测量精度取决于两个接收机输出信号间相位差的测量精度。这要求通过天线、接收机、前置放大器、开关直至比相器的电缆长度与相位响应在所有信号强度和各种温度下都准确相等。这是非常困难的任务，因此大多数干涉仪系统都采用一些实时校准系统来校正相位失配。天线和所有关键部件都安装在同一个（不太大）电路盒中的系统除外。在后面的章节中读者将会看到，在接收机必须远离天线的系统中，也有许多灵巧的方案可使电路的核心部件靠近天线。

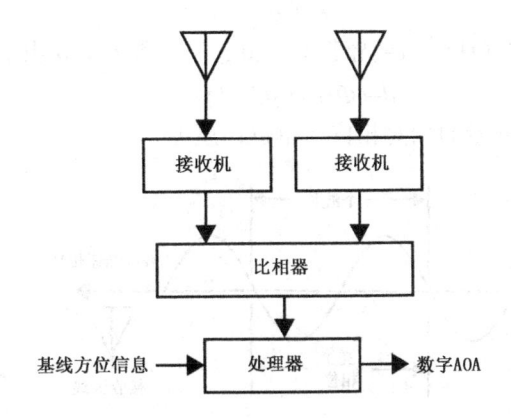

图 8.17　基本的干涉仪系统比较馈接两个匹配接收机的两个天线所接收的信号的相位以确定信号的到达角

8.5.2　干涉三角法

图 8.18 所示的干涉三角法描述了干涉仪测向系统根据到达构成基线的两个天线的信号的相对相位来确定信号 AOA 的方法。基线是连接两个天线的电中心的一条直线，这两个天线互相严重依赖。基线长度为 B，到达基线的信号的 AOA 通常参照基线中心的垂线。关键是要测量 d 的值。一旦知道 d，则 AOA 即可由下式得出：

$$AOA = \arcsin(d/B)$$

图 8.18　干涉仪通过干涉三角法来确定信号相对于其基线的到达角

研究称为"波前"的假想项有助于理解干涉仪原理。电磁波自发射天线径向传播，基础电子学课本将其比喻为一个石头投入池塘后辐射的层层圆圈。"波前"是当辐射波离开发射机时的任意固定相位点。

图 8.18 将波前描述为一条直线,因为它是一个非常大的圆圈中极短的一段。任一固定的接收天线都会将传播电磁波看作一以光速传播的正弦信号。如图 8.19 所示,当一个完整的波长通过接收天线时,接收信号的相位变化 360°。测量接收信号的频率,即可根据下式确定波长:

$$\lambda = f/c$$

其中,λ=波长(m);f=频率(Hz);c=光速(3×10^8 m/s)。那么,d 由下式确定:

$$d = (\Phi \times c)/(360 \times f)$$

其中,Φ= 到达两个天线的信号的相对相位(单位:度)

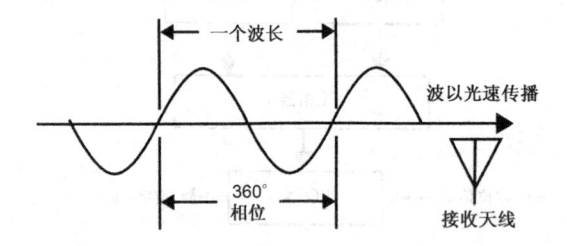

图 8.19 信号以接近光速的速度传播,当一个波长通过接收天线时其相位变化 360°

8.5.3 系统结构

在大多数实际的测向系统中,一条基线是不够的,会出现模糊,典型的解模糊方法是采用两个或更多方向不同的基线或者采用长度不同的基线重复处理。因此,整个系统的组成框图如图 8.20 所示。全套天线称为天线阵,用于提供一组最佳基线。转接到接收机的每对天线都构成一条基线。

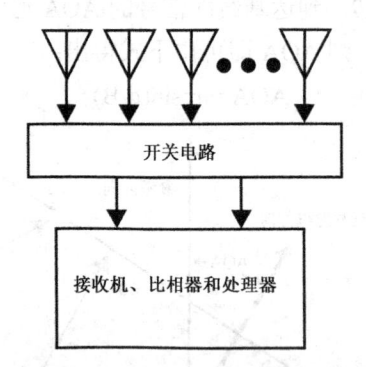

图 8.20 完整的干涉仪测向系统包括几个天线,
它们成对构成多个基线接入干涉仪

图 8.21 所示为一组背腔式螺旋天线,用于精确测量微波雷达发射机的方位和仰角。水平阵天线测量方位,垂直阵天线测量仰角。在每种情况下都接入一条长基线以提供非常精确但有模糊的结果,同时接入短基线来解模糊。

图 8.22 所示为适用于 VHF 或 UHF 测向系统的垂直偶极子天线阵。这种情况下,可选择四个天线中的任意一对来构成六条基线中的一条。对角线的基线比旁边的基线长 1.414 倍。

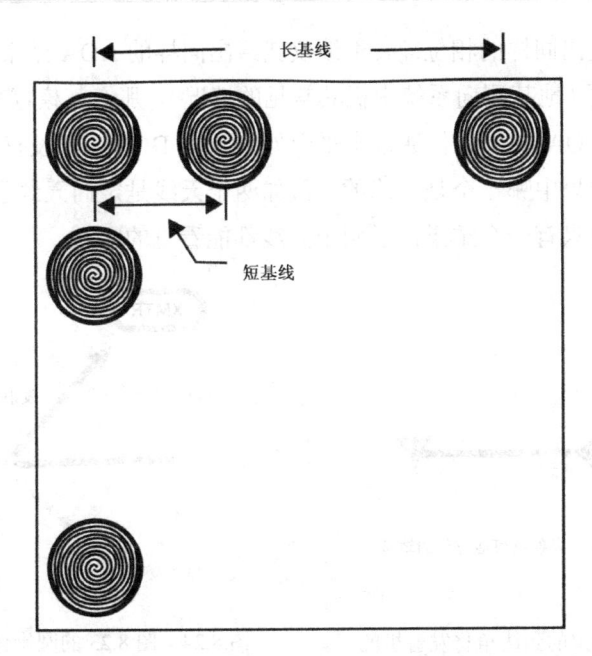

图 8.21 五个背腔式螺旋天线可以组成一个阵列，接入
高精度、大带宽、方位和仰角干涉仪测向系统

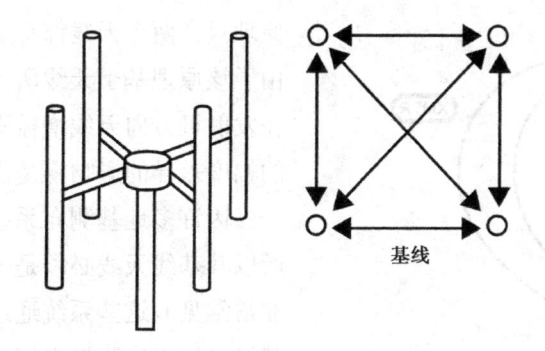

图 8.22 四个垂直偶极子可以构成用于干涉仪测向系统的六条基线

8.6 干涉仪测向的实现

为了理解干涉仪测向系统的实现方法，我们必须考虑固有的模糊度及如何解模糊、影响精度的因素，以及如何通过校正来提高精度。

8.6.1 镜像模糊

首先，我们必须明白干涉仪只是测量到达构成其基线的两个天线的信号之间的相位差，然后将此信息转换为到达角。如果两个基线天线是全向的，那么来自图 8.23 所示圆锥体任何位置的信号将呈现出同样的相位差，干涉仪就给出同样的 AOA 结果。如果我们知道发射机位于或接近水平面（地基测向系统中极其常见的情况），那么其模糊变为图 8.24 所示的情况。现在，可能的 DOA 变为锥体通过水平面处的两个 DOA。若没有附加信息，则干涉仪根本无法判断两个结果中哪一个是正确的。假如两个天线是定向天线且具有较高的前后比，分辨就容易了，因为只有一个结果位于两个天线都能看见的区域。

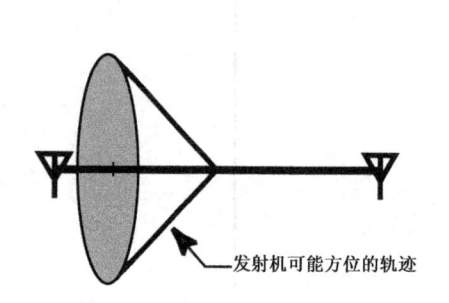

图 8.23　干涉仪确定的到达角将发射机的可能方位限制在一个圆锥体中

图 8.24　图 8.23 的圆锥体与水平面的交线给出了被测信号的两个可能的到达方位

图 8.25 给出了可以用于定向干涉仪系统的典型天线阵方向图。值得注意的是，干涉仪原理只在两个天线都覆盖的区域内成立。然而，由于该原理基于天线所收信号的相位差，故因在发射机方向天线增益不同而造成的接收信号的幅度差异的影响将是次要的。

因许多地基测向系统必须瞬时覆盖 360°，所以其基线天线必须是全方位的（垂直偶极子非常常见）。这些系统通过利用另一方位的不同基线进行再次测量来解镜像模糊。图 8.26 所示为在 360° 地基系统中的这种情况。天线 1 和天线 3 构成的基线与天线 2 和天线 4 构成的基线共有一个结果，这个结果就是正确的。

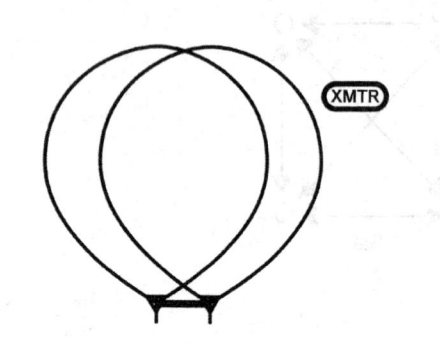

图 8.25　如果干涉仪测向系统采用定向天线阵，则目标发射机必定会落入构成基线的两个天线的方向图内

如果干涉仪测向系统必须处理偏离水平面几度的信号（对机载系统而言，这非常常见），那么显然必须同时测量方位和仰角以给出精确的 DOA。有一个重要的例外：假如飞机要测定已知在地面或接近地面的辐射源的位置，且相距较远，而系统只考虑飞机接近水平面时所接收的数据，则二维机载系统仍然能够提供有用的数据。

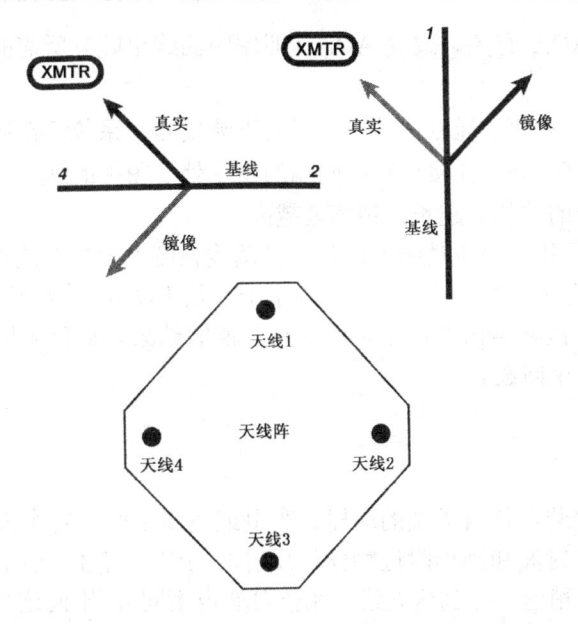

图 8.26　两条不同方位的基线能够解 360°地基干涉仪测向系统中的镜像模糊

8.6.2　长基线模糊度

如前所述，干涉仪通过测量两个基线天线所接收的信号之间的相位差来测出 AOA。基于这点，我们应考虑相位差与它所表示的 AOA 之间的关系。这是 AOA、信号频率和基线长度的函数关系。信号的波长（λ）由光速（c）和频率（f）根据公式 $\lambda=c/f$ 算出。图 8.27 示出了在两个基线天线测得的相位差与基线长度（以信号波长计）和相对于系统视轴（定

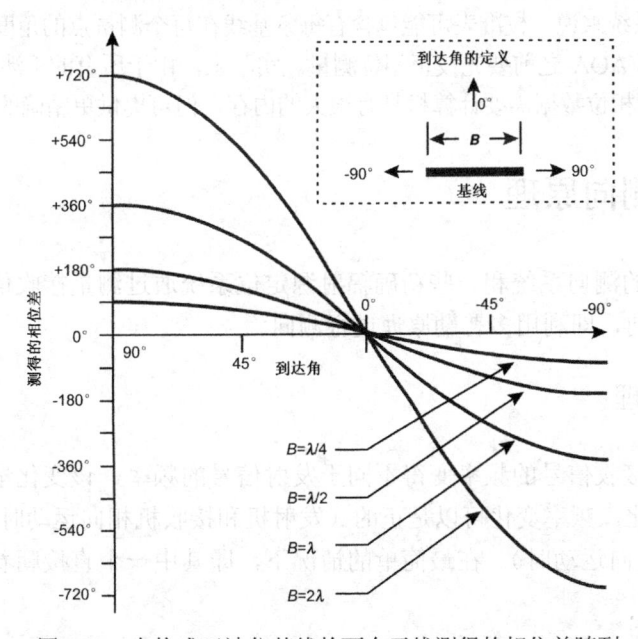

图 8.27　在构成干涉仪基线的两个天线测得的相位差随到
达角和相对于接收信号波长的基线长度而变化

义为与基线垂直的 AOA 有关。改变 AOA（即图中曲线更陡）所需的相位变化越大，测向系统的精度就越高。

图 8.27 说明了两个重要的通则：其一，任何干涉仪测向系统都在接近垂直于基线的角度处（图中的 0°）精度最高，在接近基线两端的角度处（图中的±90°）精度最低。其二，基线（相对于接收信号的波长）越长，精度就越高。

图 8.27 中还包含了第三个更精细的信息。当基线长度大于半个波长时，随着 AOA 从 +90°变为-90°，相位差的变化大于 360°。由于干涉仪无法知道两个天线处的信号是否位于同一个波长周期内，故将给出非常精确但却是多值的结果。通常采用一条更短的基线再进行一次测量来解决这个问题。

8.6.3 校准

当干涉仪天线阵安装在任何类型的船桅、车辆或飞机上时，每个天线所接收的信号都是来自目标辐射源的直射波和阵列附近物体的反射波的混合信号。由于反射波路径大于直射波路径，故反射波将稍迟一点到达天线（相位自然也不同）。幸而这些反射信号的强度远小于直射信号的强度，而每个天线所接收的所有信号总和的相位不同于只有直射信号时的相位。当测量信号在两个基线天线处的相对相位时，它就会不同于只收到直射波信号时的相位。该相位之差被称为相位误差，它会导致测向系统给出错误的 AOA 结果。测得的 AOA 与发射机到测向系统的视线方向（称为真实角度）之间的差值就是角度误差。

为了校准该系统，每隔几度 AOA 和每隔几 MHz 频率就要采集一组测向数据。可采用某些方法来确定真实角度（根据天线阵相对于被测发射机位置的已知方位）。然后测出每个 AOA/频率组合的角度误差并存入校准表中。稍后，当系统测量未知发射机的方向时，采用插值法根据存储在校准表中的数值计算出合适的校准系数。

对干涉仪测向系统来说，校准表可能包含有每条基线在每个测量点的角度误差或相位误差。在这种情况下，计算 AOA 之前要先校正相位测量。实际上，由于所有的干涉仪测向系统都采用几条基线，所以存储相位数据需要计算机具有很大的内存，但可提供更精确的测量结果。

8.7 多普勒测向原理

许多中等价位的测向系统和一些精确辐射源定位系统通过测量接收信号的频率变化来确定它们的到达方向，即利用多普勒原理进行测向。

8.7.1 多普勒原理

多普勒效应使接收信号的频率变得不同于发射信号的频率，该变化量与发射机和接收机的相对速度成正比。频率变化可以是正的（发射机和接收机相向运动时），也可以是负的（发射机和接收机背向运动时）。在最简单的情况下，即其中一个直接朝着另一个运动时，多普勒效应为：

$$\Delta f = (v/c) \times f$$

其中，Δf=接收频率的变化值（称为多普勒频移）；v=移动物体的速度（即速度的大小）；

c=光速（3×10^8m/s）；f=发射频率。

当发射机和接收机彼此不直接相向或背向运动时，多普勒频移与它们两者间的距离变化率成正比，即：

$$\Delta f=((V_T\times\cos\theta_T+V_R\times\cos\theta_R)/C)\times f$$

其中，V_T=发射机的速度；θ_T=发射机的速度矢量与发射机和接收机的直接路径之间的夹角；V_R=接收机的速度；θ_R=接收机的速度矢量与发射机和接收机的直接路径之间的夹角。

如果只是发射机或接收机在运动，那么该方程就因其中一个速度为零而简化了。

8.7.2 基于多普勒的测向

图 8.28 给出了最简单的多普勒测向系统。天线 A 是固定的，天线 B 绕天线 A 旋转。每个天线馈接一接收机，将天线 B 的接收频率与天线 A 的接收频率进行比较。图 8.29 表示每旋转一圈，天线 B 的速度矢量就变化 360°。天线 B 朝着发射机运动的速度矢量分量是具有正峰值的正弦波，在图中当它正好运动到天线 A 下面时出现这种情况。

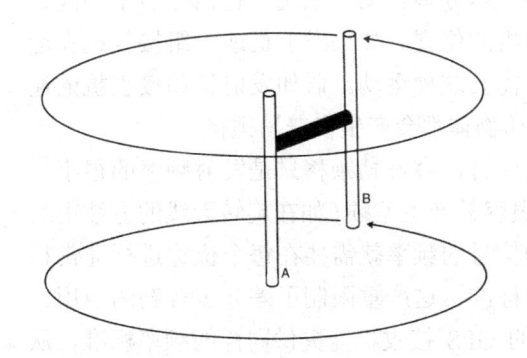

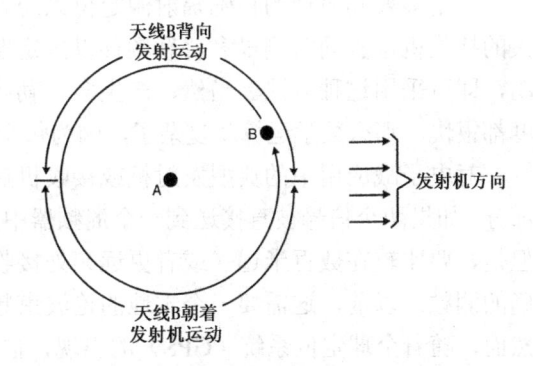

图 8.28 多普勒测向系统可通过围绕一个固定天线 A 旋转一个天线 B 来实现

图 8.29 天线 B 围绕固定天线 A 旋转时，从天线 B 到发射机的距离变化率呈周期性变化

对任意方向接收的信号而言，所观察到的频差（天线 B 的频率减去天线 A 的频率）都会随时间而变化，如图 8.30 所示。天线 B 通过天线 A 和发射机之间时多普勒频移变为负数。因为对测向系统而言运动天线的位置是已知的，所以这个零交点时间可以方便地转换为信号的到达角。

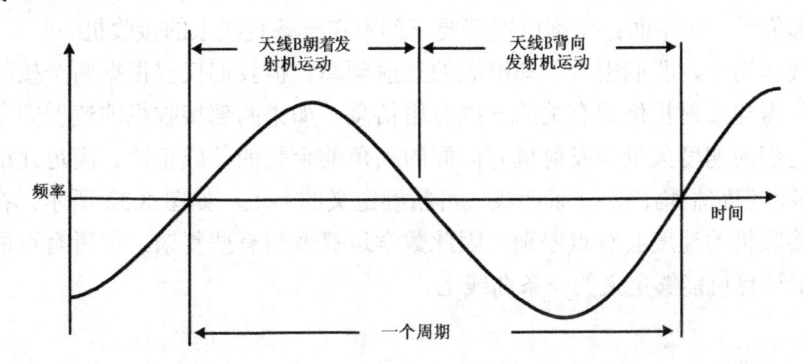

图 8.30 多普勒效应导致天线 B 接收的频率相对于天线 A 接收的频率呈正弦变化

8.7.3 实际多普勒测向系统

实际上,要使一个天线围绕另一个天线旋转在机械上显然比较困难,因此大多数多普勒测向系统采用几个天线围绕中央"传感"天线进行圆周排列。当你乘坐的飞机在大多数欧洲机场降落时,你看到的天线环就是多普勒测向天线阵,它被用于对飞机上的空地发射机进行无源定位。

外围的天线依次被接入接收机以产生旋转天线的效果。在一些系统中,可利用全部外围天线的输出之和作为"参考输入"来取消传感天线。尽管采用大量外围天线有助于给出更精确的结果,但这个原理将用圆周上只有 3 个天线的情况来论述。在只采用几个天线时,要获得较好的测向精度就必须在原始测向数据中加入有效的校正系数。

8.7.4 差分多普勒

采用多普勒原理的精确辐射源定位系统就是"差分多普勒"系统。它们在多个间隔很大的接收机位置同时测量多普勒频移以确定发射机的位置。如果发射机或一组接收机在运动,即可采用这种方法。当然,产生多普勒频移需要这种运动。假如发射机和接收机的速度都很快,那么数学运算就复杂了,因为每个运动物体都会产生多普勒频移。

对电子战应用中的典型发射机或接收机速度而言,多普勒频移只是发射频率的很小一部分。如果两个信号被直接送到一个混频器中则很容易产生差频(如在旋转天线的方法中)。但是,要比较在数百米远(或者更远)处接收的信号的频率就需要在每个位置进行非常精确的测频。以前,这需要一个本地的铯波束频率标准,这严重限制了差分多普勒的应用。然而,随着全球定位系统(GPS)的出现,便利的 GPS 接收机能提供同样的频率标准,从而使精确测频非常容易实现。

8.7.5 采用两部运动接收机进行辐射源定位

图 8.31 给出了采用两部运动接收机测定一部固定发射机位置的情况。如果我们知道准确的发射频率,则每部接收机测得的频率就决定了其速度矢量和发射机之间的夹角。因此,若我们已知每个接收机的速度矢量(速度和方向),那我们就能确定发射机的位置。图中假设所有系统都位于一个平面;三维位置需要三部不在一条直线上的接收机。

在电子战应用中,我们很少已知准确的发射频率。但我们仅仅根据两个接收频率之间的差值就能获得与发射机位置有关的一些有用信息。如果两部接收机的速度完全相等,那么差频就与它们速度矢量与发射机方向间的夹角的余弦的差成正比。满足此准则的发射机位置有很多,但它们均位于一条曲线(可精确定义的)上,如图 8.32 所示。在大多数情况下,两部接收机的速度会有点差别,因此数学运算变得有些复杂,但所有可能的发射机位置仍然位于计算机能够定义的一条曲线上。

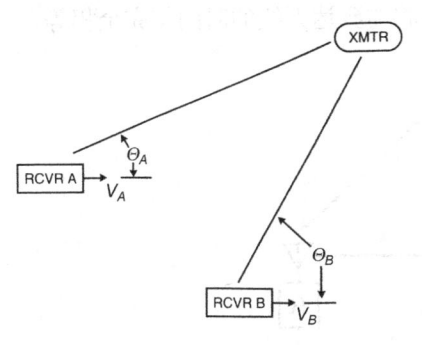

图 8.31　一部固定发射机的信号会被每部运动的接收机收到，接收的频率与发射机的速度及其速度矢量与发射机方向间的夹角有关

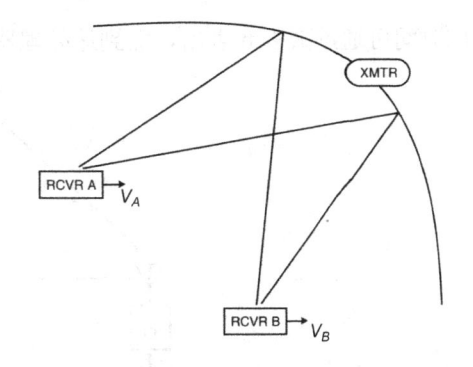

图 8.32　两部运动接收机测量的频差可用来计算穿过发射机位置的一条曲线

为了获得确切位置，必须确定发射机位于曲线何处。最常用的方法是用另一对接收机（三部接收机能构成独立的两对）再单独测一次频差。第二对接收机生成另一条曲线，它将与第一条曲线相交在发射机位置处。三维位置需要三对独立的接收机。

8.8　到达时间辐射源定位

当需要准确的辐射源位置时，到达时间（TOA）或到达时差（TDOA）技术通常是最佳选择。这两种技术都依据这样一个事实，即信号以接近光速的速度传播。

在某一确定时间离开发射机的信号将在 d/c 时间后到达接收机，其中 d 为发射机至接收机的距离。例如，如果 d 为 30km，则信号将在离开发射机 $30 \div 3 \times 10^8 = 100 \mu s$ 后到达接收机。因此，到达时间能确定距离。距离测量精度取决于发射时间的精度和接收时间的测量精度。（信号每 ns 约传播 0.3m）。全球定位系统（GPS）接收机能输出非常准确的时间基准，所以精确测量 TOA 比几年前容易多了。

如果两部接收机配置在已知位置，信号在已知时间发射，在每一接收地点信号的到达时间均可被准确地测量出来，那么发射机的位置即可由算出的到两部接收机的距离来确定。只有当发射机和接收机位于同一平面时这一方法才成立（如发射机和接收机都位于视距内且接近同一高度）。在自由空间中，两个距离可以描述出一个圆（设想在一把钥匙上系两条绳子，每只手握住一端，摇动绳子垂直划圈）。若已知发射机位于地球表面，其位置自然处于这个圆与地球表面相交的两个交点之一。如果接收天线的前后比很大，那么其中仅有一点适用，否则必须利用两条或更多的 TOA 基线来解决镜像模糊度问题。

8.8.1　TOA 系统的实现

TOA 辐射源定位系统有两条主要实施途径，具体采用哪一种方案取决于接收机位置的间隔大小。若组成基线的两部接收机安装在同一物理结构中（如在一个接收阵中或在同一架飞机的不同部位），那么较为实际的实施方法如图 8.33 所示。通过仔细地匹配天线、接收机和电缆，即可在单个处理器中测量到达时间。如果内部传输时间（tt）完全相同，则到达每一天线的时间可通过减去 tt 求出，而到达处理器的时间差将与到达天线的时间差完全相等。

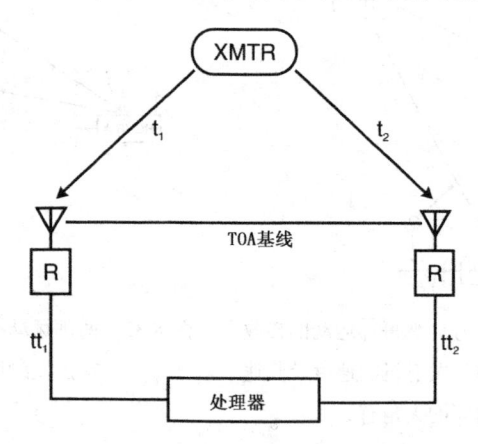

图 8.33　若两部接收机比较靠近，则可利用连接到
处理器的校准电缆实施 TOA 辐射源定位

实际上，由于制造容差、温差效应、元件老化和其他一些环境影响，通常要实时测量每条接收路径中从天线到处理器的电距离。然后再应用一个校正因子。

如果接收机相距很远（在另一架飞机上或地面站上），则需要采用图 8.34 所示的实施方案。这种情况下，要在每一部接收机位置上进行精确的时间测量，然后将这些时间测量值传送到处理器中进行计算，求出发射机的位置。

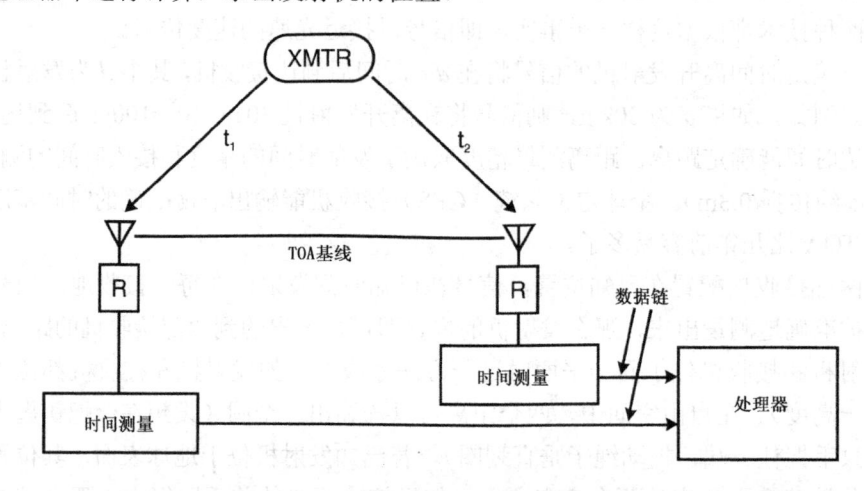

图 8.34　若接收机相距较远，则 TOA 辐射源定位需要在每一个接收站进行精确的 TOA 测量

8.8.2　到达时差

正确的 TOA 方法要求我们知道信号离开发射机的时间（即要求信号包含某种可解码的时间基准）。在电子战应用中很少能如此，但幸运的是，我们可以根据信号到达两部接收机的时间差来确定有关辐射源位置的情况。如果所有设备均处于同一平面，时间差可以确定（仅在数学上定义）一条通过发射机的曲线，如图 8.35 所示。为了确定发射机在该曲线上的

位置，必须利用另一条 TDOA 基线（需要另一部接收机）来产生一条与第一条曲线相交于发射机位置的曲线。

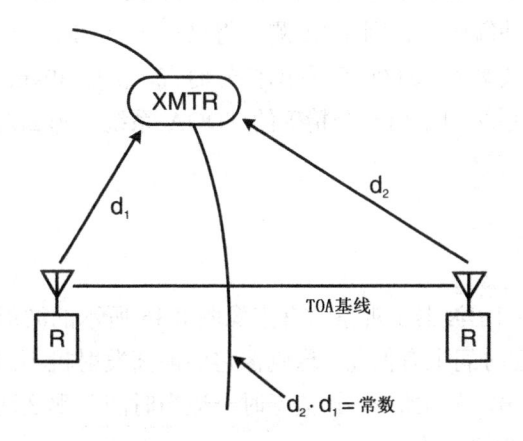

图 8.35　到达两部接收机的时间差可确定一条通过发射机位置的曲线

上述对 TOA 实施方案的所有讨论同样适用于 TDOA 方法，只是在每种情况下都需要增加一部接收机。即二维的辐射源定位需要三部不共线的接收机（构成两条独立基线），三维空间的辐射源定位需要四部不共面的接收机（构成三条独立基线）。由于电子战应用通常依赖于 TDOA，因此我们将重点讨论 TDOA。

8.8.3　距离模糊

若一信号在其从可能的最远发射机位置（即视距位置）传输到接收机所需的时间内自身重复出现，则会产生距离模糊，因为接收机无法确定所接收的是哪一次重复出现的信号。每部接收机对每个可能出现的重复信号都会给出一个距离结果，所以位置模糊的数目将为信号重复出现次数的平方。

8.8.4　到达时间比较

利用 TOA 或 TDOA 方法定位未调制连续波（CW）发射机是不现实的，因为每隔一 RF 周期其信号绝对要重复出现一次（造成无数个模糊值）。调制信号的重复时间一般要慢得多，因为调制波形的频率比 RF 低得多。携带信息的调制信号更不可能重复出现，因为信息不具备重复特征。

为了测量信号的到达时间，我们必须在信号的调制中定义一个可识别的时间基准。对脉冲信号和连续调制信号来说，这需要采用不同的方法。

8.8.5　脉冲信号

脉冲信号被设计成便于进行时间测量，这也是其在雷达中的作用。显而易见的选择是只要对脉冲的前沿进行定时。两部基线接收机中脉冲前沿的到达时间差即为 TDOA。在典型的电子战应用中，前沿不会很直或很干净，但选择脉冲上的一点进行测量仍是比较容易的。

来自一部发射机的所有脉冲看起来都很相似，并且它们每隔一脉冲重复间隔（PRI）重复一次。除非有某种脉冲编码，否则 TOA 测距将只在一个 PRI 的脉冲传播距离中是非模糊的（如对一个脉冲重复频率为 10 000 个/秒的信号而言，传播 30km 的距离是非模糊的）。如果在一个低精度的定位系统中采用一个精确的 TDOA 系统，那么这个精度较低的系统也能消除所有不正确的定位信息。

8.8.6 连续调制信号

一个调幅信号在快扫示波器上观察时有点像图 8.36 所示的波形。图中的信号 1 和信号 2 为同一信号的片断，在时间上有偏差，这就像它们被离发射机不同距离的两部接收机接收时的情况一样。可以看出，如果信号 1 被延时一适当时间，那么两个信号将彼此重叠。这意味着它们的相关性是非常高的。

在 TDOA 系统中，每部接收机的输出都被数字化。量化的信号特征（通过数据链）被送至一个处理器中。实际上，处理器把一个信号延时到与另一个信号重叠，并且测量两个信号的相关性与延时量的关系。

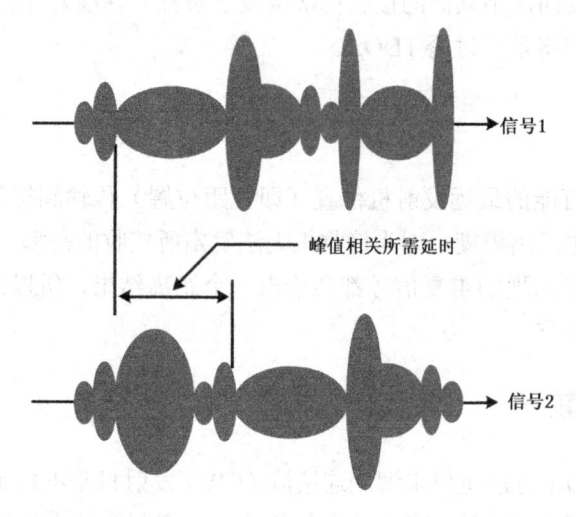

图 8.36　模拟调制信号的时差定义通过延时一信号并测量相关性来确定

第9章 干　　扰

所有干扰的目的都是阻止敌方有效地使用电磁频谱。电磁频谱的利用包括将信息从一处传送到另外一处。这些信息可以采用以下形式：语音或非语音（如视频或数字格式）通信信号、遥控定位设备的指令信号、由遥控定位设备发回的数据或敌方/友方设备（陆、海、空）的位置和运动参数。

多年来，干扰一直被称为电子对抗（ECM），但现在在大部分文献中称为电子攻击（EA）。EA还包括利用高功率辐射能或定向能从实体上损坏敌方设备。由于干扰只是暂时使敌设备失效而并未摧毁它，所有干扰有时被称为"软杀伤"。

干扰的基本方法是将干扰信号随同敌方期望接收到的信号一起送入敌方接收机中。当接收机中的干扰信号强到足以使敌方无法从收到的信号中提取所需信息时，干扰就是有效的。这或者是因为所收信号中的信息含量被干扰信号的功率所淹没，或者是因为复合信号（所期望的信号与干扰信号之和）具有这样的特性：即阻止处理器正确地提取或者利用所收到的信息。表9.1列出了几种不同的干扰类型。

表9.1　干扰类型

干扰类型	目　　的
通信干扰	干扰敌方通过通信链路传递信息的能力
雷达干扰	使雷达不能捕获目标、中止跟踪目标或输出虚假信息
覆盖干扰	降低所收信号的质量，使其不能被正确处理或无法恢复所携带的信息
欺骗干扰	使雷达不能正确处理其回波信号从而给出错误的目标距离或方向
诱饵	它不是真实目标但很像真实目标，诱使制导武器攻击诱饵而非其欲攻击的目标

干扰的第一准则：干扰应用的最基本概念是干扰接收机而不是发射机。因此，要使干扰有效，干扰机必须通过相关天线、输入滤波器和处理选通波门将干扰信号注入敌接收机，而这又取决于干扰机在接收机方向发射的信号强度、干扰机与接收机之间的距离和传播条件。

9.1　干扰的分类

干扰一般以四种方式进行分类：信号类型（通信与雷达）、攻击接收机的方式（覆盖与欺骗）、干扰位置（自卫与远距离）和保护友方设备的方式（诱饵与传统干扰机）。

9.1.1　通信干扰与雷达干扰

通信干扰（COMJAM）即干扰通信信号。通常是用噪声调制的覆盖干扰信号干扰战术

HF、VHF 和 UHF 信号，但也可以干扰点对点微波通信链路或干扰往返于遥控设备的指令和数据链路。如图 9.1 所示，敌方通信链路将信号从发射机（XMTR）传送到接收机（RCVR）。干扰机（JMR）也将干扰信号发送到接收机的天线，而且它有足够的功率来弥补天线增益的不足（如果接收天线的波束较窄且指向发射机），从而使输送到接收机或处理器的功率足以将接收信息的质量降低到无用的水平。

传统雷达既有发射机又有接收机，两者均使用同一定向天线。雷达接收机被设计成能最佳地接收经雷达发射机照射的目标反射的回波信号。无论是用于空中交通管制还是用于对敌方实施制导导弹攻击或高炮攻击，分析回波信号就能使雷达确定某些陆、海、空装备的位置与速度并且进行跟踪。雷达干扰机则提供覆盖信号或欺骗信号来阻止雷达定位或跟踪目标，如图 9.2 所示。

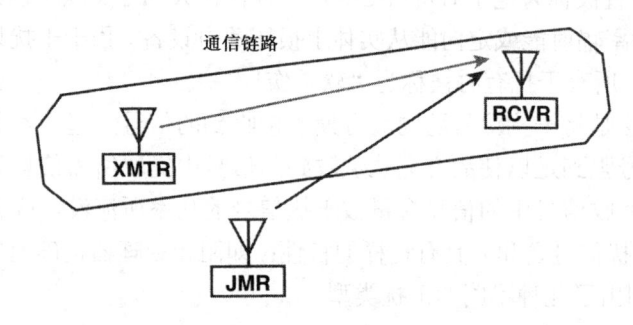

图 9.1 通信干扰破坏接收机从其接收信号中恢复信息的能力

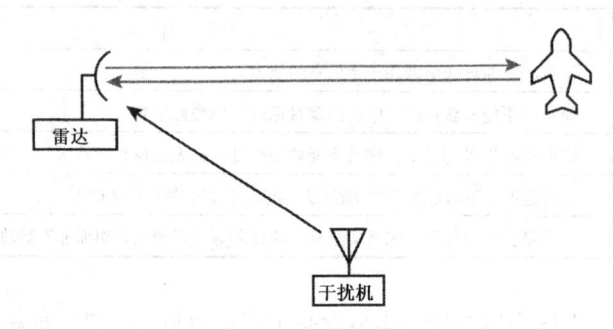

图 9.2 雷达干扰既可以是覆盖干扰也可以是欺骗干扰，目的是破坏雷达从其回波信号中恢复目标信息的能力

9.1.2 覆盖干扰与欺骗干扰

覆盖干扰旨在将高功率信号发射到敌方发射机中。采用噪声调制可使敌方很难发现干扰的存在。它能将敌方信噪比（SNR）降低到无法收到具有足够质量的所需信号的程度。图 9.3 所示为一部雷达的平面位置显示器（PPI），屏幕上有一回波信号和足以掩盖回波的噪声覆盖干扰信号。理想情况下，干扰信号很强从而使训练有素的操作员检测不

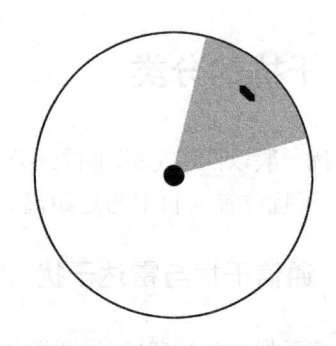

图 9.3 覆盖干扰掩盖了雷达的回波信号

到信号。倘若无法将较大的干扰功率注入接收机，那么还可将 SNR 降低到自动跟踪系统无法工作的程度（自动处理所需的 SNR 通常比熟练操作员检测和手动跟踪信号所需的 SNR 更大）。

欺骗干扰旨在使雷达从其所需信号与干扰信号的复合信号中得出错误的结论，如图 9.4 所示。通常，这类干扰诱使雷达在距离、角度和速度上偏离目标。利用欺骗干扰可使雷达获得一个貌似真实的回波信号并误认为自己正在跟踪一真实目标。

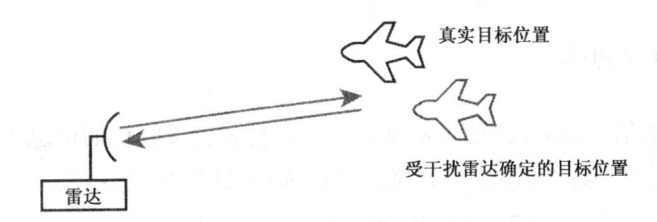

图 9.4　欺骗干扰破坏雷达的处理能力，使其生成虚假的目标位置与速度信息

9.1.3　自卫干扰与远距离干扰

图 9.5 所示为自卫干扰与远距离干扰，两者均属于雷达干扰。这类干扰也可用来保护友方设备（如干扰用来协调攻击的通信网）。自卫干扰是指在被探测与跟踪的平台上装载干扰机以保护平台本身。远距离干扰则指在一个平台上的干扰机发射干扰信号来保护另一个平台。通常，受保护平台位于威胁的杀伤距离内，而远距离干扰机则远在武器的杀伤距离之外。

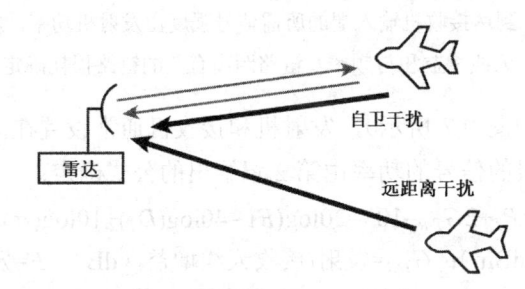

图 9.5　自卫干扰由位于被雷达瞄准的平台上的干扰机提供。远距离干扰则利用位于另一个平台上的大功率干扰机来保护被雷达瞄准的平台

9.1.4　诱饵

诱饵是一种特殊的干扰机，旨在诱使敌雷达认为诱饵更像是一被保护的平台。诱饵与其他干扰机的区别在于诱饵不干扰跟踪它们的雷达工作，只是试图吸引这些雷达的注意力，使雷达截获、攻击诱饵或转移其跟踪焦点。

9.2　干扰-信号比

干扰机的效果只有与受干扰的敌接收机关联起来方可进行计算。干扰效果常用有效干扰功率（即进入接收机核心部件的干扰信号功率）与信号功率（接收机希望接收的功率）

的比值来描述,又称为干扰-信号比或干-信比,简单表示为 J/S。

为精确起见,在许多特定情况下需要将 J/S 这一简洁表达式加以修改,但都以下面所述原理为基础。讨论中采用的 dB 形式的公式包括为便于处理各种物理常数而设定的系数(如 32),同时允许以最通用的单位直接输入参数并得到结果。本讨论中,所有的距离均以 km 为单位,频率以 MHz 为单位,雷达截面积(RCS)以 m^2 为单位。

9.2.1 接收的信号功率

首先考虑 J/S 的信号部分。在信号从发射机单程传输到接收机的情况下(如图 9.6 所示),到达接收机输入端的信号的功率由下式确定(各项均采用 dB 值):

$$S=P_T+G_T-32-20\log(F)-20\log(D_S)+G_R$$

其中,P_T=发射机功率(dBm);G_T=发射天线增益(dB);F=发射信号频率(MHz);D_S=发射机至接收机的距离(km);G_R=接收天线增益(dB)。

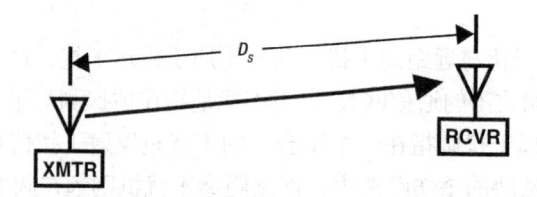

图 9.6 到达接收机输入端的所需信号强度由发射机功率、收/发天线增益和与频率及链路距离有关的链路损耗确定

对雷达信号而言(如图 9.7 所示),发射机和接收机通常设置在同一地点,而且共用同一天线,因此到达接收机的信号的功率由第 2 章给出的公式确定:

$$S=P_T+2G_{T/R}-103-20\log(F)-40\log(D_T)+10\log(\sigma)$$

其中,P_T=发射机功率(dBm);$G_{T/R}$=发射/接收天线增益(dB);F=发射信号频率(MHz);D_T=雷达至目标的距离(km);σ=目标的雷达截面积(m^2)。

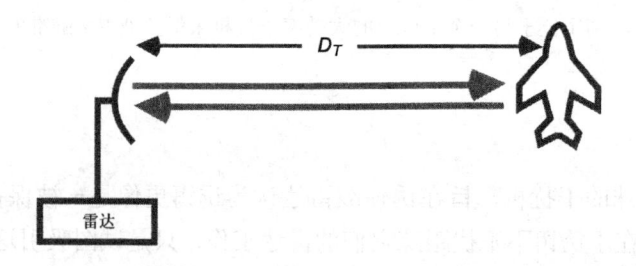

图 9.7 到达接收机的雷达信号的强度由两倍的天线增益、至目标的往返距离、信号频率和目标的雷达截面积确定

9.2.2 接收的干扰功率

干扰信号实际上是单程传输的,如图 9.8 所示。一般来说,无论干扰目标是通信接收机

还是雷达接收机，干扰信号的性能都是相同的。接收机对干扰信号的接收不同于在双程传输情况下对所需信号的接收情况。首先，除非接收机采用全向天线，否则天线增益将随接收信号的方位和仰角的变化而变化。因此，如果不是从同一方向到达，干扰信号和所需信号将遇到不同的接收天线增益，如图9.9所示。其次，因为无法测量或估计所需信号的确切频率，所以干扰信号的频带宽度就必须远大于要干扰的信号的带宽。预测J/S时，只考虑落入接收机工作带宽之内的干扰信号。根据这两点考虑，到达接收机输入端的干扰功率由下式确定（单位：dB）：

$$J = P_J + G_J - 32 - 20\log(F) - 20\log(D_J) + G_{RJ}$$

其中，P_J=干扰机发射功率（dBm）（在接收机的带宽内）；G_J=干扰机天线增益（dB）；F=发射频率（MHz）；D_J=干扰机至接收机的距离（km）；G_{RJ}=干扰机方向的接收天线增益（dB）。

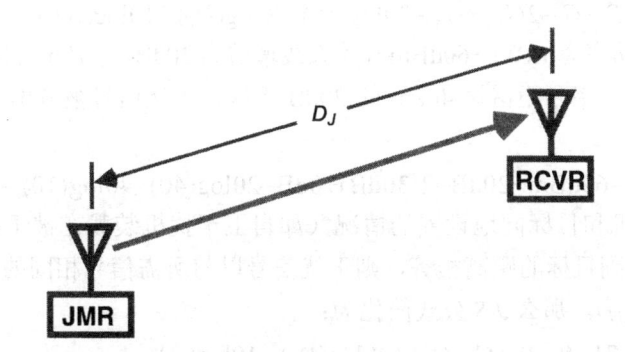

图 9.8 干扰信号到达接收机输入端，其强度由发射机功率、干扰机天线增益、与频率有关的链路损耗、链路距离和干扰机方向的接收天线增益来确定

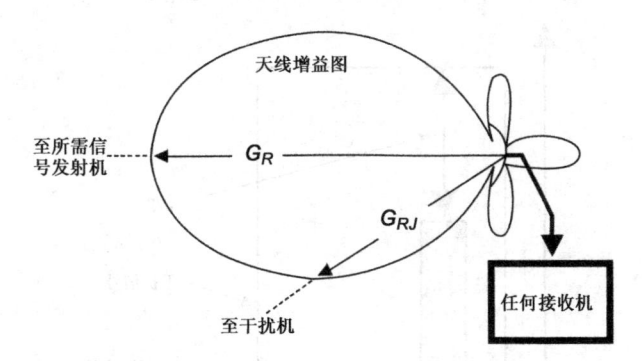

图 9.9 如果接收天线不是全向天线，则它对干扰信号的增益将不同于（一般小于）对所需信号的增益

9.2.3 干-信比

如图9.10所示，J/S即干扰信号强度（在接收机带宽内）与所需信号强度之比。如果采用dB单位，则图中的纵坐标刻度是线性的。当然，假定接收机带宽是理想的且调谐到所需

的信号。从上面的公式很容易得出 J/S 的关系。由于 J 和 S 是以 dB 表示的，所以其功率比就是它们的 dB 值之差。对单程信号传输情况而言（主要用于通信干扰），J/S 的 dB 值为：

$$J/S(\text{dB}) = J - S = P_J + G_J - 32 - 20\log(F) - 20\log(D_J) + G_{RJ} - [P_T + G_T - 32 - 20\log(F) - 20\log(D_S) + G_R]$$

$$= P_J - P_T + G_J - G_T - 20\log(D_J) + 20\log(D_S) + G_{RJ} - G_R$$

例如，若干扰机的发射功率是 100W（+50dBm），其天线增益为 10dB，至接收机的距离为 30km；而所需信号发射机距接收机 10km，其发射功率为 1W（+30dBm），天线增益为 3dB，接收机天线对所需信号和干扰信号的增益均为 3dB。那么 J/S 为：

$$J/S = +50\text{dBm} - 30\text{dBm} + 10\text{dB} - 3\text{dB} - 20\log(30) + 20\log(10) + 3\text{dB} - 3\text{dB} = 17\text{dB}$$

就对抗雷达的干扰机来说，该公式为：

$$J/S(\text{dB}) = J - S = P_J + G_J - 32 - 20\log(F) - 20\log(D_J) + G_{RJ}$$
$$- [P_T + 2G_{T/R} - 103 - 20\log(F) - 40\log(D_T) + 10\log(\sigma)]$$
$$= 71 + P_J - P_T + G_J - 2G_{T/R} + G_{RJ} - 20\log(D_J) + 40\log(D_T) - 10\log(\sigma)$$

若雷达的发射功率为 1kW（+60dBm），其天线增益为 30dB，与 10m² 目标的距离为 10km，干扰机发射 1kW 的功率到距雷达 40km 的 20dB 天线，干扰信号被 0dB 的雷达天线副瓣所接收，则 J/S 为：

$$J/S = 71 + 60\text{dBm} - 60\text{dBm} + 20\text{dB} - 2(30\text{dB}) + 0\text{dB} - 20\log(40) + 40\log(10) - 10\log(10) = 29\text{dB}$$

现在考虑干扰机和目标同地设置的情况（如自卫干扰机装载在被干扰雷达正跟踪的飞机上），到干扰机和到目标的距离相等，则干扰信号以与所需信号相同的角度进入雷达天线（即 $D_J = D_T$，$G_{T/R} = G_{RJ}$）。那么 J/S 公式简化为：

$$J/S(\text{dB}) = 71 + P_J - P_T + G_J - G_{T/R} + 20\log(D_T) - 10\log(\sigma)$$

假设雷达和目标不变，但干扰机放置在雷达正跟踪的平台上，且将干扰机的功率降至 100W，天线增益降低到 10dB，则 J/S 为：

$$J/S = 71 + 50\text{dBm} - 60\text{dBm} + 10\text{dB} - 30\text{dB} + 20\log(10) - 10\log(10) = 51\text{dB}$$

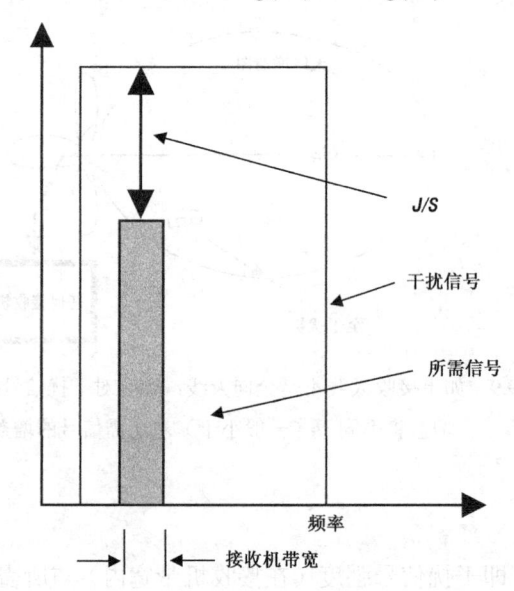

图 9.10　干-信比即在接收机带宽内的两个接收信号的功率之比

9.3 烧穿

烧穿是干扰技术中极为重要的一个概念，因为它研究保证干扰有效的条件。烧穿发生在 J/S 降低到被干扰接收机恰好能正常工作的时刻。

9.3.1 烧穿距离

烧穿距离是根据雷达干扰的概念定义的，但也能用于通信干扰。在雷达干扰中，烧穿距离是指到目标的距离，在这个距离上，雷达具有足够的信号质量来跟踪目标。图 9.11 所示为自卫干扰和远距离干扰的烧穿距离。在这两种情况下，烧穿是指从雷达到目标的距离。

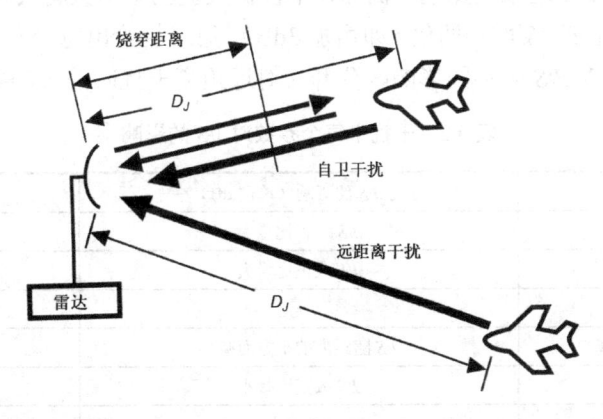

图 9.11 烧穿距离是雷达至目标的距离，在此距离上干扰机无法再干扰雷达的正常工作

在通信干扰中，烧穿距离的概念还没有如此鲜明，但有时仍有用。在这种情况下，烧穿距离意味着在存在特定干扰时通信链路的有效距离，如图 9.12 所示。它是发射机到接收机的距离，在此距离上接收机有足够的信噪比来从所需信号中解调并恢复需要的信息。

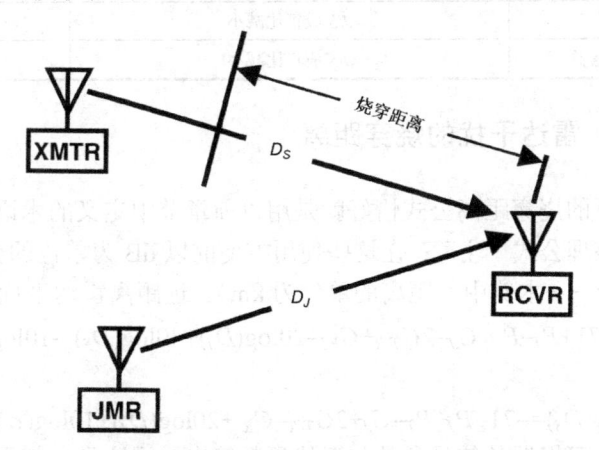

图 9.12 通信干扰的烧穿效应发生在当所需信号发射机至接收机的距离减小到能以足够质量接收到信号时

9.3.2 所需 J/S

有效干扰所需的 J/S 值可在 0dB 到 40dB（或以上）范围内变化，这取决于采用的干扰类型和所需信号的调制性质。因为 10dB 的 J/S 是适用于许多情况的一个精确整数，故在本文中将它定义为 J/S 的"合适值"。

9.3.3 J/S 与干扰

J/S 与许多参数有关，如表 9.2 所示。表中第一栏给出与干扰有关的每一个参数。第二栏给出参数的增加对 J/S 造成的影响。例如，干扰机发射功率增大将会使 J/S 的 dB 值增大，因此将 P_J 增加两倍就使 J/S 增加两倍（即增加 3dB）。第三栏给出每个参数适用的干扰类型，同时将雷达天线增益对 J/S 的不同影响区分开（对远距离干扰时的影响要大得多）。

表9.2 干扰中每个参数对 J/S 的影响

参数（增加）	对 J/S 的影响（单位 dB）	干 扰 类 型
干扰机发射功率	J/S 成正比增大	全部
干扰机天线增益	J/S 成正比增大	全部
信号频率	无	全部
干扰机至接收机距离	J/S 随距离的平方而减小	全部
信号发射功率	J/S 成正比减小	全部
雷达天线增益	J/S 减小	雷达（自卫）
雷达天线增益	以每增加 1dB 增益 J/S 值减小 2dB 的比例下降	雷达（远距离）
雷达至目标的距离	J/S 随距离的四次方而增大	雷达
目标的雷达截面积	J/S 成正比增大	雷达
发射机至接收机的距离	J/S 随距离的平方而增大	通信
发射天线增益	J/S 成正比减小	通信
（定向）接收机天线增益	J/S 成正比减小	通信

9.3.4 （远距离）雷达干扰的烧穿距离

每种干扰情况下的烧穿距离公式恰好就是用以前章节中定义的术语给出的 J/S 方程，但为得出距离要重新整理公式（注意：在这些使用方便的以 dB 为单位的公式中的不变量规定了输入、输出的单位——本例中，距离的单位为 km）。远距离雷达干扰的 J/S 方程为：

$$J/S=71+P_J-P_T+G_J-2G_{T/R}+G_{RJ}-20\log(D_J)+40\log(D_S)-10\log(\sigma)$$

整理为：

$$40\log(D_S)=-71-P_J+P_T-G_J+2G_{T/R}-G_{RJ}+20\log(D_J)+10\log(\sigma)+J/S$$

$40\log(D_S)$ 表达式可根据各信号参数与干扰参数算出。因这是一部雷达，故我们将 D_S 改变为 D_T（至目标的距离）。D_T 是一个 dB 数，必须转换为距离单位（km）。烧穿距离为：

$$D_T=10^{[40\log(D_T)/40]}$$

例如，若进入 20dB 增益天线的干扰机功率为 1kW（+60dBm）；雷达发射机功率为 1kW、天线增益为30dB；干扰机距雷达40km且位于雷达天线的0dB副瓣方向。目标的雷达截面积为10m², 正常干扰所需的 J/S 值为10dB。

则：

$40\log(D_T) = -71 - 60\text{dBm} + 60\text{dBm} - 20\text{dB} + 60\text{dB} - 0\text{dB} + 20\log(40) + 10\log(10) + 10\text{dB} = 21\text{dB}$

$D_T = 10^{(21/40)} = 3.3\text{km}$

因此，雷达将无法跟踪距离大于3.3km的目标。

9.3.5 （自卫）雷达干扰的烧穿距离

自卫干扰的 J/S 计算式为：

$$J/S(\text{dB}) = 71 + P_J - P_T + G_J - G_{T/R} + 20\log(D_T) - 10\log(\sigma)$$

整理为：

$$20\log(D_T) = -71 - P_J + P_T - G_J + G_{T/R} + 10\log(\sigma) + J/S$$

则：

$$D_T = 10^{[20\log(D_T)/20]}$$

例如，若进入10dB增益天线的自卫干扰机功率为100W（+50dBm），雷达发射机功率为1kW、天线增益为30dB。目标的雷达截面积为10m²，正常干扰所需的J/S值为10dB。

则：

$20\log(D_T) = -71 - 50\text{dBm} + 60\text{dBm} - 10\text{dB} + 30\text{dB} + 10\log(10) + 10\text{dB} = -21\text{dB}$

$D_T = 10^{(-21/20)} = 89\text{m}$

因此目标飞机可以保护自己在89m距离内不被雷达跟踪。

9.3.6 通信干扰的烧穿距离

通信干扰中 J/S 的计算公式为：

$$J/S(\text{dB}) = P_J - P_T + G_J - G_T - 20\log(D_J) + 20\log(D_S) + G_{RJ} - G_R$$

整理为：

$$20\log(D_S) = -P_J + P_T - G_J + G_T + 20\log(D_J) - G_{RJ} + G_R + J/S$$

则：

$$D_S = 10^{[20\log(D_T)/20]}$$

例如，若干扰机的发射功率为100W（+50dBm）、天线增益为10dB、距离接收机30km，而所需信号发射功率为1W（+30dBm），其天线增益为3dB，接收机的天线为所需信号和干扰信号提供3dB的增益。需要的J/S为10dB。

则：

$20\log(D_S) = -50\text{dBm} + 30\text{dBm} - 10\text{dB} + 3\text{dB} + 20\log(30) - 3\text{dB} + 3\text{dB} + 10\text{dB} = 13\text{dB}$

$D_T = 10^{(13/20)} = 4.5\text{km}$

这意味着受干扰的通信链路在4.5km距离处仍能正常工作。

9.4 覆盖干扰

前面我们将干扰分为"远距离干扰"和"自卫干扰"。还有两个重要分类是"覆盖干扰"和"欺骗干扰"。覆盖干扰一般采用噪声调制，目的是尽可能大地降低被干扰接收机中的信噪比。欺骗干扰旨在使雷达获得虚假的目标位置信息与速度信息。本节重点讨论覆盖干扰，以及为达到最大干扰效果的功率管理概念。

为了正确处理所接收的信号，每种接收机都必须具有足够的信噪比（SNR）。SNR 是接收机带宽内有用信号功率与噪声信号功率之比。在非敌对环境中，噪声功率就是接收系统的热噪声（即 kTB(dBm)+接收系统的噪声系数（dB））。接收的所需信号功率与发射功率、传播路径长度、工作频率和目标的 RCS 有关。覆盖干扰将附加噪声注入接收机，这与增加传输路径长度或降低雷达目标的 RCS 具有同样的效果。

当干扰噪声远大于接收机的热噪声时，我们用 J/S 而不是 SNR，但对信号接收和处理的影响是相同的。如果逐步增大覆盖干扰，则操作员或接收机后的自动处理电路可能永远不会知道存在着干扰而只是发现 SNR 变得很低。

所需的 RCS 取决于接收信号的性质和为提取信息所采用的信号处理方法。在语音通信中，SNR 将取决于谈话双方的技能和所传送信息的性质。当 SNR 降低到无法接收信息时，有效通信即中止。就数字信号而言，较低的 SNR 会产生误码，当误码率太高以致无法传输信息时通信即中止。

对雷达信号来说，一个熟练的操作员通常能在比处理多个目标的自动跟踪电路所需的 SNR 低得多的情况下，手动跟踪单个目标。因此，雷达干扰的目的是破坏雷达自动跟踪目标的能力，即以很少的目标使雷达达到饱和。

9.4.1 J/S 与干扰功率

如图 9.13 所示，接收系统在某种程度上能剔除指定接收和控制的信号外的所有信号。如果该系统具有指向所需信号来源的定向天线，则其他方向的所有信号都将被降低。任何种类的滤波（带通滤波器、可调预选滤波器、IF 滤波器）都可降低带外信号。在脉冲雷达中，接收机后面的处理器知道回波脉冲出现的大概时间，同时将忽略不在预计回波时间附近的信号。

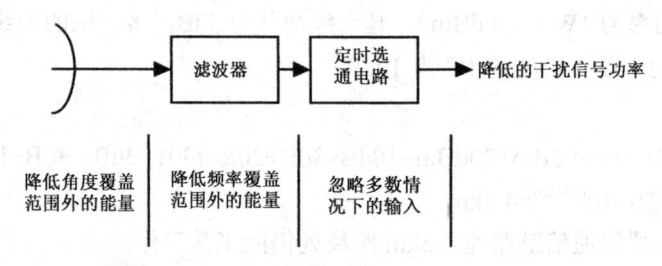

图 9.13 所发射的干扰信号的唯一有效部分是侵入雷达所有角度、频率和定时选择电路的那部分信号

如果在雷达或通信应用中采用跳频信号，则接收机接收的频带是一个"移动目标"。采用其他扩谱技术时，信号被扩展在一个较宽的频率范围，接收机可以在信号扩展前就获得与该信号相适应的灵敏度。

干扰机存在的问题是，为使干扰有效，必须将其功率分布在接收机可接收的整个频率范围内——包含接收天线的所有角度空间——接收机可接收信号能量的所有时间范围。如图 9.14 所示，只有通过接收机所有抗干扰措施的那部分功率才对 J/S 起作用。由于干扰机的发射功率与其体积、重量、电源利用率和成本直接有关，所以干扰机很少采用简单增加输出功率来获得足够有效干扰功率的做法。

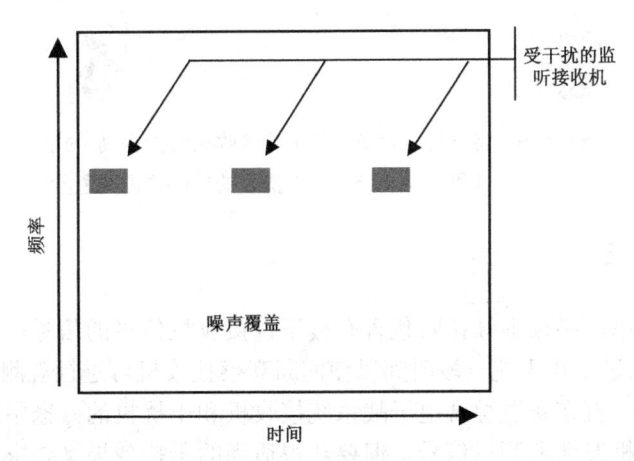

图 9.14 噪声干扰能量必须分布在可能存在接收机所需信号的整个时间-频率范围内

9.4.2 功率管理

干扰机对接收机的工作了解得越多，其干扰功率就越能准确聚集到接收机。干扰机能量聚集被称为"功率管理"，它与可获得的被干扰接收机的信息有关。该信息通常来自支援接收机（即干扰接收机或电子支援系统），支援干扰机接收、分类并测量认为会被受干扰接收机所接收的信号参数。这有时容易（在雷达跟踪携带干扰机的平台时），有时很难（如通信链路或双基地雷达）。图 9.15 所示的极为简单的综合电子战系统框图将为干扰机提供到达方向、频率和适于其管理功率的定时等信息。

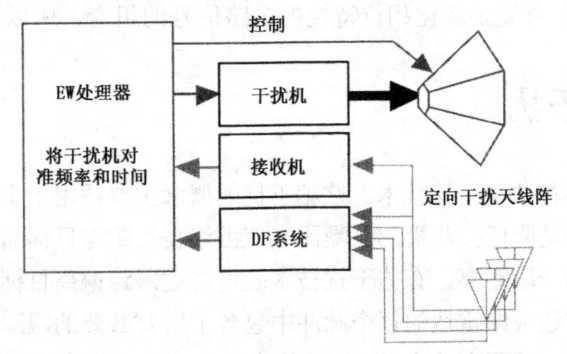

图 9.15 功率管理系统将干扰功率聚集在雷达回波信号所占用的方向、频率和时隙，同时尽可能少地浪费能量

关键是干扰机能够将其功率聚集在最有效的方向上。如图 9.16 所示，通过降低发射的干扰功率，功率管理还将降低干扰平台被干扰寻的威胁攻击的危险。

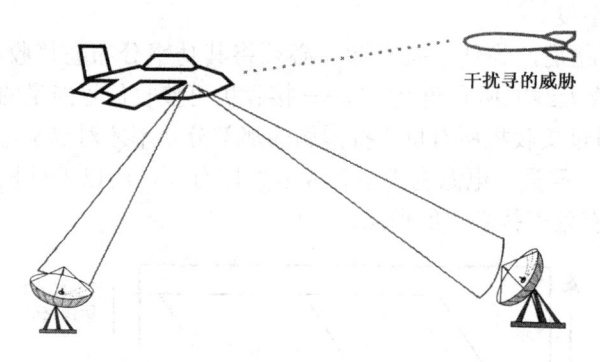

图 9.16　将干扰能量指向待干扰接收机既能提高干扰效果，又能降低被干扰寻的威胁攻击的危险

9.4.3　间断观察法

为有效管理功率，必须继续接收包含有被干扰接收机信息的信号。这一过程称为"间断观察法"，它是通过中止干扰一段时间以使间断观察接收机可进行观测来实现的。有关间断观察周期的争议一直在研发综合电子战系统接收机和干扰机的专家中持续。干扰间隔必须足够长以使接收机发现和测量信号，但要获得适当的干扰效果又要求干扰间隔足够短，这是非常困难的事情。还有几种方法可用来隔离接收机和干扰信号，或用来替代传统的间断观察法。

- 天线隔离：干扰机的天线波束较窄，同时在支援接收机方向的功率大大降低。在某些情况下，接收机采用窄波束天线来增大隔离，但这种方法在系统需要连续全向覆盖时无效。如果干扰天线相对于接收天线是交叉极化的，则能获得很大的隔离。
- 干扰机和支援接收机的物理隔离：这可在单个大型平台上实现或通过分离的接收和干扰平台来实现。采用雷达吸波材料或通过适当隔开一段距离以利用与相位有关的衰减现象来增大隔离。若干扰机与接收机的间距过大，协调则会较难。
- 相位对消：这可通过将干扰信号反相后插入接收机输入中来实现。由于接收机接收的干扰信号是具有复杂变化相位特性的多路信号的组合，所以这是一个难题。

9.5　距离欺骗干扰

下面几节将讨论各种欺骗干扰技术。欺骗干扰的概念主要适用于雷达。这类干扰技术通过破坏雷达的处理而不是降低接收机的信噪比来使雷达丧失跟踪目标的能力。有些干扰技术能使雷达跟踪偏离目标一段距离，有些干扰技术能使雷达跟踪偏离目标一个角度。我们首先讨论不能对抗单脉冲雷达（即雷达的每个脉冲中包含了所有必要的跟踪信息）的技术，然后再讨论单脉冲干扰技术。下面先讨论"距离门拖离"和"距离门拖近"欺骗干扰技术。

9.5.1 距离门拖离技术

这是一种需要获悉雷达跟踪目标的脉冲到达时间的自卫技术。干扰机发射一个假回波脉冲，该脉冲循序滞后于雷达反射脉冲一段时间，如图 9.17 所示。由于雷达是根据反射脉冲的到达时间来确定目标距离的，故该技术能使雷达误以为目标距离比实际距离更远。其结果是雷达无法得到精确的距离信息。该技术需要的干信比（J/S）为 0～6dB。

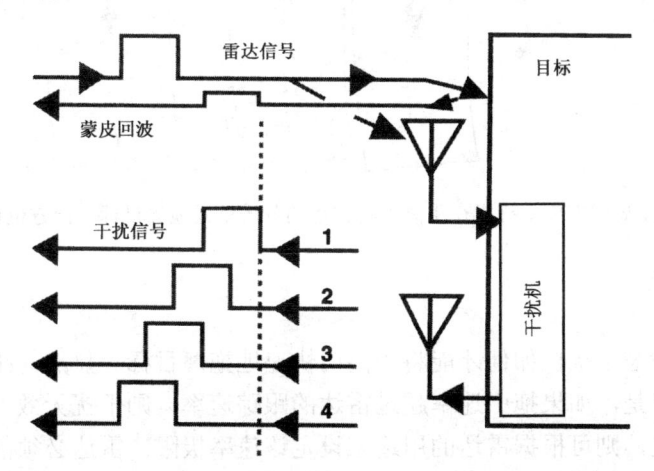

图 9.17 距离门拖离干扰机发射一高功率回波信号并不断延迟

在图 9.18 中，雷达利用前后波门在距离上跟踪目标。当一个波门中的脉冲能量较大时，雷达移动两个波门使其能量相等，从而在距离上跟踪目标。将一个较强的脉冲加在真实回波脉冲上，干扰机就可截获波门并生成足够强的干扰脉冲能量以将波门拖离真实目标或蒙皮回波到达时间。

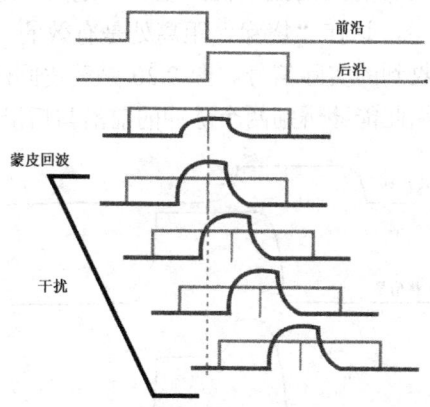

图 9.18 干扰机调节前后波门的时间以均衡较大的干扰脉冲功率

9.5.2 分辨单元

雷达有一个可分辨目标的分辨单元。分辨单元的长度通常等于脉冲长度的一半（即等于脉冲持续时间的一半乘以光速）；分辨单元的宽度通常等于雷达天线的波束宽度。跟踪目标的过程可被认为是设法将目标对准分辨单元的过程。通过将距离门在时间上移开，距离门拖离干扰机就可将分辨单元从目标上移开，如图 9.19 所示。当真实目标位于分辨单元之外时，雷达的跟踪就已中断。

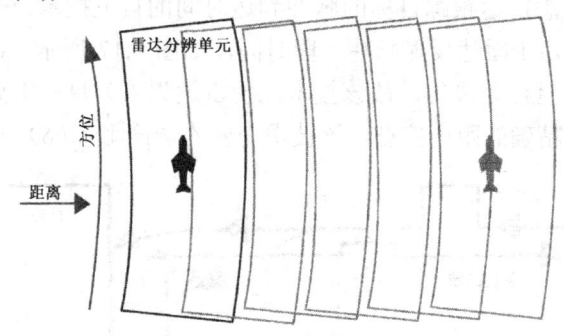

图 9.19　距离门拖离干扰机在距离上将雷达的分辨单元拖离目标，但方位保持准确

9.5.3　拖引速率

重要的是要考虑干扰机如何才能将距离门快速地拖离目标。显然，距离门移动越快，自卫效果越好。但是，如果拖引速率超过雷达的跟踪速率，则干扰无效。假如不了解拟干扰雷达的设计情况，则可根据雷达的用途来设定该速率极限。雷达必须能够跟踪目标距离的最大变化速率（即目标直接移向或离开雷达），并能以距离速率的最大变化率（即距离加速度）来改变其距离跟踪速率。

9.5.4　抗干扰措施

对付距离门拖离干扰有两种有效的抗干扰措施。一是简单地增加雷达的功率以使真实蒙皮回波成为主要的回波信号，这在"烧穿"距离处是有效的。二是采用前沿跟踪。看看在距离门拖离干扰期间雷达收到的实际信号。图 9.20 是蒙皮回波和干扰脉冲同时存在的情况，且具有足够的分辨率，因此能够辨别两个脉冲的前沿与后沿。

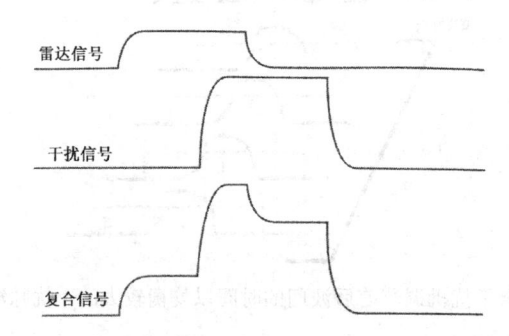

图 9.20　到达雷达接收机的干扰与回波复合信号包含两个信号的脉冲信息

对复合回波信号求微分，雷达将得到图 9.21 所示的信号，在两个脉冲的前沿各有一个尖峰信号。如果雷达正在跟踪此前沿信号，则因干扰脉冲的前沿出现得相对迟些，故该前沿信号不能被拖离。

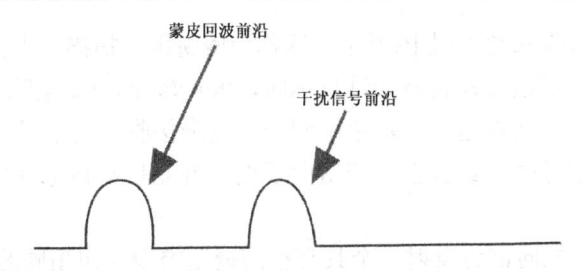

图 9.21　通过检测并跟踪蒙皮回波信号的前沿，雷达可以锁定蒙皮回波

9.5.5　距离门拖近

采用将距离门拖向雷达信号而不是拖离它这一干扰技术可以对抗前沿跟踪。该技术称为距离门拖近。图 9.22 所示为该技术中干扰脉冲的移动情况，干扰脉冲的前沿现在领先于蒙皮回波脉冲的前沿，因此它能偷引前沿跟踪波门。要预测回波脉冲序列中下一个脉冲的到达时间，就必须知道脉冲重复间隔（PRI），所以仔细地控制干扰脉冲即可使其超前回波脉冲一段时间。故采用距离门拖近干扰来对抗具有单一 PRI 的雷达是十分方便的。但是，该技术用来对抗参差脉冲序列则相当复杂，而且完全不能对抗随机定时脉冲。

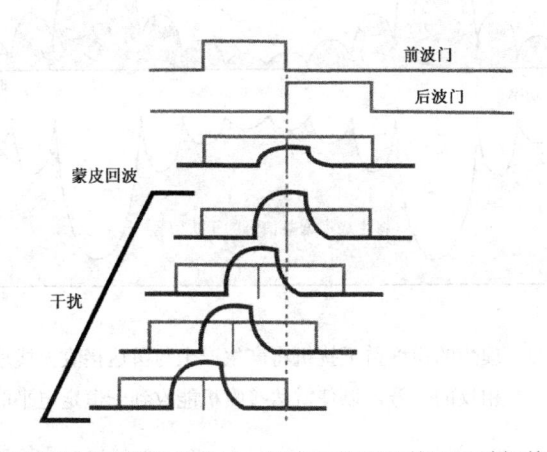

图 9.22　通过预测来自雷达的脉冲，距离门拖近干扰可以破坏前沿跟踪，但如果雷达没有一个稳定的脉冲重复频率，则该方法就很难有效

9.6　逆增益干扰

逆增益干扰是破坏雷达角跟踪能力的一种技术。如果干扰成功，该技术将破坏雷达处理器的角跟踪信息，或导致雷达处理器在对蒙皮回波信号与干扰信号的复合信号进行反应时产生错误的跟踪校正指令。该技术需要的 J/S 为 10～25dB。

9.6.1　逆增益干扰技术

逆增益干扰技术是一种使用了被照射目标的接收机所收到的雷达天线扫描增益图的自卫技术。图 9.23 所示为一种典型的雷达扫描图。当雷达波束扫过目标时，波束照到目标的功率随时间而变化，如图 9.23 中上图所示。这称为威胁雷达扫描。当雷达波束主瓣扫过目标时，波瓣较大，而当雷达波束副瓣扫过目标时，波瓣较小。来自照射目标的蒙皮回波信号以同样的扫描图形反射回雷达，而雷达用同一天线来接收回波信号。基本上，当雷达在接收到最大蒙皮回波信号时能够获悉主瓣指向哪里，就能基本确定目标的角信息（方位、仰角）。

如果目标上的发射机向雷达发射一个具有相同调制类型（如相同的脉冲参数），但功率与时间的关系如图 9.23 中下图所示的信号时，则雷达接收的信号功率与雷达的天线增益将叠加为一恒定值。这意味着无论雷达天线波束指向何方，雷达接收机将接收到一幅度恒定的信号，因此雷达将无法确定目标位置的角信息。

富有经验的电子战从业者会认为上述描述在某些方面过于简单，但这种理想的逆增益干扰说明了其技术原理。实际应用可能在某些方面有所不同。一种情况是只在主瓣靠近被保护目标期间采用逆增益干扰。这种干扰技术的其他几种应用是采用较简单的干扰波形。

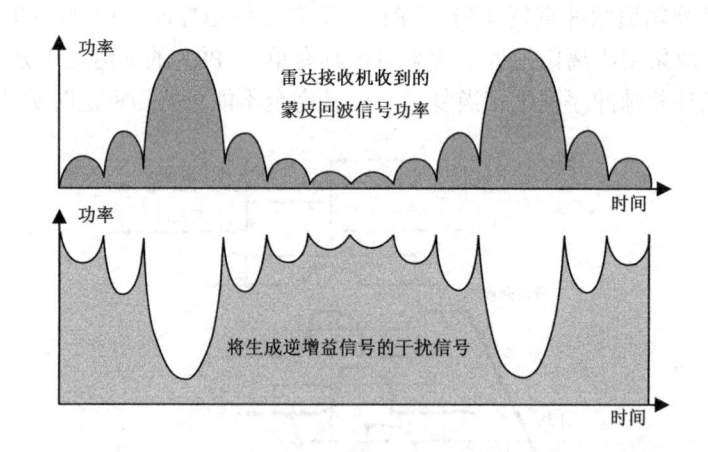

图 9.23 理想的逆增益干扰机将产生一个与雷达接收天线增益正相反的信号，以使雷达接收机能收到一恒定电平的信号

9.6.2 对锥扫雷达的逆增益干扰

锥扫雷达以圆周运动方式扫描其天线波束（从而在空间勾画出一个锥体来）。扫描信息用来驱动雷达以使目标位于"圆锥"中心。跟踪期间，目标始终位于天线主瓣内，但若目标没有对准圆锥中心，则所接收的功率以正弦规律变化。图 9.24 所示为天线的主瓣、天线的圆周运动和最终的威胁天线扫描图。由于天线视轴（最大增益方向）绕圆周路径运动，所以视轴在 A 点比在 B 点更靠近目标。因此，雷达天线的增益在 A 点目标方向比在 B 点目标方向更大，故而照射到 A 点目标的信号功率也比照射到 B 点目标的信号功率大。

图 9.25 说明了对抗锥扫雷达的逆增益干扰技术的实现方法。最上面的图是到达目标的信号的正弦幅度图，也是雷达收到的蒙皮回波信号的形状。通过检测回波信号的幅度和相位，雷达可将其圆锥扫描中心移向目标。目标距扫描中心越近，正弦波形的幅度越小。若目标位于扫描中心，则蒙皮回波将为一恒定功率电平——一般比天线视轴处产生的功率要小 1dB。

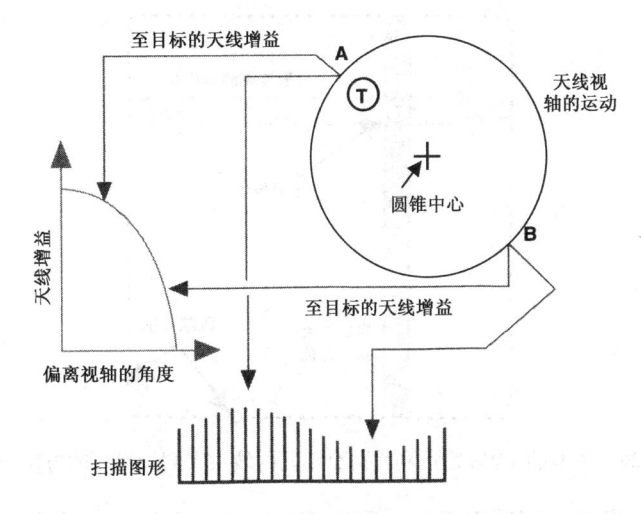

图 9.24 观察未在锥扫中心的目标时，以锥扫方式运动的天线波束将产生一个正弦输出

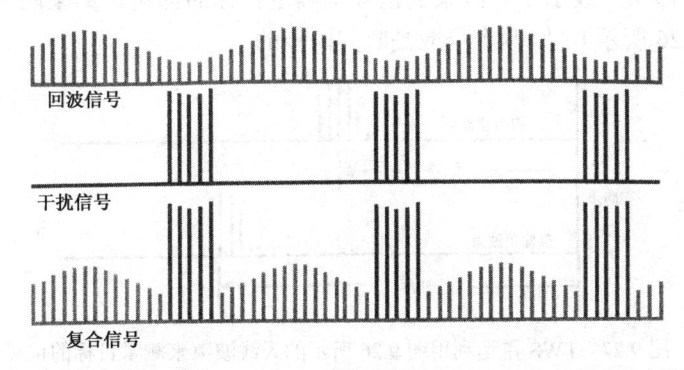

图 9.25 在圆锥扫描波形的最小值期间，干扰机发射的同步强脉冲序列产生逆增益干扰

如图 9.25 的中图所示，干扰机将同步的高功率脉冲序列施加到雷达脉冲上。脉冲序列的周期与雷达天线的扫描周期相同，因而等于正弦扫描波形的周期。这些脉冲序列定时到目标接收的雷达扫描周期的最小值上。这意味着跟踪雷达接收到的复合信号将如图 9.25 的下图所示。

现在讨论雷达跟踪机理是如何对该复合信号起作用的。蒙皮回波信号最小值出现的天线扫描方向就是最大信号功率方向，因此跟踪器控制雷达扫描直接远离目标而不是靠近它。正常情况下，这可使雷达跟踪移动到距目标足够远的地方，从而导致雷达跟踪中断，雷达不得不重新捕获目标并再次开始跟踪。

9.6.3 对 TWS 雷达的逆增益干扰

图 9.26 利用两个扇形波束来说明边跟踪边扫描（TWS）雷达的概念。两个波束以不同的频率发射（和接收）信号。一个波束测量所有观测目标的仰角，另一个波束测量方位，这样雷达就能同时获悉在跟踪范围内的多个目标的位置。图 9.26 表示了跟踪的角度空间，而目标的距离利用反射脉冲的到达时间来测量。

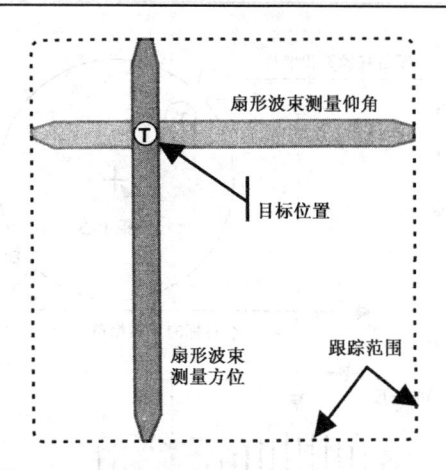

图 9.26　典型的 TWS 雷达利用两个不同的波束来测量目标的方位和仰角

在图 9.27 中，当最大回波出现时，雷达可通过记录方位（或垂直）波束的位置来确定目标的方位；用仰角（或水平）波束的位置来确定目标的仰角。如果两个波束恰好同时通过目标（如图 9.26 所示），则两个响应是时间同步的。

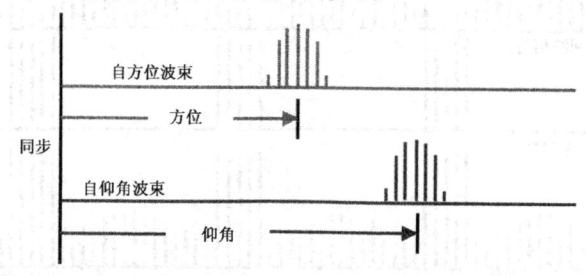

图 9.27　TWS 雷达利用图 9.26 所示的天线波束来测量目标的位置

图 9.28 所示为对 TWS 雷达的逆增益干扰。该图只考虑一个波束，但该技术既可用来对抗一个波束又可用来对抗两个波束。图中第一个波形是单波束时的蒙皮回波。通过平衡角度波门中前后波门的能量，雷达将跟踪该波束中的目标。第二个波形是干扰信号，即与雷达脉冲同步的脉冲串。第三个波形是雷达接收机收到的蒙皮回波与干扰信号的复合信号。若干扰脉冲串是时间扫描的（任意方向），它们将移过目标回波，捕获角度波门，从而使 TWS 雷达丢失对目标的跟踪。

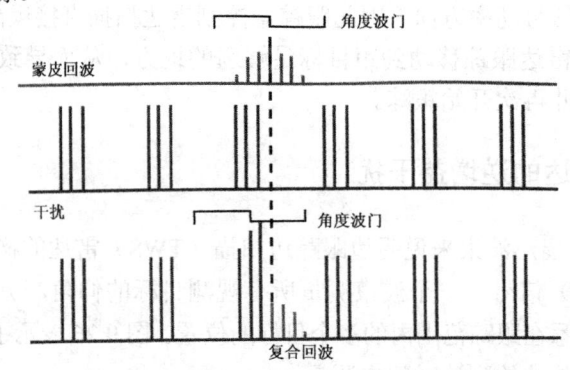

图 9.28　逆增益干扰将每个波束中的角度波门拖离蒙皮回波

9.6.4 对 SORO 雷达的逆增益干扰

隐蔽扫描（SORO）雷达借助跟踪目标的天线用一稳定信号来照射目标。它采用来自扫描接收天线的跟踪信息。如图 9.29 所示，目标上的接收机将观测到一个等幅信号，故干扰机无法测量雷达的扫描周期或无法确定雷达扫描波形的最小值位置。然而，如果目标上的接收机能够识别所用雷达的类型，则它将能获悉大概的扫描速率。图 9.30 所示为应用逆增益干扰对抗 SORO 雷达的方法。其中上图所示为所接收的蒙皮回波信号（由于跟踪波形的形状由接收天线的扫描方式确定，故该波形只存在于雷达中）；中图所示为干扰机产生的与雷达脉冲同步的脉冲串信号。该脉冲串的猝发速率接近接收天线的假设扫描速率，使脉冲串通过接收天线的扫描图形，如图 9.30 的下图所示。尽管该干扰脉冲串并不总是产生 180°的跟踪误差（若它与被干扰雷达的扫描同步就会产生），但它几乎会在所有时间内产生错误的跟踪信号。

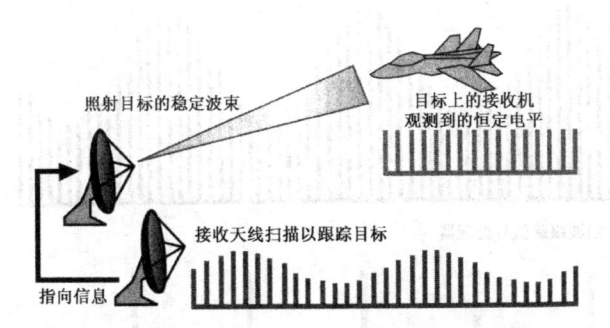

图 9.29　SORO 雷达应用一稳定信号照射所跟踪的目标，同时利用一扫描接收天线跟踪目标

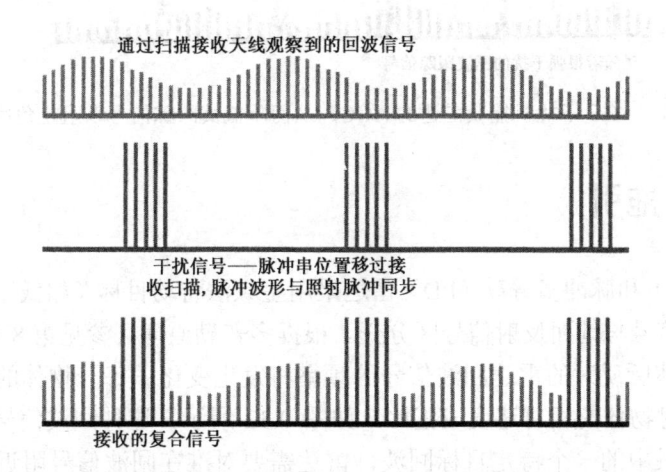

图 9.30　周期性的同步干扰脉冲串移过 SORO 雷达的跟踪波形以生成逆增益干扰

9.7　AGC 干扰

自动增益控制（AGC）是任何一部必须在极宽的接收功率范围内处理信号的接收机的必要组成部分。接收机的瞬时动态范围就是它可同时接收到的最大信号与最小信号之差。

为了接收大于瞬时动态范围的各种信号，接收机必须利用手动或自动增益控制，将接收信号的电平降低到使最强的信号能被收到的程度。AGC 是通过测量接收系统中某一合适点的功率并自动降低系统增益或者增加衰减，从而将带内最大信号降低到接收机能够处理的电平上来实现的。

目标距离和雷达截面积变化较大时就必须在雷达中采用 AGC。由于雷达接收机设计成只接收一个信号（即它所发射的信号的回波），所以它不需要瞬时动态范围太大，但必须能迅速降低其增益以接收较大的回波信号。在接收机进行为跟踪目标所需的精确幅度测量时，它必须保持降低后的增益设置。因此，雷达具有快速出击/慢速衰减的 AGC。

AGC 干扰机以接近雷达天线扫描速率的速度发射非常强的脉冲信号。如图 9.31 所示，这些脉冲捕获雷达的 AGC。其最终增益的降低会导致所有的带内信号大大降低。回波跟踪信号被抑制到这么低的电平将会导致雷达无法有效地跟踪目标。

回波跟踪信号处理器

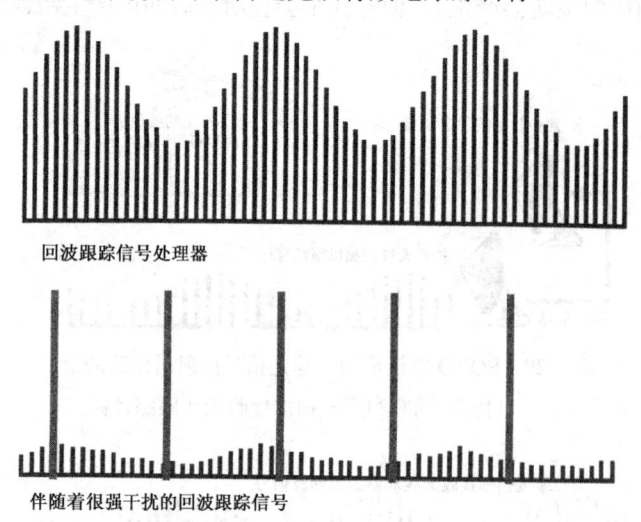

伴随着很强干扰的回波跟踪信号

图 9.31　AGC 干扰机捕获雷达的 AGC，从而降低其跟踪信号以阻止角度跟踪

9.8　速度门拖引

连续波（CW）和脉冲多普勒（PD）雷达采用鉴频法将动目标（如低空飞行的飞机或行走的士兵）反射信号与地面反射信号区分开。根据多普勒原理（参见第 8 章），在雷达天线波束内的任何物体所反射的雷达回波信号的频率将发生变化。每一物体的反射信号的频移量都与雷达和反射物体的相对速度成正比。如图 9.32 所示，这种回波信号可能相当复杂。为了跟踪杂乱背景中的一个特定目标回波，雷达需要对准在回波信号附近的一个窄频率范围内。由于多普勒回波中每个频率都对应一相对速度，故这种频率滤波器被称为"速度门"，调节该滤波器以便分离出所需的目标回波信号。在交战期间，雷达和目标的相对速度可能在较大范围内快速变化，例如，以 1 马赫速度进行 6g 翻转的两架飞机间的相对速度可从 2 马赫变至 0 马赫，且以高达 400kph/s 的速率变化。由于目标的相对速度在变化，故雷达的速度门也将在频率上移动以保证所需的回波信号居中。注意：回波信号的幅度也会迅速变

化，因为从不同角度所观察的目标的 RCS 会大为不同。

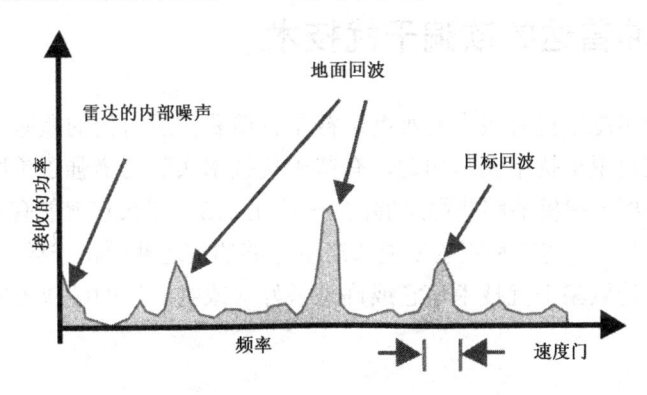

图 9.32　多普勒雷达的目标回波信号包含了许多分量

图 9.33 描述了速度门拖引（VGPO）干扰机的工作原理。其中，（a）图给出了对准速度门的目标回波，图中未给出实际回波中存在的其他信号分量。在（b）图中，干扰机在与目标收到的雷达信号频率相同的频率上产生一强得多的信号。回波信号将以不同的频率（多普勒频移）返回雷达，但因目标和干扰机在一起移动，所以干扰信号将同样被移动，因此将落到雷达的速度门内。在（c）图中，干扰机使干扰信号扫离回波信号频率。由于干扰信号非常强，它会捕获速度门使其远离回波信号。在（d）图中，干扰机已使速度门移到距回波信号足够远处从而使回波位于速度门外，这就阻止了雷达的速度跟踪。

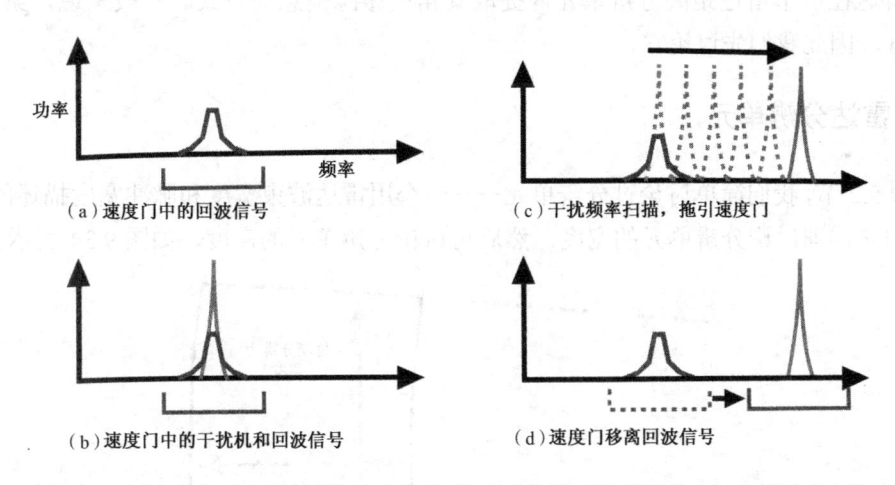

图 9.33　速度门拖引干扰机采用与距离门拖引干扰机同样的原理，但在频域内实施

需要考虑的一个重要问题是干扰机能将速度门拖多快。结果取决于雷达跟踪电路的设计，而且只有假设雷达能够跟踪一已知类型目标时才能得到可靠的答案。研究一下任何类型的电子战交战场景的几何位置，通常即可证明：最大的相对加速度来自机动转弯而不是线性加速运动，所以目标的最大转弯速度将给出雷达必须能够跟随的最大速度变化率。

9.9 对单脉冲雷达的欺骗干扰技术

对单脉冲雷达实施干扰有很大的难度。截至目前我们所讨论的欺骗干扰技术都不能对抗单脉冲雷达,在自卫干扰中尤其如此,有些干扰技术实际上增强了单脉冲雷达的跟踪能力。如果一部远距离干扰机能够获得足够的干-信比 J/S,那么它就能有效地对抗单脉冲雷达——就如同部署得当的诱饵和箔条云能够产生足够的雷达截面积一样。诱饵将在第 10 章讨论,这里重点讨论欺骗干扰技术,它或许是最好(或唯一)的解决方案,这取决于战术态势。

9.9.1 单脉冲雷达干扰

单脉冲雷达很难干扰,因为它能从其所接收的每个回波脉冲中获得跟踪目标所需的全部信息(方位和/或仰角),而不是通过比较一串脉冲回波的特性来获得这些信息。对单脉冲雷达的自卫干扰更为困难,因为干扰机要安装在目标上,这会使其更容易被雷达跟踪。如果自卫干扰机压制了单脉冲雷达的距离信息(如采用覆盖脉冲),那么雷达通常仍能进行角度跟踪,从而提供足够的信息将武器引导到目标上。

欺骗单脉冲雷达有两种基本途径。一是利用雷达工作模式的某些已知缺陷,二是利用单脉冲雷达在一个雷达距离分辨单元内提取其角度跟踪信息的方式。一般来说,第二种方法比较好,因此我们先讨论它。

9.9.2 雷达分辨单元

在 9.5.2 节,我们简单讨论过分辨单元——一个用雷达波束宽度和脉冲宽度描述的区域。现在我们先详细讨论分辨单元的宽度,然后再讨论分辨单元的高度,如图 9.34 所示。

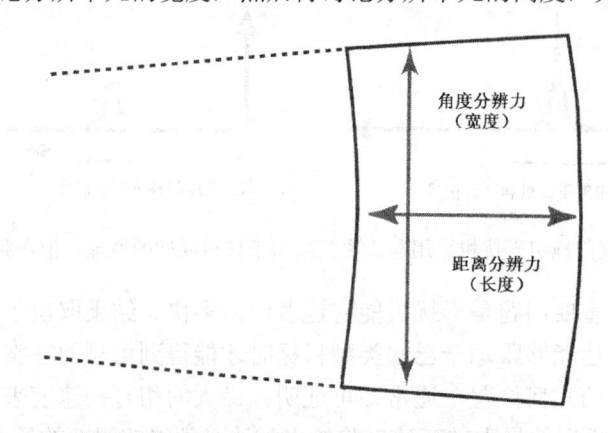

图 9.34 雷达分辨单元的宽度由雷达天线的波束宽度和脉冲宽度来决定

分辨单元的宽度用落入天线波束的面积来定义,它取决于波束宽度和雷达至目标的距离。波束宽度通常是指 3dB 波束宽度,所以在 n km 距离处波束覆盖 $2n \times \sin(3\text{dB}$ 波束宽度$/2)$ km。

第 9 章 干 扰

雷达在方位和仰角上区分两个目标的能力取决于天线波束扫过两个目标时其雷达回波的相对强度。显然，若目标间距很大以致两个目标不能同时处于天线波束内，那么雷达就能分辨它们。由于通常假设雷达发射和接收天线的方向图相同，所以从位于距天线视轴 3dB 夹角处的目标接收到的回波信号功率将比天线视轴上的目标功率小 6dB，如图 9.35 所示。

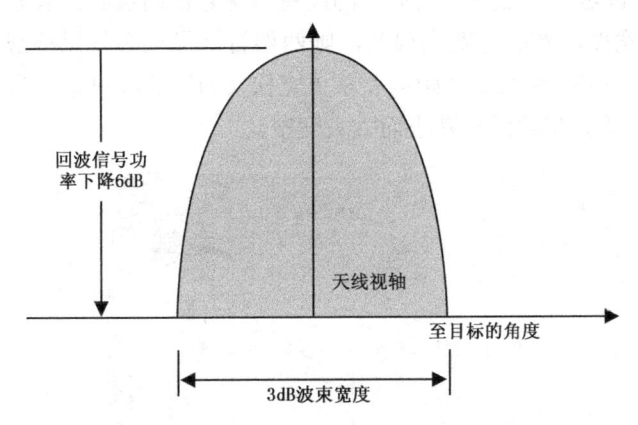

图 9.35　雷达目标偏离天线视轴半个波束宽度就会使回波信号功率下降 6dB

现在讨论当雷达天线从一个目标移向另一个目标时，从功率相差半个波束宽度的两个目标所收到的总信号功率会发生什么变化。第一个目标的功率将随着第二个目标的功率增加而缓慢地下降，因此雷达将看到一个连续的回波信号功率出现。在两个目标间隔小于半个波束宽度时，这种现象就更加明显。当两个目标间隔大于半个波束宽度时，回波响应有两个，但直到目标间隔约为一个波束宽度时才会变得明显。因此，可认为分辨单元的宽度等于一个全波束宽度，但是设想它等于半个波束宽度则更为稳妥。

图 9.36 所示为距离分辨单元的长度（距离分辨力极限）的形成机理。该图给出了一部雷达和两个目标（目标距离相对于脉冲宽度而言显然太小了）。当两个目标的距离相隔不到半个脉冲宽度时，在第一个目标的照射完成之前就开始照射第二个目标。但是，第二个目标的回波脉冲将迟后于第一个目标的回波脉冲一段时间（该时间等于两倍的目标间距除以光速），这是因为增加了从第一个目标到第二个目标的往返时间。因此，随着两个目标的间距减小，回波脉冲直到距离差减小到半个脉冲宽度时才会开始交叠——从而将距离分辨单元的长度限制在半个脉冲宽度。

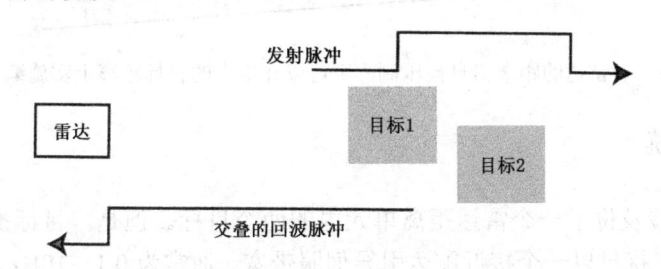

图 9.36　相距一个脉冲宽度的两个目标所产生的回波信号也相距一个脉冲宽度

根据以上讨论，雷达分辨单元的定义就是波束宽度和雷达信号在其脉冲持续期间传播距离的一半所包含的区域。

9.9.3 编队干扰

我们用了大量的时间来讨论分辨单元，明白了若两架飞机位于一个分辨单元内（如图 9.37 所示），单脉冲雷达就无法分辨它们，因此将跟踪它们的质心。取分辨单元为半个波束宽度乘以半个脉冲宽度，若脉冲宽度很窄，则两架目标飞机必须保持密集编队（如 100ns 脉冲宽度时距离为 15m）。交叉编队距离要求更宽松（如雷达波束宽度为 1°、30km 远时为 261m）。当然，分辨单元将随距离减小而大大变窄。

图 9.37 当两个目标位于一个雷达分辨单元内时采用编队干扰

如图 9.38 所示，若采用覆盖脉冲干扰或噪声干扰来压制雷达的距离信息，则可以在更大的目标距离上实施编队干扰。这些类型的干扰所需的 J/S 通常都不大（0～10dB）。

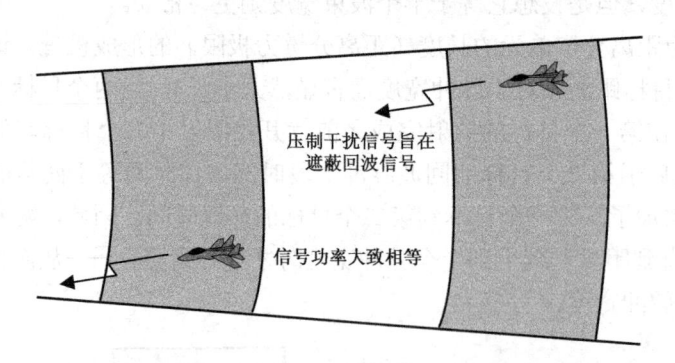

图 9.38 若雷达的距离信息被压制，则可以在更大的目标距离上实施编队干扰

9.9.4 闪烁干扰

闪烁干扰也涉及位于一个雷达距离单元内的两个目标。但是，目标携带的干扰机是协同工作的。两部干扰机以一个接近雷达引导伺服带宽（通常为 0.1～10Hz）的协同闪烁速率交替工作。若在跟踪响应中发现谐振，则可能使天线指向产生较大的过冲。指向两部闪烁干扰机的导弹将会随着目标距离减小而剧烈摆动，交替地从一个目标指向另一个目标，最后不能进行正确的末制导。

9.9.5 地面反弹干扰

图 9.39 所示的地面反弹干扰技术对抗主动或半主动导弹制导系统尤为有效。干扰机将产生一个很强的模拟雷达回波信号,并指向将产生地面反射的角度方向。干扰信号必须有足够的等效辐射功率(ERP),以使地面反射信号能以比被攻击飞机的回波信号大得多的强度抵达导弹跟踪天线。如果能正确地实施这种干扰,则导弹将会被引导到被保护飞机的下方。

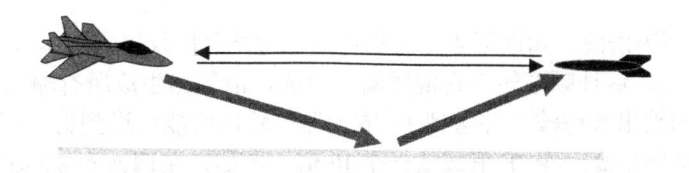

图 9.39 旨在进行地面反弹的强雷达转发信号会将
导弹的雷达跟踪器引导到被保护飞机下方

9.9.6 边频干扰

图 9.40 所示为一个带通滤波器的幅度通带。这种滤波器旨在使通带内的所有信号以尽可能小的衰减通过,而对通带外的信号产生尽可能大的衰减。理想滤波器将对通带外的所有信号提供无限大的衰减。然而,实际滤波器有"边缘"响应,即在边缘上输入信号被衰减一个数,这个衰减数与输入信号在带外的数量成正比。边缘的斜率为 6dB/倍程,即就每一级滤波而言,偏离滤波器通带中心的频率每增加一倍,衰减就增大四倍。滤波器还有一个"最大抑制电平",即对远离频带的信号所施加的最大衰减。最大抑制电平通常为 60dB。这意味着,一个非常强的带外信号如果距通带很近,则它能通过滤波器但有一定抑制,如果它远离通带,抑制会更大些。

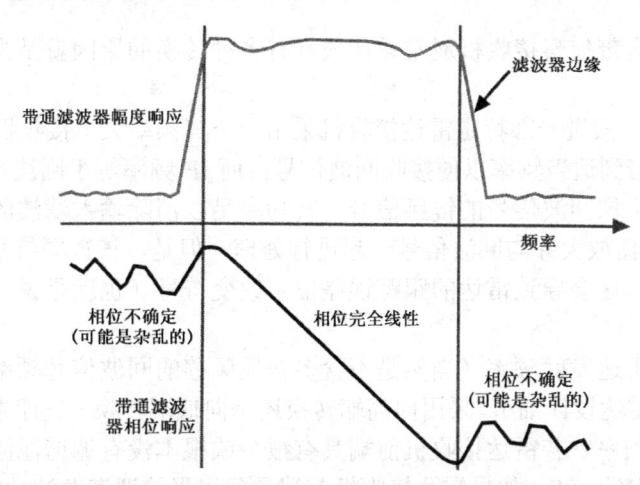

图 9.40 滤波器的幅度响应使滤波器通带外的信号大幅衰减,并在通过
滤波器边缘时衰减增到最大。滤波器在通带外的相位响应不确定

图 9.40 的另一条曲线所示为滤波器的相位响应。一个设计良好的滤波器在通带内一般

具有线性度很好的相位响应。然而，在频带边缘外，相位响应是不确定和非线性的。也就是说如果在边频范围内接收到很强的干扰信号，则会产生错误相位，从而导致雷达的跟踪电路失灵。当然，J/S 必须非常高，因为干扰机必须克服滤波器的抑制，还要有比真实目标回波大得多的功率。

9.9.7 镜频干扰

图 9.41 是一个频谱图。如同第 4 章所描述的，超外差接收机利用本振（LO）将射频频率转换为中频（IF）。这种频率转换在混频器中完成，混频器生成所有输入信号的谐波及和差信号。混频器的输出被滤波，并送到 IF 放大器（然后可能再送到另一频率变换级）。LO 频率比接收机调谐频率高一个 IF 值或低一个 IF 值。例如，在调谐到 800kHz 的调幅（AM）广播接收机中，LO 频率为 1255kHz（因为中频为 455kHz）。这种情况下，镜像频率是 1710kHz，进入混频器的该频率信号也将出现在 IF 放大器中，从而使接收机性能大大降低。为了防止这种"镜频响应"，接收机设计总是要包括一个滤波器以使镜像频率远离混频器。

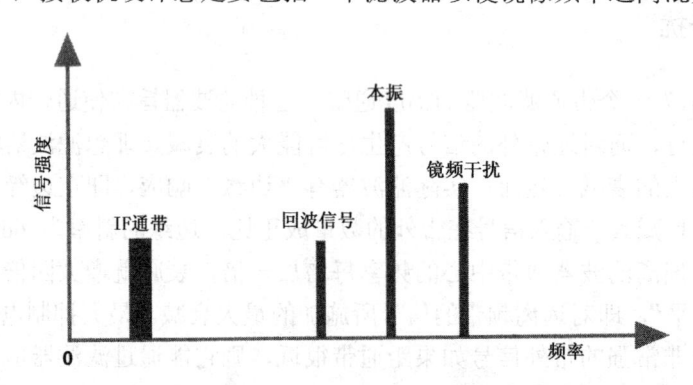

图 9.41　超外差接收机或变频器中的中频等于接收机调谐频率与本振频率之差

顺便说一下，宽带侦察接收机通常设计成具有多种转换的原因就是为了避免发生镜像响应问题。

如图 9.41 所示，假设一部特定雷达接收机采用一个其频率大于接收机调谐频率的 LO。当然，接收机要调谐到适当频率以便接收回波信号；而 IF 频率等于回波频率与 LO 频率之差。如果接收到一个像回波信号的镜频信号，其功率足以消除输入滤波的影响，那么它也会被雷达的 IF 放大器放大并与回波信号一起进行处理。但是，该镜频信号的相位与真实回波信号的相位相反，这会导致雷达的跟踪误差信号改变符号（也就是说，使雷达远离目标而不是靠近它）。

遗憾的是，除雷达发射频率（当然是不含多普勒频移的回波信号频率）外，这种方法还需要了解更多的雷达设计细节。采用向高端转换还是向低端转换——即本振频率大于回波频率还是低于回波频率？若雷达接收机前端具有很少或根本没有调谐滤波功能，那么这种方法只要求具有适中的 J/S。如果雷达接收机前端具备很强的调谐滤波功能，则需要 60dB 以上的 J/S。

9.9.8 交叉极化干扰

交叉极化干扰能有效地对抗采用抛物面天线的雷达，其效果和天线的焦距与其直径之比有关。因为这个比值越小，天线的曲率就越大。如果用一个较强的交叉极化信号照射，则由于存在称为"康登"瓣的交叉极化波瓣，天线将会给出虚假跟踪信息。如果交叉极化响应强于匹配的极化响应，那么雷达跟踪信号将改变正负号，从而导致雷达丢失对目标的跟踪。

为了生成交叉极化信号，干扰机要有两个带正交天线的转发通道（即每个都是线性极化，但相互成 90°角），如图 9.42 所示。虽然任何一组正交极化都起作用，但图中所示的是垂直极化和水平极化。如果接收信号的垂直极化分量以水平极化方式被转发，而水平极化分量以垂直极化方式转发，那么接收信号就被以与原信号成交叉极化的方式转发出去，如图 9.43 所示。

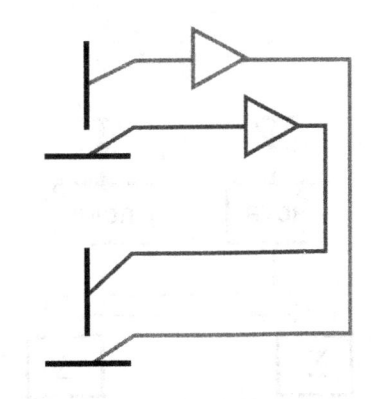

图 9.42 交叉极化干扰机通过两个正交极化天线接收雷达信号，并转发所接收的每一个正交极化信号

与雷达天线设计有关，该方法需要 20~40dB 的 J/S。需要注意的是有极化屏保护的天线受交叉干扰的损害将会很小。

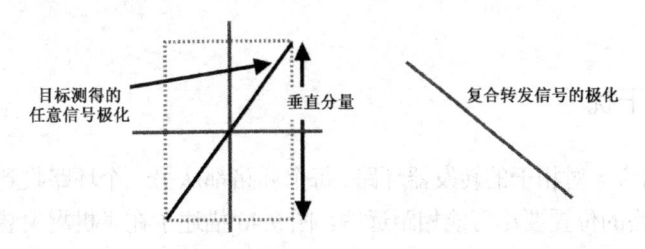

图 9.43 通过转发两个正交极化信号分量（每个分量有 90°极化相移），交叉极化干扰机生成一个与任何线性极化接收信号都成交叉极化的信号

9.9.9 幅度跟踪

首先，回顾一下单脉冲雷达的跟踪电路实现目标跟踪的方法。如图 9.44 所示，用一个双通道单脉冲系统进行描述。该系统用两个独立的传感器接收回波信号，并通过比较这两个接收信号来实现角跟踪功能。它要求两个信号之差能生成误差信号；如果两个传感器的连线与目标垂直，则两个接收信号将相等；但随着传感器阵列视轴移开时，跟踪器必定会产生一个误差信号以使阵列移向目标方向。为正确跟踪目标，源自传感器输出的误差信号必须与接收信号的强度无关，而要实现这一点最简单的方法就是通过比较和信号与差信号来进行归一化处理。图 9.45 说明和响应与差响应是跟踪器视轴方向与目标方向之间的夹角的函数。为简单起见，和信号用符号Σ来表示，差信号用符号Δ来表示。跟踪信号由Δ−Σ得出，此值越大，跟踪器为将其视轴移向目标所需的校正幅度就越大。同时，Δ的符号将决定校正的方向。

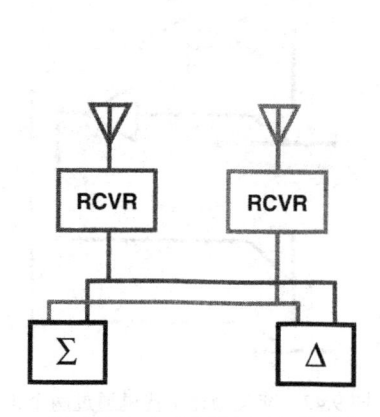

图 9.44　单脉冲跟踪器通常用两部接收机的信号生成和信号与差信号，然后再由Δ−Σ得出跟踪误差信号

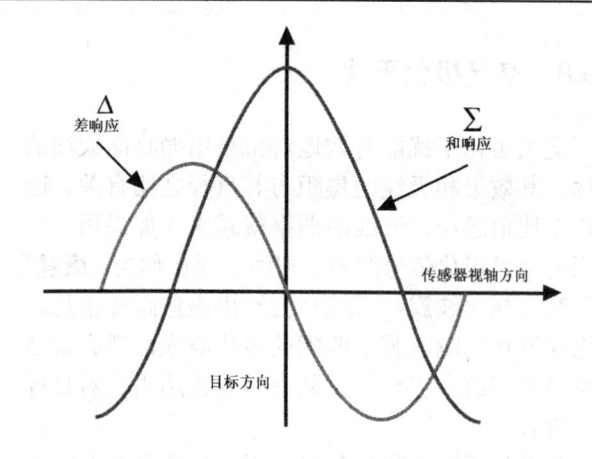

图 9.45　和响应及差响应与传感器视轴相对于被跟踪目标的方向有关

9.9.10　相干干扰

当两部以上的干扰机一起使用时，如果两个干扰信号的射频相位有固定、可控的关系，则它们是相干的。当两个相干信号同相时，它们将互相叠加；而当两个信号反相时，它们就会互相抵消。

9.9.11　交叉眼干扰

交叉眼干扰包含一对相干的转发器环路。每个环路都从另一个环路收到信号的位置上转发接收信号。两个环路的位置要尽可能相距远些。图 9.46 描述了在飞机翼尖装备交叉眼干扰机的情况。注意：两条电路径的长度必须相等，而其中一条电路径的相位必须有 180°的相移。为了理解该系统的工作原理，我们应回顾一下"波前"这个概念。如同在第 8 章干涉仪测

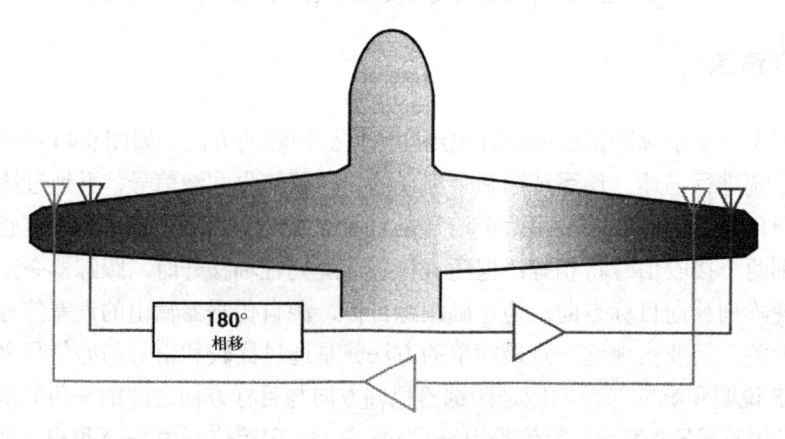

图 9.46　交叉眼干扰机可由在飞机翼尖安装天线的两个转发环路构成。其中一个环路具有 180°相移。两个环路的电路径长度相等

向中描述的一样，波前在自然界实际上是不存在的，但它是一个非常方便的概念。波前是与发射机方向垂直的一条直线。由于无线电信号是从一个全向天线向空间球形辐射的（在定向天线的波束宽度内，其辐射特性几乎相同），所以波前定义了一条直线，在这条直线上辐射信号的相位是恒定的。

如图 9.47 所示，对两部转发器而言，随着雷达方向的改变，从雷达经转发器返回雷达的总路径长度是相等的（只要两个转发器环路的长度相等）。当两部转发器的信号到达雷达跟踪天线时，其相位相差 180°，但与雷达方向无关。这将导致雷达传感器的复合响应在雷达跟踪电路预计将出现最大值的地方出现零值。再看图 9.45 中的和响应与差响应，如果在和响应中应出现最大值的地方出现零值，则跟踪信号将严重失真。如图 9.48 所示，这一效应常常表现为回波信号的波前变形。这种波前失真每隔几度重复一次。注意，因图 9.47 所示的效应，在雷达处恰好就出现了明显的突变点。

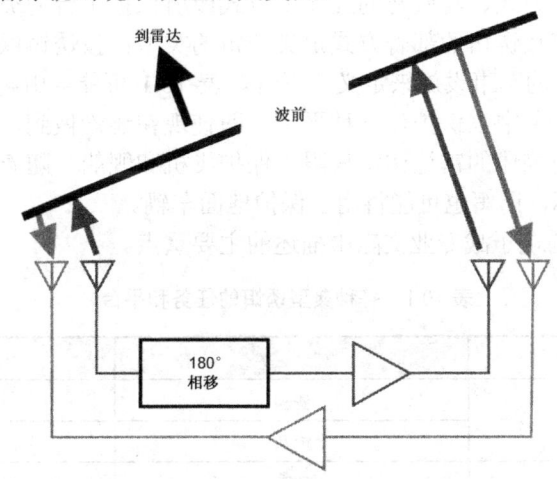

图 9.47 对与信号接收方向无关的两条路径来说，从雷达经干扰机环路再返回雷达的电路径长度相等

交叉眼技术的应用有两个重要的限制，一是要求两个转发器路径的电长度要非常接近（通常电相位仅差 5°），这是非常困难的，因为通过电路、电缆或波导的电距离会随温度和信号强度而变（在典型雷达频率上，5° 的电相位差相当于不足 1mm 的电路径差）。该技术的第二个限制是它需要非常大的 J/S（20dB 以上），因为零点必须强于和信号。

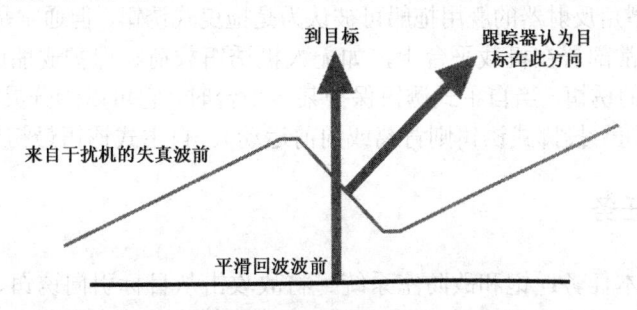

图 9.48 交叉眼干扰机在雷达回波信号的波前中产生一个突变点，从而使其生成一个错误跟踪信号

第10章 诱　　饵

随着制导武器越来越先进，特别是干扰寻的模式应用越来越广泛，雷达诱饵的重要性也在不断增加。本章将讨论各种类型的诱饵、它们在军事防御设施中的应用及其部署策略。

10.1　诱饵类型

诱饵可根据其使用方式、与威胁的互作用方式或所保护平台的类型来分类。为了规范一些常用术语，我们将按诱饵的部署方式定义诱饵的类型；按诱饵保护目标的方式定义诱饵的任务；按诱饵保护的军事设施来定义其平台。表 10.1 可能会引起异议，因为任何类型的诱饵都可用于任一任务中来保护任一种平台。即使现在还没做到，也可能在不远的将来实现。目前，文献中所描述的雷达诱饵只限于保护飞机和舰船。随着毫米波雷达制导武器开始威胁地面移动目标，诱饵也可能将用于保护地面车辆。

表 10.1 列出了目前电子战专业文献中描述的主要重点。

表 10.1　各种典型诱饵的任务和平台

诱饵类型	任　务	保护的平台
投掷式	诱骗	飞机、舰船
	饱和	飞机、舰船
拖曳式	诱骗	飞机
自主式	探测	飞机、舰船

诱饵分为投掷式、拖曳式和自主式三种类型。投掷式诱饵可由飞机的吊舱或导弹投射，也可由舰船上的发射管或火箭发射器来投射。这些诱饵的工作时间通常较短（空中数秒钟、水上数分钟）。

拖曳式诱饵通过一根电缆与飞机连接，因而它可由飞机控制和/或回收。拖曳式诱饵可长时间工作。采用大型角反射器的舰用拖船可被认为是拖曳式诱饵，但通常是分别考虑它们的。

自主式诱饵通常部署在机载平台上，如无人机诱饵载荷、保护舰船的导管风扇式诱饵和安装在直升机上的诱饵。当自主式诱饵保护某一平台时，它可以十分灵活地相对运动（而拖曳式诱饵必须尾随，投掷式诱饵则背离或向前运动）。自主式诱饵最初用于舰船保护。

10.1.1　诱饵的任务

诱饵有三个基本任务：饱和敌防空系统、将敌攻击从目标引向诱饵、诱敌攻击诱饵进而暴露其攻击设施。诱饵的三大任务同人类战争史一样久远，它们早在电子战诞生之前就出现了。所不同的是那时的诱饵是直接欺骗士兵的直觉，而现代电子战诱饵欺骗的是探测、定位目标，以及引导武器攻击目标的电子传感器。

10.1.2 饱和诱饵

任何一种武器一次能攻击的目标数都是有限的。由于分配给武器传感器和处理器对付其每个攻击目标的时间是有限的，因此准确地说它在给定时间内能够攻击的目标数有限。武器攻击目标的总时间段从第一次探测到目标开始计算，到无法再探测到目标或武器成功完成任务时结束。武器一次只能对付在某个最大数量限度内的目标，如果存在更多的目标，则有些目标将会避开攻击，因为武器必须工作在其饱和点以内。

大量诱饵可用来使武器或武器群（如防空网络）饱和。但是，在诱饵中还有一个因素在起作用。一般来说，与武器系统相连的雷达处理可以忽略或迅速剔除与真实目标回波差别很大的雷达回波。因此，对武器系统的传感器而言，诱饵必须与真实目标极为相似，以使其不容易被剔除。对要欺骗的传感器了解得越多，诱饵就可能越有效。理想情况下，诱饵的作用最好是能让武器系统的传感器发现它，别的都会增加体积、重量和成本。在防空网络处理图 10.1 中的所有目标时，实际目标可能已经完成了其任务或者是不再容易受到攻击。

图 10.1 饱和诱饵迫使武器传感器处理大量的视在目标，从而降低其攻击真实目标的能力

武器系统首先捕获到诱饵，然后中止寻找目标，这是饱和诱饵的一种特殊情况，如图 10.2 所示。这在对付主动制导导弹（如从地平线起飞后通常以窄天线波束扫描来截获目标舰船的反舰导弹）时特别重要。

图 10.2 如果武器传感器在探测到真实目标前捕获到诱饵，它就会攻击诱饵，结果浪费了昂贵的制导导弹

10.1.3 探测诱饵

雷达诱饵一个新的、特别有价值的应用是迫使防御系统（如防空网络）的雷达开机，从而使其更易被探测和攻击。通常，这需要自主式诱饵。若诱饵与真实目标非常相似，截获雷达或其他捕获传感器将把它们交给跟踪雷达。一旦跟踪雷达开机，就可能受到位于敌武器杀伤半径之外的飞机上发射的反辐射导弹的攻击，如图 10.3 所示。

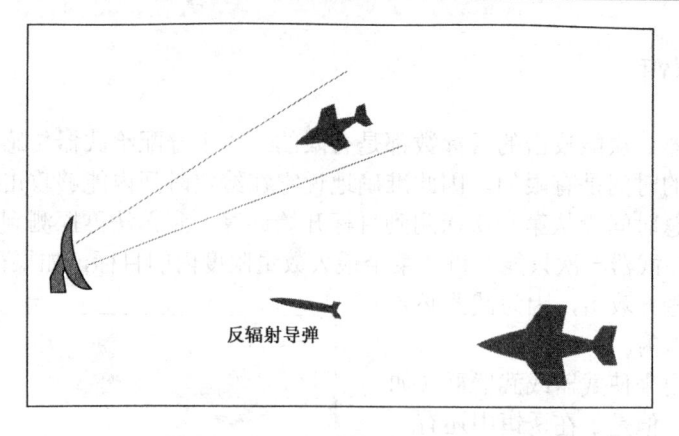

图 10.3 若诱饵迫使防空雷达跟踪它，则位于武器系统杀伤
半径之外的攻击飞机就能用反辐射导弹攻击雷达

10.1.4 诱骗诱饵

在诱骗任务中，诱饵吸引已在跟踪目标的雷达的注意力，致使雷达转而跟踪诱饵。然后，诱饵离开目标，如图 10.4 所示。采用角度、距离和频率波门，跟踪雷达只需考虑狭小范围的方位（有时是仰角）、距离和回波信号频率。若诱饵能使任一或所有这些波门远离真实目标，则雷达对目标的锁定跟踪就会被中断。因此，诱骗诱饵也称为"破锁定诱饵"。

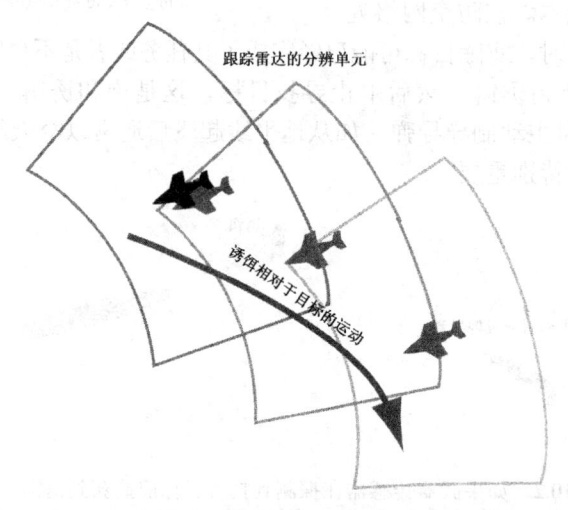

图 10.4 在诱骗任务中，诱饵作用在雷达对目标的分辨单元内，但
雷达截面积明显较大。它捕获雷达的跟踪门并使其离开目标

10.2 RCS 和发射功率

雷达截面积（RCS）是物体反射雷达信号的有效面积。它受反射物体的体积、形状、材料和表面结构的影响，并且随频率和视角的变化而变化。

RCS 在电子战中的重要作用在于它影响反射信号的方式，因为它直接变成干信比（J/S）

的信号部分。如图 10.5 所示，RCS 将照射功率转换为反射功率。对具有"诱饵观点"的人来说，RCS 可用图 10.6 表示。与 RCS 有关的"增益"等于两个天线与放大器的增益之和，而且这些增益可正或可负（即衰减）。在第 2 章讨论的雷达链路中，经目标反射的增益表达式为：

$$P_2 - P_1 = -39 + 10\log(\sigma) + 20\log(F)$$

其中，P_2 为离开目标的信号功率（dBm）；P_1 为到达目标的信号功率（dBm）；σ 是 RCS（m^2）；F 为信号频率（MHz）。

如同所有的 dB 方程一样，该表达式必须考虑某些限定。首先，认为 P_2 和 P_1 是理想接收机利用非常靠近反射目标的全向天线所接收的反射功率和照射功率（忽略天线的近场效应）。同惯常做法一样，常数"-39"用于解决物理常数和单位转换因子所产生的效应，它仅在采用合适单位时有效（此处，采用 dBm、m^2 和 MHz）。

例如，一 10GHz 信号经 RCS 为 $1m^2$ 的目标反射后，其反射增益为：

$$P_2 - P_1 = -39 + 10\log(1) + 20\log(10\,000) = 41\text{dB}$$

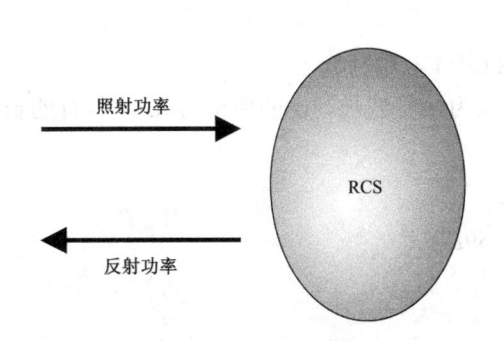

图 10.5 RCS 决定了照射目标的功率和目标反射功率之比

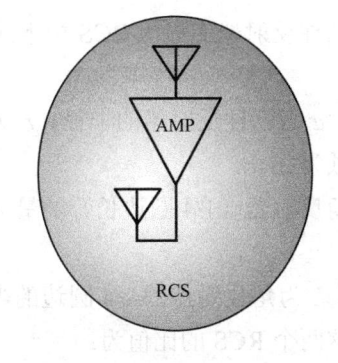

图 10.6 RCS 和目标或诱饵可被看做一个放大器和两个天线。RCS 引起的有效信号增益等于放大器增益与两个天线增益之和

注意：信号从目标反射时功率并没有增加。这是理想接收机通过其理想的全向天线所接收到的信号。如果 RCS 较大，则意味着反射信号的能量被有效地对准了雷达。

有一点有助于我们理解为什么天线在隐身平台上有这样一个问题：如果用天线增益（dB）替代 $P_2 - P_1$，用天线有效面积（m^2）替代 σ，就会得到一个表明天线体积与增益有关的方程。

10.3 无源诱饵

无源诱饵就是雷达反射器。由于无源诱饵是由能很好反射无线电能量的材料（通常为金属、金属化织物或金属化玻璃纤维）制成的，所以它们的 RCS 与其体积和形状有关。每个形状简单的诱饵都有一个特有的最大 RCS。因角反射器是极为有效的反射器，且在很大范围内具有较大的 RCS，因此常被用于无源诱饵。如图 10.7 所示，入射信号在反射三次后就返回到它的源。现在考虑图 10.8 所示的圆柱反射器和一个可放进该圆柱体的角反射器的相对 RCS。在实际情况中，我们考虑用 1/4 圆边长的角反射器。

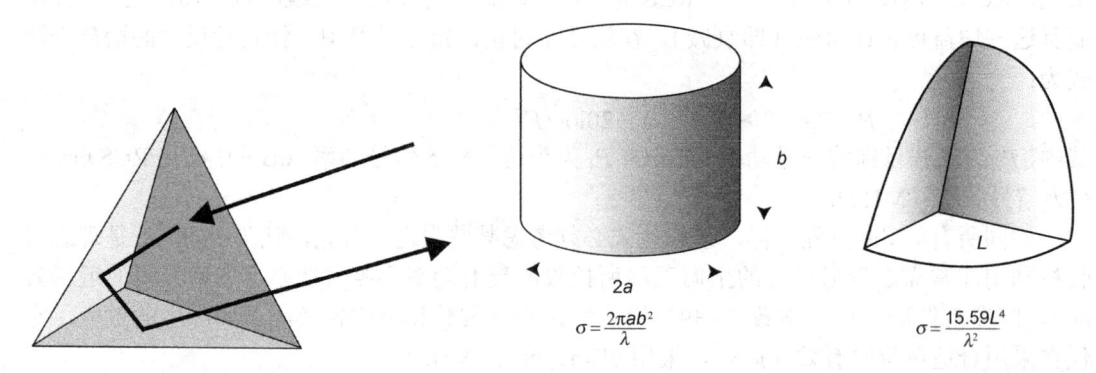

图 10.7 角反射器极为有效，能在很大范围内提供后向反射

图 10.8 一个放置在圆柱体内的角反射器的 RCS 比同样大小的圆柱反射器的 RCS 大 100 倍

圆柱反射器的最大 RCS 由下式给出：

$$\sigma = (2\pi a b^2)/\lambda$$

其中，a 为圆柱反射器的半径，b 为其高度，λ 为信号波长。σ 的单位为 m^2，所有的长度单位必须为 m。

角反射器（1/4 圆边长）的最大 RCS 为：

$$\sigma = (15.59 L^4)/\lambda^2$$

其中，L 为角反射器的 1/4 圆边的半径。

这两个 RCS 的比值为：

$$\sigma CR/\sigma CYL = (15.59 L^4 \lambda)/(\lambda^2 2\pi a b^2)$$

令 b 和 $L = 1.5a$，则：

$$\sigma CR/\sigma CYL = 3.72 L/\lambda$$

举例来说，如果 $L = 1m$，雷达频率为 10GHz，则角反射器提供的有效截面积要大 75 倍或反射的信号功率要大 19dB。

10.4 有源诱饵

参照图 10.6，RCS 的作用可被看成两个天线之间带有一个放大器。两个天线和放大器的端对端增益等于目标的 RCS 引起的 $P_2 - P_1$ 信号增益。

如果采用两个真实天线和一个真实放大器，与提供相同端对端增益的 RCS 一样，它们对信号的作用是相同的。确切地说，这正是一个体积很小的有源诱饵能够模拟一个比其物理尺寸大得多的 RCS 的原因。

实际上，诱饵能够采用一个"注入式"振荡器在接收信号频率上输出一大功率信号。这样的话，当雷达远离目标时，有效增益和最后的等效 RCS 可能会非常大。但是，随着雷达接近目标，有效增益（和 RCS）会降低。

另一种有源诱饵采用"直通转发器"，它为所有接收信号提供某个固定的增益。因此，当雷达接近目标时，等效 RCS 保持不变，直到诱饵的放大器饱和时，等效 RCS 才会如同注入式振荡器设计的那样下降。

在小型诱饵中，一个重要的考虑是两个天线必须相互充分隔离，从而使回波信号不大于接收天线在最大端对端增益下所接收的信号。

10.5 饱和诱饵

饱和诱饵可以是无源或有源的，但它们提供的 RCS 必须约等于目标的 RCS。它们还

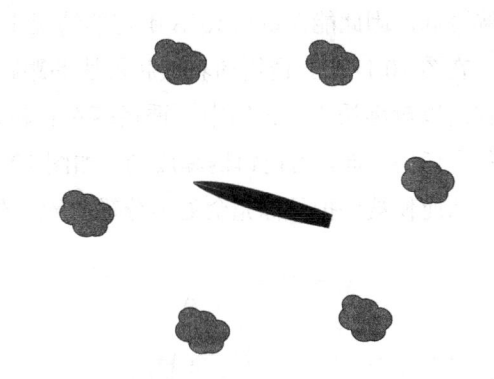

图 10.9 位于 RCS 大约相同的箔条云中的舰船将使攻击导弹必须在很多目标中寻找真实目标。因舰船在不断机动，箔条云也随风而动，发现真实目标会更加困难

必须提供雷达可探测到的非常接近目标特性的其他特性，如运动、喷气式发动机特征和信号调制等特性，以欺骗雷达。图 10.9 所示为一种无源迷惑诱饵，图中的箔条云（提供接近被保护舰船的无源 RCS）是以这种方式投放的：即要使攻击雷达的控制系统必须对付好像是目标的每个箔条云（注意：该图不是按比例画的，箔条云投放的规模更大。）

10.6 诱骗诱饵

诱骗诱饵诱骗威胁雷达的跟踪装置，使其远离所要跟踪的目标。诱饵在威胁雷达截获到目标后开始履行诱骗作用，其目的是捕获威胁雷达的跟踪装置，并中断它对目标的锁定。这种诱饵的功能与欺骗干扰机（如距离门拖引干扰机）的功能非常相似。但是，诱饵在吸引威胁雷达的注意力方面功能更强，能使雷达持续跟踪诱饵。另外，距离门拖引干扰机可将雷达的距离门拖引到没有目标的位置，迫使雷达必须重新捕获目标。

当然，诱饵还有一个优势就是其信号可从远离目标的位置处发射。这能使单脉冲雷达和干扰寻的模式失效。

10.6.1 诱骗诱饵的操作程序

如图 10.10 所示，在雷达开始跟踪被保护目标后，诱骗诱饵必须在威胁雷达的分辨单元内开启。为了有效，诱饵必须以足够的功率将雷达信号返回，以使其模拟的雷达截面积（RCS）远大于被保护目标的雷达截面积。对有源诱饵（10.4 节）来说，这需要足够的直达增益和最大的功率。对无源诱饵（如用于舰船防御的箔条云）来说，诱饵的有效 RCS 必须大于目标的 RCS。需要注意的是，目标的 RCS 与观测它的方位和仰角密切相关，设法降低目标呈现给攻击雷达的 RCS 可能是防御策略的组成部分。还应注意的是，由于现代隐身平台的 RCS

大幅降低，因此能在诱饵 RCS 确定的情况下获得更好的保护。

在图 10.11 中，诱饵捕获威胁雷达的跟踪装置，因此在诱饵离开目标时，雷达的分辨单元移动以对准诱饵。该图中，诱饵落在目标后面，但是如果诱饵有推进装置，它也能从目标移向任何方向。若诱饵诱骗成功，如图 10.12 所示，诱饵就将雷达的分辨单元拖到足够远处，从而使被保护目标完全处于分辨单元之外。此时，诱饵的有效 J/S 是无穷大的。

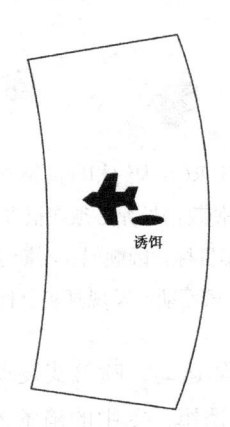

图 10.10 最初威胁雷达将其分辨单元对准目标。诱骗诱饵在威胁分辨单元内开启，所呈现的 RCS 远大于目标的 RCS

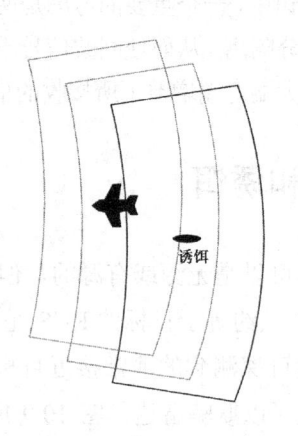

图 10.11 由于诱饵的 RCS 更大，所以导致威胁雷达的分辨单元在诱饵离开目标时跟踪诱饵

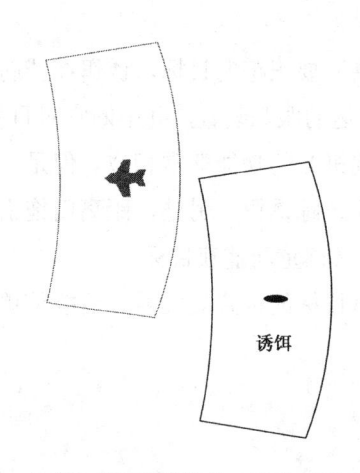

图 10.12 当威胁雷达的分辨单元被拖引到足够远处，以致目标不再处于该单元内时，雷达就只能看见并跟踪诱饵

重要的是，要使诱饵有效，就必须使威胁雷达无法区分诱饵与目标。如果威胁雷达测量到非诱饵产生的任何回波信号参数，那么它将不理会诱饵并继续跟踪目标。如喷气式引擎调制，以及与目标体积、形状有关的效应等重要参数。

图 10.13 简单描绘了在诱饵操作程序中威胁雷达观测到的 RCS。该图忽略了改变目标相对于雷达的方位和改变雷达到目标的距离所产生的影响。这些问题将在 10.7 节讨论。

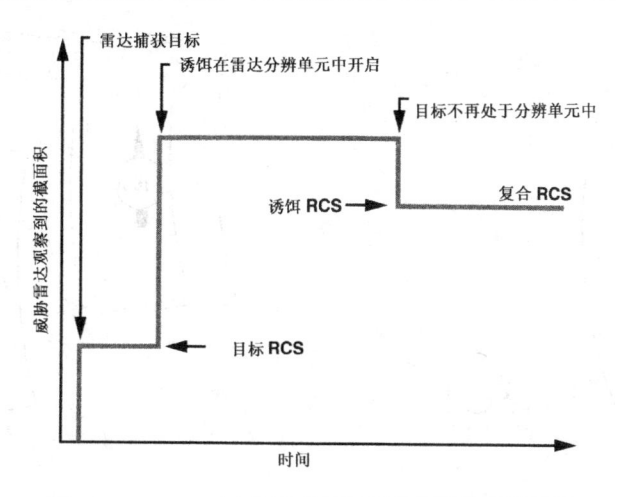

图 10.13　RCS 更大的诱骗诱饵捕获雷达的跟踪波门

10.6.2　舰船保护中的诱骗诱饵

箔条云被用做诱骗诱饵以保护舰船免受雷达制导反舰导弹的攻击。在这种情况下，要使诱饵与目标分离，只能利用舰船的运动和使箔条云移动的风力。如图 10.14 所示，理想情况下箔条云应置于分辨单元的一角，从这个角度箔条云能最快地与舰船分离。箔条云投放要根据攻击导弹中的雷达类型、相对风向和速度，以及攻击的方向来选择。诱骗箔条云常放置在距被保护舰船非常近的地方，以致箔条云会落在舰船的甲板上。

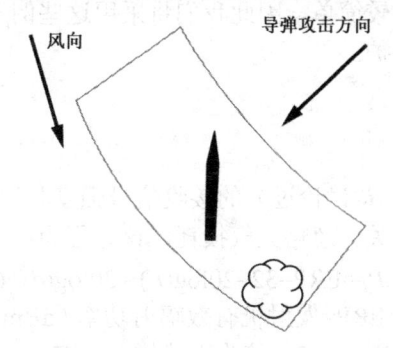

图 10.14　诱骗模式中的箔条云置于分辨单元的一角，这将使箔条云能在一个方向上最快地与舰船分离，从而引导攻击导弹远离舰船

10.6.3　倾卸方式的诱饵工作

诱饵的另一个工作模式对舰船保护而言非常重要。这种模式常称为"倾卸方式"。在这种工作模式下，诱饵（如箔条云）被置于雷达分辨单元之外，如图 10.15 所示。然后，利用欺骗干扰机（如距离门拖引干扰机）将分辨单元拖离目标并锁定在诱饵上，如图 10.16 所示。只要诱饵产生的 RCS 与被保护目标的 RCS 相当，那么雷达将锁定在诱饵上。当然，诱饵必须置于能阻止攻击导弹偶然重新捕获到舰船的位置上。

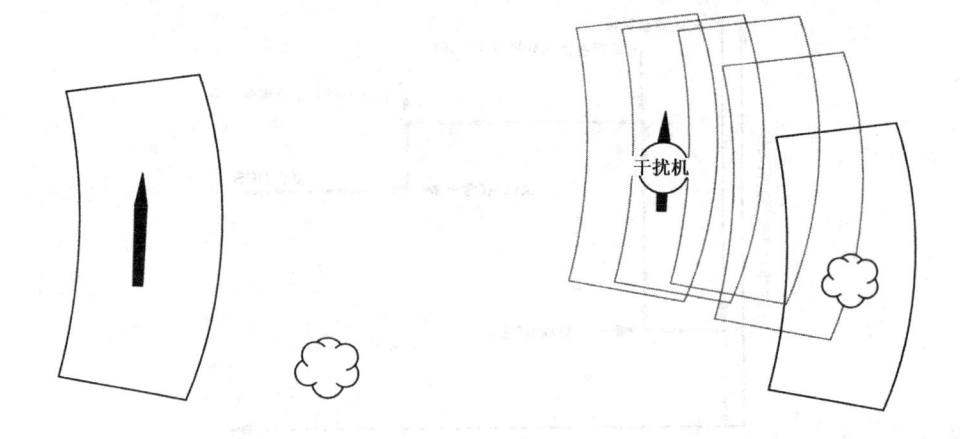

图 10.15　当舰船保护箔条云用于倾卸方式时，它被置于威胁雷达的分辨单元之外

图 10.16　位于被保护舰船上的欺骗干扰机将威胁雷达的分辨单元拖向箔条云

10.7　交战场景中的有效 RCS

诱饵的效果受其工作环境的影响很大。由于所有的诱饵应用实际上都涉及动态态势，所以考虑诱饵通过各种交战场景产生的影响是非常有用的。基本上说，保护舰船免受反舰导弹攻击的两维交战场景比较简单，因此我们将采用这些例子。然而，当交战位置合适时，同样的原理将适用于飞机保护。

10.7.1　复习

单向链路方程中（第 2 章讨论过）的接收信号强度与发射机有效辐射功率、信号频率和发射机至接收机的距离有关。忽略大气损耗，该方程为：

$$P_R = \text{ERP} - 32 - 20\log(F) - 20\log(d) + G_R$$

其中，P_R=信号功率（dBm）；ERP=发射机有效辐射功率（dBm）；F=发射信号的频率（MHz）；d=发射机至接收机的距离（km）；G_R=接收天线增益（dB）。

如 10.2 节所示，有效增益（相对于发射信号到诱饵和从诱饵接收信号的全向天线）与 RCS 和信号频率有关，其关系式如下：

$$G = -39 + 10\log(\sigma) + 20\log(F)$$

其中，G=来自诱饵的有效 RCS 的等效信号增益（dB）；σ=诱饵的有效 RCS（m^2）；F=信号频率（MHz）。

$10\log(\sigma)$ 是 RCS 为 1m^2 时的 dB 值，因此该方程可变换为：

$$\text{RCS(dBsm)} = 39 + G - 20\log(F)$$

10.7.2　简单场景

反舰导弹从飞机上射向舰船，并在地平线处（大约距舰船 10km）开启其有源跟踪雷达。已收到其 ESM 系统告警攻击正在逼近的舰船在船体和导弹之间设置一枚诱饵。诱饵和舰船均落在导弹的雷达波束内,如图 10.17 所示。假定随着诱饵远离舰船位置诱饵成功地捕获了导弹的雷达,那么雷达波束追随诱饵,从而使舰船位于雷达波束之外,如图 10.18 所示。

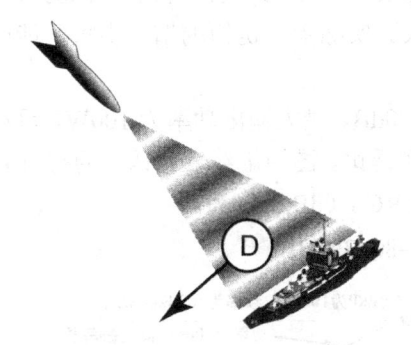

图 10.17 当雷达开启时,导弹有源跟踪雷达、诱饵(D)和目标之间开始交战。诱饵和目标都将落在雷达的天线波束之内

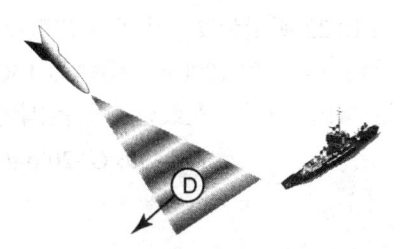

图 10.18 如果诱饵捕获雷达,则雷达的天线波束将随着导弹寻的诱饵和诱饵远离目标而被拖离目标

现在,考虑交战对被保护舰船上的 ESM 接收机来说意味着什么。如果没有诱饵(或其他 EW)保护,则导弹将直接移向运动速度在 1 马赫以下的舰船,舰船将保持在或接近导弹的雷达波束中心。ESM 系统接收的信号功率与时间的关系如图 10.19 所示。雷达的有效辐射功率等于其发射功率和最大天线增益之和(dB)。ESM 系统的天线增益不变、频率不变。但是,信号传播距离将以导弹的逼近速度下降,从而导致 $20\log(d)$ 项迅速变化。该项会改变与距离的平方有关的传播损耗,因此接收信号功率将如同图 10.19 所示的曲线。

幸运的是,诱饵捕获雷达并使其天线波束远离舰船。随着舰船离开雷达天线的主波束,舰船方向的雷达有效辐射功率急剧下降,如图 10.20 所示。如果诱饵没有成功捕获导弹的雷达,那么就是诱饵而非舰船将移到天线波束之外。

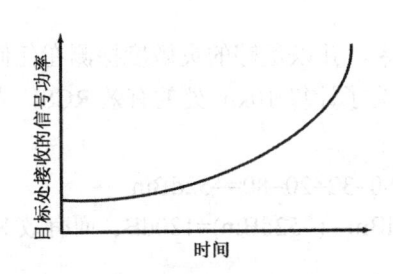

图 10.19 在交战过程中,目标处接收的信号功率等于雷达的有效辐射功率减去传播损耗

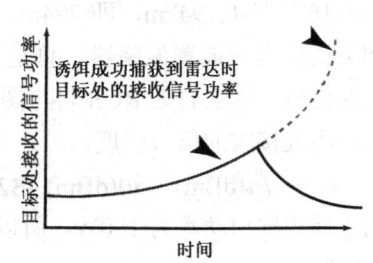

图 10.20 如果诱饵捕获了导弹的雷达,则目标处的信号功率将随目标离开雷达的天线波束而下降

10.7.3 场景中诱饵的 RCS

有源诱饵的有效 RCS 取决于其增益和最大输出功率。如图 10.21 所示,增益恒定的诱饵产生的 RCS(dBsm)为 39+增益(dB)−20log(F)(MHz),除非导弹足够近以致诱饵接

收的信号等于最大输出功率，小于诱饵增益。此后，接收信号功率每增加 1dB，有效 RCS 就下降 1dB。

前置振荡器诱饵以全功率发射，不考虑接收信号功率，因此当它接收非常微弱（在远距离时）的雷达信号时，接收与发射信号之差非常大。实际上，诱饵的增益很大，能产生极大的有效 RCS。

图 10.22 所示为交战中的一些数字。考虑增益为 80dB、最大输出功率为 100W，旨在对付有效辐射功率为 100kW、频率为 10GHz 雷达的有源诱饵。图中虚线表明诱饵的有效 RCS 与雷达的距离有关。在线性增益范围内，诱饵产生的 RCS（dBsm）为：

$$39+G-20\log(10\,000)=39+80-80=39\text{dBsm}$$

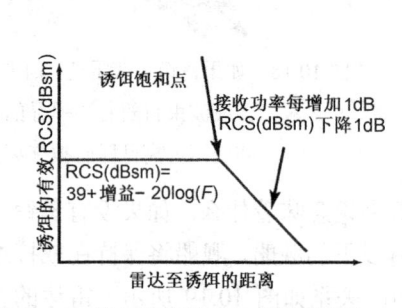

图 10.21 诱饵的有效雷达截面积取决于其增益和最大输出功率

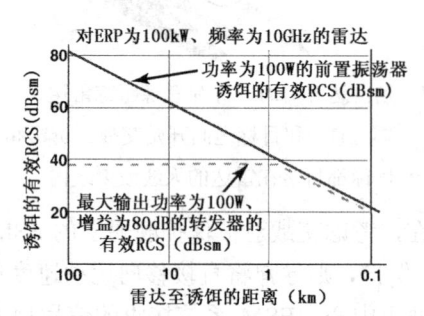

图 10.22 前置振荡器诱饵的有效 RCS 随雷达至诱饵的距离变化成反比变化。对固定增益诱饵来说，在诱饵饱和前 RCS

当接收的雷达信号为 100W−80dB(+50dBm−80dB=−30dBm)时，诱饵的 RCS 开始重复。这种情况出现在 ERP−32−20log(F)−20log(d)= −30dBm 时（假设接收天线增益为 0dB）。代入一些数字并重新整理该公式，得到：

$$20\log(d)=30\text{dBm}+\text{ERP}-32-20\log(F)=30+80-32-80=-2\text{dB}$$

其中，$d=10^{(-2/20)}=0.794$km，即 794m。

如果诱饵是一前置振荡器，总是工作在其最大功率，并以足够的灵敏度探测在任何适当距离的信号，那么有效 RCS 将与图中的实线相符。为了计算 10km 处的有效 RCS，先计算在该距离处接收的信号强度：

$$P_R(\text{dBm})=+80(\text{dBm})-32-20\log(10)-80=80-32-20-80=-52\text{dBm}$$

由于诱饵输出功率为 100W，所以有效增益为+50dBm− (−52dBm)=120dB。而有效 RCS（dBsm）为：

$$\text{RCS(dBsm)}=39+G-20\log(F)=39+102-80=61\text{ dBsm}$$

该数值大于 1 百万平方米。

第11章 仿　　真

通常，采用电子战仿真可以节省经费。但是，还有其他更迫切的理由。在环境尚不具备的情况下，仿真能够对操作员、设备和技术的能力进行逼真的评估。此外，仿真还可以对人员进行逼真的危险环境应对训练。

11.1 定义

仿真即建立一个人工态势或激励，从而导致这样的结果出现：即好像存在着相应的真实态势或激励。电子战仿真往往要创建与敌电子设备产生的信号相似的信号。这些人工信号被用来培训操作员、评估电子战系统及其子系统的性能，并预测敌电子设备或其控制武器的性能。

通过仿真，促使操作员和电子战设备对出现的一个或多个威胁信号做出反应，并采取在军事对抗中应采取的行动。仿真通常包括对被仿威胁的交互更新，被仿威胁与操作员或设备对威胁信号的响应有关。

11.1.1 仿真方法

仿真常分为三类：计算机仿真、操作员界面仿真和实物模拟。计算机仿真又称"建模"。操作员界面仿真常简称"仿真"，由于该术语既用来定义整个领域又用来定义这一特定方法，所以可能会产生混淆。上述三种方法既可用于训练，也可用于测试与评估（T&E）。表11.1列出了每种仿真方法在各种用途下的使用频率。

表11.1　仿真方法及其用途

仿真目的	仿真方法		
	建模	仿真	模拟
训练	常用	常用	有时用
测试与评估	有时用	很少用	常用

11.1.2 建模

计算机仿真（或建模）即在计算机中以数学方法描述友方和敌方设备并评估其相互作用的方式。在建模过程中，既不产生信号，也不产生战术操作员控制和显示的描述。其目的是评估能用数学方法定义的设备与战术的相互作用。建模对评估战略及战术是很有用的。定义一种态势，应用每一种方法，并比较其结果。要注意任何仿真或模拟必须基于图11.1所示的电子战系统与威胁环境之间的互作用模型，这点非常重要。

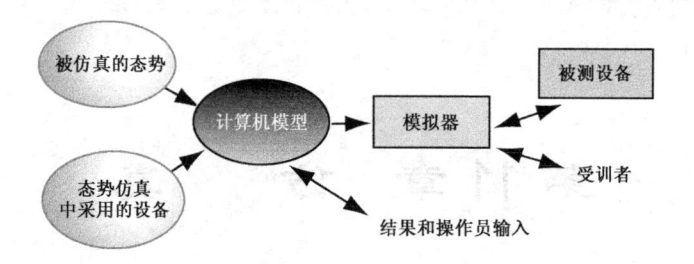

图 11.1　任何类型的仿真都必须基于设备和/或战术态势的模型

11.1.3　仿真

操作员界面仿真指生成与已经建模和正在进行的态势相适应的操作员显示并读入操作员控制，而不产生真实信号。操作员可看到计算机产生的显示并听到计算机产生的声音，使他们如同置身于一种战术态势中。计算机读入操作员的控制响应并修改相应的显示信息。如果操作员的控制动作能够更改战术态势，那么这也能反映在显示中。

在某些应用中，操作员界面仿真通过驱动仿真计算机的系统显示来实现。开关被读作二进制输入，而模拟控制（如可旋转的音量控制）通常被连接到转轴译码器来提供计算机可读的旋钮位置。

另一种方法是在计算机屏幕上生成系统显示的人工描述。显示被描述为系统显示的图像，通常包括一部分仪器面板、刻度盘或 CRT 屏幕。控制在计算机屏幕上进行描述，同时用鼠标或触摸屏进行操作。

11.1.4　模拟

在有实际系统的时候，采用模拟方法。模拟包括产生信号，该信号具有在被注入系统处所具有的形式。尽管模拟方法能用于训练，但它几乎总是对系统或子系统进行测试与评估（T&E）必用的方法。

如图 11.2 所示，被模拟的信号可从许多点上注入系统。诀窍是使被注入的信号从表面和作用上看都像是已经通过了整个系统——在仿真的战术态势中。另一个重点是从注入点开始下游所发生的一切都可能对到达注入点的信号产生影响。如果这样，注入的信号必须进行相应改变。

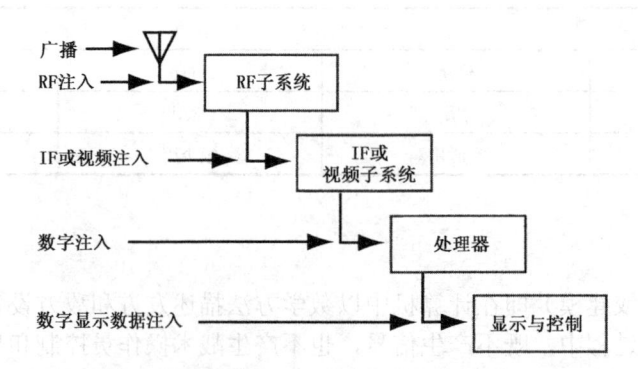

图 11.2　被模拟的信号可在许多点上注入电子战系统，以便直接对注入点下游的子系统提供逼真的测试

11.1.5 训练仿真

训练仿真能使学员获得经验（以安全和可控的方式），帮助他们学习或掌握技能。在电子战训练中，如果受训者位于军事态势中的一个操作位置，则这常常包括体验可能遇到的敌信号。电子战仿真常与其他仿真相结合，以提供完整的训练经验。例如，特定飞机的座舱模拟器可能包括其反应就像飞机正飞过敌电子环境一样的电子战显示器。训练仿真通常能使教员观察到学生的所见所为。有时，在训练演习后听取汇报时，教员可以播放态势和响应——这是一种有效的学习途径。

11.1.6 测试与评估仿真

设备的测试与评估（T&E）仿真旨在检验设备将实现的设计功能。它可能像产生一个信号一样简单，这个信号具有传感器探测的特性。也可能像产生一个包含所有信号的真实信号环境一样复杂，而这个信号环境是整个系统移过漫长的交战场景将经历的。此外，该环境可随预编程的或操作员选择的控制顺序和被测系统的移动情况而变化。T&E 仿真不同于训练仿真，其目的是确定设备如何更有效地工作，而不是传授技能给操作员。

11.1.7 电子战仿真中的保真度

保真度是设计或选择电子战模拟器的重要考虑。模型和提供给系统与操作员的数据的保真度必须能够满足任务需求。在训练仿真中，保真度必须足以防止操作员探测仿真（或至少要避免干扰训练目标）。在 T&E 仿真中，保真度必须能够提供优于被测设备感知门限的注入信号精度。如图 11.3 所示，随着保真度增大，仿真成本呈指数上升，但一旦达到受训者或被测设备的感知水平，其值便不再增加。

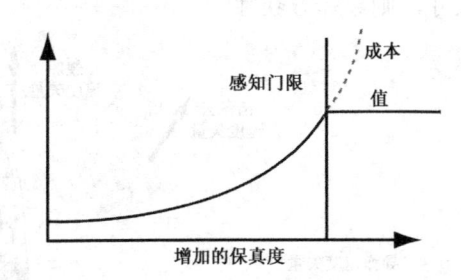

图 11.3　仿真成本呈指数上升，但超过被测设备或受训人员
不再能察觉到误差的感知门限后其值便不再增加

11.2 计算机仿真

计算机仿真指对一些态势或设备进行建模并通过操作该模型来确定某种结果。电子战领域中重要的仿真包括：

- 电子战资源在威胁场景中的性能分析，在该场景中来自一个或多个威胁辐射源的信号按某种战斗态势中的预期顺序出现；

- 电子控制武器及其目标的交战分析，包括应用各种电子战资源的效果；
- 受各种电子战资源保护的友方飞机、舰船或地面移动设备在通过典型任务场景时的生存能力分析。

11.2.1 模型

计算机仿真建立在模型之上，在该模型中每个参与者的所有相关特性都用数学方式表述。参与者之间有一个相互作用的"对弈区"。应该注意的是对弈区可能是多维的，例如，包括位置、频率、时间等。建模的步骤是：

- 设计对弈区。需要考虑包括处于最高地的参与者在内的交战覆盖区域有多大？一个参与者对另一个参与者的作用距离有多远？仿真中使用什么坐标系最合适？通常使用的是笛卡儿坐标系（X 和 Y 在零高度平面上，Z 在高度轴上），零点设在对弈区的一角。
- 如果合适，将地形高度添加到对弈区。
- 描述每个参与者的特性。它有何属性？其他参与者的哪些特定活动会导致其属性发生变化？它如何运动？每个属性都必须用数字方式来描述，并用方程来描述这些运动。确定所需的模型分辨率并设定模型的定时增量。
- 设定参与者的初始位置和状态。

模型一旦建立，即可运行仿真并确定结果。

11.2.2 舰船保护模型示例

图 11.4 所示为电子战交战模型的一个例子。这是一艘舰船和一枚雷达制导反舰导弹交战的模型。舰船采用箔条云和诱饵作为防护措施。该仿真要确定导弹对舰船的脱靶距离。如果脱靶距离小于舰船的尺寸，则导弹方获胜。

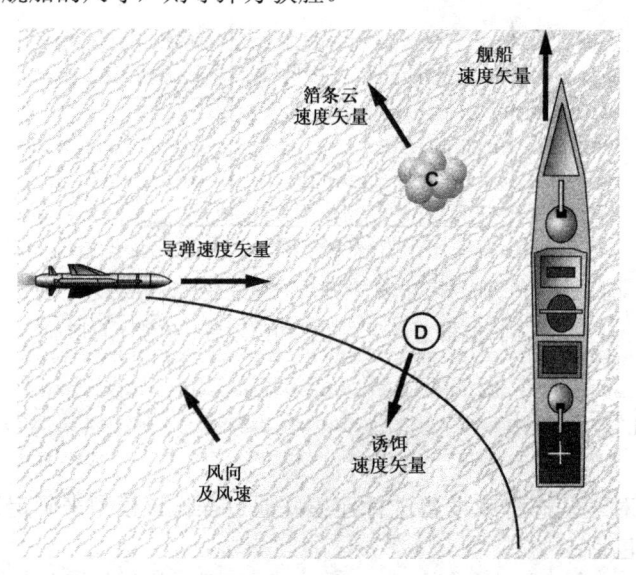

图 11.4 导弹与受电子战保护的舰船交战的模型应包含所有的防护设施

对弈区必须大到能够包含所有的交战行动。随着导弹抵达舰船的雷达视线范围(约10km处),导弹将启动其雷达。由于我们不知道攻击的方向,所以对弈区必须包括舰船周围至少10km的圆周范围。除非仿真中已包含了导弹的末端运动(可能是向上爬升或向下俯冲),否则对弈区可能是二维的。对弈区唯一的其他要素就是具有速度和方向的风。

参与者包括舰船、导弹、诱饵和箔条云。

舰船具有位置、速度矢量和雷达截面积(RCS)特征。假如舰船不转向,则可从其航向上的起始位置以航行速度进行运动来计算出其位置。在某些情况下,当导弹的雷达被探测到时,舰船做最大速度的转向是正确的。对任何航行速度的任何舰船来说,都可获得最大速度转向时的前向和横向路径位置表。由于转向导致船速变慢,所以其路径可描述为一条螺线。舰船的RCS将是其船首方位角和仰角的函数,可用图形或表格形式进行表述。

导弹具有位置、速度矢量和雷达参数特征。通常,导弹以恒定速度、在距海面一较小的固定高度上飞行。它的飞行方向由其雷达所接收的信号来确定。导弹当前位置与其上一个位置之差等于其速度乘以计算的时间间隔——方向则取决于其雷达。确定该方向乃是仿真的核心所在,在后面的内容中会涉及这个问题。我们假定导弹的雷达是具有垂直扇形波束的脉冲类型。主要的雷达参数包括:有效辐射功率(ERP)、频率、脉宽、水平波束宽度和扫描参数。如果舰船采用雷达探测来袭导弹,则导弹的RCS也是十分重要的。在此例中,我们假定舰船只探测导弹的雷达。

箔条云具有位置、速度和RCS特征。由于箔条云随风漂移,因此其速度矢量由风确定。箔条云的RCS对任一特定频率(即导弹雷达的工作频率)而言是固定的。本仿真中假定箔条云处于可使RCS最大化的最佳高度。

诱饵也具有位置、速度矢量、增益和最大输出功率特征。它接收雷达的信号并尽可能以最大的有效辐射功率转发这些信号,也就是说接收的功率增大了且增加的倍数等于诱饵的通过增益(包括天线增益)。诱饵的通过增益产生一个有效的RCS。有趣的是在接收信号频率处以最大功率发射信号的主振式诱饵,它在接收的雷达信号最小时(即在最远距离处)将产生最大的RCS。随着导弹逼近诱饵,RCS将以距离的平方减小。如果是飘浮式诱饵,那么它将完全不动。它还可以是以某种预置模式运动来诱使导弹偏离舰船的一类诱饵。

11.2.3 舰船保护仿真示例

仿真开始时,舰船在某个方位航行,导弹以其巡航速度从某个方位角飞向舰船并在距舰船10km处启动导弹的雷达。

导弹的雷达通过角度区域进行扫描,直至捕获到目标。如果诱饵或箔条云在雷达开启前已投放,则导弹可能会捕获到它们其中之一而不是舰船。但假定遇到的是最坏的情况——即导弹的雷达捕获到了舰船,那么截获到舰船后,导弹雷达将操纵导弹飞向舰船的雷达回波方向。

如图11.5所示,导弹雷达的分辨单元的长度等于脉宽乘以0.3m/ns。(注意:该值常在以箔条云作为舰船防护的计算中采用,1/2的该值用于机载或陆基雷达)。分辨单元的宽度等于雷达 3dB 水平波束宽度的一半乘以雷达至目标的距离的正弦的 2 倍。分辨单元是指雷达无法区分两个目标回波的区域。假如在分辨单元中有两个目标，那么雷达的响应好像是在这两个目标之间存在着一个视在目标，视在目标的位置更靠近回波较强的目标，而回波的大小与目标的相对 RCS 成正比，如图 11.6 所示。当导弹远离舰船时，分辨单元较宽，导弹愈靠近舰船，分辨单元就变得愈窄。如果导弹击中舰船，那么在碰撞时刻分辨单元的宽度为零。

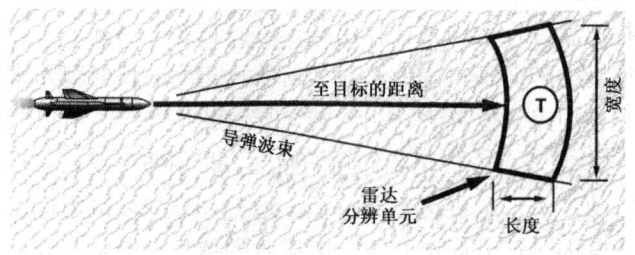

图 11.5　雷达的分辨单元是脉冲宽度和天线波束宽度的函数

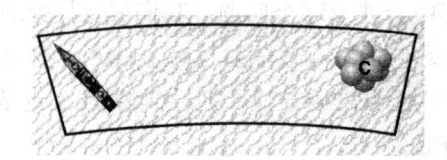

图 11.6　导弹雷达使其分辨单元始终对准最大回波信号的发源处。
在分辨单元内可能是两个或两个以上目标的组合

如图 11.7 所示，在每个计算间隔内，导弹运动的距离等于其速度乘以朝着视在目标位置方向的计算间隔。

从导弹雷达的观点来看，舰船的 RCS 是指在导弹雷达频率处、从雷达与船首的夹角方向观测到的 RCS。如果舰船转向或导弹的视角改变，则 RCS 随之改变。箔条云的 RCS 在交战过程中保持不变。诱饵的 RCS 与接收的雷达功率和诱饵的有效辐射功率有关。

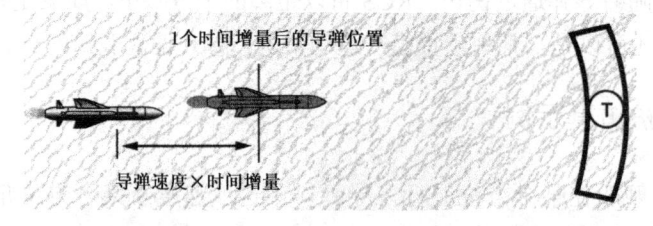

图 11.7　在一个时间增量内，导弹向其雷达分辨单元的中心移动了一段距离

随着分辨单元变窄，无论是防护装置还是舰船都将落在分辨单元之外——假定它们不在导弹方向上。如果防护装置在关键时间点能提供更大的 RCS，那么它将能捕获导弹的分辨单元并保护舰船。若防护装置的位置或 RCS 不足以捕获分辨单元，则导弹将会击中舰船。

11.3 交战场景模型

在 11.2 节中，我们讨论了反舰导弹与受箔条云和诱饵保护的舰船之间交战的计算机模型。本节我们将一些数字引入到一个简化的模型中以阐明交战模型是如何实现的。分析的目的是要确定导弹是否脱靶（未击中舰船），假若如此，脱靶距离有多大。尽管可用的计算程序有很多，但我们将采用电子表格。

请注意这并不意味着所采用的战术是保护舰船的最好方法。其目的是利用模型来研究假如采用这些战术将会发生什么情况。图 11.8 所示为一个仿真的态势。因为篇幅所限，在几方面对它进行了简化：雷达的分辨单元用一个矩形表示；舰船的 RCS 极为简单；只考虑导弹、舰船和箔条云；交战开始于箔条云已完全散开至其全 RCS 时。全部数值都以统一单位输送到该模型中。

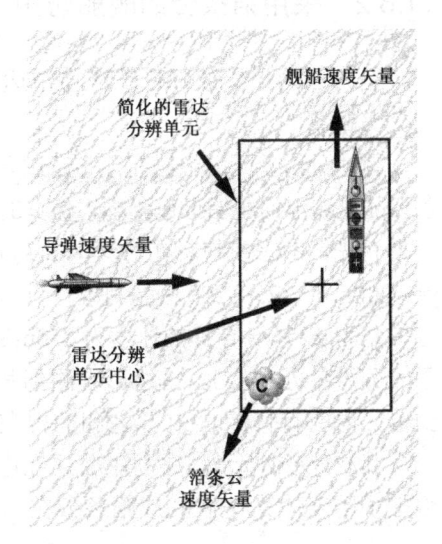

图 11.8 在简化的交战模型中，只采用箔条云来保护舰船；导弹飞向雷达分辨单元中心

11.3.1 模型中的数值

将以下数值赋给对弈区和交战中的参与者：对弈区在一个开阔的海域上，风速为 2.83m/s，风向在 45°方位角。该对弈区为一个以舰船为原点的二维坐标系。交战的时间分辨率为 1s。舰船以 12m/s 的速度向正北航行，并在整个交战过程中保持在这个航向。该舰船的 RCS 如图 11.9 所示。

我们以方位角为 270°、距舰船 6km 的导弹进行仿真。导弹的雷达已经锁定舰船。导弹以 250m/s 的速度贴近水面飞行，导弹的雷达具有 5°宽的垂直扇形波束天线。假定天线在其波束内具有相同的增益，而在其波束外增益为零。雷达的脉冲宽度为 1μs。导弹驶向其分辨单元中心，该中心位于分辨单元中的视在雷达回波处（即若分辨单元内有两个目标，则中心将位于两个目标之间，并适当靠近 RCS 较大的目标）。完全散开后其 RCS 为 3 万平方米的箔条云位于雷达分辨单元的左下角。由于本仿真不包括诱饵、干扰机或 ESM 系统，而且舰船和箔条云都是无源的雷达反射器，因此没有必要设定雷达的有效辐射功率、天线增益或工作频率。

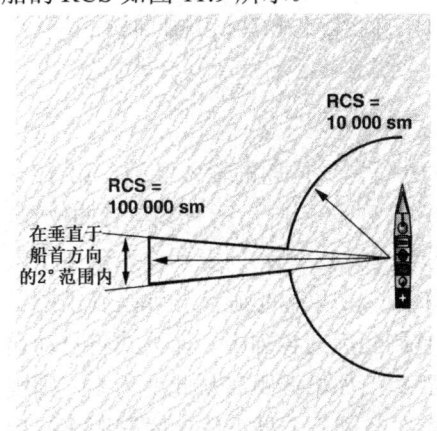

图 11.9 在该分析中，在垂直于船首方向的 2°范围之外，被保护舰船的 RCS 均为 1 万平方米，而且 RCS 是左右对称的

11.3.2 采用箔条云的舰船防护

箔条云的最佳放置位置应在雷达的分辨单元内、使风力能在箔条云和舰船之间产生最大分离距离的方向上。

雷达分辨单元的中心在箔条云进入分辨单元前一直对准舰船，然后箔条云与舰船分离，箔条云随风飘浮而舰船迅速驶离。仿真的目的是确定在整个交战过程中导弹和舰船的相对位置。

首先，考虑参与者在对弈区的初始位置：舰船位于原点（0，0）；箔条云位于 x=−125m、y=−250m（−125，−250）；导弹位于（−6000/1）处。由于箔条云随风漂移，其速度为 2.83m/s，方位角为 225°。导弹的速度为 250m/s，方向为其分辨单元内视在目标的方向（即图 11.10 所示的分辨单元中心）。雷达可观测到其分辨单元内的所有目标，并将其分辨单元的位置调整到单元内所有目标的 RCS 之和的视在位置处。

其次，交战场景程序利用公式在电子表格上计算所有参与者的位置和速度矢量。图 11.11 给出了用来计算舰船和/或箔条云在每个计算点处是否都保持在分辨单元内的示意图。

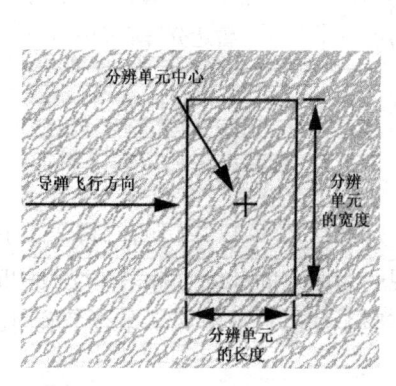

图 11.10 本例采用简化的矩形来表示雷达的分辨单元

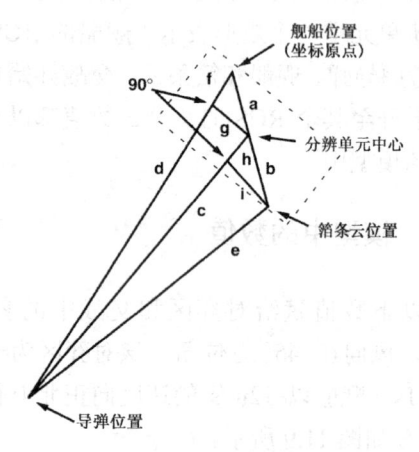

图 11.11 本图用于计算确定舰船和/或箔条云是否位于雷达分辨单元内的数值

图 11.12 列出了如何建立计算的电子表格。第 2~16 行是该问题的输入参数。第 19~42 行是对交战的实际运算。第 B 列表示交战开始的状态。C 列表示 1s 后所有参与者的位置。它还要决定速度矢量，以及舰船或箔条云是否仍处于分辨单元内。D 列表示输入到电子表格的 C 列中的公式。你会注意到这只显示了交战的第 1 秒。如果你想确认导弹是否击中了舰船，就必须在 C 列中输入公式，去除 D 列并将 C 列复制到后续各列中。而公式将自动递增到合适的基准单元格中。第 31 行表示导弹至舰船的距离。如果该距离从此变为零，则舰船被导弹击中。如果导弹脱靶，那么导弹至舰船的距离在经过一个最小值（脱靶距离）后又再次增大。

在运行这个仿真模型时，你会发现舰船的 RCS 在交战开始时占主导地位，直到位置发生改变使导弹离开舰船的高 RCS 视线角为止。第 24 行的公式是用反正切三角函数来计算方位。该公式的复杂性是由函数的性质决定的。在确定舰船或箔条云是否位于导弹雷达的分辨单元中时，采用三角恒等式得出图 11.11 中的值以避免用任何实际角计算带来的复杂性。

同样，当导弹距舰船只有 1s 时，可能希望把时间分辨率提高到 0.1s，以获得更精确的导弹至舰船的最小距离。

	A 列	B 列	C 列	D 列
1	初始状态			
2	舰船行进（方位）	0		
3	船速（m/s）	12		
4	导弹 x 值（m）	−6000		
5	导弹 y 值（m）	1		
6	导弹方位（度）	90		
7	导弹速度（m/s）	250		
8	雷达频率（GHz）	6		
9	雷达脉冲宽度（μs）	1		
10	雷达波束宽度（度）	5		
11	箔条云 x 值	−125		
12	箔条云 y 值	−250		
13	箔条云 RCS	30 000		
14	风向（方位）	225		
15	风速（m/s）	2.83		
16	舰船对导弹的 RCS	100 000		
17				
18	交战计算			公式
19	时间（s）	0	1	
20	导弹 x 值	−6000	−5750	=B20+$B$7*SIN(B24/57.296)
21	导弹 y 值	1	1.001511188	=B21+$B$7*COS(B24/57.296)
22	舰船在分辨单元中否（1=是）	1	1	=IF(AND(C39<(C33/2),C40<(C32/2)),1,0"
23	箔条云在分辨单元中否（1=是）	1	1	=IF(AND(C41<(C33/2),C42<(C32/2)),1,0"
24	导弹矢量方位	90	90.59210989	=IF((C27−C20)>0,IF((C28−C21>0, ATAN((C27−C20)/(C28−C21))*57.296, 180+ATAN((C27−C20)/(C28−C21))*57.296), IF((C28−C21)<0, ATAN((C27−C20)/(C28−C21))*57.296+180, 360+ATAN((C27−C20)/(C28−C21))*57.296"

图 11.12 交战计算电子表格

25	箔条云 x 值	−125	−127.0010819	=$B$11+$B$15*SIN($B$14/57.296)*C19
26	箔条云 y 值	−250	−252.0011424	=$B$12+$B$15*COS($B$14/57.296)*C19
27	雷达分辨单元中心 x 值	−96.15384615	−29.30794199	=C25*($B$13*C23/($B$13*C23+C30*C22))
28	雷达分辨单元中心 y 值	−192.3076923	−58.15410979	=C26*($B$13*C23/($B$13*C23+C30*C22))
29	船首与雷达间夹角（度）	90	90	=ABS(180−B24)
30	舰船 RCS（对导弹）	100 000	100 000	=IF(B29<88,10000,IF(B29<92,100 000, 10 000))″
31	导弹至舰船距离	6000	5750.000087	=SQRT(C20^2+C21^2)
32	雷达分辨单元宽度	523	525.3183339	=2*SIN($B$10/(2*57.296))*SQRT((B27−B20)^2+(B28−B21)^2)
33	雷达分辨单元长度	305	305	=$B$9*305
34	图 11.11 中的 a 点		65.12185462	= SQRT(C27^2+C28^2)
35	图 11.11 中的 b 点		282.1947034	=SQRT(C25^2+C26^2) −B34
36	图 11.11 中的 c 点		5720.997903	=SQRT((C27−C20)^2+C(28−C21)^2)
37	图 11.11 中的 d 点		5750.000087	=C31
38	图 11.11 中的 e 点		5628.687873	=SQRT((C25−C20)^2+(C26−C21)^2)
39	图 11.11 中的 f 点		29.2978125	=(C36^2−C34^2−C37^2)/(−2*C37)
40	图 11.11 中的 g 点		58.15921365	=SQRT(C34^2−C39^2)
41	图 11.11 中的 h 点		98.52509165	=(C38^2−C36^2−C35^2)/(−2*C36)
42	图 11.11 中的 i 点		264.4364894	=SQRT(C35^2−C41^2)

图 11.12　交战计算电子表格（续）

11.4　操作员界面仿真

还有一种重要的仿真类型就是再现操作员界面。与"模拟"（emulation）相比，它有时称为精确的"仿真"（simulation）。"模拟"要在驱动操作员界面过程中的某个点上生成实际的信号。在操作员界面仿真中，操作员看到、听到并接触到的只是该过程的一部分。场景背后所发生的一切对操作员而言都是透明的，因此只有在它反映在操作员界面中时才是重要的。

大多数情况下，全用软件仿真军事交战或设备的某种互作用是可行的。当操作员处于假定的场景中时，可以确定他们将要看到、听到和触觉到的东西。感知操作员采取什么行动并确定场景如何随之变化，以及确定操作员如何感知这些变化也是可行的。通常，操作员界面仿真基于设备和交战的数字模型工作，以确定合适的操作员界面并将其显示给操作员。

如果以足够的逼真度实时地感知到操作员的动作，且操作员以足够的逼真度实时经历了最终的场景，那么操作员就获得了必要的培训经验。

至此，我们已经深入讨论了飞行模拟器，但是它们同样适用于电子战设备操作的培训。事实上，它可以并且已经在飞行模拟器或其他军事平台的仿真场景中用于培训电子战设备的操作使用。

11.4.1 主要用于培训

首先要明白操作员界面仿真在评估被仿真设备的性能时是不起作用的。它的主要用途是训练操作员掌握从简单的按钮操作（即各旋钮的作用）到危急态势下电子战设备的熟练使用等各种操作，目的是无伤亡地获得真实的作战经验。操作员界面仿真的第二个用途是评估系统提供的操作员界面的适合程度，这将决定系统的控制与显示是否足以使操作员完成其任务。

11.4.2 两种基本方法

操作员界面仿真有两种基本方法。一是提供系统的真实控制与显示面板，但由计算机直接驱动它们，如图 11.13 所示。该方法的优点是可获得真实的操作员培训经验。真实的旋钮位于其实际位置，且大小和形状也合适。显示器有适当的闪烁等。该方法存在三个问题：设备可能是昂贵的军标硬件；它需要维护；并且一般要求用特殊的硬件和软件来连接系统硬件与计算机。军标硬件比较昂贵，而且必须制造和维护额外的接口设备。所有的这些因素都会增加成本。

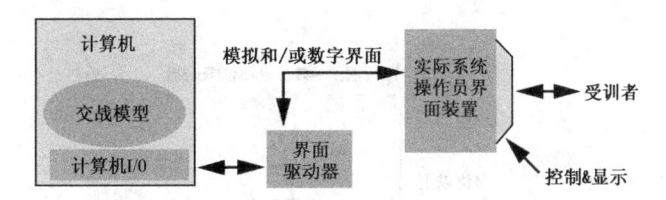

图 11.13 利用实际的系统控制与显示面板，由仿真计算机直接驱动来实现操作员界面仿真

如果使用硬件运行，则要以其所具备的形式和格式注入显示信号来驱动显示器。另外，来自操作员控制/显示面板的信号也被感知并转换为最便于计算机接受的形式。

第二种方法是采用标准的商用计算机显示器来仿真操作显示器。可用商用部件建立控制，或者在计算机屏幕上仿真控制并通过键盘或鼠标来访问，如图 11.14 所示。

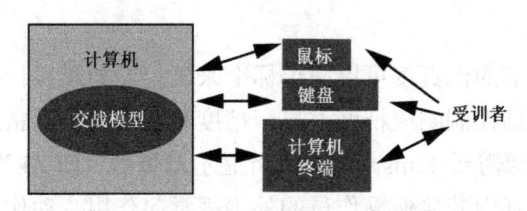

图 11.14 利用标准的商用计算机外设可以再现操作系统的控制与显示

图 11.15 所示为在计算机屏幕上仿真 AN/APR-39A 雷达告警接收机座舱显示器的情况。屏幕上的符号随着所仿真的飞机机动而移动。该仿真中，控制开关也显示在屏幕上。如果操作员用鼠标点击某个开关，则屏幕上的开关转变位置，并仿真系统对开关动作的响应。

如果采用仿真的控制面板而不是计算机屏幕上的控制画面，就需要感知各种控制并将其位置输入计算机。图 11.16 所示为基本的技术。开关接通时，每个开关将逻辑电平"1"时的电压提供给数字寄存器中的一个特定地址。精确的电压值取决于所采用的逻辑类型。另一方面，开关接通时可能只将该地址接地。对模拟控制（如一个旋钮）采用轴位编码器。轴位编码器通常随控制的变动每隔几度提供一次脉冲数据，可逆计数器将这些脉冲转换为将输入到寄存器合适地址的数字位置控制字。

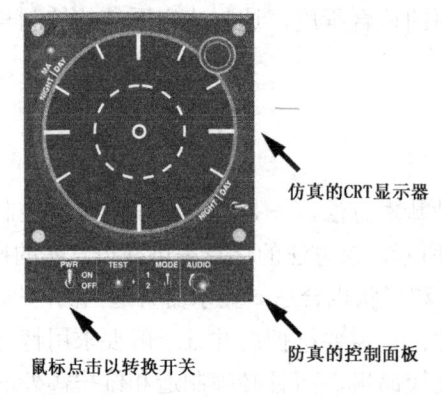

图 11.15 计算机仿真的操作员界面

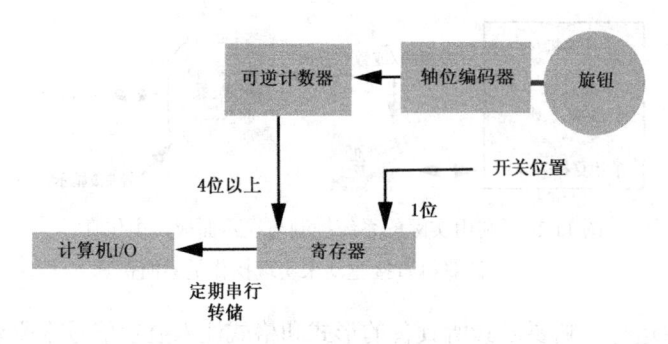

图 11.16 在仿真的控制面板中，控制位置必须转换为数字字以便输入到计算机中

计算机定时读取寄存器以感知控制位置。该过程速度非常缓慢，因为人手的动作很慢。

11.4.3 保真度

仿真操作员界面所需的保真度可以简单标准来确定。如果操作员感觉不到，就不必包含在仿真中。保真度包括控制响应精度、显示精度和两者的定时精度。首先，讨论定时保真度。人眼获取一幅图像需要 42ms。因此，若显示器每秒更新 24 次（如运动画面），则操作员感觉动作平稳。仿真中若要使操作员的外围视觉起作用，动作就必须更快。你的外围视觉一快，你就会被外围视觉中以每秒 24 帧显示的画面闪烁而困扰。在宽屏幕电影中，采用的方法是每秒放映 24 幅画面但每幅画面闪光两次，因此你的外围视觉将不能跟随每秒 48 帧的闪烁速率。

另一个考虑因素就是人们感知图像明暗的变化（即运动）比感知色彩的变化更快。这两个视觉显示的组成元素被称为亮度和色度。在视频压缩方法中，通常以两倍的色度更新速率来更新亮度。

对仿真很关键的与时间有关的因素是感知我们采取行动的结果。魔术师说："手要比眼快"，但这完全是错误的。即使最快的手部动作（如第二次按秒表按钮）也需花150ms以上的时间。在你的数字式手表上试试看你能捕获到数字的最短时间是多少。然而，你能更快地感知视觉的变化。例如，在你打开电灯开关时，你希望电灯立刻变亮。只要电灯在42ms内发亮，你的感觉将与真实情况一样，如图11.17所示。在操作员界面仿真中，模拟器必须跟踪二进制开关动作和模拟控制动作（如转动旋钮）。虽然我们对旋钮转动结果的感知不太精确，但为获得全时保真而假定旋钮位置在42ms内被转换为视觉响应仍是现实有效的方法。

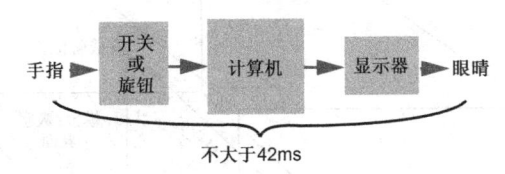

图11.17 理想保真度下，从控制动作到显示器显示的总时间不超过42ms

位置精度比较棘手。人类并不擅长感知位置或亮度的绝对值，但我们非常擅长确定相对位置或亮度。这意味着如果两样东西位于同一角度或距离，我们能感觉到它们的角度或距离之间的细微差别。另一方面，如果两者分开（或靠近）几度或百分之几的距离，我们可能就发现不了其中的差异。这就使标识对弈区成为必要，后面将讨论这个问题。

11.5 操作员界面仿真的实际考虑

在操作员界面仿真中必须满足某些潜在要求。一是电子战仿真与其他仿真的协调。二是真实硬件异常情况的表示方法。三是处理等待时间。最后是仿真的保真度概念。

11.5.1 对弈区

我们在11.2节简要讨论了足够将所有参与者都包含在仿真中的对弈区。为清晰起见，考虑对弈区在有电子战设备的飞行模拟器模型中的含义。

如图11.18所示，对弈区是地面上空的一个空间箱体。其高度是所仿真的最高飞机（即威胁飞机）的最大工作高度。它的x轴和y轴覆盖了被仿真飞机执行任务的整个飞行路线和被仿真飞机中的系统将观测到的所有威胁（空中或地面）。

安装在被仿真飞机中的任何传感器在对弈区中的位置都与该飞机相同。它的x、y、z的值由模拟器的飞行控制操作来确定。威胁的x、y、z的值由模型确定。

传感器对威胁的观测由其瞬时相对位置确定。由x、y、z的值计算出距离和视角。距离与视角反过来又决定了显示在模拟器座舱显示器上的内容。

11.5.2 对弈区标识

通常，飞行模拟器中有几个对弈区，飞机中的每一类传感器对应一个对弈区。电子战对弈区包含了所有的电子战威胁。雷达的地面对弈区包含有地形。直观的对弈区包括飞行员能看到的一切：地形、建筑、其他飞机及威胁的视角。

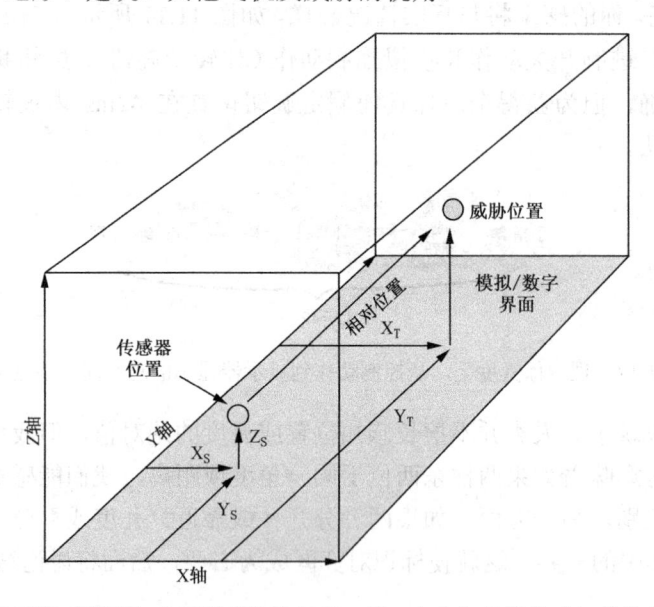

图 11.18　电子战对弈区包含了所有的参与者。每一个参与者都能感知其他相关参与者

为了在飞行模拟器上提供真实的训练，各座舱显示器呈现给操作员的场景必须一致。从座舱看到的敌飞机的位置和外观尺寸由被仿真的飞机，以及建模的敌机的距离、相对位置和方向来确定。如图 11.19 所示，电子战系统显示器（如雷达告警接收机屏幕）应在适当的屏幕位置上以合适的威胁符号表示位于此距离和视角的敌飞机类型。同样，平面位置指示雷达显示器应在合适的距离和方位上显示回波。

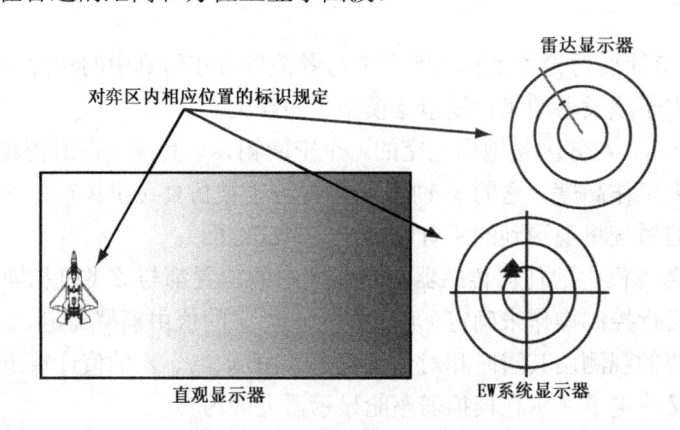

图 11.19　对弈区的标识决定了各系统显示器上的信息与直观仿真的一致程度

要使提供给模拟器操作员的各种提示相一致就要规定各个对弈区的标识。例如，如果

标识 100 英尺的对弈区，则规定：
- 雷达显示器和直观显示器必须示出 100 英尺以内同一仰角的地面上任何一点；
- 在 100 英尺内，被仿飞机和其他仿真参与者的位置都要与其他所有对弈区中的同等位置一致；
- 在 100 英尺以内，视线的测定和显示数据的最终变化应当是正确的。

11.5.3 硬件异常

仿真的一个基本原则是模拟器设计负责仿真点前各级发生的一切。图 11.20 中，模拟器在仿真点提供输入。它模拟仿真点左边所有的设备和过程，以作用于仿真点右边所有的设备和过程。仿真点右边硬件和过程中的任何错误将对仿真输入产生同样的影响，就像对真实输入的影响一样。然而，仿真点左边各过程中的异常将不会显示出来，除非它们被包含在仿真中。

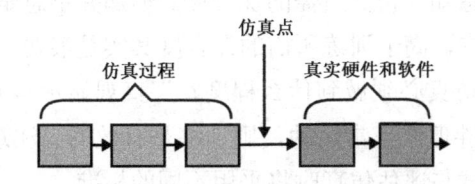

图 11.20 模拟器负责仿真点前的所有设备和过程

假设所有的仿真硬件和软件工作良好且将正确的操作并入仿真。但在真实环境中设备有时会出现意外情况。由于操作员界面模拟器仿真了大部分或全部硬件，因此通常它要对设备的全部异常情况负责。

图 11.21 所示为电子战系统硬件出现异常的实际情况。早期数字式雷达告警接收机有系统处理器，能够收集位于存储器中的威胁位置数据。该系统收集来自每一个运动位置（相对于飞机的距离和到达角）的当前威胁数据，并在原始数据过时和删除前将每次截获的数据存储一固定的时间段。数据存储的时间选择在使存储器中原始数据过时前飞机的转弯能足够快地激活新的存储。因而，在某些工作条件下，一个 SA-2 导弹场从不同角度看起来像几个这样的场地。所显示的态势代表飞机在接收到强 SA-2 信号时做高 G 左转弯规避时获取的实际距离数据。

如果在训练模拟器中仿真了该系统且此硬件的异常未被重现，则在模拟器的培训中，学员有可能被训练得只希望出现正确的符号。这称为"负面训练"，应该尽可能避免。

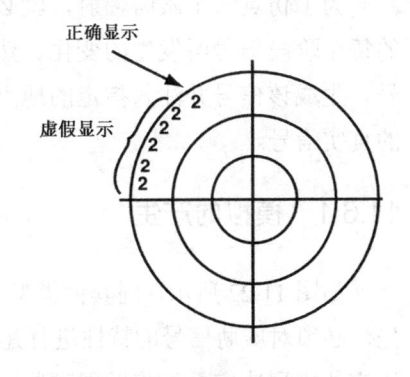

图 11.21 早期的数字式雷达告警接收机在飞机以高 G 转弯时给出了附加的虚假威胁显示

11.5.4 处理等待时间

在操作员界面仿真设计中必须考虑的典型硬件/软件问题是处理等待时间。等待时间是完成某个处理所需的时间。特别是在计算机速度较慢的老式系统中，可能会产生比操作员眼睛每秒 24 帧的更新速率更大的处理延迟。如果飞机处于高速翻滚，这可能会导致符号出现在错误的位置。

模拟器人为创建某些战术态势生成的数据所需的处理可能会或多或少地比真实情况下系统工作所需的处理要复杂些。同样，仿真计算机既可比实际计算机快也可比实际计算机慢。确保模拟器的处理等待时间（无论长短）不会造成负面训练是很重要的。

11.5.5 保真度

我们已讨论了人可以感知的仿真所需的保真度。但那并不总是正确的答案。在仿真中，保真度常常会大大增加成本，高于训练所需的保真度其实是浪费。实际问题是："受训者要达到所要求的训练技能，仿真必须做到什么程度？"直观显示器的图像质量是一个范例。如果敌飞机看起来有点矮胖但在正常运动，则训练是有效的。注意这些解释是特别针对训练仿真的；讨论设备的测试与评估仿真时将采用不同的标准。

11.6 模拟

模拟旨在生成接收系统要接收的真实信号。这既可用来测试系统或子系统，也可用来训练设备的操作人员。

为了仿真一个威胁辐射，就必须了解发射信号的所有单元，以及在发射、接收和处理的每个阶段信号所发生的变化。然后，设计一个与路径上某一特定时期的信号相类似的信号。生成该信号并注入指定的地点。要求注入点以后的所有设备将该信号当做作战态势中的真实信号。

11.6.1 模拟的产生

如图 11.22 所示，同其他类型的仿真一样，模拟从对必须仿真的系统进行建模开始。首先，必须对威胁信号的特性进行建模。然后，对电子战系统遭遇这些威胁的方式进行建模。该交战模型决定系统将发现哪些威胁，以及每个威胁的距离和到达角等。最后，还必须有电子战系统的某种模型。这种系统模型（或至少是部分系统模型）必须存在，因为要修改注入的信号以仿真注入点之前的所有系统部分的效能。注入点上游的部件也会受到注入点下游的部件作用的影响。自动增益控制和操作员预先控制动作就是此类实例。

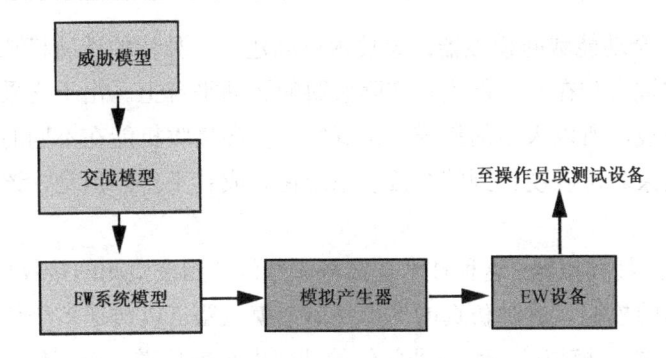

图 11.22 模拟将产生基于威胁模型、交战模型和设备模型的注入信号

11.6.2 模拟信号注入点

图 11.23 所示为一个威胁信号全部的发射、接收和处理路径，以及模拟信号的注入点。表 11.2 总结了选择每个注入点所需的仿真任务，下面的讨论将详述有关应用及其含义。

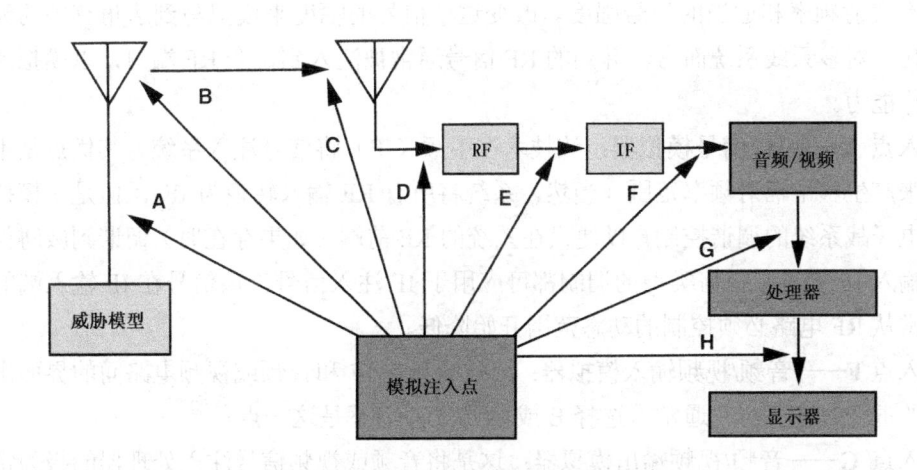

图 11.23 威胁信号的模拟信号可以从发射/接收/处理路径中的许多不同点注入

表 11.2 模拟信号注入点

注 入 点	注 入 技 术	仿真的路径部分
A	全功能威胁模拟器	威胁调制和操作模式
B	广播模拟器	威胁调制和天线扫描
C	接收信号能量模拟器	发射信号、传输路径损耗和到达角影响
D	RF 信号模拟器	发射信号、路径损耗、接收天线影响，包括到达角影响
E	IF 信号模拟器	发射信号、路径损耗、接收天线影响和 RF 设备响应
F	音频/视频输入模拟器	发射信号、路径损耗、接收天线影响和 RF 设备响应，以及选择 IF 滤波器的影响
G	音频/视频输出模拟器	发射信号、路径损耗、接收天线影响和 RF 设备响应，以及选择 IF 滤波器和解调技术的影响
H	显示信号模拟器	整个发射/接收/处理路径

注入点 A——全功能威胁模拟器：该技术可创建一个独特的威胁模拟器，来模拟实际的威胁。通常，它被安装在一个能模拟实际威胁的运动平台上。由于它采用同威胁辐射源天线一样的真实天线，所以天线的扫描非常真实；多部接收机能在不同的时间和适当的距离上接收到扫描波束。可以观察到整个接收系统在完成其工作。但是，该技术只产生一个威胁且相当昂贵。

注入点 B——广播模拟器：这种技术直接将信号传送到被检测的接收机。传送的信号包括对威胁天线扫描的模拟。这种仿真的优点是单个模拟器可以传送多个信号。如果采用定向天线（具有高增益），模拟信号可以非常低的功率电平来传送，对其他接收机的干扰也将因天线的波束宽度较窄而减小。

注入点 C——接收信号能量模拟器：该技术直接将信号发送到接收天线，通常采用绝缘罩将传输限定在所选的天线中。这种注入点的优点是可以检测整个接收系统。来自多个绝缘罩的并列传输可用于测试多个天线阵，如测向阵。

注入点 D——RF 信号模拟器：该技术注入一个好像是来自接收天线输出端的信号。该信号具有发射频率和适当的信号强度。改变这个信号的幅度来模拟与到达角有关的天线增益的变化。对多天线系统而言，并列的 RF 信号通常被注入到每个 RF 端口，以模拟测向天线的协作能力。

注入点 E——IF 信号模拟器：该技术在中频（IF）将信号注入系统。其优点是不需要合成器来产生整个辐射频率范围（当然，系统将所有 RF 输入转换为 IF）。但是，模拟器必须感知电子战系统的调谐控制，以便只在系统的 RF 前端（如果存在时）调谐到威胁信号频率时才输入 IF 信号。任何类型的调制都可应用于 IF 注入信号。该信号在 IF 输入端的动态范围常常从 RF 电路必须控制的动态范围开始降低。

注入点 F——音频/视频输入模拟器：该技术只在 IF 和音频或视频电路间的界面出现某种异常的混合时才适合。通常，选择 E 或 G 注入点而不是这一点。

注入点 G——音频/视频输出模拟器：这是将音频或视频信号注入处理器的极为常见的方法。注入的信号具有上游路径单元的所有效应，包括由处理器或操作员触发的上游控制功能的效能。特别是在具有数字驱动显示器的系统中，该技术能使最低成本成为现实。它还能以最低的仿真复杂性和成本进行系统软件校验。它可以仿真系统天线中存在的许多信号。

注入点 H——显示信号模拟器：该技术与我们讨论过的操作员界面仿真不同，后者是将信号注入显示给操作员的实际硬件。该技术只在采用模拟显示硬件时适用。它可以测试显示硬件的工作和该硬件操作员的工作。

11.6.3 注入点的优缺点

一般来说，信号注入得越早，仿真的电子战系统的工作就越真实。如果接收设备的异常需要精确体现在仿真信号中，则必须特别小心。一般来说，信号注入得越晚，仿真就越简单、便宜。通常，模拟方法必须限定在非保密信号，所以真实的敌信号调制和频率可能用不上。但是，这种很难用电缆传送信号给电子战系统的方法能够利用真实的信号特性进行最真实的软件测试和操作员训练。

11.7 天线模拟

在将信号输入到接收机的仿真模拟器中，创建由接收天线引起的信号特征是很有必要的。

11.7.1 天线特性

天线特征由其增益和方向性来表示。如果接收天线指向辐射源方向，则接收的辐射源信号增大的倍数等于天线的增益，根据天线的类型与尺寸及信号频率的不同，天线增益的范围在−20dB 到+55dB 之间。天线的方向性由其增益图给出。增益图表明天线的增益（通常相对于其视轴方向的增益）和视轴与信号到达方向（DOA）的夹角有关。

11.7.2 天线功能仿真

在天线模拟器中，视轴方向（又称为主波束峰值增益）的增益通过增加（或降低）产生 RF 信号的信号产生器的功率来仿真。仿真 DOA 更复杂些。

如图 11.24 所示，每个接收信号的 DOA 必须编程到模拟器中。在某些仿真系统中，单个 RF 产生器能够模拟几个时间不一致的辐射源。这些信号通常是脉冲信号，但也可以是任何短占空比信号。在这种情况下，必须告诉天线模拟器正在仿真哪一个辐射源（有足够的前置时间建立信号的参数）。天线控制功能并不存在于所有的系统中，但若存在，通常是旋转单个天线或选择天线。

对定向天线（相对于在所有感兴趣方向均有比较一致的增益的全向天线而言）来说，信号产生器产生的信号随着天线视轴与仿真信号 DOA 间的夹角增大而衰减。天线方位通过读取天线控制功能的输出来确定。

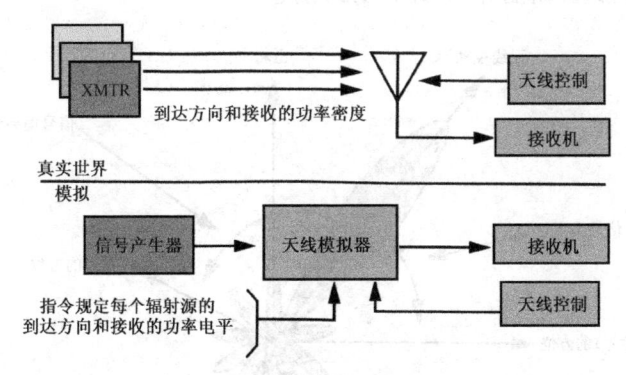

图 11.24　天线模拟器需向接收机提供输入，该输入
包含了天线接收的所有辐射源的信号总和

11.7.3 抛物面天线示例

图 11.25 所示为抛物面天线的增益图。天线增益的最大方向称为视轴。随着辐射源的

DOA 远离这个角度，天线增益（用于此信号）急速下降。增益图在主波束边缘经过一个零点，然后形成副瓣。这里示出的图是一维的（如方位），还有与此方向正交的图（即仰角）。该增益图通过在微波暗室旋转天线而测得。测出的增益图可存储在数据文件中（增益与角度的关系），并用以确定要仿真任何到达角所需的衰减。

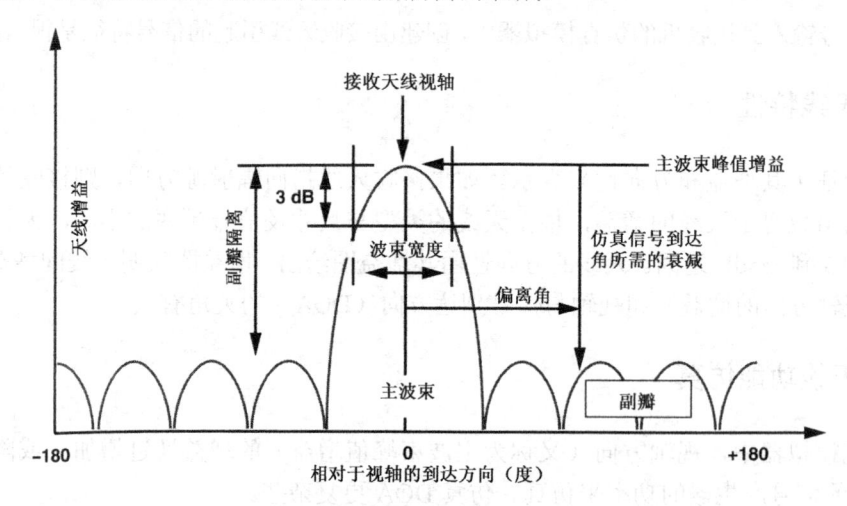

图 11.25　在典型的天线模拟器中，信号的到达方向通过调节
信号强度以再现到达角方向的天线增益来模拟

尽管真实天线中的副瓣在幅度上是不均匀的，但天线模拟器中的副瓣常常是不变的。它们的幅度低于视轴电平的量值与仿真天线中的特定副瓣隔离相等。

如果仿真的目的是测试采用旋转抛物面天线的接收系统，每个被仿真的目标信号都将以一个包含了天线视轴增益的信号强度从信号产生器输送到模拟器中。然后，当控制天线旋转（手动或自动）时，天线模拟器增添了额外的衰减。衰减的总量适合于仿真接收天线在偏离角上的增益。偏离角的计算如图 11.26 所示。

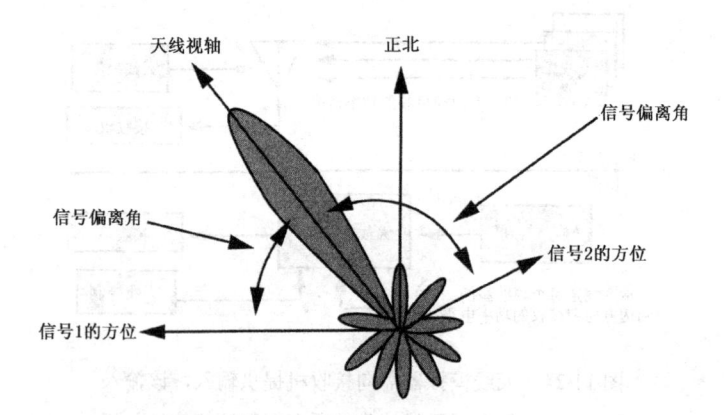

图 11.26　每个模拟威胁信号被指定一个方位，并据此计算出偏离角

11.7.4　RWR 天线示例

雷达告警接收机（RWR）最常用的天线在视轴方向具有最大增益，并随频率剧烈变化。

但这些天线被设计用于最佳增益图。在其频段内的任何工作频率上,它们的增益近似于图 11.27 所示的直线。也就是说,与视轴和 90°之间的夹角有关的增益会降低一个常量(dB)。大于 90°,增益可以忽略不计(即对大于 90°的处理将忽略来自天线的信号)。

该方法的复杂之处就在于天线增益图是围绕视轴成圆锥形对称的。这意味着天线模拟器产生的衰减必须与天线视轴和每个信号 DOA 间的球面角成比例,如图 11.28 所示。

这些天线通常安装在飞机机头 45°和 135°处,且比偏航面降低几度。由于战术飞机常常不在机翼面水平飞行,因此飞机可能会受到来自任何球面到达角的威胁的攻击。

计算偏离角的常用方法是首先计算在飞机位置的威胁到达角的方位和仰角分量,然后建立一个球面三角形来计算每个天线与指向辐射源的矢量之间的空间夹角。

在典型的 RWR 模拟器应用中,飞机上的每个天线(有四个以上)都有一个天线输出端口。每个威胁与一个天线视轴的空间夹角都可在每个天线的输出端算出,并设定相应的衰减。

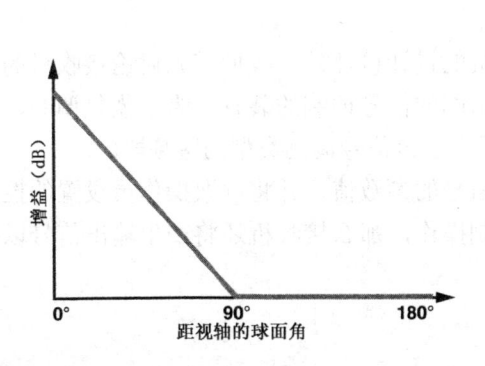

图 11.27 典型 RWR 天线的增益图。球面角每偏离视轴一度,天线增益就降低一固定的 dB 值

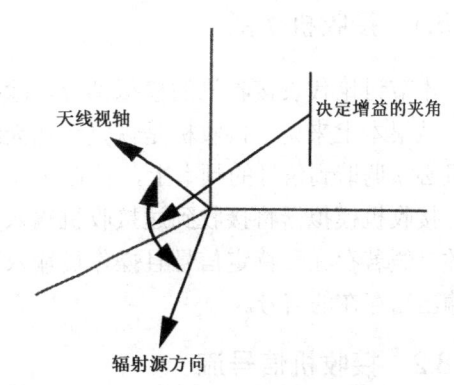

图 11.28 天线视轴与信号到达方向间的夹角取决于发射机和接收机的相对位置,以及天线所在平台的方位

11.7.5 其他多天线模拟器

用于测量信号到达两个天线的相位差的测向系统需要非常复杂或非常简单的模拟器。要提供连续变化的相位关系是非常复杂的,因为相位测量要十分精确。基于这个原因,在许多系统中采用长度关系合适的电缆组进行测试以建立单个 DOA 的正确相位关系。

11.8 接收机模拟

前面我们讨论了天线模拟。天线模拟器产生信号以输入到接收机,使接收机如同处于某种特定的工作状态。此处我们要讨论如何来模拟接收机。

如图 11.29 所示,RF 产生器能够产生一些信号,这些信号代表了到达接收机位置的辐射信号。天线模拟器将调节信号强度以描述接收天线的作用。接收机模拟器确定操作员控制动作并产生合适的输出信号,使得接收机好像已经被如此控制。

通常,只模拟接收机功能是没用的,而在一个表示接收机输出端上游所发生的一切的模拟器中包含接收机功能更合适。这样的组合模拟器可以给出接收信号的参数和操作员的控制动作。作为这些信息的响应,模拟器产生合适的输出信号。

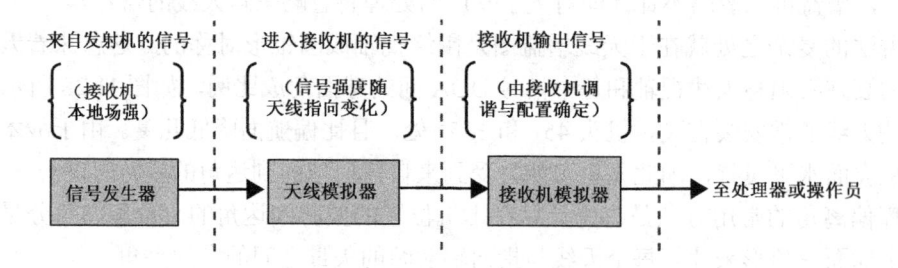

图 11.29　接收信号的仿真可以分为截获位置、接收天线位置和接收机配置几部分来考虑

11.8.1　接收机功能

本节讨论代表接收机的模拟部分。除接收机的设计机理外,我们首先讨论接收机的功能。从根本上来说,接收机是恢复到达天线输出端的信号调制的装置。为了恢复调制,接收机必须调谐到信号的频率上,且必须有一个适合于该信号调制类型的鉴频器。

接收机模拟器将接收到达接收机输入端的信号的参数值,并将读取操作员设置的控制参数。假若存在一特定信号且操作员输入了控制操作,那么接收机还将产生输出信号以描述输出端存在的信号。

11.8.2　接收机信号流

图 11.30 所示为典型接收机的基本功能框图。它可工作在任何频率范围,并适用于任何类型的信号。

这种接收机有一个调谐器,该调谐器包含了一个通带相当宽的可调预选滤波器。调谐器输出一宽带中频(WBIF)信号,该信号被输出到一个中频全景显示器。IF 全景显示器显示预选器通带内的全部信号。预选器带宽一般为几兆赫兹,WBIF 通常集中在几个标准的 IF 频率上(455kHz、10.7MHz、21.4MHz、60MHz、140MHz 或 160MHz——取决于接收机的频率范围)。调谐器接收的任何信号都将存在于 WBIF 输出中。当接收机调谐通过一个信号时,IF 全景显示器将显示该信号反方向移过调谐器的通带。WBIF 频段的中心代表接收机的调谐频率,且输出端的信号随接收信号的强度而变化。

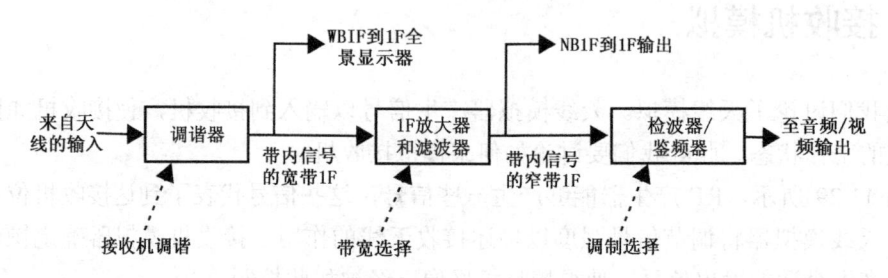

图 11.30　只涉及基本接收功能、与工作频率和设计细节无关的典型接收机框图

WBIF 信号被送到一个 IF 放大器，该放大器包括几个中心频率位于 IF 频率的可选带通滤波器。这样的假想接收机有一个窄带中频（NBIF）输出，多半用于驱动测向或预检波记录功能。NBIF 信号的带宽是可选的。NBIF 信号的强度与接收信号强度有关，但两者的关系可能是非线性的，因为 IF 放大器可能具有对数响应或包括自动增益控制（AGC）。

NBIF 信号被送到操作员（或计算机）选定的一个鉴频器中。解调的信号是音频或视频信号。其幅度与频率不依赖接收信号强度，但相当依赖通过发射机应用于接收信号的调制参数。

11.8.3 模拟器

图 11.31 所示为可以实现这种接收机的一种模拟器。如果模拟器用来检测处理硬件，可能有必要仿真接收机的异常。但是，如果目的是培训操作员，则在接收机未正确调谐或选择了错误的鉴频时删除输出就足够了。

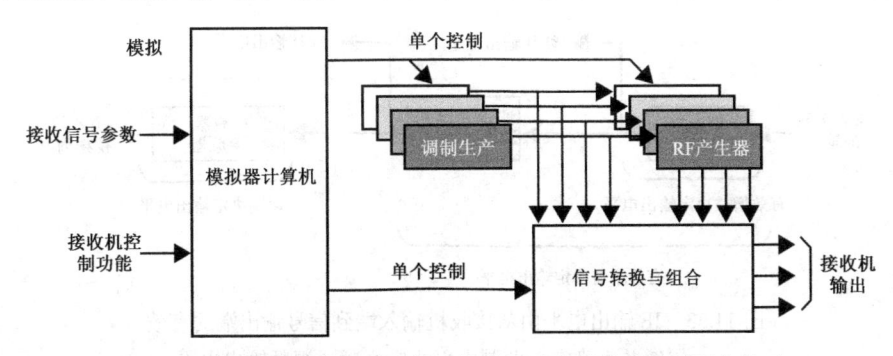

图 11.31 如果接收机调谐和模式指令对仿真的接收信号而言是正确的，则接收机模拟器必须提供接收机将要输出的信号

图 11.32 所示为用于训练的接收机模拟器逻辑电路的频率和调制部分。调用模拟信号频率（SF）和接收机调谐频率（RTF），即将调谐指令输入到模拟器中。

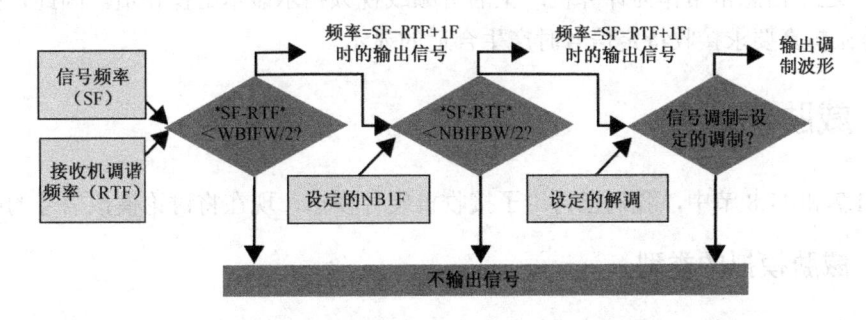

图 11.32 接收机模拟器的逻辑电路确定与来自操作员或控制计算机的接收机控制输入有关的输出信号

对显示在 WBIF 输出端的信号来说，模拟信号频率和接收机调谐频率之间的绝对差必须小于 WBIF 带宽（WNIF BW）的一半。其输出频率为：

$$频率 = SF - RTF + IF$$

IF 为 WBIF 的中心频率。这将使所产生的信号以与调谐相反的方向移过 IF 全景显示器。

注意该信号应具有合适的调制。

如果模拟信号频率和接收机调谐频率之间的绝对差小于所选 NBIF 带宽的一半,则信号将出现在 NBIF 输出端。其频率将由用于 WBIF 输出端的同一方程来确定,但此处的 IF 为 NBIF 的中心频率。

由于这是一个训练模拟器,因此该逻辑电路只要求接收信号的调制与操作员选择的解调器相匹配。

11.8.4 信号强度模拟

输入到接收机的信号强度取决于信号的有效辐射功率和信号到达方向的天线增益。如图 11.33 所示,每个 IF 输出端的信号强度由有效增益传输函数来确定。在该接收机中,WBIF 输出电平与接收信号强度线性相关,因为通过调谐器的增益和损耗是线性的。由于 IF 放大器具有对数传输功能,因此 NBIF 的输出与接收信号强度的对数成正比。

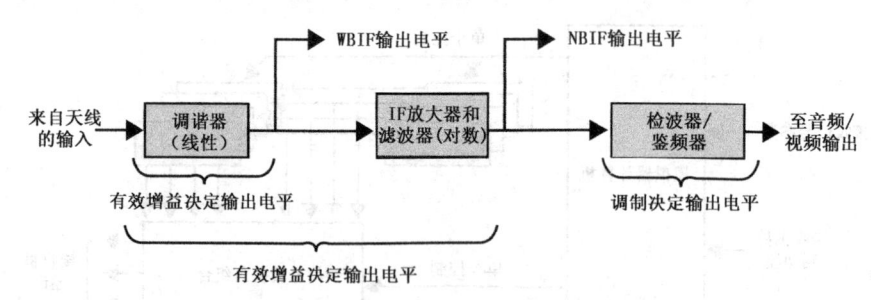

图 11.33　IF 输出电平由从接收机输入端到信号输出端的有效
增益来确定。调制电平决定音频或视频输出电平

11.8.5 处理器模拟

一般来说,现代处理器接收中频或视频输出信号并导出接收信号的信息(到达方向、调制等)。这些信息常常作为计算机产生的音频或视频指示显示给操作员。因此,处理器的模拟只需在仿真要求接收特定信号时产生合适的显示。

11.9　威胁模拟

在 11.7 和 11.8 节中,我们已讨论了接收机硬件模拟,现在将讨论模拟信号的产生。

11.9.1　威胁模拟的类型

根据模拟信号注入接收系统的位置不同,可用其音频或视频调制、调制的 IF 信号或 RF 信号来表示这些信号。下面描述模拟信号的类型及产生方法。

11.9.2　脉冲式雷达信号

现代雷达信号可以是脉冲的(脉冲有调制或没有调制)、连续波的(CW)或连续调制的。首先讨论脉冲信号。如图 11.34 所示，威胁环境中的每个信号都有其脉冲序列。该图示出了一个非常简单的环境，其中包含了两个具有固定脉冲重复间隔（PRI）的信号。图中的两个信号以不同的脉冲宽度和幅度来表示，因此很容易区别。输入到接收机（具有足够的带宽来接收这两个信号）的模拟信号将包括如图所示的交错脉冲序列。宽带接收机的真实环境将包括几个信号，其总脉冲密度高达每秒数百万个脉冲。

下面讨论接收机观察的雷达天线扫描特性。如图 11.35 所示，抛物面天线有一个大的主瓣和一些小的副瓣。随着天线扫过接收机位置，威胁天线产生一信号强度随时间变化的方向图。接收两个主瓣所间隔的时间就是威胁天线的扫描周期。威胁天线有许多不同的扫描类型，每一种都将生成不同的接收功率与时间关系方向图。下一节将讨论几种典型扫描及其注视接收机的方式。

图 11.36 所示为具有这种扫描方向图的信号脉冲。脉冲序列 A 的功率经调整以适应扫描方向图 B，如 C 图所示。在 D 图中，将图 11.34 的一个脉冲序列加以修改以再现这一雷达扫描信号。该复合脉冲序列可输入到电子战系统的处理器中，以模拟处理器将观察到的信号环境。

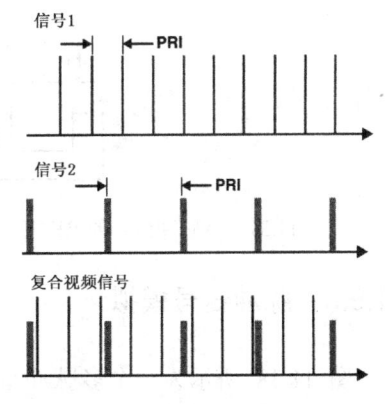

图 11.34 信号环境的视频模拟包括进入接收机带宽内的所有脉冲信号

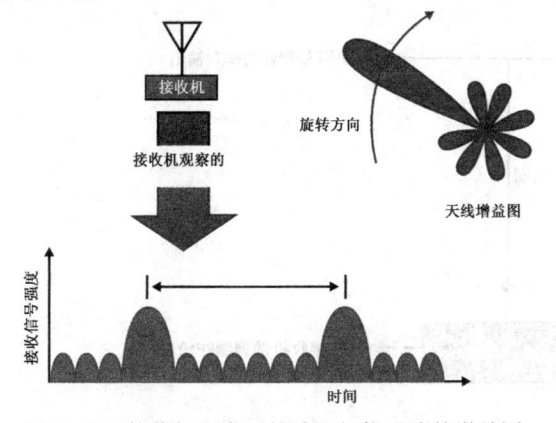

图 11.35 接收机观察到的威胁扫描天线的增益图，其信号幅度随时间而变化

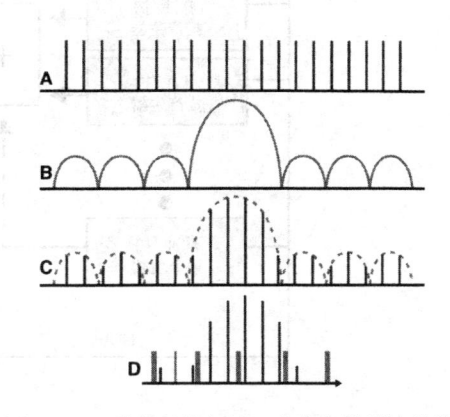

图 11.36 随着天线扫过，来自扫描雷达的脉冲信号的脉间幅度将会改变以反映接收机方向的天线增益变化

为了将环境输入到接收机中，必须在适当的频率处产生 RF 脉冲。图 11.37 所示为在非常简单的环境下模拟这两个信号期间必定存在的 RF 频率。注意信号 1 的频率在其信号脉冲内始终是存在的，信号 2 的频率也存在于其信号脉冲内。没有脉冲存在时，频率是不相关的，因为传输只在脉冲存在期间进行。

为准确模拟 IF 信号，图 11.37 的两个信号频率将位于接收机的 IF 通带内。例如，如果注入信号的 IF 输入端接收 160MHz±1MHz 的两个信号（即两个信号的 RF 频率间隔 1MHz），且接收机被调谐到两个信号的中点，则 IF 注入频率将分别为 159.5MHz 和 160.5MHz。

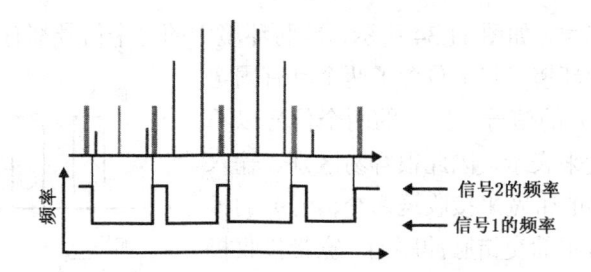

图 11.37 就脉冲信号的 RF 模拟而言，每个脉冲均必须位于正确的 RF 频率上以再现信号

11.9.3 脉冲信号模拟

图 11.38 所示为一个多脉冲雷达信号的基本模拟器。这种模拟器有许多脉冲扫描产生器，每个产生器产生一个信号的脉冲和扫描特性。考虑到成本效率因素，模拟器采用一个共享的 RF 产生器，对每个输出脉冲而言，RF 产生器都必须调谐到正确的 RF 频率上。由于脉冲扫描产生器远比 RF 产生器简单，所以这种方法比较经济。注意，组合的脉冲扫描输出可输入到电子战处理器中，或作为调制应用到 RF 产生器中。但是，必须采用同步方法在脉间调谐 RF 产生器。如果两个脉冲交叠，则 RF 产生器只能为其中一个脉冲提供正确的频率。

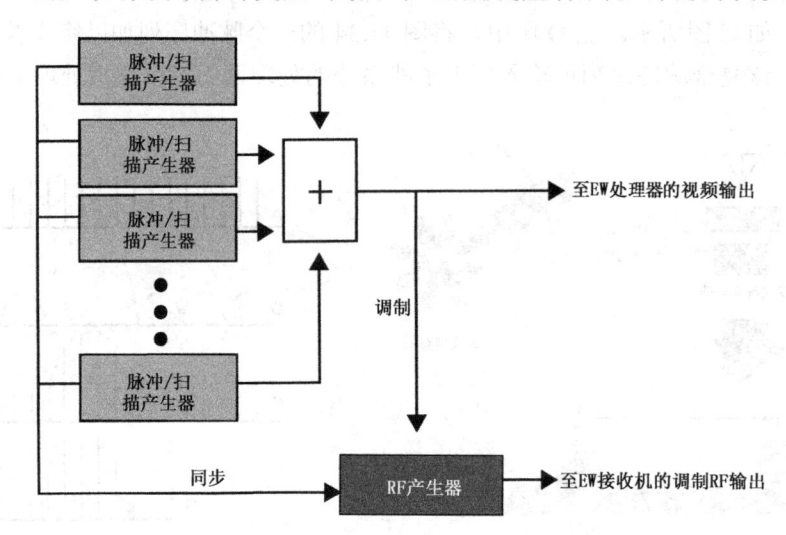

图 11.38 多个脉冲扫描产生器的组合输出可送入 EW 系统的处理器，或作为调制输入用于同步的 RF 产生器，以便为 EW 接收机提供一个复合信号 RF 环境

11.9.4 通信信号

通信信号具有携载连续变化信息的连续调制。因此，记录仪通常提供音频处理信号。但就接收机测试而言，采用简单调制波形（正弦波等）可能是现实可行的。模拟 RF 通信信号时，对任何时候出现的每个信号都必须有单独的 RF 产生器。这意味着用一个 RF 产生器就能模拟按键通话网络（一次只有一部发射机工作），若传输路径较短且可忽略交叠信号，则多个网络（位于不同频率）可以共享一个 RF 产生器。否则，每个信号都需要一个 RF 产

生器。

图 11.39 所示为典型通信环境模拟器的组成框图。应该注意的是同样的结构可用来模拟连续波、调制连续波或脉冲多普勒雷达，由于每种雷达都有非常高的占空比（即 100%），因此不能共享 RF 产生器。

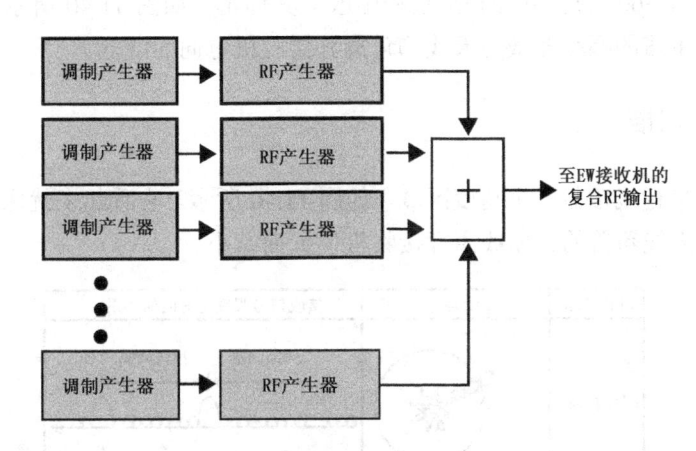

图 11.39　脉冲或通信调制可应用于并行 RF 产生器，以产生一个在不同
信号脉冲之间没有干扰的通信信号环境或雷达环境

11.9.5　高保真度脉冲模拟器

另一个采用专用 RF 产生器结构的情况是高保真度脉冲模拟器，在该模拟器中不允许有脉冲丢失。由于共享的 RF 产生器在任意给定时刻只能位于一个频率上，所以交叠脉冲需要只留一个脉冲而丢失其他所有脉冲。如果处理器正在处理脉冲序列，则丢失的脉冲可能导致它给出错误的结果。丢失脉冲可能会妨碍有效排序或严格的系统测试，因此在项目资金允许的情况下有时需要采用专用的 RF 产生器。

11.10　威胁天线方向图模拟

各种不同雷达采用的天线扫描方向图取决于它们的任务。在威胁仿真中，必须重新建立由固定位置接收机所观察到的威胁天线增益随时间的变化关系。

本节的四个图表示了不同的扫描类型。根据天线用途和固定位置接收机所观察到的威胁天线增益图来描述每一种扫描类型。

11.10.1　圆周扫描

圆周扫描天线在整个圆周上旋转，如图 11.40 所示。接收方向图具有这样的特点：即主瓣观测之间的时间间隔相等。

11.10.2　扇形扫描

如图 11.40 所示，扇形扫描不同于圆周扫描，其天线在某一角度范围内来回运动。主瓣之间的时间间隔有两个值，接收机位于扫描区间的中心除外。

11.10.3 螺旋扫描

螺旋扫描覆盖360°方位并在扫描过程中改变其仰角，如图11.40所示。主瓣观测的时间间隔不变，但主瓣的幅度随威胁天线仰角离开接收机方向而降低。

11.10.4 光栅扫描

光栅扫描以平行线覆盖一个角度区域，如图11.40所示。它看起来就像扇扫，但主瓣截获的幅度随威胁天线覆盖的光栅线离开接收机位置而减小。

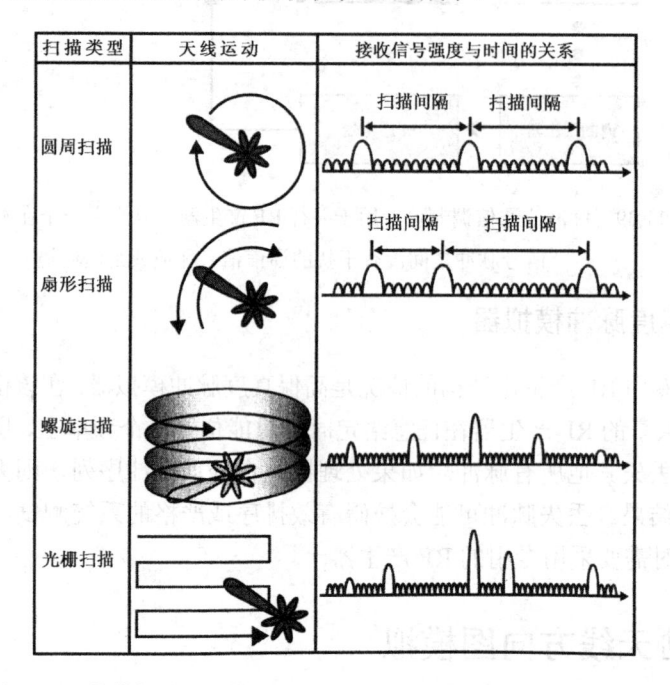

图11.40 接收机观测到的圆周、扇形、螺旋和光栅等天线扫描类型
非常相似。差别只表现在主波束出现的时间和幅度上

11.10.5 圆锥扫描

圆锥扫描是正弦变化的波形，如图11.41所示。随着接收机位置（T）移向扫描天线形成的圆锥的中心，正弦波的幅度减小。当接收机对准圆锥中心时，由于天线偏离接收机的角度相等，所以信号的幅度没有变化。

11.10.6 螺旋锥扫

除圆锥的角度要增加或减小外，螺旋锥扫与圆锥扫描类似，如图11.41所示。观察到的方向图如同旋转通过接收机位置的圆锥扫描。随着螺旋锥扫路径远离接收机位置，天线的增益减小。这种方向图的不规则性源于天线波束和接收机位置间的夹角是随时间变化的。

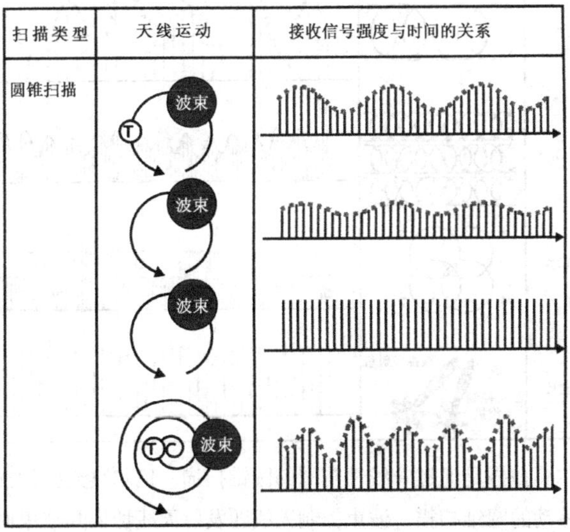

扫描类型	天线运动	接收信号强度与时间的关系
圆锥扫描	波束 T	
	波束	
	波束	
	波束 T	

图 11.41 接收到的圆锥扫描天线具有正弦幅度的方向图。正弦幅度随接收机在波束中的位置不同而变化。接收到的螺旋扫描具有类似的方向图,但接收机在圆锥中的视在位置随天线旋入旋出而变化

11.10.7 巴尔莫扫描

巴尔莫扫描是一种线性运动的圆周扫描,如图 11.42 所示。如果接收机正好位于一个圆周的中间,则旋转时幅度不变。图中假设接收机靠近中心,但没有准确对准中心。因此,图示的第三个周期是一个低幅度的正弦波。随着圆锥远离接收机位置,正弦波变为完整的波形,但信号的幅度会减小。

11.10.8 巴尔莫光栅扫描

如果圆锥扫描以光栅形式移动,则光栅线扫过接收机位置所接收的威胁增益将如同巴尔莫扫描时一样,如图 11.42 所示。否则,方向图几乎变为正弦波,其幅度随光栅线离开接收机位置范围而减小。

11.10.9 波束切换

天线在四个指向角之间快速形成一个矩形以提供所需的跟踪信息,如图 11.42 所示。与其他方向图一样,接收的威胁天线增益是威胁天线和接收机位置之间的夹角的函数。

11.10.10 隐蔽接收

这种情况下,威胁雷达跟踪目标(接收机位置)并保持其发射天线指向目标,如图 11.42 所示。接收天线有波束切换功能来提供跟踪信息。因发射天线总是指向接收机,所以接收机观测到的信号电平是不变的。

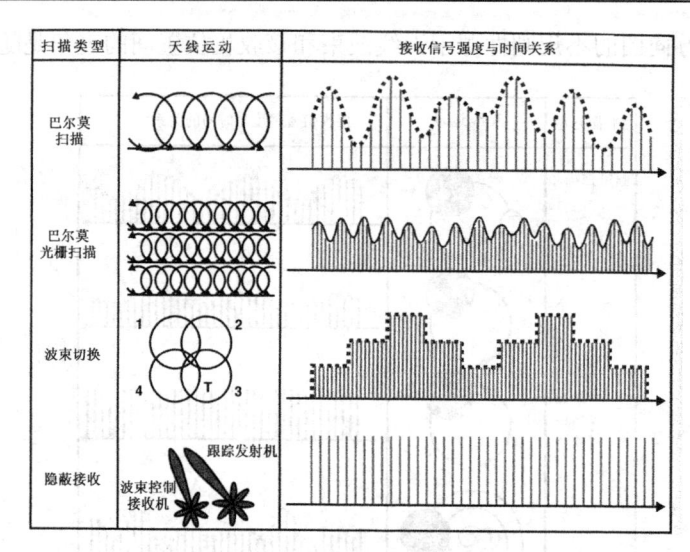

图 11.42　巴尔莫扫描是通过一线性范围的圆锥扫描。巴尔莫光栅扫描是以光栅形式移动的圆锥扫描。波束控制天线随发射天线切换其波束而呈现出幅度步进的方向图。如果只切换接收天线，则接收机收到的信号幅度是恒定的

11.10.11　相控阵

由于相控阵是电子控制的，如图 11.43 所示，它可立刻从任何指向角随机移向其他指向角。因此，接收机收到的信号幅度没有规律。所接收的信号增益取决于威胁天线的瞬时指向角与接收机位置间的夹角。

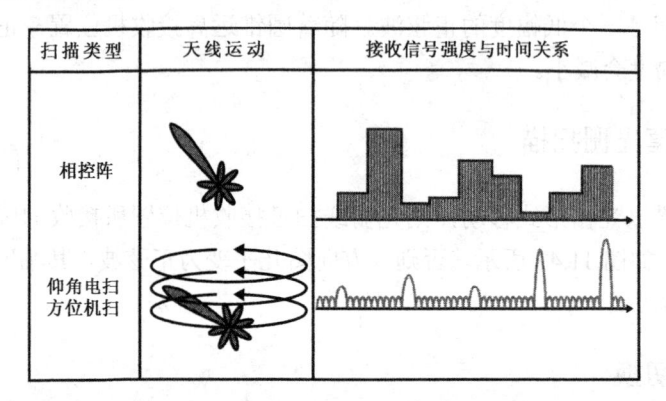

图 11.43　相控阵天线可以从任何指向角直接移向其他指向角，因此所接收的方向图的幅度是随机变化的。如果天线是垂直相控阵且方位是机械控制的，它就如同圆周扫描，但主波束幅度是随机变化的

11.10.12　方位机扫仰角电扫

这种情况下，如图 11.43 所示，假设威胁天线是圆周扫描的且仰角可随垂直相控阵任意移动，它提供的主瓣间的时间间隔是恒定的，但其幅度呈无规律变化。方位扫描也可以是扇扫或控制到固定的方位。

11.11 多信号模拟

电子战威胁环境的特点是许多信号的工作周期都比较小。因此，可以用单个发生器生成一个以上的威胁信号。其优点是大大降低了每个信号的成本。当然，信号成本的降低是以牺牲性能为代价的。本节将讨论各种多信号模拟方法。

下面讨论两种基本的多信号模拟方法。两种方法的基本选择依据是成本与保真度的要求。

11.11.1 并行发生器

为得到最大保真度，采用完全并行的模拟通道来设计模拟器，如图 11.44 所示。每个通道均有一个调制产生器、一个 RF 产生器和一个衰减器。衰减器可以模拟威胁扫描和距离损耗，合适的话也可以模拟接收天线的方向图。调制产生器能够提供任何类型的威胁调制：脉冲、CW 或调制 CW。这种结构能够提供比通道数多的信号，因为并非所有的信号都是同时到达的。但是，它能提供的瞬时同时信号数等于通道数。例如，采用四个通道能提供一个 CW 信号和三个交叠脉冲信号。

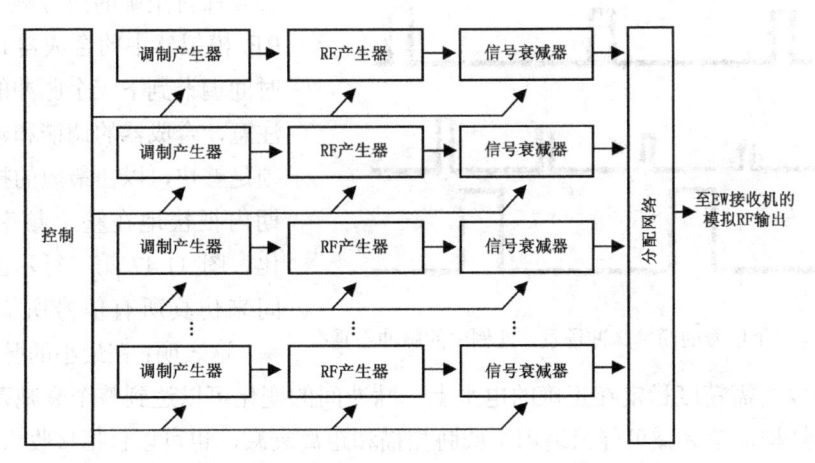

图 11.44 合成多个仿真通道的输出以生成非常精确的复杂信号环境

11.11.2 分时产生器

假如在任意时刻只需要出现一个脉冲，那么一组仿真单元能够提供许多信号，如图 11.45 所示。这种结构通常只用于脉冲类信号环境。一个控制子系统包含要模拟的所有信号的时序和参数信息。它是在脉间基础上控制每个仿真单元的。这种方法的缺陷是任何时刻只能输出一个 RF 信号。这意味着只能输出一个 CW 信号或已调 CW 信号，或者是任意个不重叠的脉冲信号。正如以下所述，实际上对脉冲有一个要求，即时间上相互非常接近，即使它们实际并不重叠。

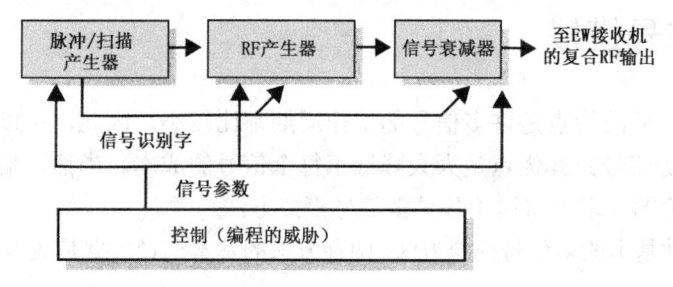

图 11.45　一组仿真单元通过在脉间基础上控制每个单元可提供一个多信号脉冲输出

11.11.3　一个简单的脉冲信号场景

图 11.46 所示为一个具有三个信号的简单场景，而这三个信号的脉冲均不重叠。这些脉冲可以由一个基于脉间的受控仿真链来提供。图 11.47 第一行示出了三个信号的复合视频信号。这是由覆盖了全部三个信号的频率的晶体视频接收机接收的信号。图 11.47 第二行示出了在模拟器的 RF 输出中包含所有三个信号所需的频率控制。注意，在整个脉冲持续时间内必须保持正确的信号频率。因而，RF 模拟器中的合成器必须在脉内时间调谐到下一个脉冲的频率上。注意，合成器的调谐和建立速度必须足够快，以在最短的指定脉间周期内很快地在整个频率范围内变化。图 11.47 第三行示出了基于脉间来仿真所有信号所需的输出功率。这表明：在最小的脉间时间内，衰减器必须以所需精度稳定在正确的电平上。脉冲间的变化可以达到整个衰减范围。取决于模拟器的结构，该衰减可能只适用于威胁扫描和距离衰减，也可以包括接收天线模拟。

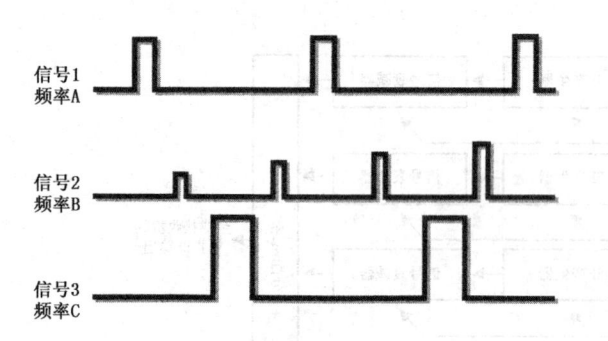

图 11.46　这是三个信号的简单脉冲场景。此例中的脉冲不重叠

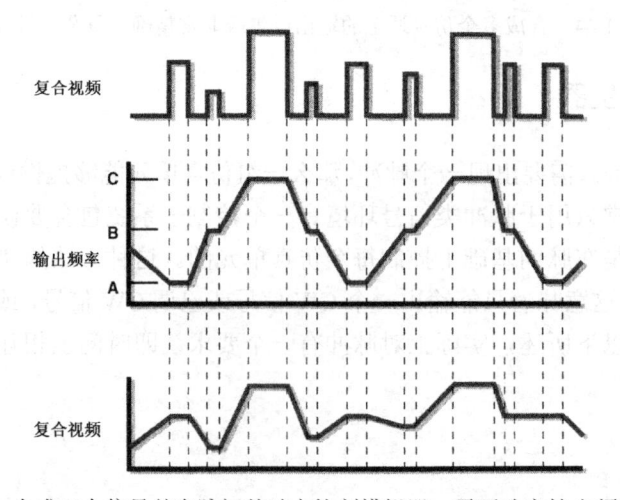

图 11.47　合成三个信号并在脉间基础上控制模拟器，需要改变输出频率和功率

11.11.4 脉冲丢失

在合成器与衰减器开始移到下一个脉冲的正确值之前，它们必须接收控制信号。这个控制信号即一个数字（信号识别字），先于脉冲前沿一预定时间被发送，如图 11.48 所示。该预定时间必须足够长以适用于最坏情况的衰减器建立时间和最坏情况的合成器建立时间。这两个建立时间中较长的一个时间决定了预定时间。在此图中，最坏情况的衰减器建立时间比最坏情况的合成器建立时间长。锁定周期是在发送另一个信号识别字之前该信号识别字后的延迟时间。如果一个脉冲出现在前一个脉冲的脉冲宽度与预定时间之和的这一总时间内，则该脉冲将在模拟器输出中丢失。

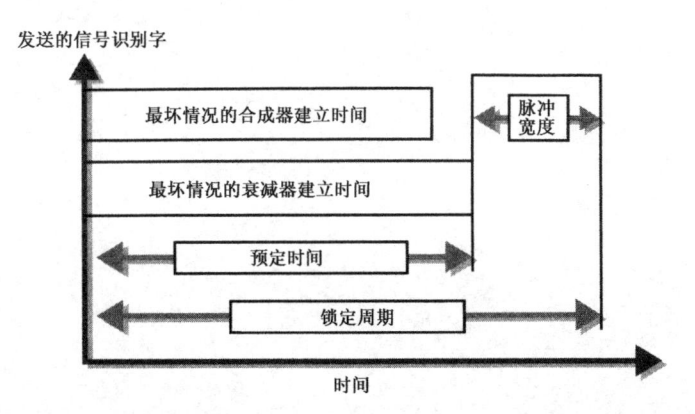

图 11.48　控制信号必须先于每个脉冲一足够时间以使频率和输出功率设置稳定。
后续脉冲被锁定的时间等于预定时间和脉冲宽度之和

11.11.5 主模拟器和备份模拟器

如果采用一个备份仿真器通道来提供主仿真器通道丢失的脉冲，则可大大降低脉冲丢失的百分比。采用二项式方程可分析各种模拟器结构下脉冲丢失的百分比，这在其他几种电子战应用中也是有用的。

11.11.6 方法选择

多信号模拟方法的选择与成本和保真度的要求有关。在需要高保真度和很少信号的系统中，显然选择全并行通道。在保真度要求不太高（脉冲丢失约为 1%或 0.1%）且存在许多信号的场景，最好选择备有一个以上备份模拟器的主模拟器。在允许的脉冲丢失范围内，选择单通道模拟器将大大降低成本。设定信号的优先次序可以避免丢失高优先级的信号，从而将丢失脉冲的影响降到最低。

可提供极好结果的一种方法是对特定威胁辐射源采用专门的模拟器，同时利用单通道、多信号产生器来提供背景信号。这种方法可检验系统在高密度脉冲环境下处理特定信号的能力。

下 篇

电子战进阶（EW102）

第 1 章　概论
第 2 章　威胁
第 3 章　雷达特性
第 4 章　电子战中的红外和光电问题
第 5 章　对通信信号的电子战
第 6 章　辐射源定位精度
第 7 章　通信卫星链路

第1章 概 论

1.1 电子战概述

电子战是确保己方使用电磁频谱、同时阻止敌方使用电磁频谱的一门技术和科学。电磁频谱是指从直流到光（及以上部分），所以电子战就涵盖了整个射频频谱、红外频谱、光谱和紫外频谱。

如图 1.1 所示，电子战传统上被分为：
- 电子支援措施（ESM）——指电子战的接收部分；
- 电子对抗（ECM）——指用于扰乱雷达、军事通信和热寻的武器正常工作的干扰、箔条和曳光弹；
- 电子反对抗（ECCM）——在雷达和通信系统设计和工作过程中所采用的对抗 ECM 作用的各种措施。

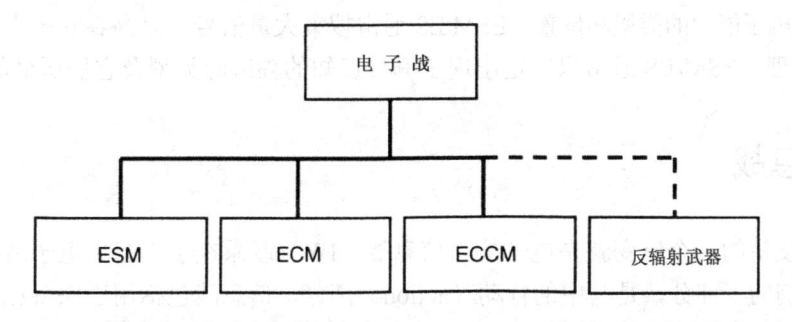

图 1.1 传统的电子战分为 ESM、ECM 和 ECCM，反辐射武器没有作为其中一部分

尽管反辐射武器和定向能武器被认为是与电子战密切相关的，但在当时它们并没有被作为电子战的一部分，而是被划分到武器类。

近几年，很多国家（但不是所有国家）对电子战领域的分类重新进行了定义，如图 1.2 所示。目前，在北约组织内部公认的定义为：
- 电子战支援（ES）——即以前的 ESM。
- 电子攻击（EA）——包括以前的 ECM（干扰、箔条和曳光弹），同时还包括反辐射武器和定向能武器。
- 电子防护（EP）——即以前的 ECCM。

ESM（或是 ES）与信号情报（SIGINT）是有区别的，尽管两者都包含对敌方辐射进行侦收。这种差别，随着信号复杂程度的不断提高正变得越来越模糊，仅仅在于对辐射的侦收目的有所不同。信号情报包括通信情报（COMINT）和电子情报（ELINT）。

```
           电子战
    ┌────────┼────────┐
    ES       EA       EP
  以前的ESM  以前的ECM加上反辐射  以前的ECCM
           武器和定向能武器
```

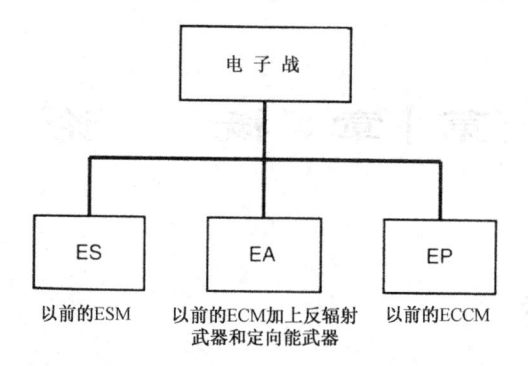

图 1.2　北约当前的电子战定义将电子战分为电子战支援、电子攻击和电子防护。电子攻击包括反辐射武器和定向能武器

- COMINT 侦收敌方的通信信号，目的在于从信号携载的信息中提取情报。
- ELINT 侦收敌方非通信信号，目的在于确定敌方电磁系统的详情以便能制定对抗措施。因此，ELINT 系统通常要在一个的长时间段内搜集大量数据，才能支持详尽的分析。
- ESM/ES，搜集敌方信号（无论是通信信号还是非通信信号）的目的是立即对信号或与信号相关的武器采取某种行动。可以是对所接收的信号进行干扰，或是将信息传送给其他反应方实施致命打击。所接收到的信号也可以用于态势感知，即识别敌方部队、武器或电子能力的类型和位置。ESM/ES 通常搜集大量信号，以高吞吐率支持不太详尽的处理。ESM/ES 通常只确定出现了哪种已知的辐射源类型及它们所处的位置。

1.2　信息战

近年来发生的一个巨变就是电子战与信息战（IW）联系在了一起。电子战被认为是信息战不可分割的一部分，是其中的行动（action）部分。信息战包括用于保持己方信息系统针对敌方利用、破坏或干扰的完整性，同时利用、破坏或干扰敌方的信息系统所采取的行动，以及在兵力应用中获得信息优势的过程。

图 1.3 所示为信息战的几大支柱：心理战（PSYOPS）、欺骗、电子战、实体摧毁和作战保密（OPSEC）等。这几部分都会破坏敌方有效利用其军事力量的能力，如图 1.4 所示。图 1.5 所示的 OODA（观察、部署、决策、行动）环是采取有效军事行动所需要的过程。信息战破坏 OODA 环的前三步——电子战是其行动部分。本书主要讲述电子战，所以我们不深入讨论信息战，但为了在当前军事环境中有效利用电子战技术，理解电子战和信息战的关系是很重要的。

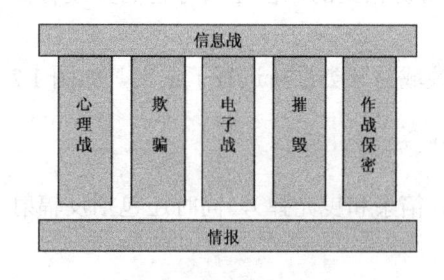

图 1.3　信息战的支柱是心理战、欺骗、电子战、摧毁和作战保密，所有这些部分都需要情报支持

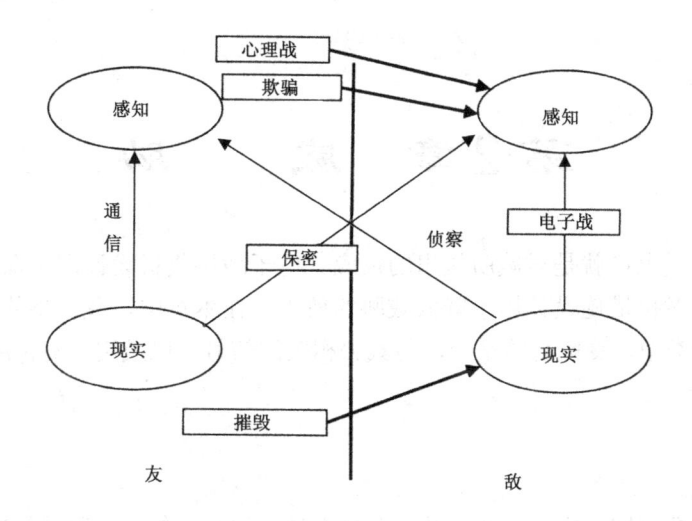

图 1.4 信息战的组成部分与敌友双方的现实及对现实的感知相关

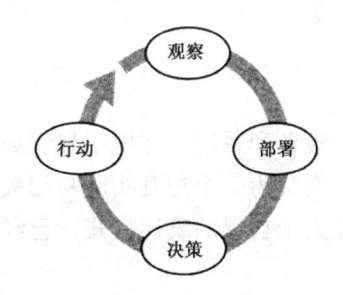

图 1.5 OODA 环是采取军事行动所涉及的过程。
信息战破坏敌方过程中的前三个部分

1.3 如何理解电子战

理解电子战原理（尤其是射频部分）的关键，按本书作者的观点，就是要真正理解无线电传播理论。如果你了解了无线电信号是如何传播的，就可以合乎逻辑地理解它们是如何被截获、干扰或防护的。而如果没有真正理解信号的传播，在作者看来，要真正地进入电子战的世界几乎是不可能的。

一旦理解了一些简单的公式，如以 dB 形式表示的单向链路公式及雷达距离公式等，你几乎就可以自己解决一些电子战问题了。而如果达到了这一点，那么在面对一个电子战问题的时候，也就可以很快同时也很容易地解决这些问题了。

第 2 章 威 胁

电子战从本质上讲就是对威胁做出的反应。电子战接收机设计用于探测、识别并定位威胁，而电子战对抗措施设计用于降低威胁的效果。在本章中，我们将从总体上对威胁进行分析：威胁的类型、受威胁的平台、与威胁相关的信号，以及用于对付威胁的对抗类型。

2.1 定义

同其他大多数领域一样，电子战是由专业人员操作完成的，使用着其自身独特的语言，而这样的语言与自然语言的常规使用是有所不同的。为避免后面讨论中出现混乱，现提出一些与电子战威胁相关的重要定义。

2.1.1 威胁与威胁信号

威胁实际上是具有破坏性的设备和系统。在电子战领域，通常是对付与威胁系统相关联的信号，因此常常将"威胁"定义为一个与真实威胁相关联的信号。尽管这可能会引起混淆，但这是电子战领域内专业人士自己的表述方式，已经沿用了很多年，而且在本书中我们将仍继续使用。

2.1.2 雷达与通信

我们经常将威胁信号分为雷达信号与通信信号，其区别之处在于：雷达信号用于测量位置、距离和速度，而通信信号则是将信息从一处传送到另一处。虽然它们的功能完全不同，但这两种信号可以具有相类似的参数。雷达信号既可以是脉冲也可以是连续波，而通信信号的本质确定了它是连续的（除了极少数特殊情况外）。雷达信号通常位于微波频段，但是可以低至高 VHF 频段并可向上扩展到毫米波段。通信信号可以携带语音或数据。它们一般被认为位于 HF、VHF 或 UHF 频段，不过有时候也出现在 VLF 至毫米波段。

2.1.3 威胁的类型

图 2.1 概括了针对受各种电子战技术保护的设施的威胁类型。注意，对该图是有一些争议的，因为一些新的威胁跨越了通常的分类范围。该图的目的是给出一般所遇到的威胁应用。如图所示，雷达制导武器是飞机和舰船的主要威胁，地面移动与固定阵地的主要威胁是激光制导武器，热寻的导弹是飞机的主要威胁。

在 2.1.7 一节中将讨论致命通信，它是飞机和固定设施的主要威胁，为多种类型的武器提供使能因素。

第 2 章 威　　胁

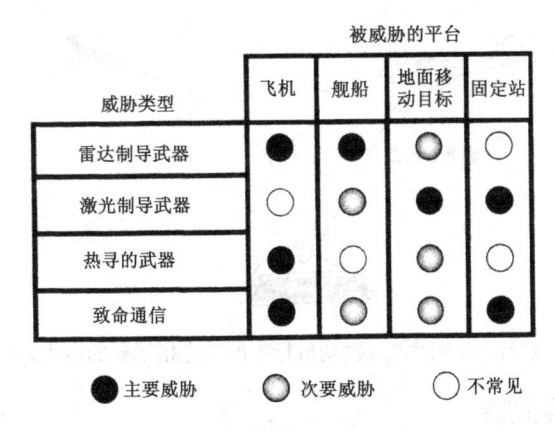

威胁类型	飞机	舰船	地面移动目标	固定站
雷达制导武器	●	●	◐	○
激光制导武器	○	◐	●	●
热寻的武器	●	○	◐	◐
致命通信	●	◐	◐	●

● 主要威胁　　◐ 次要威胁　　○ 不常见

图 2.1　对受电子战系统保护的设施造成威胁的各种威胁类型

2.1.4　雷达制导武器

如图 2.2 所示，雷达用于对目标进行定位并预测目标的运行轨迹，引导导弹去拦截目标。注意，导弹可以是由雷达控制的火炮发射的火箭弹或炮弹。雷达控制的武器可以采用的基本制导方法有四种。每种都有不同的雷达（或无源传感器）结构配置，针对不同的目标类型，各有其优缺点。

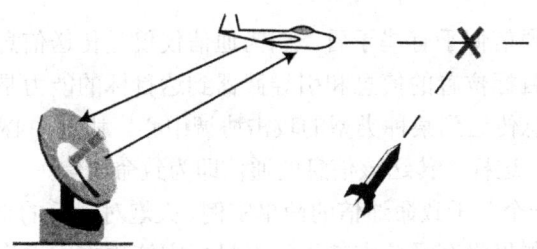

图 2.2　雷达制导的防空威胁确定目标飞机的位置和运动矢量，从而预测
其飞行轨迹并采用某种制导方式引导导弹对该飞行路径实施拦截

舰船最常受到雷达控制武器的攻击。飞机或其他平台确定舰船的位置并将其识别为目标，然后向舰船发射导弹。发射导弹的平台一般随即就会脱离交战区域。当导弹距离目标足够近，可以通过雷达捕获目标时，导弹就对舰船进行寻的并跟踪其运动。导弹既可以从舰船的吃水线处实施攻击，也可以在最后时刻向上跃起以便从甲板上垂直打击目标。

2.1.5　激光制导武器

图 2.3 是对一个地面移动目标的攻击示意图。同样的方法可用于攻击固定目标，如桥墩（大桥最难修复的部位）。在这种攻击中，激光必须跟踪目标以便导弹（通常由另一个平台发射）能寻的来自目标的激光闪烁。指示平台可以是有人驾驶飞机也可以是无人机，在整个攻击过程中它必须与目标保持在视距范围内。

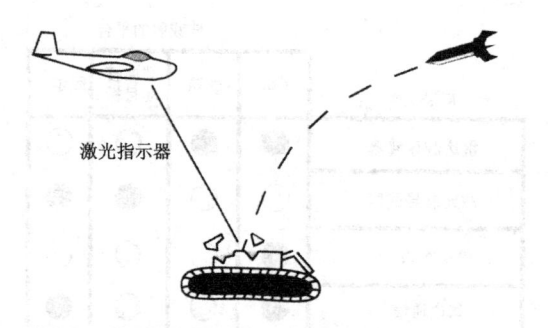

图 2.3 激光制导武器对固定或机动目标上的激光指示器的激光闪烁进行寻的

2.1.6 红外能：制导武器

任何物体都会辐射一定的红外能。物体越热，所辐射的能量就越多。由于喷气式飞机的引擎非常热，所以它就成为热寻的导弹的最佳目标。早期的导弹从飞机尾部攻击目标，对该高热源目标进行追踪。注意，能发射红外导弹的小型便携式武器对低空飞行的飞机是致命的威胁。红外导弹用于空对空、地对空和空对地攻击。现代导弹传感器能够探测并跟踪比喷气式引擎温度低很多的目标的红外能量。

2.1.7 致命通信

从字面上看，致命通信似乎有些矛盾，因为通信仅仅是传送信息而已。但是，在上述几乎所有武器中，有关目标位置的信息和引导武器到达目标的能力是位于不同的地方的。因此，传感器必须将信息传送到某种类型的攻击协调中心，协调中心将捕获和/或制导指令传送给实际攻击的武器。这样，传送该信息的通信即为致命通信。

参看图 2.4 所示的一个关于致命通信的简单实例。火炮对士兵的杀伤力比其他类型的武器要大，但通常情况下如果没有通信它就无法对目标实施攻击。火炮根据火控中心计算的仰角、风力修正和装弹指令以非视距方式发射。火控中心根据能观察到目标及弹着点的前方观察员输入的信息修改火炮的指令。这两条通信线路都极具杀伤性。

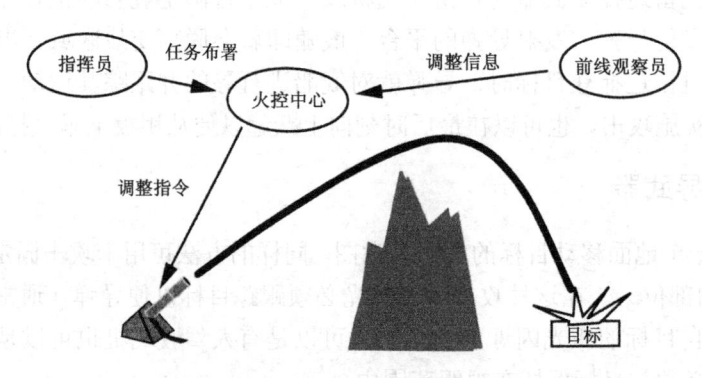

图 2.4 火炮的发射是通过前线观察员与火控中心、以及火控中心与火炮之间的致命性通信来调整目标位置的

2.1.8 雷达分辨单元

雷达分辨单元是指雷达不能区分出是一个目标还是多个目标的一个几何空间。如果在该分辨单元内存在多个目标，雷达会认定只存在一个目标，其位置是各个目标位置的加权中心。

2.2 频率范围

图 2.5 所示为在 1MHz～100GHz 这个重要威胁频率范围内各频段的常用名称。该图有三栏，表示了描述频率范围三种最常用的方式。左边一栏是常用的科学划分法，你可以注意到所有频段都是按 3 的倍数划分的，这是因为每个频段都覆盖了一个数量级的波长。例如，VHF 频段范围为 30～300MHz，它对应的波长为 1～10m。

频率与波长的关系由公式 $f\lambda=c$ 确定，其中 f 为频率（Hz），λ 为波长（m），c 为光速（3×10^8m/s）。

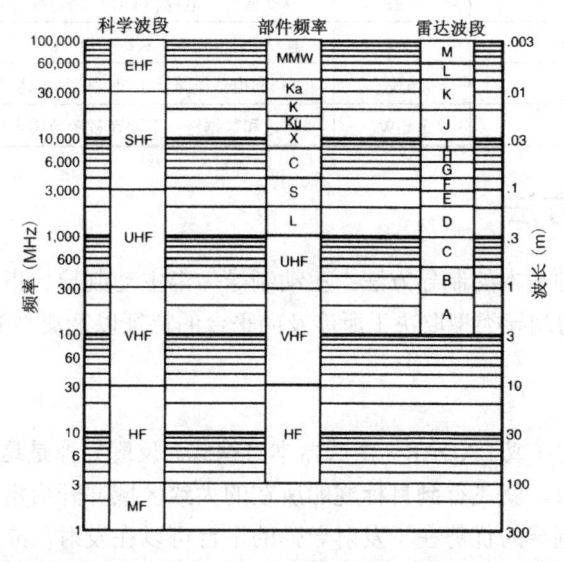

图 2.5　频段通常有三种划分方式：科学波段划分、部件频率范围和雷达波段

右边一栏是电子战所采用的频段。威胁雷达的频率通常用这些频段名称来描述。例如，D 波段覆盖 1～2GHz。

中间一栏是正式的雷达频段。需要注意的是，如天线、放大器、接收机和振荡器等部件的频率也是根据这些频段分类指定的。这些频段通常也用于描述通信频率。例如，卫星电视广播的频率为 C 或 Ku 波段。市面上用于电子战和侦察的 HF、VHF 和 UHF 宽带接收机的频率范围是在如下频率范围内变化的：HF 接收机通常覆盖 1～20（30）MHz，VHF 接收机通常覆盖 20～250MHz，UHF 接收机通常覆盖 250～1000MHz。

有一点很重要，即该图表明常用的频段名称非常容易混淆。可以看到，C 波段既可以是 500～1000MHz，也可以是 4～8GHz。当频段名称存在混淆时，最好的措施是以 MHz 或 GHz 标出其频率。

表 2.1 描述了在每个频率范围内发生的信号活动类型。信号频率的通性在于，随着频率的提高，传输距离会更取决于视距。HF 及较低频率的信号可以绕地球传播。VHF 和 UHF 信号可以超视距传播，但会存在严重的衰减。通常认为微波和毫米波信号的传输完全取决于视距。

第二个通性就是一个信号所携带的信息量通常与发射频率成正比。这是因为所携带的信息量取决于信号带宽，而系统的复杂度（天线、放大器、接收机的性能）是带宽比（即带宽除以发射频率）的函数。因此，携带有大量信息的信号（如宽带通信、电视或雷达）其频率通常较高。

表 2.1 频率范围的典型应用

频率范围	缩写	信号类型与特性
甚低频、低频、中频（3kHz～3MHz）	VLF, LF, MF	极远距离的通信（海上舰船）。地波环绕地球。商用 AM 电台
高频（3～30MHz）	HF	超视距通信，信号经电离层反射
甚高频（30～300MHz）	VHF	移动通信、电视和 FM 广播。视距外损耗很大
特高频（300MHz～1GHz）	UHF	移动通信和电视。视距外损耗很大
微波（1～30GHz）	μW	TV 和电话链路、卫星通信和雷达。需要在视距范围内
毫米波	mmW	雷达和数据链；需要在视距范围内；在雨、雾中损耗很大

2.3 威胁制导方法

威胁系统采用四种基本的制导方法：主动制导、半主动制导、指令制导和被动制导。一个威胁系统所选定的制导类型取决于所涉及的平台的特征以及典型的交战动力学。

2.3.1 主动制导

主动制导要求雷达（或 LADAR）由武器本身携载。反舰导弹是这类制导方式的一种重要应用。导弹一旦发射，就飞行到目标舰船所在的大致区域并开启雷达、捕获舰船并引导导弹撞击舰船。主动制导的优势在于发射导弹的平台可以在发射后立刻离开，随着至目标的距离越来越近，制导精度会变得越来越高，在近距离对其实施干扰是非常困难的（因为目标上的雷达功率与距离成反比）。

2.3.2 半主动制导

在半主动制导方式中（如图 2.6 所示），武器只具有一部接收机，发射机位于远处，比如位于发射平台上。武器锁定跟踪来自目标的反射信号。当制导形式采用的是雷达时，这就是一个双基地雷达的实际应用，在空空导弹中这是极为常见的。半主动制导的另一个重要例子是激光制导武器对地面目标激光指示器闪烁的跟踪。这种制导方式要求携载照射器的平台在交战过程中始终在场（并且与目标处于视线范围内）。

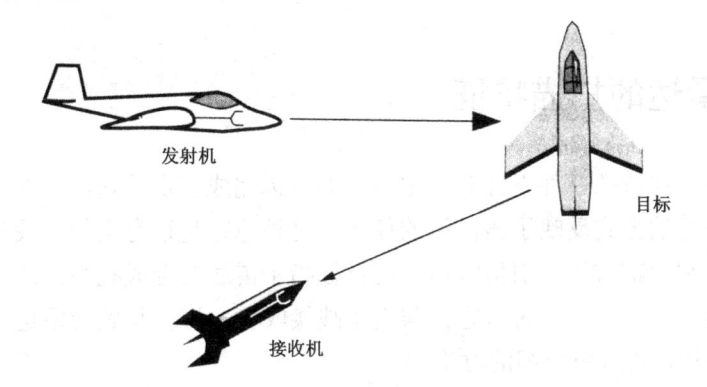

图 2.6 半主动制导包括位于武器上的一部接收机和一个远距离发射机。武器对由目标反射的信号进行寻的跟踪

2.3.3 指令制导

在指令制导方式中，传感器（通常是雷达）对目标进行跟踪以预测其运动路径。武器根据传感器获取的跟踪信息被引导至对目标进行拦截的位置，如图 2.7 所示。该武器没有关于目标位置的信息，只是根据指令到达指定位置。典型的例子就是常见的地对空制导导弹系统。一部地基雷达瞄准并引导一枚或多枚导弹。雷达控制的防空高炮通常也认为是采用的指令制导，因为其炮弹是以适当的方位角和仰角发射、定好时间在预计的飞机位置起爆的。

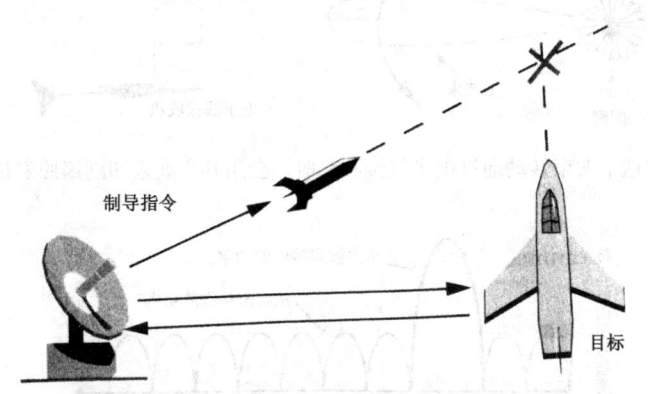

图 2.7 在指令制导中，离武器系统较远的雷达对目标进行定位和跟踪，并引导武器去截获目标

2.3.4 被动制导

采用被动制导的武器跟踪目标发出的某些辐射。典型的例子就是对雷达辐射进行寻的的反辐射导弹及跟踪目标（主要是飞机）热辐射的红外导弹。武器系统不辐射任何目标瞄准信号，所以只有一条信号路径：即从目标到武器。同主动制导一样，被动制导也可以用于"发射后不管"的武器。因此，发射平台（包括使用肩射发射器的单兵）一旦在武器发射后可以快速离开发射区域或隐藏起来。

2.4 威胁雷达的扫描特征

雷达设计用于在特殊条件下针对特定类型的目标完成特定的功能。在电子战应用中，认为雷达发射信号的方式反映了该雷达的任务，这种思路是很有用的。我们将考虑地基、机载的截获雷达和跟踪雷达、引信雷达、动目标指示雷达及合成孔径雷达，并将讨论雷达扫描及对发射信号的调制，同时将它们与电子战接收机，进而与威胁雷达类型联系起来。第3章将对信号特征进行更详细的讨论。

2.4.1 雷达扫描

对电子战接收机而言，雷达扫描即为所接收信号的信号强度随时间的变化。这是由雷达天线波束的形状及其相对于电子战接收机位置的角度运动引起的。图 2.8 所示为极坐标（一维）中的雷达天线增益图，所示的天线波束相对于电子战接收机的位置是旋转的。注意，主波束和副瓣均旋转通过电子战接收机。图 2.9 所示为电子战接收机接收到的信号幅度，它随时间而变化。分析该曲线的形状就可以确定雷达的波束宽度和扫描样式。

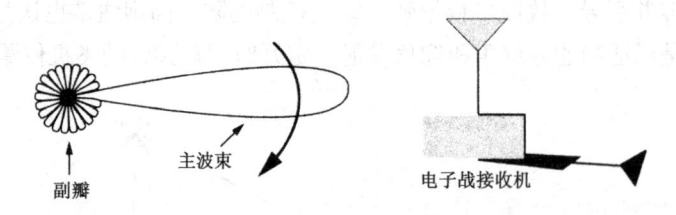

图 2.8 雷达窄波束转动通过电子战接收机时，会用其主波束和副瓣照射接收机

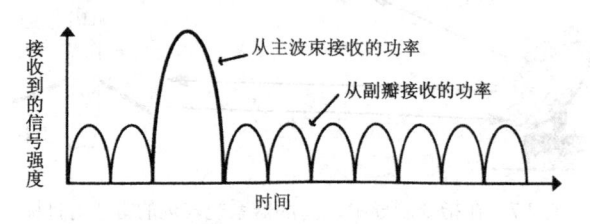

图 2.9 电子战接收机观察到的旋转天线波束将是所接收到的威胁雷达信号强度随时间的变化

2.4.2 天线波束宽度

雷达的天线波束通常较窄，以确定目标的方位和仰角。雷达需要测定的目标位置越准确，波束就要越窄。雷达分辨单元的横向长度通常为 3dB 天线波束宽度。雷达可以通过细微调整天线指向使接收到的信号强度最大，从而在其分辨单元内确定目标的实际角位置。图 2.10 显示了天线主波束所接收信号强度与时间的关系。如果天线旋转的速率已知，即可从此图推出天线的波束宽度。例如，已知天线每5s转一圈，且3dB波束宽度持续时间为50ms，根据下式就可计算出天线波束的宽度为 3.6°：

波束宽度=波束持续时间×360°/旋转周期=50ms×360°/5sec=3.6°

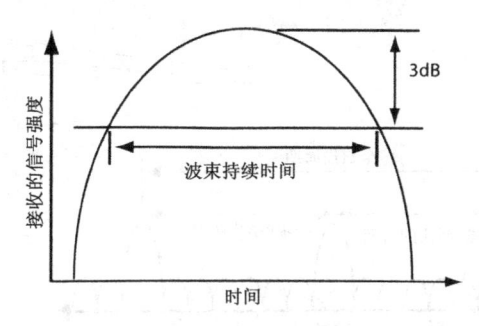

图2.10 如果可以确定天线的旋转速率,那么就可以从信号强度小于接收机峰值功率电平3dB的时间推导出波束宽度

2.4.3 天线波束指向

天线指向与雷达所要完成的工作有关。如果雷达是要发现目标,则波束将扫过可能包含目标的角度区域。若雷达是在跟踪已发现的目标,那么老式雷达的波束将在围绕目标很小的角度范围内移动以完成跟踪功能。对于具有多个接收传感器的现代雷达,波束将从每个脉冲中获得角度信息使其可以跟踪目标(这就使其成为"单脉冲"雷达)。在捕获状态下,电子战接收机将把天线的移动看做接收信号强度相对于时间的变化。接收到的单脉冲雷达波束是一个恒定电平信号,同后面所要讲述的隐蔽扫描雷达的信号相类似。作为接收的雷达波束方向图的例子,我们将依次讨论地基搜索雷达、地基边扫描边跟踪(TWS)雷达、搜索模式下的机载截获雷达、圆锥扫描的跟踪雷达和隐蔽扫描的跟踪雷达。

地基搜索雷达的天线通常在方位上旋转360°,进行圆周扫描。这将使电子战接收机能观测到如图2.11所示的均匀间隔的主波束,主波束之间的时间等于旋转周期。

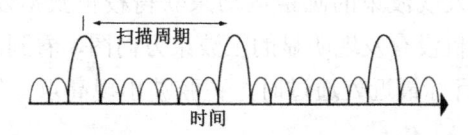

图2.11 在圆周扫描中,接收到的两个主波束间的时间间隔等于天线的扫描周期

地基边扫描边跟踪雷达覆盖的角度区域通常较大。它对其角度范围内的多个目标进行跟踪,同时继续搜索更多的目标。例如,SA-2雷达有两个扇形波束,一个测量其视场内每个目标的方位,另一个测量目标的仰角。如果天线来回扫描,接收机将扇区扫描波束看做功率与时间的关系,如图2.12所示。如果它只以一个方向扫描扇区,所记录的功率将显示均匀分布的主波束,但是它将被当做一个由其他态势引导的扇区扫描。

截获模式下机载截获雷达的天线通常采用的是光栅扫描。光栅扫描由通过二维角度区域的一系列水平扫描线组成,与电视显像管中波束覆盖电视屏幕的方式非常相似。如图2.13所示,电子战接收机将观测到类似于边扫描边跟踪雷达扇形扫描的扫描方向图,但主波束的最大幅度将随每次扫描相对于接收机位置的仰角而变化。在这个例子中,雷达波束通过位于第二条扫描线的电子战接收机位置。

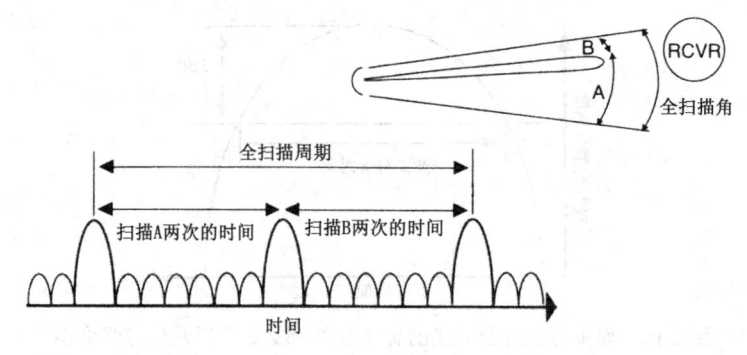

图 2.12　在扇形扫描中，天线在角区间内来回移动。这会在主波束间产生两个时间间隔。A 是接收机至扫描区右边的返回点，B 是接收机至扫描区左边的返回点

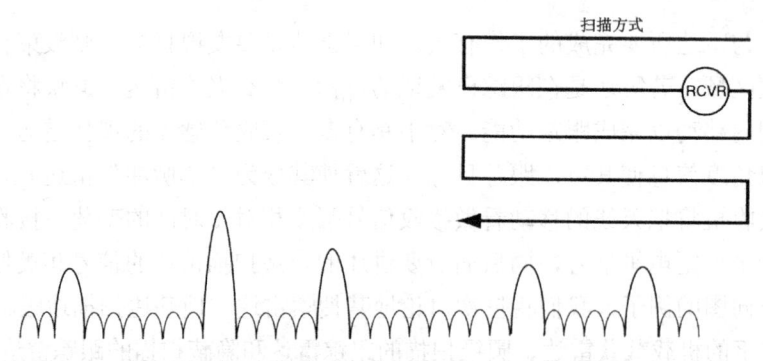

图 2.13　电子战接收机观测的光栅扫描同扇形扫描相类似，但主波束的最大幅度随着与来自接收机位置的每条水平扫描线的距离不同而变化

圆锥扫描雷达采用其天线波束的圆锥运动来获得校正数据以使目标保持在扫描的中心。如图 2.14 所示，接收机没有发现明显的主波束方向图，看到的只是按正弦变化的接收功率。当天线波束在距离目标最近处通过时，正弦波出现高点，使天线以将目标置于扫描中心的方向旋转。

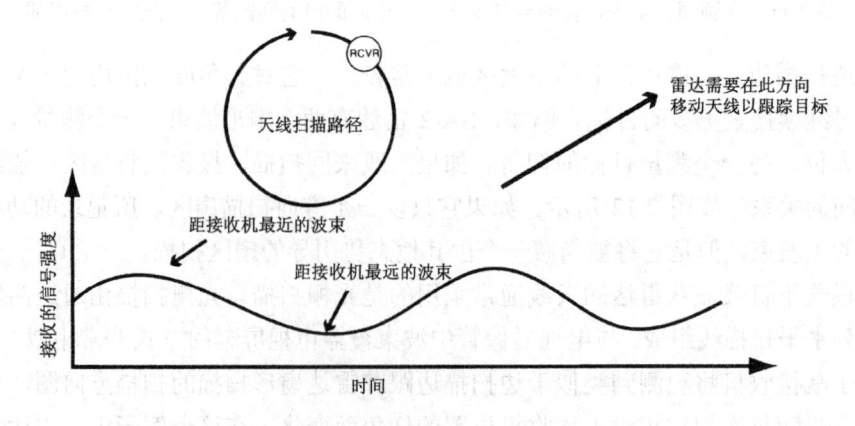

图 2.14　接收机将圆锥扫描看做是接收信号功率的正弦变化

隐蔽扫描雷达采用两个天线波束（通常由同一天线产生），一个天线波束以扫描方式运动（如圆锥扫描）以接收目标的回波脉冲并计算波束控制校正值。另一个天线不扫描，但是利用来自扫描接收天线的校正信息指向目标。在这种情况下，电子战接收机发现不了任何天线扫描，但是可以看到发射天线的持续照射。

2.5 威胁雷达的调制特性

雷达信号的调制特性是由雷达的功能决定的。本节将讲述用于截获、制导和引信的脉冲雷达、脉冲多普勒雷达和连续波雷达。

2.5.1 脉冲雷达

典型的脉冲雷达输出固定的频率脉冲，频率脉冲通过静默周期分隔开，在静默周期内这些脉冲的回波会被接收。如图 2.15 所示，脉冲调制是用脉冲宽度、脉冲间隔和脉冲幅度来表述的。脉冲宽度也被称作脉冲持续时间（PD）。脉冲间隔是指从一个脉冲的前沿到下一个脉冲的前沿之间的时间。信号的脉冲间隔通常是根据脉冲重复频率（PRF），即脉冲重复间隔（PRI）来确定的，但是有时候也被称做脉冲重复时间（PRT）。只要雷达和目标位置不运动，无论是在发射机输出端、在目标处，还是在接收机处所测得的脉冲宽度和重复速率都是相同的，但脉冲幅度变化很大。

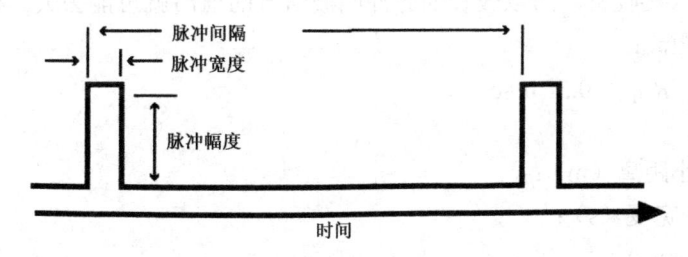

图 2.15 典型的脉冲雷达调制信号的占空因子较低，脉冲宽度是脉冲间隔的 0.1%的量级

辐射信号的脉冲幅度即为脉冲的信号强度。在脉冲离开发射天线时，信号强度即为有效辐射功率（ERP）。当脉冲到达目标时，脉冲幅度即为施加到目标上的瞬时功率。当反射回的信号到达雷达接收机时，脉冲幅度即为所接收的信号强度。

雷达的占空比是雷达的脉冲宽度与脉冲间隔之比。常规脉冲雷达中，占空比通常从 0.1%到 20%。占空比低意味着雷达的平均输出功率远小于其峰值功率。雷达发展的一个重要趋势就是采用功能更强的固态放大器替代行波管。这种趋势将使地面雷达或机载雷达的占空比达到 10%以上。

脉冲雷达的最大模糊距离由脉冲间隔决定。如图 2.16 所示，在发射下一个脉冲前，脉冲信号要有足够的时间到达目标，反射的信号也必须有足够的时间到达雷达。否则，就分不清接收到的脉冲是来自第一个脉冲（经远距离目标反射）还是来自第二个脉冲（经距离非常近的目标反射）。由于雷达信号是以光速（$3×10^8$m/s）传播的，则最大模糊距离由下式中 PRI 确定：

$$R_{MAX} < 0.5 PRI \times c$$

其中，

R_{MAX} 为最大模糊距离（m）；

PRI 为脉冲重复间隔（s）；

c 为光速（m/s）。

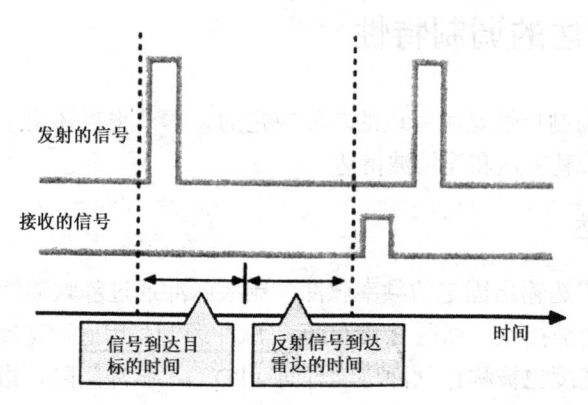

图 2.16 为了进行非模糊测距，脉冲间隔必须是信号从雷达传递到目标的时间的两倍以上

雷达的最小作用距离会受到脉冲持续时间的限制。如图 2.17 所示，在脉冲前沿抵达目标同时反射信号自目标返回雷达前，发射脉冲必须结束。当雷达发射机工作时，其接收机通常阻止信号进入接收机，所以较长的脉冲回波信号的前沿就可能丢失。根据下式可由脉冲宽度求出最小距离：

$$R_{MIN} > 0.5 PW \times c$$

其中，

R_{MIN} 为最小距离（m）；

PW 为脉冲宽度（s）；

c 为光速（m/s）。

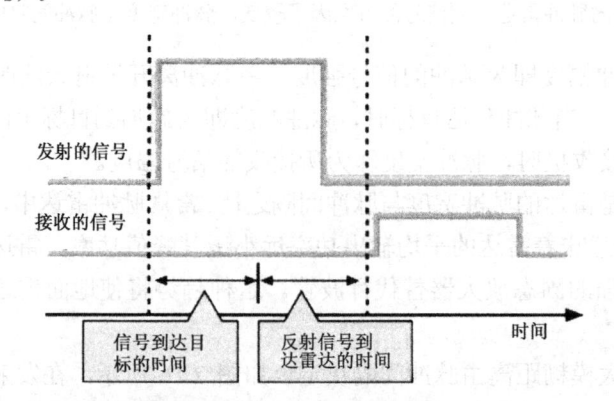

图 2.17 在最小作用距离上，在发射脉冲结束前不能开始接收脉冲

为了有效工作，雷达必须将足够的能量照射到目标上。由于发射信号的强度是随离发射机距离的平方而下降的，因此远程雷达的发射信号通常要具有很大的脉冲宽度以增强照射到目标的能量，如图 2.18 所示。

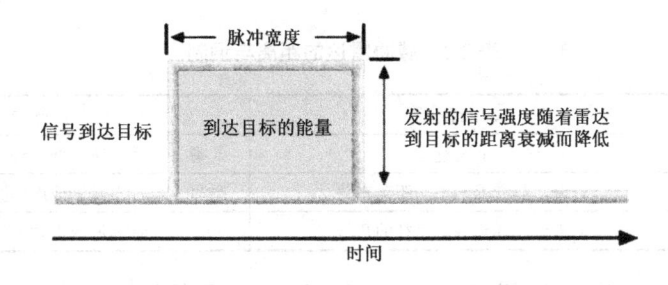

图 2.18 雷达到达目标的能量是脉冲宽度与目标处雷达信号强度的乘积

基于这样的考虑，近程雷达的发射信号往往趋向于采用较小的脉冲宽度和脉冲间隔，而远程雷达具有较大的脉冲宽度和脉冲间隔。

雷达的距离分辨率是由其脉冲宽度决定的，脉冲宽度越大，距离分辨率就越粗糙。因此，具有大脉宽的远程雷达的距离分辨率相对较低。为了提高距离分辨率，通过对发射脉冲施加频率调制或数字调制来实现"脉冲压缩"。对脉冲进行频率调制，雷达就称为线性调频雷达，通过在接收机中进行附加处理来提高距离分辨率。数字调制即二进制移相键控，可以同每个脉冲间数字位的数量成正比地提高距离分辨率。在第 3 章中将讲述这些脉冲压缩技术。注意，一些现代跟踪雷达通常采用更大脉宽的脉冲压缩。

2.5.2 脉冲多普勒雷达

脉冲多普勒雷达广泛用于飞机，而且许多地基雷达也要进行脉冲多普勒处理。脉冲多普勒雷达采用相干信号。相干信号脉冲通过间隔发射连续基准信号来产生。由于信号是不连续的，故可采用单个天线（在发射时关闭接收机），但占空比通常在 10%～40%。由于占空比大，来自目标的回波可能因为后续脉冲的发射而丢失。这通常发生在到目标的距离使来回时间等于多个脉间间隔的情况下。脉冲多普勒雷达使用几个脉冲重复频率（PRF），每个脉冲重复频率会造成一个不同样式距离的"盲区"。在多普勒处理中，来自在目标距离处不为空的 PRF 回波在雷达的数字处理中被用于确定到目标的距离，以及到目标的距离变化率。距离变化率信息可使雷达将目标的回波信号与下视工作模式中的地面回波信号区分开来。目标的距离变化率是目标在雷达方向相对速度的分量。多普勒原理导致雷达接收的频率发生了变化，其变化量与距离的变化率成正比。

2.5.3 连续波雷达

连续波雷达采用连续波信号而非脉冲信号，这意味着这种雷达必须使用具有适当隔离度的多部天线以确保发射机不会干扰接收机的工作。该雷达根据多普勒频移来确定目标的距离变化率，有时还采用频率调制以确定距离。

2.5.4 威胁雷达的应用

威胁雷达常分为截获雷达、跟踪雷达和引信雷达。表 2.2 列出了每种雷达的典型调制参数。

表2.2 威胁雷达的距离与调制

威胁类型	作用距离	调制参数
截获雷达	非常远	脉冲、大脉宽、低重频（常有脉冲压缩）
跟踪雷达	较近，与武器的杀伤距离有关	脉冲、脉冲多普勒或连续波；窄脉冲、高重频
引信雷达	非常近，弹头爆炸半径的几倍	连续波或重频非常高的脉冲

截获雷达在较大范围内进行搜索以捕获目标。捕获到的目标被移交给制导雷达。这种雷达常称为预警/地面控制截获（EW/GCI）雷达，因为它们也为控制器提供目标位置以引导战斗机攻击目标。

制导雷达与武器更直接相关。制导雷达形成对目标的跟踪文件（如一系列位置和速度），这样火炮或导弹就能有效地对目标进行攻击。

引信雷达的目的是在距目标的最佳距离上引爆弹头。对地面目标而言，最佳距离通常是一个预定的距地面的距离。对空中目标而言，雷达确定目标何时位于弹头的爆炸范围内，以便弹头爆炸时能最大限度地杀伤目标。

2.6 通信信号威胁

在电子战领域通常将与威胁有关的信号称为"威胁信号"或简称为"威胁"。正如我们以前所讨论的，通信信号是非常具有威胁性的，因而讨论通信信号威胁是很有必要的。通信信号包括话音通信信号和数字数据传输信号。

2.6.1 通信信号的特点

通信信号将信息从一处携载到另一处，因而从本质上讲它们是单程的。但是，大多数通信站都有收发机，既可以发射又可以接收，在每一个方向上都可单向传播。这对通信截获系统来说是非常重要的，因为只有发射机才能够被辐射源定位系统定位。

一般而言，通信信号是连续调制的，而且往往比雷达信号的占空比高得多。以前，通信是以调幅或调频方式在 HF、VHF 和 UHF 频段范围进行。不过，随着无人机和通信卫星的应用越来越多，微波通信信号已变得非常普遍。信号的带宽越宽，单位时间内可携载的信息就越多。信号的频率越高，可占有的带宽就越大，但其传输路径就更取决于视距。

在后面章节中，我们将介绍两种重要的通信信号来说明通信威胁的特性。它们分别是战术通信信号和数字链路信号。

2.6.2 战术通信

战术通信信号包括地对地、空对地和空对空通信。这些信号通常位于 HF、VHF 和 UHF 频段，收发器的天线覆盖360°方位，如图2.19所示。在地基通信站中最常用的是鞭状天线，而折叠的偶极子天线常用于机载平台。非定向天线用于在不知道其他通信链路终端位置时的通信中。由于覆盖范围为360°的天线增益较低，所以在固定站间常采用定向天线（如对数周期天线）进行通信。这些天线可提供更高的增益并隔离掉不需要的信号。

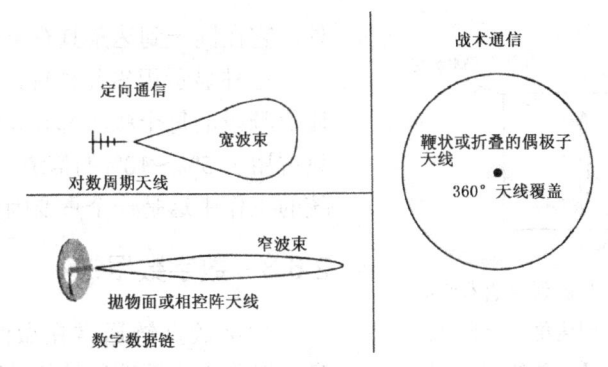

图 2.19　通信信号的天线波束覆盖取决于其应用。当站的位置未知时，采用 360°方位覆盖天线。知道了站的位置则采用定向天线

战术通信发射机通常具有 1 到几瓦的有效辐射功率，链路的作用距离为数千米。注意，HF 链路的作用距离要远得多（需要的有效辐射功率也更大），这是由 HF 的非视距传播的特点决定的。由于飞机上的视距更远，故其在 VHF 和 UHF 频段的通信距离也更远。战术通信链携带的信息可以是语音或者数据，语音信息可以是数字的也可以是模拟格式的。对信息可以加密，信号可以是固定频率的或者是采用扩谱技术（最常用的是跳频技术）以免被探测和干扰。

战术通信常发生在"按键通话"（push to talk）网络。它包括工作在同一频率的几部收发器，但每次只有一个站发射。如图 2.20 所示，一个典型的网络有一个指挥站和几个下属站。大多数通信都发生在指挥站与下属站之间，指挥站以比下属站大得多的占空比进行广播。一个网络（如图 2.20 中的网 1）通常由一个单独的军事组织使用。下属指挥网与上一级指挥网互联，如图所示。两个并置站（各属一个网络）标明了下一级指挥站的位置。下一级指挥员使用网 1 的下属站和网 2 的指挥站，其频率各不相同。使用精确辐射源定位技术的一个重要用途就是识别这些并置站。

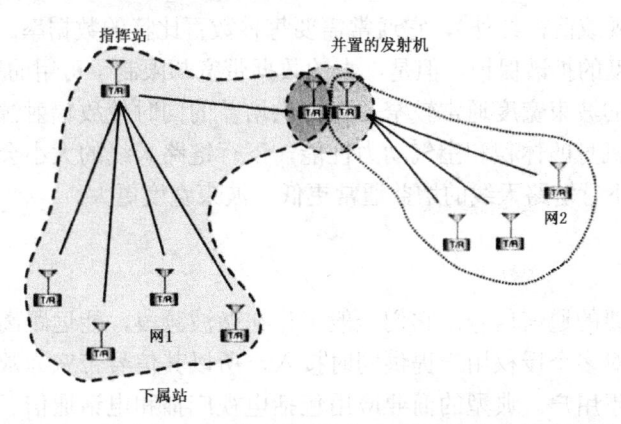

图 2.20　战术电台通常组成网络用于军事组织的指挥和控制

许多战术通信截获系统都有一个显示频率与到达角关系的显示器，如图 2.21 所示。在战场态势中，信号往往随机分散在方位和频率上，屏幕上的每个点都代表一个发射机的一次辐射。同一发射机后续的辐射将在同一频率和角度上显示出重复的击点。跳频信号是例

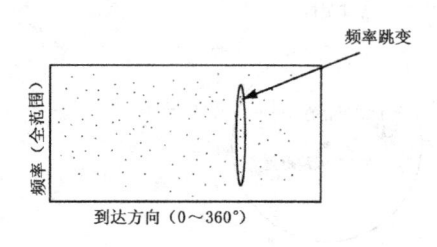

图 2.21　通信截获系统观测到的战术通信信号在频率和到达角上一般是随机分布的。在任一时刻，可能只有 5%～10% 的信道被占用

外，它在同一到达角具有一系列频率。

这种显示积累几秒钟，就可以发现实际上通信频段的每个频率都在使用。但某一时刻，只占用了 5%～10% 的信道。在战术通信搜索系统的工作中这是一个重要因素。

2.6.3　数字数据链

数字数据链通常在微波频段传送数字信息。以无人机至控制站的链路为例，如图 2.22 所示，无人机接收控制站的指令并将载荷数据传给控制站。指挥链路（即上行链路）通常是窄带的，因为指令信号的数据率相对很低。上行链路信号一般也是经过加密的，且频谱扩展范围很大。这可以避免控制站被敌辐射源定位系统所探测和定位，并且使敌方很难对无人机或其载荷的控制实施干扰。

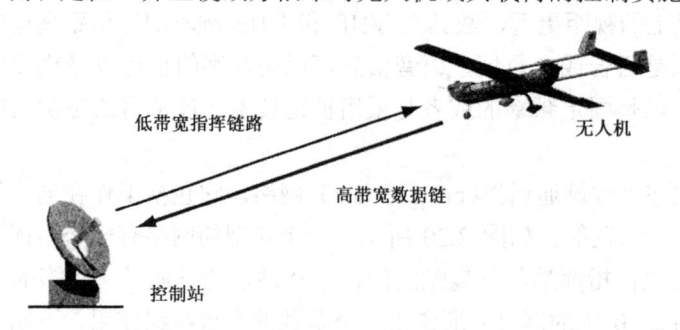

图 2.22　无人机和其控制站之间的链路通常是数字数据链

无人机至控制站的链路称为"下行链路"，又称为"数据链"，因为它传送载荷的输出数据。它通常比上行链路信号的带宽大得多，因为要携带大量的信息。最常见的无人机载荷是成像设备（电视或前视红外），它通常需要每秒数百比特的数据率。这些信号一般是加密的，且有一定程度的扩谱保护。但是，大的数据带宽却限制了可用的频率扩展量。

上行链路天线的波束宽度通常较窄，在提供增益的同时使敌辐射源定位系统更难以截获。考虑到无人机机身的体积和空气动力性能，下行链路天线的大小会受到限制。因此，与上行链路相比，下行链路天线的增益通常更低、波束宽度更大。

2.6.4　卫星链路

卫星链路是重要的通信信号。它们一般工作在微波频段，能远距离传送语音和数据信息。大部分卫星能对多个授权用户提供同时接入，所以其信号带宽为数兆赫兹。一些卫星同时支持商业和军事用户。典型的商业应用包括电视广播和电话通信。军事卫星基本上提供同样的服务，但信号格式大为不同。适当时，可以对信号进行加密，并采用扩谱技术以防干扰。

第 3 章 雷 达 特 性

本章从电子战的角度描述并讨论雷达的概念及系统。我们将观察各种类型的雷达以确定它们能做什么、如何完成这些工作，以及从一部截获接收机来观察雷达信号看上去会像什么。我们对雷达处理的讨论深度将只限于能够分析诸如分辨率、探测距离、探测能力，以及其针对干扰的易损性等。附录 B 中推荐了几本参考书籍，它们能对雷达原理及其系统提供更详细的描述。

3.1 雷达方程

雷达方程通过确定物体相对于雷达位置和方位的距离与角度位置来定位物体。一部雷达确定到某个物体（我们将其称作目标）的距离是通过测量光速传播的信号往返目标的时间来完成的，如图 3.1 所示。到目标的距离等于光速乘以自发射一信号到接收到由目标反射回来的同一信号所用时间的一半。

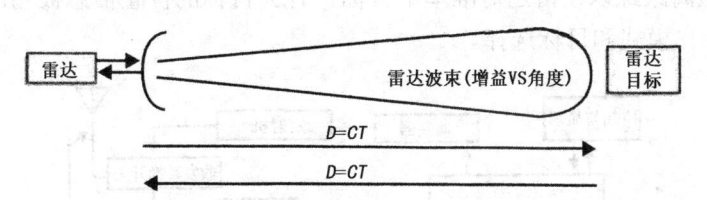

图 3.1 雷达通过测量传播时间来确定到目标的距离，通过比较
回波信号的幅度与雷达天线方位来确定目标的角度位置

雷达通过定向天线来确定目标的角度位置，定向天线具有增益方向图，随着与天线视轴的夹角不同而变化。因为天线方向相对于目标是变化的，所以比较回波信号的幅度就可以计算出雷达位置到目标的水平和/或垂直角度。如果雷达天线的视轴缓慢扫过目标的角度位置，当测到接收信号的幅度最大时，就能确定目标是在雷达天线所指的方向上。

同许多问题一样，仅从字面上来理解以上概述并不总是成立的。例如，某些雷达可在时域处理回波信号而得到附加的角度信息。尽管处理过程可能相当复杂，但某些隐含的机理仍源自基本的测量方程。

雷达的另一个特性是它寻求与所测得的被跟踪物体位置的历史记录保持一致。如果跟踪物体相对于雷达是运动的，雷达处理将预计跟踪目标继续沿着过去几次测量中的路径运动。

3.1.1 雷达类型

雷达可根据调制类型或用途进行分类。根据基本的调制类型，雷达可分为脉冲雷达、连续波（CW）雷达、连续波调制雷达或脉冲多普勒雷达等。尽管雷达的用途广泛，但电子战感兴趣的主要用途有：目标搜索、目标跟踪、测高、地形测绘、动目标检测和数据融合。

雷达还有一些特性或属性可用于对其进一步区分。从电子战角度考虑有意义的几种划分包括：

- 雷达工作可以是单基地的（发射机和接收机位于同一地点），也可以是双基地的（发射在一个位置，接收在另一个位置）。
- 单脉冲雷达通过每个接收到的脉冲（而不是几个脉冲序列）的信息测量目标的角度。
- 边扫描边跟踪雷达能在对一个或多个目标进行跟踪的同时继续寻找更多目标。
- 合成孔径雷达利用天线的运动及先进的处理产生高分辨率的雷达地图。

3.1.2 雷达的原理框图

为便于讨论某些对电子战来说很重要的雷达问题，这里考虑三种基本的雷达原理图。

图 3.2 是脉冲雷达最基本的原理框图。脉冲雷达以低占空比发射短促的高功率射频信号。由于脉冲只发射极短时间，所以发射和接收可共用同一天线。调制器产生脉冲使发射机输出一高功率射频脉冲。天线收发转换开关将发射脉冲传送给天线，并将接收到的反射脉冲传送给接收机。注意发射脉冲的功率远大于接收脉冲的功率，因此必须有某种预防措施以避免在脉冲发射期间接收机受到反射能量的影响。接收机对收到的脉冲进行检测并将其传送给处理机。处理机利用所接收的信号幅度进行跟踪，保证天线始终指向目标。该处理机还可进行距离跟踪以使雷达对准单个目标。有关目标的位置信息被输出到显示器上。控制输入包括工作模式和目标选择。

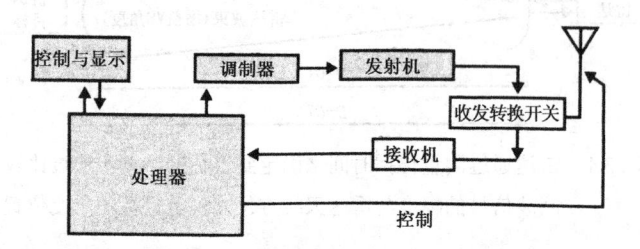

图 3.2 脉冲雷达的发射机和接收机共用一个天线

图 3.3 是连续波雷达的原理框图。它与脉冲雷达的不同之处在于其信号始终存在。这就意味着它必须具备两个天线，因为它在发射信号的同时还必须接收相当微弱的回波信号。两个天线必须有足够大的隔离度以免发射信号将接收机饱和。接收机将接收到的信号频率与发射信号的频率进行比较，从而确定由目标相对速度引起的多普勒频移。发射机加上调制就能测距。同脉冲雷达一样，处理机完成目标跟踪、天线控制、与控制及显示器的接口等功能。

图 3.4 是脉冲多普勒雷达的原理框图。它与脉冲雷达的不同之处是其发射的脉冲是相干的。这意味着发射的脉冲是相同信号的延续，所以具有相位一致性。因此，接收机能相干地检测回波脉冲。正如以前讨论的通信信号一样，相干检测通常具有很大的灵敏度优势。它还可测量多普勒频移，因而能测量目标的相对速度。

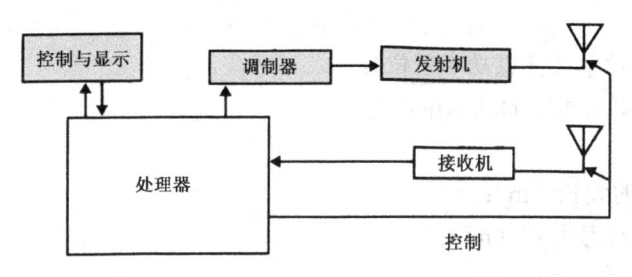

图 3.3　连续波雷达必须具备分离的发射天线和接收天线

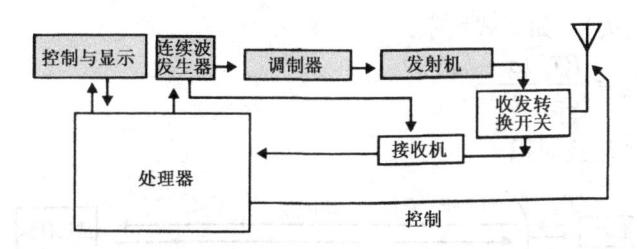

图 3.4　脉冲多普勒雷达发射相干信号，并且对回波信号进行相干处理

3.2　雷达距离方程

雷达距离方程广泛用于描述到达雷达接收机的信号能量，它与发射机的输出功率、天线增益、雷达截面积、发射频率、雷达照射目标的时间及雷达至目标的距离有关。该方程的通用形式如下：

$$\text{SE} = \frac{P_{AVE} G^2 \sigma \lambda^2 T_{OT}}{(4\pi)^3 R^4}$$

其中，

　　SE=接收到的信号能量（瓦秒）；
　　P_{AVE}=平均发射功率（峰值功率×占空比）（W）；
　　G=天线增益（不以 dB 为单位）；
　　λ=发射信号的波长（m）；
　　σ=目标的雷达截面积（m²）；
　　T_{OT}=脉冲照射目标的时间；
　　R=到目标的距离（m）。

但是，在电子战中，考虑雷达接收机的接收功率通常更有用。它也可以称作雷达接收功率方程，也常被（不正确地）叫做雷达距离方程。这是当我们计算干信比时所使用的方程。图 3.5 所示了雷达信号的路径，它与功率方程式有关。假定发射机和接收机位于同一位置且具有相同的天线增益。该方程式最常见的形式如下：

$$P_R = \frac{P_T G^2 \lambda^2 \sigma}{(4\pi)^3 R^4}$$

其中，

P_R=接收到的功率（任意功率单位）；
P_T=发射机功率（相同的功率单位）；
G=天线增益；
λ=发射信号的波长（m）；
σ=目标的雷达截面积（m²）；
R=雷达至目标的距离（m）。

该方程另一种不太相同的形式是采用发射模式的天线增益和接收模式的天线面积来表示（此方程与频率无关），如下式所示：

$$P_R = \frac{P_T G A \sigma}{(4\pi)^2 R^4}$$

其中，A=接收天线的截获面积。

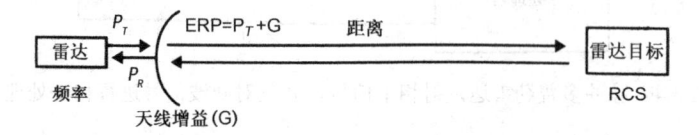

图 3.5 雷达的距离方程决定了进入雷达接收机的功率，它与发射功率、天线增益、发射频率、目标的雷达截面积和雷达至目标的距离有关

电子战中常用的一种雷达功率方程是通过将上述第一个方程转换成 dB 形式而推导得出的，其中接收功率用 dBm 表示，距离的单位为 km，频率的单位为 MHz。

用 c/f（光速除以频率）替换 λ 可将波长转换为频率。然后将常数和转换系数组合为：

$$c^2/[(4\pi)^3(1000 \text{ m/km})^4(1\,000\,000 \text{ Hz/MHz})^2] = 4.5354 \times 10^{-11}$$

此值转换为 dB 形式，其结果为 -103.43dB 。那么，雷达的功率方程变为：

$$P_R = -103 + P_T + 2G - 20\log_{10}(F) - 40\log_{10}(D) + 10\log_{10}(\sigma)$$

其中，

P_R=接收到的功率（dBm）；
P_T=发射机输出功率（dBm）；
G=天线增益（dB）；
F=发射频率（MHz）；
D=雷达至目标的距离（km）；
σ=雷达截面积（m²）。

注意，在 dB 形式的雷达功率方程中，常数降低为 103。如果计算精度不需要优于 1dB，这是合适的。否则，可以采用 103.43。在 dB 方程中将 $\log_{10}(X)$ 缩写为 $\log(X)$ 也是常用的。请注意这类方程仅在所用单位完全正确的情况下是准确的。如果采用其他单位，如距离采用海里，那么就需要对常数进行修正。

3.2.1 雷达截面积

目标的雷达截面积（RCS）通常用符号 σ 表示，它是目标的几何截面积、反射率和方向性的函数。

- 几何截面积是雷达所观测到的目标大小。
- 反射率是离开目标的功率与照射目标的功率之比。其余的功率都被吸收。
- 方向性是散射回雷达方向的功率与假定总的反射功率是全向反射时反射到雷达的功率之比。

RCS 的表达式为:

$$\sigma = 几何截面积 \times 反射率 \times 方向性$$

实际目标（如飞机和舰船）的 RCS 是实际物体各部分发射量的矢量和。它通常随角度不同而极不规则，并随雷达频率的变化而变化。

一个目标的雷达截面积既可以在 RCS 室中测得，也可以通过计算机仿真确定。RCS 室是一个装有专门仪器的微波暗室，用于测量真实目标、局部目标或者目标的比例模型的雷达回波。计算机的 RCS 模型是通过采用大量发射面（圆柱或圆盘等等）来表示目标建立的，并通过所有这些表面相位已调整的复合反射来计算总的 RCS。

如图 3.6 所示，在雷达信号的传输路径上存在一个有效的"增益"，它是 RCS 的函数。该增益的表达式如下:

$$G = -39 + 20\log(F) + 10\log(\sigma)$$

其中，

G = 离开目标的信号与到达目标的信号（两者都以全向天线为准）之比（dB）；
F = 传输频率（MHz）；
σ = 目标的雷达截面积（m^2）。

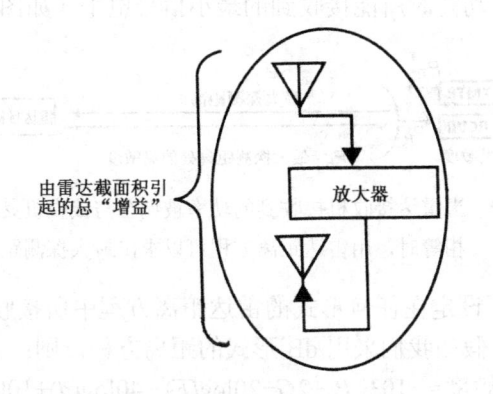

图 3.6 雷达截面积产生一有效的信号"增益"，在功能上
类似两个天线增益与放大器增益之和

图 3.7 显示了一架典型飞机的 RCS 与航向面上角度的关系。图 3.8 显示了一艘典型舰船在大约 45° 仰角时的 RCS，它与船首的水平面夹角有关。图表的单位是 dBsm[也就是相对于 $1m^2$ RCS 的 dB 数，或者 $10\log(RCS/1m^2)$]。注意，这些 RCS 图会随着所涉及的飞机和舰船类型的不同而有很大差别。新型"隐身"平台的 RCS 会非常小。

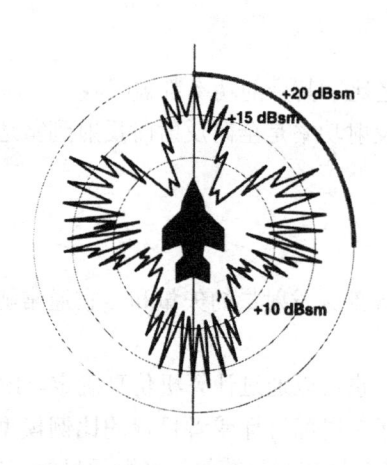

图 3.7 老式飞机前部和后部的雷达截面积较大,这是因为雷达能"看见"发动机。由于机身及机翼与机身间部位的横截面较大,所以飞机侧面的雷达截面积也较大。现代飞机在设计中减小了这两种影响,旨在降低 RCS

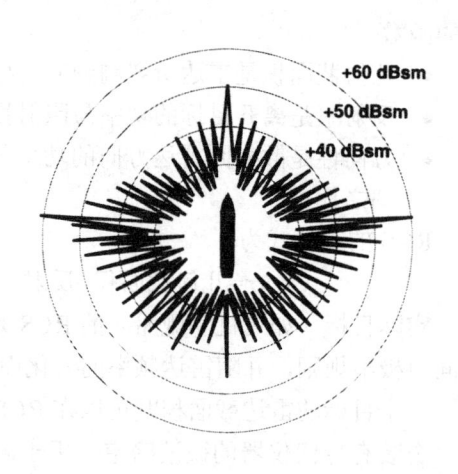

图 3.8 舰船的雷达截面积一般是左右对称的。其特点是垂直船首 90°处的 RCS 很大,船首至船尾方向的 RCS 相对较小

3.2.2 雷达探测距离

为了确定雷达能够探测的目标距离,必须考虑另一个值:雷达接收机的灵敏度,其定义是接收机能履行其特定功能时所能接收到的最小信号电平(如图 3.9 所示)。

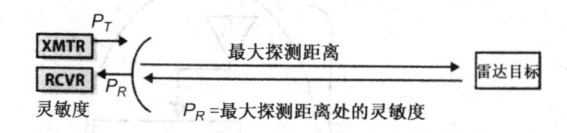

图 3.9 当雷达接收机接收到的功率被调至与接收机灵敏度相等时,用雷达距离方程可以求出最大探测距离

为了确定探测距离,设定在任何形式的雷达距离方程中所接收的功率等于接收机的灵敏度,从而求出该距离。假如我们采用 dB 形式的距离方程,则:

$$P_R = 灵敏度 = -103 + P_T + 2G - 20\log(F) - 40\log(d) + 10\log(\sigma)$$

那么:

$$40\log(d) = -103 + P_T + 2G - 20\log(F) + 10\log(\sigma) - 灵敏度$$

$$d = 10^{[40\log(D)/40]} = 10^{[(-103 + P_T + 2G - 20\log(F) + 10\log(\sigma))/40]}$$

3.3 探测距离与可探测距离

雷达的探测距离是雷达能探测到一个目标的距离。雷达的可探测距离是雷达的信号能够被一部电子战接收机或侦察接收机接收并探测到的距离。这两个距离的大小都是与所处

第 3 章 雷达特性

的环境密切相关的。雷达的探测距离是雷达参数和目标的雷达截面积的函数。

为了确定雷达的可探测距离，需要知道：接收机位于目标处还是远离目标？探测雷达的接收机系统的参数是多少？

如图 3.10 所示，目标位于雷达天线的主瓣内。雷达要么跟踪目标，使其始终位于雷达主波束的峰值处，要么使主波束扫到目标位置。这意味着雷达探测距离方程（见 3.2 节）是适用的。假设接收功率等于灵敏度，则可求出距离：

$$40 \log(d) = -103 + P_T + 2G - 20\log(F) + 10\log(RCS) - Sens$$

其中，

d = 雷达至目标的距离（km）；
P_T = 雷达的发射机功率（dBm）；
G = 雷达天线增益（dB）；
f = 发射频率（MHz）；
RCS = 目标的雷达截面积（m^2）；
Sens = 雷达接收机的灵敏度（dBm）。

由下式可求出距离（d）：

$$d = 10^{[40\log(d)/40]} \text{ 或 } [40\log(d)/40] \text{的反对数}$$

利用科学计算器，输入 $40\log(d)$ 的值，除以 40 然后按"="键，则很容易求出 d 的值，然后第二个函数，再取对数。不过，除非我们知道（或估计出）雷达接收机的灵敏度，否则无法确定该距离。

图 3.10 雷达天线的最大增益点不是跟踪目标就是扫过目标

3.3.1 雷达接收机灵敏度的估计

在电子战应用中，雷达接收机的实际灵敏度通常是不知道的，因此为了得到雷达的探测距离，必须估计接收机的灵敏度。接收机灵敏度的定义是接收机正常工作时可以接收到的最小信号电平。灵敏度高表示接收机能接收到非常低的信号电平。

如图 3.11 所示，任何一部接收机的灵敏度是 kTB、接收机噪声系数和所需的雷达信噪比的乘积（即分贝数的和）。kTB 是接收机内部的热噪声，它由接收机的带宽确定，如下式所示：

$$kTB = -114\text{dBm} + 10\log(\text{带宽}/1\text{MHz})$$

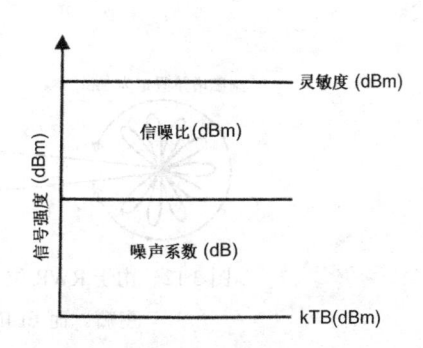

图 3.11 接收机的灵敏度是 kTB、噪声系数与所需信噪比的分贝数之和

如果已知雷达的带宽，利用该式即可计算出 kTB。此外，还可利用下式由雷达的脉冲宽度估计出雷达的带宽。

$$带宽 \cong 1/脉冲宽度$$

如果不知道实际所需的信噪比值，可假定其为 ≈13dB（典型值）。噪声系数的典型值可以是 5dB。

例如，若雷达脉冲宽度是 1μs，带宽假定为 1MHz。那么，kTB 就是 −114dBm。取噪声系数和信噪比的典型值来求灵敏度：

$$Sens = -114dBm + 5dB + 13dB = -96dBm$$

3.3.2 雷达探测距离的计算范例

这个计算范例将用到上面讲到的方法。

若灵敏度为 −96dBm，其他的雷达参数如下：

P_T = 100kW （即 +80dBm）；

G = 30 dB；

频率 = 10 GHz；

目标的雷达截面积 = $10m^2$。

将这些值代入 $40\log(d)$ 的表达式：

$40\log(d) = -103 + 80dBm + 2(30)dB - 20\log(10\,000)dB + 10\log(10)dB - (-96dBm) = -103 + 80 + 60 - 80 + 10 + 96 = 63dB$

所以

$$d = \text{antilog}[40\log(d)/40] = \text{antilog}[1.575] = 37.6\text{km}$$

3.3.3 可探测距离

现在我们讨论雷达信号可被接收机探测的距离。我们讨论两种情况：一个是位于目标处的雷达告警接收机（RWR）。第二就是远离目标的电子情报（ELINT）接收机。这两种情况均示于图 3.12。我们将确定两种情况下的探测距离并分别与雷达的探测距离做比较。

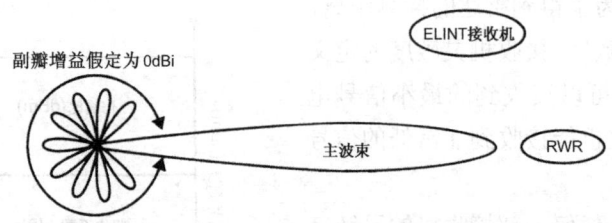

图 3.12 由于 RWR 位于目标处，故它能检测到雷达天线的主瓣。而 ELINT 接收机通常要探测雷达天线的副瓣

3.3.3.1 雷达告警接收机的探测距离

RWR 设计用于探测与威胁相关的雷达信号以保护目标不受这些威胁的攻击。RWR 必

须检测大量雷达信号，且这些信号可能来自各个方向。由于雷达天线主波束的峰值指向目标，所以 RWR 能检测到雷达天线的峰值增益。因为 RWR 对任一特定雷达不可能都是最优化的，故其带宽必须足够宽以便能接收预期的脉冲宽度最窄的信号。因此 RWR 的典型视频带宽为 10~20MHz。射频带宽通常为 4GHz，所以如果存在射频增益（有些有，有些没有），其噪声带宽将是几百兆赫兹，由下式决定：

$$BW_{EFF} = \text{Sqrt}(2B_{RF}B_{VID})$$

其中，

BW_{EFF}=有效带宽；

B_{RF}=射频带宽；

B_{VID}=视频带宽。

例如，如果射频带宽为 4GHz，视频带宽为 10MHz，则有效带宽为：BW_{EFF}=Sqrt(2×4000×10)=283MHz。

如果没有射频增益，那么视频带宽就是接收机的有效带宽。由于信号会来自各个方向，所以 RWR 采用具有宽带宽的天线。天线也必须具有宽的频率覆盖范围。这两个因素结合在一起就说明 RWR 天线具有低增益（频率最高处大约为 2dBi，最低处大约为-15dBi）。一个典型的 RWR 天线在 10GHz 处具有大约 0dBi 的峰值增益。由于这些天线都是组合使用的，所以对任何方向的到达信号而言，RWR 系统的有效天线增益因子（10GHz 处）为 0dBi。

雷达与 RWR 的链接关系如图 3.13 所示。RWR 的接收功率如下：

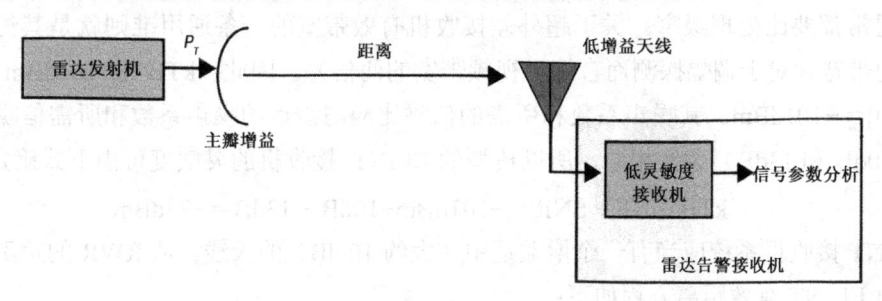

图 3.13　RWR 一般采用低增益天线和低灵敏度接收机来探测和识别其主瓣内的大量雷达信号

$$P_R = P_T + G_M - 32 - 20\log(F) - 20\log(d) + G_R$$

其中：

P_R =接收功率（dBm）；

P_T =发射功率（dBm）；

G_M =雷达天线的主瓣峰值增益（dB）；

f =发射频率（MHz）；

d =雷达至接收机的距离（km）；

G_R =接收天线增益（dB）。

为了确定接收机的探测距离，假设接收功率等于接收机灵敏度，然后求出该距离。

$$P_R = \text{Sens} = P_T + G_M - 32 - 20\log(F) - 20\log(d) + G_R$$

$$20\log(d)=P_T+G_M-32-20\log(F)+G_R-\text{Sens}$$

然后，由下式求出 d：

$$d=10^{[20\log(d)/20]}\text{ 或}[20\log(d)/20]\text{的反对数}$$

最常见类型的 RWR 采用的是前置放大的晶体视频接收机，其灵敏度约为-65dBm。依据前面的雷达参数值，其探测距离为：

$$20\log(d)=+80+30-32-20\log(10\,000)+0\text{dB}-(-65)=63\text{dB}$$

$$d=\text{antilog}(63/20)=1413\text{km}$$

雷达的可探测距离与探测距离的比值非常大，约为 37.6。

3.3.3.2 ELINT 接收机的探测距离

ELINT 接收机通常不在雷达天线的主瓣内。因此发射机的天线增益等于雷达天线的副瓣增益，通常假定对于较老型号雷达，其窄波束天线的副瓣为 0dBi，对于许多现代雷达威胁，其副瓣最多要低 20dB。0dBi 增益意味着副瓣增益比主瓣增益低，所低的值就等于主瓣增益。

ELINT 接收机通常是窄带接收机，所以其灵敏度可由 kTB、噪声系数和所需信噪比算出。同 RWR 一样，ELINT 接收机必须接收大量雷达信号，故其视频带宽需要大约 10MHz。注意大多数 ELINT 系统采用的是超外差接收机，其前端带宽宽，不过超外差接收机每一级的带宽通常都要比处理级窄。关于超外差接收机有效带宽的一条通用准则就是其约等于最后预测的带宽（对于调幅探测而言等于视频带宽的两倍）。因此，kTB 为-104dBm [-114 + 10log(20)]=-101dBm。其噪声系数和所需的信噪比应与雷达的噪声系数和所需信噪比（分别设为 10dB 和 13dB）大致相同，所以典型的 ELINT 接收机的灵敏度可由下式确定：

$$kTB + NF + SNR = -101\text{dBm}+10\text{dB} + 13\text{dB} = -78\text{dBm}$$

ELINT 接收机系统应当有一个增益适中（大约 10 dB）的天线。从 RWR 的距离方程可以推导出 ELINT 有效距离方程如下：

$$20\log(d)=P_T+G_S-32-20\log(F)+G_R-\text{Sens}$$

其中，G_S 为雷达天线的副瓣增益（假设为-10dB）。

$$20\log(d) = +80-10-32-20\log(10\,000) +10-(-78) = 46$$

$$d = \text{antilog}(46/20) = 200\text{km}$$

由于前面算出雷达探测距离为 37.6km，故这种情况下雷达的可探测距离与探测距离之比约为 5.3。

3.4 雷达调制

对雷达信号进行调制可让雷达测量它与反射其发射信号的目标之间的距离。由于电磁信号以光速（约为 3×10^8m/s）传播，故从雷达到目标的距离可通过测量信号的往返时间来确定。该距离等于自发射信号到接收信号所用时间的一半与光速的乘积，如图 3.14 所示。

一个非常实际的问题是确定信号的发射时间和回波的接收时间。由于单频连续波（CW）信号每隔一个波长重复一次（对微波信号而言，其波长远小于 1m），故测量雷达信号经目标返回的传播迟延时间是没有用的。但是，对频率很低的信号进行调制，可在所需的时间间隔（毫秒量级）内提供可供测量与比较的参数。

可采用的调制类型有许多，可分为脉冲、线性调频、二进制调制和噪声（或伪噪声）调制等。未调制的连续波可测量雷达与目标间的相对速度，这是非常有用的，以后将详细讨论。

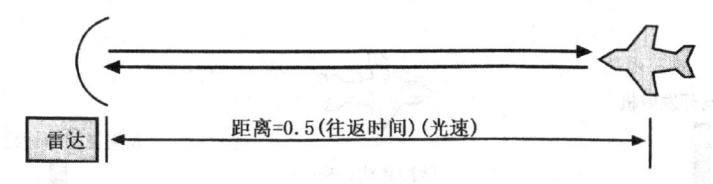

图 3.14 雷达测量其到目标的距离，该距离与信号往返传播的时间有关

3.5 脉冲调制

如图 3.15 所示，一个脉冲是具有相当明晰"开启-断开"特性的短发射信号。在其基本形式中，脉冲具有固定的射频，以脉宽（即脉冲持续时间）和脉冲重复间隔（或脉冲重复频率）为特征。其占空比（脉冲持续时间/脉冲间隔）相对较低。脉冲提供了信号中明显可测的时间事件。所测量的事件可以是全脉冲（假如雷达接收机具有足够大带宽）或脉冲的前沿。两种情况下，都容易测得从发射脉冲到接收回波脉冲所用的时间。

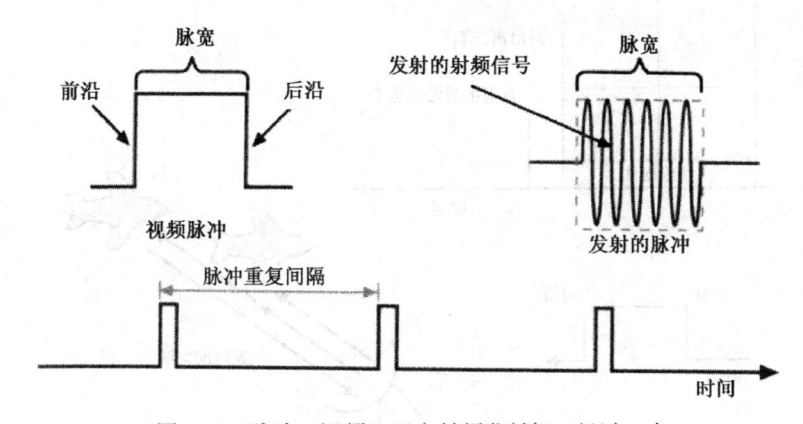

图 3.15 脉冲（视频）开启射频发射机，经过一个
脉冲持续时间在脉冲重复间隔后再次开启

脉冲雷达有很大优势，其接收机在脉冲发射期间可以关闭。这使雷达能用一个单独的天线进行发射和接收，并避免接收机被饱和或损坏。

脉冲重复速率决定了雷达的最大非模糊测距距离，如图 3.16 所示。如果在目标的第一个反射脉冲到达雷达前发射第二个脉冲，则延迟时间的测量应从发射第二脉冲开始到接收到第一脉冲终止。因此，信号的往返传输时间没有被精确测量（假定是同一脉冲）。

脉冲持续时间决定着雷达能探测到信号的最小距离。在脉冲后沿离开发射机前（加上一定的保护时间）接收机不开机。在脉冲后沿被发射前，反射脉冲的前沿不能抵达接收机。

脉冲宽度还决定着雷达的距离分辨率，即两个目标间的距离差，它使雷达能够确定有两个目标存在，如图 3.17 所示。考虑脉冲位于两个目标附近的情况，对接收机（和处理机）而言，第一个目标和第二目标间的往返距离必须大于脉冲宽度才能将两个回波分开。

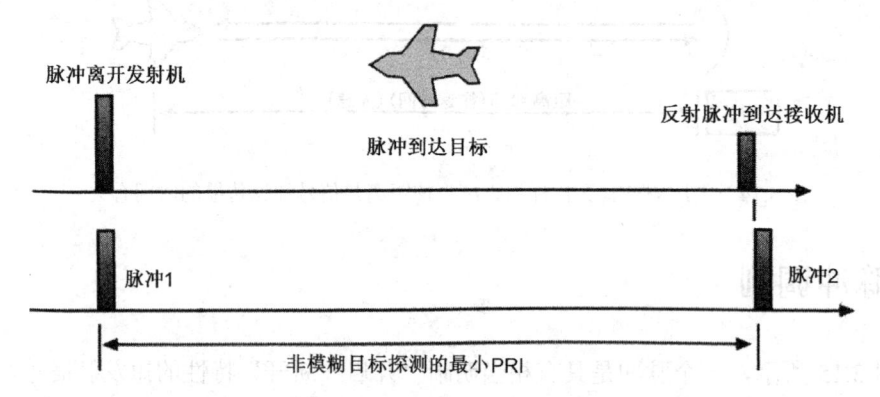

图 3.16　雷达信号的 PRI 限制了非模糊距离，因为每个反射脉冲都必须在发射另一个脉冲前被接收

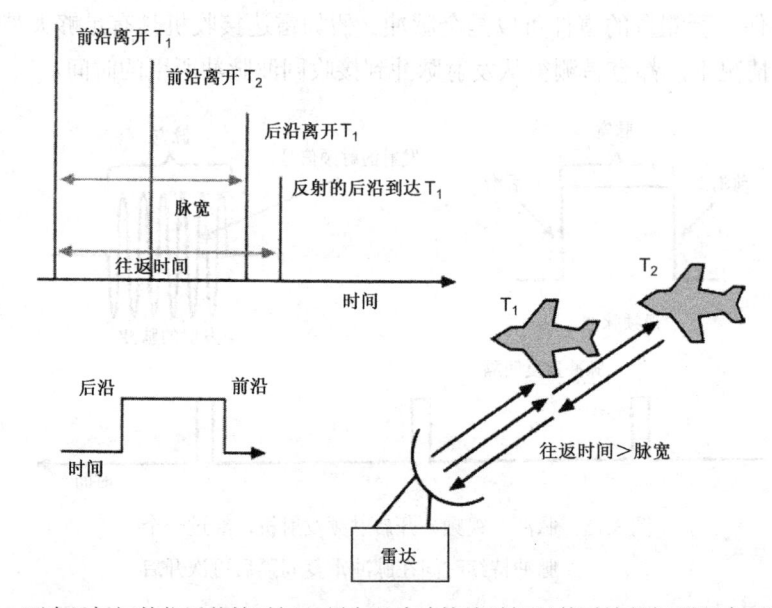

图 3.17　两个目标间的往返传输时间必须大于脉冲持续时间以使雷达能探测两个不同的目标

3.5.1　对脉冲的无意调制

仔细观察一个雷达脉冲可以发现它具有一个上升时间和一个下降时间。上升时间是指脉冲的发射功率从 10%上升到 90%所需要的时间。下降时间正好相反（对后沿而言）。也

可能存在振铃（ringing）或其他包括无意频率调制在内的无意调制效应。这些效应对电子战系统而言是非常重要的，能用于进行辐射源个体识别（SEI），而这些效应对雷达脉冲的基本功能是没有影响的。

3.5.2 脉冲压缩

脉冲压缩是提高长脉冲雷达距离分辨率的一种方法。压缩的效果如图 3.18 所示。注意脉冲压缩雷达用于远距离探测，因此它需要高能量的脉冲。它的峰值功率将尽可能的高，然后脉冲能量的增加将依靠大的脉冲宽度。雷达的探测能力是其发射峰值功率的函数，但是它的探测距离是被目标反射的总发射功率的函数。大脉宽的脉冲被目标反射，但是其距离分辨率却由接收机中的压缩功能生成的窄脉冲得以提高。获得脉冲压缩有两个重要的方法。其中一个与施加、处理频率调制有关，而另一个与施加、处理数字调制有关。

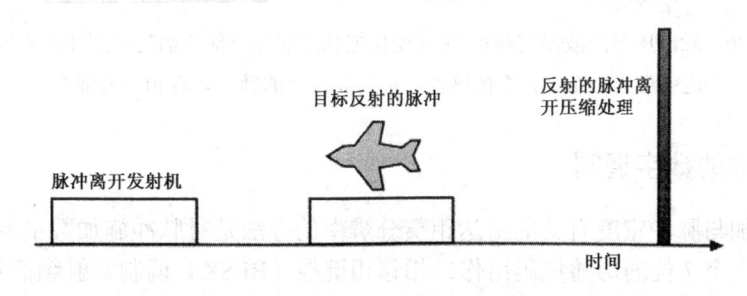

图 3.18　脉冲以一个合理的峰值功率被发射，并被目标反射。但是，通过压缩接收到的来自目标的反射，雷达的性能就如同发射功率更大而脉冲持续时间更短

3.5.3 线性调频脉冲

具有线性频率调制的脉冲如图 3.19 所示，被称之为"线性调频"（chirped）。脉冲的频率可以随时间提高或降低，图中所示的是提高的情况。调频的脉冲如同具有固定频率的脉冲一样被发射和接收，但是，在接收机中，它要通过一个压缩滤波器。这个压缩滤波器引起一个时延，该时延是频率的函数，频率越高，时延就越小。时延与频率的关系是线性的，与加给脉冲的调制匹配。最大的时延与最小的时延之差等于脉冲宽度。压缩滤波器的作用如图 3.20 所示。

注意，从压缩滤波器输出的脉冲把所有接收到的能量集中到比发射的脉冲宽度小得多的时间段内。在图中，发射的脉冲宽度被标注为 A，而压缩后的有效脉冲宽度被标注为 B。A 与 B 的比值为压缩因子，调频脉冲雷达有时有很大的压缩因子。因为雷达分辨率单元的宽度（即距离分辨率）是所接收的脉冲宽度的一半，雷达分辨率被改善了压缩因子的倍数。雷达分辨单元是一个小的区域，当多个目标落入同一单元时，雷达将不能分辨它们。

因为目标反射的能量并没有改变，所以对任何给定目标的探测距离将保持不变。从事电子战的人员往往对此有些迷惑，因为他们习惯地认为截获距离与发

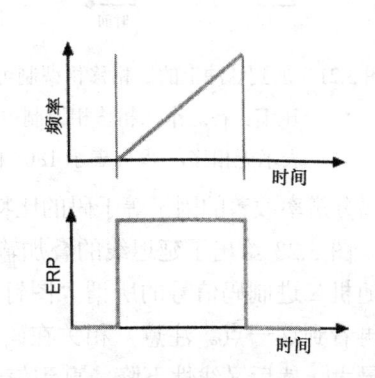

图 3.19　线性调频脉冲在脉冲持续期间具有线性的频率调制

射的峰值功率的平方根成正比。理解这点的一个方式是，压缩的脉冲变窄了，需要更多的带宽。所增加的带宽提高了灵敏度的门限，其值等于通过压缩所增加的脉冲峰值功率。忽略在压缩过程的损失，对任何给定目标的探测距离将提高压缩比的 4 次方根，因为接收到的能量是距离 4 次方的函数[距离^{4}或 40log（距离）]。

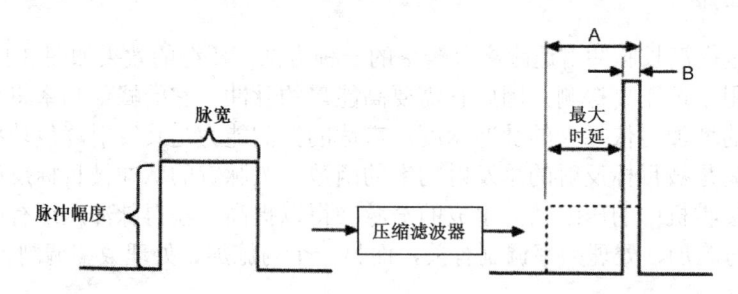

图 3.20 脉冲压缩滤波器的频率-时延变化把脉冲的每一部分都延迟到脉冲末尾，这就形成一个窄得多的脉冲，但与滤波前的脉冲具有相同的能量

3.5.4 对脉冲的数字调制

另一个增加与脉冲宽度有关的雷达距离分辨率的办法是对脉冲施加数字调制。在图 3.21 中，脉冲具有一个 7 位的伪随机码用作二相移相键控（BPSK）调制。射频信号的相位在标为"−"时被移了 180°，在标为"+"时保持为基准相位。解码后，有效的脉冲宽度将等同于一个码位的宽度，而不再是脉冲的宽度。

图 3.22 显示了一个级联的延迟线组件。该延迟线级联的每一级之间相隔的时间为位周期。延迟级的数量与调制码的位数相同，延迟线的长度与脉冲相同。各级的信号被叠加形成输出。注意，如果脉冲正好充满延迟线，脉冲中被移相的位在被叠加前要通过一个 180°的移相器，然后才与其他位段的输出相加。图 3.22 的下方给出了脉冲通过延迟线的 13 种状态。第一行中，只有第一位进入延迟线，而到第 13 行，只有最后一位还在延迟线中。在每一个比特流的右面，用级联所用的正负号叠加各位，以形成输出。当然，只有在延迟线中的各位才在输出处被叠加。在所有的位置上，这个总值是 0 或−1，但有一个例外，那就是当脉冲正好填满移位寄存器时。在这个位置上，输出值为+7。

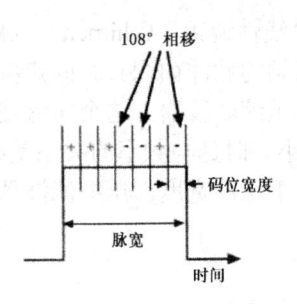

图 3.21 加到脉冲上的二相移相调制可以提供压缩。在这个二相移相调制中，"+"表示无相移，"-"表示 180°相移

距离分辨率改善的因子等于码的比特数。

图 3.23 给出了延迟线的叠加输出，它是脉冲线性地通过延迟线时间的函数。这演示了伪随机二进制码信号的所谓"图钉"相关效应。在后面讨论低截获概率雷达的调制时，还会再看到这一点。注意，相关在码差别不到一码位时开始线性增加，在位置完全对准时达到最大，然后又线性下降，直到信号又错开一个码位。

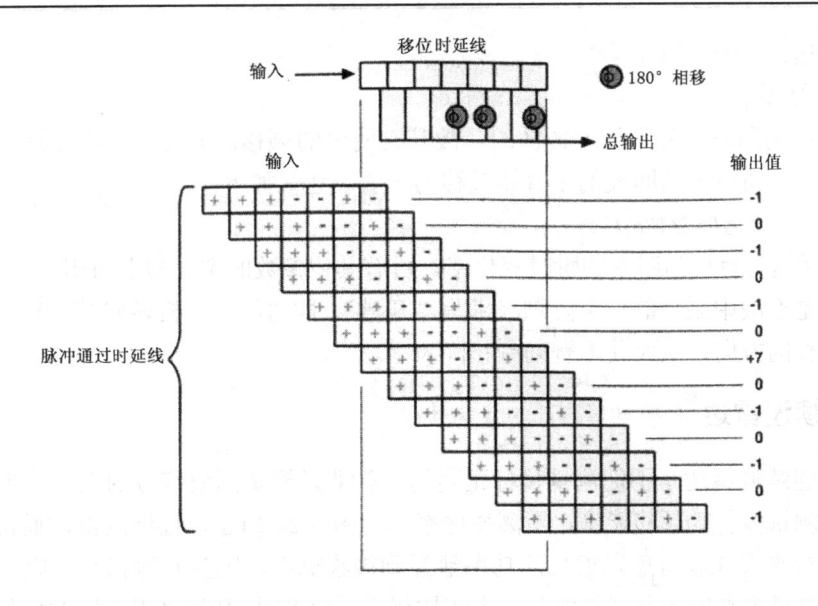

图 3.22 接收机中具有一个延迟线，每一级的间隔与码位持续时间相同，总长度与脉冲持续时间相同。当脉冲通过延迟线时，各级的总和在脉冲正好填入延迟线时，输出形成一个很强的峰，除此外，这个总和是一个很低的值

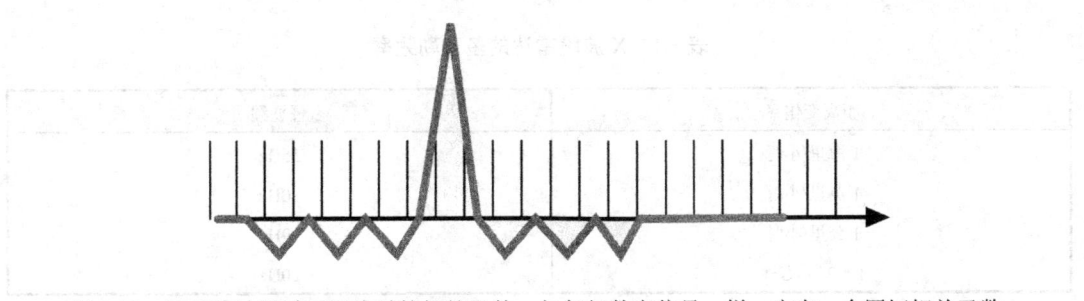

图 3.23 这是脉冲通过延迟线时的相关函数。与任何数字信号一样，它有一个图钉相关函数

3.6 连续波和脉冲多普勒雷达

如果雷达采用相干信号，那么它就可以利用多普勒原理来确定目标的距离变化率。这样雷达就能将移动目标反射的信号与地面反射信号区分开来。将目标从地面背景中分辨出来的能力为雷达控制的武器系统提供了"下视/下射"能力。

3.6.1 多普勒频移

从一个移动发射机传送到固定接收机的信号将与发射信号的频率不同，其频率变量由下式确定：

$$\Delta F = (v/c)F$$

其中，

ΔF = 接收频率与发射频率的频率变量；

v = 在接收机方向上发射机速度的分量；

c=光速；

F=发射频率。

由于雷达的回波信号是往返传播的，故其有两倍的频移。而且，由于雷达平台和目标可能正在运动，所以雷达回波的多普勒频移的一般表达式如下：

$$\Delta F=2(V/c)F$$

其中，V 为雷达与目标间距离的瞬时变化率，所有其他参数的定义与上面相同。

有趣的是空战中采用的一个防御战术是"开槽"，即将防御飞机转向其飞行路径与武器雷达方向垂直的方向，从而使多普勒频移降为零。

3.6.2 连续波雷达

实际的连续波雷达是不能测量目标距离的，除非是测量回波信号的功率，但这很不精确。然而，测量多普勒频移能确定距离变化率。如图 3.24 所示，连续波雷达通常必须有分离的发射和接收天线以避免发射机的功率泄漏到接收机中，因为发射机与接收机是同时工作的。为了测量多普勒频移（与发射频率相比极小），接收机必须采用与发射机相同的频率基准。例如，10GHz 雷达对于以 1 千米/小时逼近速度的运动将发现有约 18.5Hz 的多普勒频移。George Stimson 提出的经验法则（参见附录 C）示于表 3.1 中。

表 3.1 X 波段雷达的多普勒频率

距离变化率	多普勒频率
1 海里/小时	35Hz
1 英里/小时	30Hz
1 公里/小时	19Hz
1000 英尺/秒	20Hz

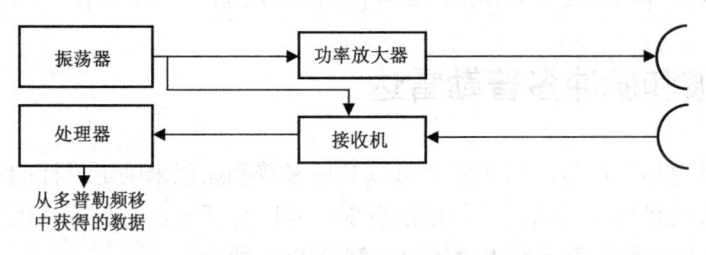

图 3.24 连续波雷达通常需要相互分离的发射天线与接收天线以防发射机功率泄漏到接收机内。该雷达通过比较发射和接收信号的频率，只能确定目标的距离变化率

3.6.3 调频测距

为了精确测量到目标的距离，可对发射信号施加线性调频，如图 3.25 所示。该调制信号可以有固定频率部分，也可以是双向的频率变化。

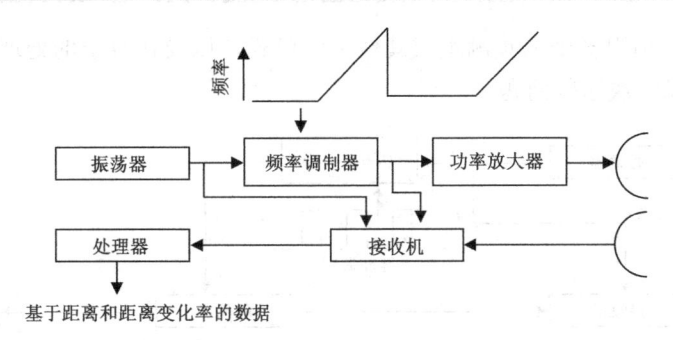

图 3.25 如果连续波雷达信号是线性调频的，则可比较发射信号
和接收信号以得出到目标的距离变化率及实际距离

首先，考虑图 3.26 调制波形的线性倾斜部分。所接收的信号比发射信号延迟了一段时间，即信号（以光速）到达目标并返回所用的时间。因此，对发射与接收信号均在调制波形的线性倾斜部分时的发射信号和接收信号进行比较，即可测得距离，如图中右图所示。

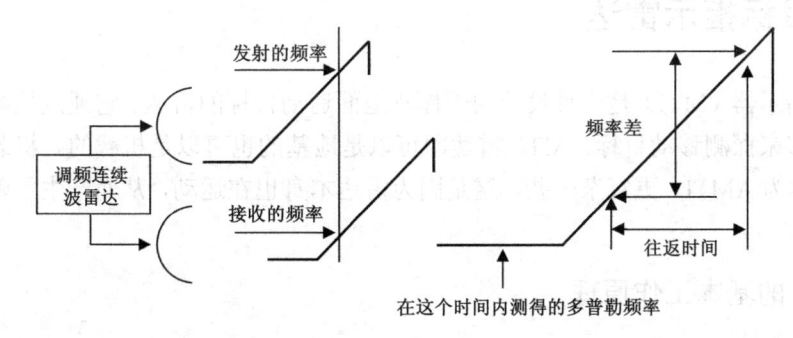

图 3.26 雷达与目标间的往返传输时间导致了发射信号和接收信号
间的频率差，此频率差取决于频率调制与时间的关系

实际上，测得的频差由两个因素产生：往返传输时间和距离变化率引起的（正的或负的）多普勒频移。如果调制波形有固定的频率部分，则可测出该部分信号内的多普勒频移，并相应调整测距。

如果雷达采用双向波形，那么在频率斜率向上和向下期间，与距离有关的频移的方向将相反，而多普勒频移将同向。这就使得可对多普勒分量进行测量，并精确计算出距离。

3.6.4 脉冲多普勒雷达

如图 3.27 所示，高脉冲重复频率（PRF）模式中的脉冲多普勒雷达输出一高占空系数的相干脉冲信号。该脉冲序列也具有相当高的脉冲重复频率，这对雷达告警接收机的处理提出了挑战。通过中断连续工作的振荡器即可形成相干脉冲，因此所接收的每个射频脉冲将与相位锁定到所有以前脉冲的射频波形的振荡器同相。这提供了同步探测优势，且使多普勒频移可测。

由于接收机在发射脉冲期间是关闭的，所以可采用一个天线，这样就没有连续波雷达的隔离问题。

正如任何其他脉冲雷达一样，脉冲多普勒雷达也能测量距离，但是它存在着较大的盲距和距离模糊度。利用多个调频测距或其他工作模式，以及在复杂的处理过程中应用多个脉冲重复频率可以解决这些问题。

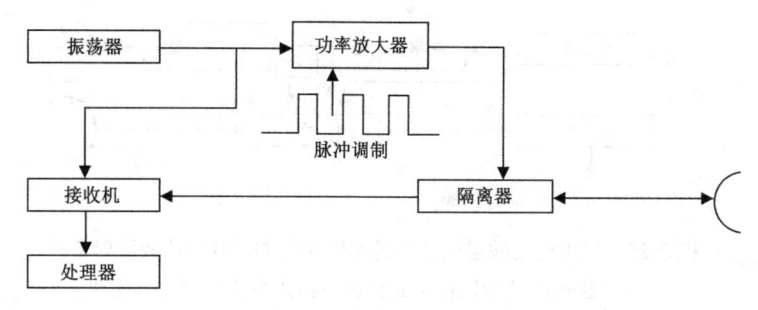

图 3.27　脉冲多普勒雷达以非常高的占空系数输出相干脉冲串。在发射期间关闭接收机以减少单个天线中的泄漏问题。到目标的距离可由脉冲定时或频率调制确定。距离变化率由回波信号的多普勒频移确定

3.7　动目标指示雷达

动目标指示器（MTI）是一种设计用于探测地面运动目标的雷达。它通过检测被测目标的多普勒频移来探测移动目标。MTI 雷达即可以是地基的也可以是机载的。机载动目标指示器（有时称为 AMTI）更复杂一些，这是因为雷达本身也在运动，从而产生了附加的多普勒频移。

3.7.1　MTI 的基本工作原理

MTI 的天线在一个角度范围（最大可达 360°）内扫描，并覆盖一特定区域。它能确定图 3.28 所示单元中运动目标的存在。角度分辨率由天线波束扫描获得，距离分辨率则来自目标的反射脉冲回波。

与其他雷达一样，距离分辨率由脉冲宽度确定，脉宽通常非常窄。脉冲可以是线性调频的，以提高雷达的分辨率（即降低距离分辨单元的深度）。如果采用了脉冲压缩，则对压缩脉冲的处理与对非压缩脉冲的处理是一样的。

由于发射脉冲和反射回波是以光速传播的，那么反射脉冲到达雷达的时间较发射脉冲延迟了一段时间，延迟时间用下式表示：

$$[2d/(3\times10^8)]\ \text{s}$$

其中，d 是到反射物体的距离（m）。

如图 3.29 所示，MTI 每隔一个脉冲宽度采样一次回波信号。在发射另一个脉冲前的整个时间间隔内，采样都可以继续进行。因此，采样从距离增量中寻找回波能量，该距离增量等于 1m/6.6ns 的脉冲宽度（或压缩脉冲宽度）。

对每个采样信号，模数变换器都要进行信号的同相和正交（I&Q）数字化。因为这两个数字字描述了接收波形相位相隔 90°的点，从而

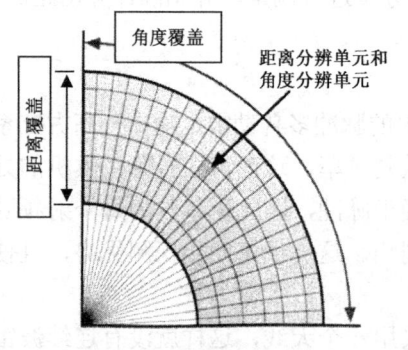

图 3.28　MTI 雷达探测距离分辨单元内和角度分辨单元内运动目标的存在

第 3 章 雷达特性

可以确定接收频率和相位。在所关注的范围内（对每个脉冲）继续该过程。

对每个脉冲都重复这种采样模式。从脉冲 2 的同等采样值中减去脉冲 1 的每个采样值，如图 3.30 所示。从脉冲 3 的同等采样值中减去脉冲 2 的采样值，依次类推，直到脉冲 $m-1$ 和脉冲 m。m 个脉冲照射天线每次扫描期间的每个角分辨单元。有时采用更复杂的数据减少方案，以提供较好的杂波对消能力。

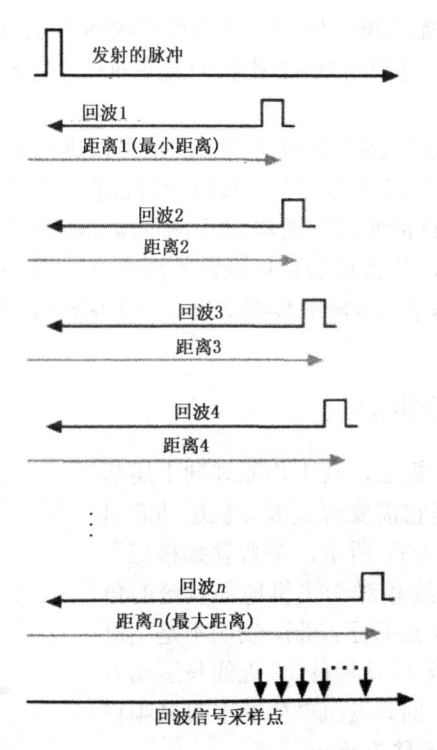

图 3.29 MTI 雷达发射一个窄脉冲并对其回波信号进行采样，采样间隔在接收从最小距离到最大距离回波期间与脉冲宽度相等

图 3.30 对照射运动目标分辨单元的每个脉冲，要收集其每个采样点的 I&Q 采样值。然后从前一个脉冲的同等采样值中减去每个采样值，并从有照射该单元的脉冲差值计算出快速傅里叶变换。

对 m 个脉冲的所有"采样 1"测量值用于产生快速傅里叶变换（FFT）。FFT 可确定每个距离分辨单元和角度分辨单元内的多普勒频移信号。

多普勒频移由雷达和目标间的距离变化率确定。因此，MTI 只能检测向雷达方向运动或离开雷达方向运动的目标。

3.7.2 MTI 数据率

MTI 雷达产生大量的原始数据。例如，脉冲重复频率为 6250Hz 的 MTI 雷达，如果每个脉冲重复间隔采样 200 次，并以每次 12 比特的速率对每个脉冲进行 I&Q 数字化，它能产生 30Mbps 的原始数据。

但是，动目标处理将该数据减少到容易管理的水平以进行显示或报告。由于 MTI 只报告分辨单元内运动目标是否存在及其大小，故每个目标报告只需包含运动目标在单元中的位置、大小和方向。对每个目标而言，通常 80 比特的数据就足够了。如果在所覆盖区域内每秒钟检测到 100 个动目标，那么总的目标报告数据率将达到 8Kbps。即使以每秒 30 次的速率增加一个 64 比特的状态字，总输出数据率也小于 10Kbps。该数据率很容易在音频带宽链路上传输。

3.7.3 机载动目标指示器雷达

如果 MTI 雷达安装在飞机上，其工作原理同上述基本的 MTI 一样，所不同的是它需要解决因飞机运动而引起的多普勒频移问题。如图 3.31 所示，多普勒频移与飞机飞过地面的速度和雷达天线相对于飞机地面轨迹的角度有关。图中很仔细地对飞机进行了绘制，表明不是飞机的空速而是地面速度决定了多普勒频移。当天线与运动方向（地面上）的夹角小于 90°时，飞机产生的多普勒频移为正；大于 90°时，多普勒频移为负。

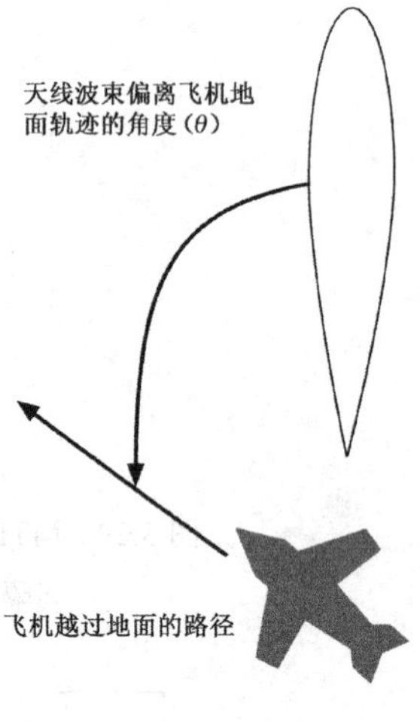

随着天线的扫描，它将产生一个随飞机地面轨迹的方向而变化的角（θ）。可用下式表示飞机引起的多普勒频移：

$$2FS\cos(\theta)/c$$

其中，

F 为雷达频率；
S 为飞机的地面速度；
θ 为地面轨迹和天线视轴的夹角；
c 为光速（3×10^8m/s）。

图 3.31 在 AMTI 雷达中，由飞机在地面上空的运动引起的多普勒频移要减去发现并报告动目标前每个分辨单元的多普勒频移

MTI 雷达在每个分辨单元中所观测到的多普勒频移必须在报告存在动目标前进行校正。这可通过将多普勒频移的零频率点上移或下移一定量来实现，也可以通过将接收机中的本振或发射频率改变同一量来实现。

3.8 合成孔径雷达

合成孔径雷达（SAR）实际上是利用机载平台的运动来生成一极长的相控阵，从而以

较小的天线得到很高的远距离分辨率。SAR 用于生成大面积地区的地形图,以及位于该区域内的车辆和其他目标的图形。将动目标指示雷达与合成孔径雷达结合在一起即可识别运动目标,目标一停止运动,SAR 就能生成目标的图像,进而对该目标进行识别。

为获得所需的分辨率,SAR 生成距离分辨单元和方位分辨单元,如图 3.32 所示。这些分辨单元常表示为矩形,但实际上是针对所表示大小的"斑点",因为它们受到 SAR 分辨率的限制。所需的分辨率与要定位或识别的最小目标有关。

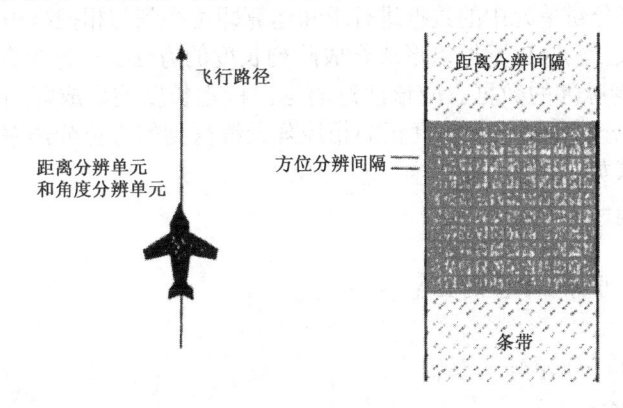

图 3.32 典型的 SAR 产生一条带状的距离分辨单元和方位分辨单元,该条带平行于载有 SAR 雷达的飞机的飞行路线

3.8.1 距离分辨率

距离分辨率由雷达的脉冲宽度决定。如果采用距离压缩(即线性调频或相位编码),则按下式由压缩脉宽来确定距离分辨率:

$$d_r = c(PW/2)$$

其中,

d_r =距离分辨率(m);
c =光速(3×10^8 m/s);
PW =雷达脉宽(或压缩脉宽)。

同 MTI 雷达一样,SAR 以等于脉宽的时间间隔测量回波信号功率,从而生成一系列"距离单元",这些距离单元决定了雷达回波与雷达的距离有关,如图 3.33 所示。因为 SAR 处理要求保留相位,所以对每个单元要收集 I 和 Q 采样值。

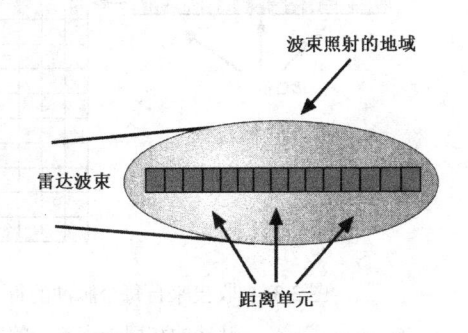

图 3.33 通过等于脉冲宽度的时间间隔对雷达回波进行采样,形成沿天线波束视轴方向的距离单元

3.8.2 方位分辨率

雷达的方位分辨率取决于其天线的波束宽度。波束宽度与天线的大小有关。就抛物面天线而言,圆盘表面(实际上是抛物面)将它接收的所有能量反射到馈源(位于抛物面的焦点)。圆盘越大,天线波束就越窄。对相控阵天线而言,当天线的许多阵列单元接收的信号从一个方向到达时,采用延迟线将其相干叠加,从而形成了一个较窄的天线波束。阵

列越长，波束越窄。

现在考虑一个简单的 SAR，其天线与飞行航线垂直。SAR 发射相干脉冲，并且通过收集平台向前运动时每个脉冲的回波来形成相控阵效果。飞机在脉冲之间飞行的距离实际上就是"阵列中天线"间的距离（比如，对 300m/s 的飞机速度和 300 个脉冲/秒的 PRF，就是每米发射一个脉冲）。假如 SAR 成像的区域至飞机的距离远大于采集数据所飞行的距离，那么位于天线视轴的目标回波可同相叠加。当目标远离视轴时，其回波将异相叠加。因此，对几个脉冲中相应距离分辨单元中的数据进行求和运算即可得到与相控阵相同的窄波束效应。

图 3.34 所示为处理 SAR 数据以形成合成阵列长度的方法。在每个合成周期后，加入新脉冲的数据，去掉老脉冲的数据。应该注意的是由特定长度的合成阵列获得的方位分辨率（与距离垂直方向的分辨率）等于由真正的相控阵天线得到的方位分辨率的一半。合成阵列的方位分辨率表达式如下：

$$d_a = \lambda R / 2L$$

其中，

d_a = 方位分辨率间隔（单位同 R）；

λ = 雷达信号波长；

L = 阵列长度（单位同 λ）；

R = 到目标的距离。

对真正的相控阵天线而言，方位分辨率可由下式确定：

$$d_a = \lambda R / L$$

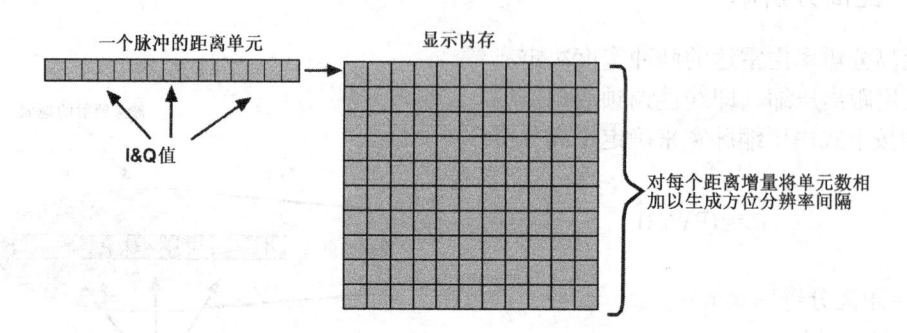

图 3.34 收集来自每个脉冲的每个距离单元的 I&Q 采样值。对几个脉冲的相同距离单元的数据求和以形成方位分辨率间隔

3.8.3 聚焦阵 SAR

以上的讨论均假定采用的是非聚焦阵。对所有采集的脉冲而言，它要求从目标到雷达的路径非常接近于平行。这就限制了合成阵列的长度，因此也制约了方位分辨率。采用聚焦阵技术可形成非常长的合成阵列。

如图 3.35 所示，如果合成阵列的长度相对于距离而言很大，那么所收到的来自不同脉冲的信号间的相位差也很大。相位误差由下式计算得出：

$$\phi_n = 2\pi d_n^2 / \lambda R$$

其中，

ϕ_n = 在与最靠近目标的点相距 d_n 处进行测量时的相位误差；

λ = 雷达信号的波长；

R = 最靠近目标的距离。

在聚焦阵中，在对每个距离单元的方位数据求和前对此相位误差进行校正。这可能需要进行大量的处理，但可利用由快速傅里叶变换（FFT）形成的多普勒滤波器来减小处理量。

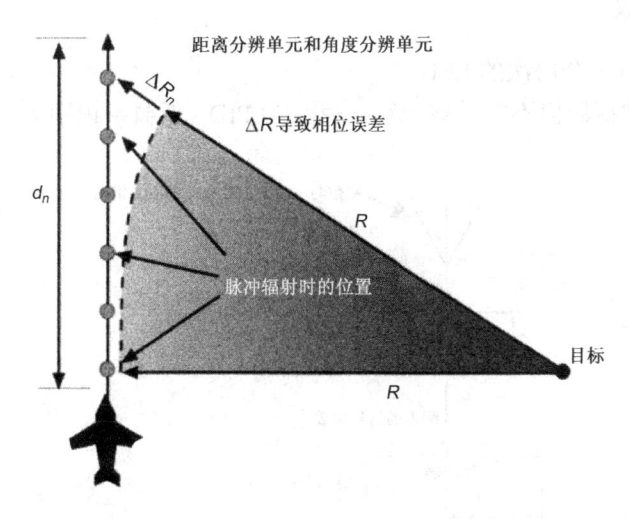

图 3.35　如果合成阵列较长，那么在某些目标的脉冲回波中可能存在较大的相位误差

3.9　低截获概率雷达

低截获概率（LPI）雷达的目的是探测、跟踪目标而又不被电子战接收机所发现。因此一部 LPI 雷达需要满足这个非常广义的指标。一部雷达是否是低截获概率雷达取决于雷达要完成的任务、对它进行探测的接收机的类型，以及所应用的交战位置。为便于讨论，我们将截获接收机系统称为电子支援措施（ESM）接收机。表 3.2 给出了有关 LPI 雷达的一些定义。

表 3.2　与 LPI 相关的定义

术　语	定　义
相干雷达	发射信号与发射机内部的振荡器有恒定的相位关系
频率捷变雷达	每个脉冲或脉冲串都是以不同的频率发射的
LPID 雷达	其参数使 ESM 接收机很难正确识别出雷达类型的雷达
"寂静"雷达	在与目标可探测到雷达信号的相同距离处可探测到目标的雷达
随机信号雷达	采用真正随机波形信号（比如噪声）的雷达
二进制相位编码连续波雷达	对连续波发射信号进行伪随机相位编码调制的雷达

3.9.1　低截获概率方法

要使雷达不容易被发现，可采用很多办法。一种方法是使信号能量很弱，使 ESM 接收机无法接收到它。这对雷达来说很困难，因为雷达在信号经目标（雷达距离方程中 40log 距离）往返后必须接收到足够的能量才能探测到目标，而 ESM 接收机只损失单程路径（20log 距离）的能量。第二种方法是将雷达波束变窄（这样提高天线增益）或抑制天线副瓣。这就使不在目标处的接收机更难截获信号，但对位于目标处的接收机没有影响。

降低雷达可截获性的第三种有关其性能的方法是为雷达提供ESM接收机无法获得的处理增益。

3.9.2 LPI的等级

可以认为雷达有三个层次的LPI：

（1）雷达容易被探测但不容易被识别——称作LPID（低概率识别雷达）雷达，如图3.36所示。

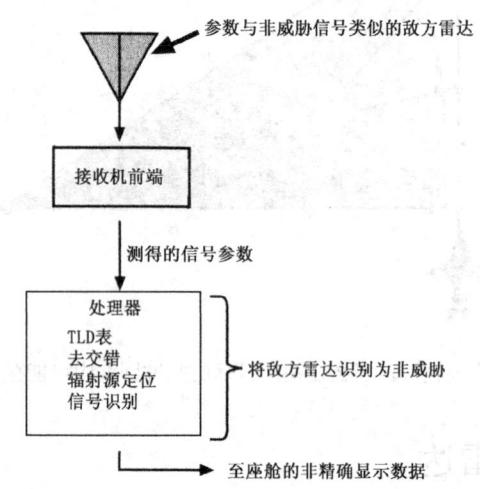

图3.36 LPID雷达的参数与友方雷达或非威胁信号的
参数相似，所以ESM接收机很难正确识别

（2）雷达能探测到目标，同时不会被位于与目标同样距离但处于主瓣外的ESM接收机探测到，如图3.37所示。

（3）雷达可探测到目标，同时不会被目标上的ESM接收机探测到——称作"寂静"雷达，如图3.38所示。

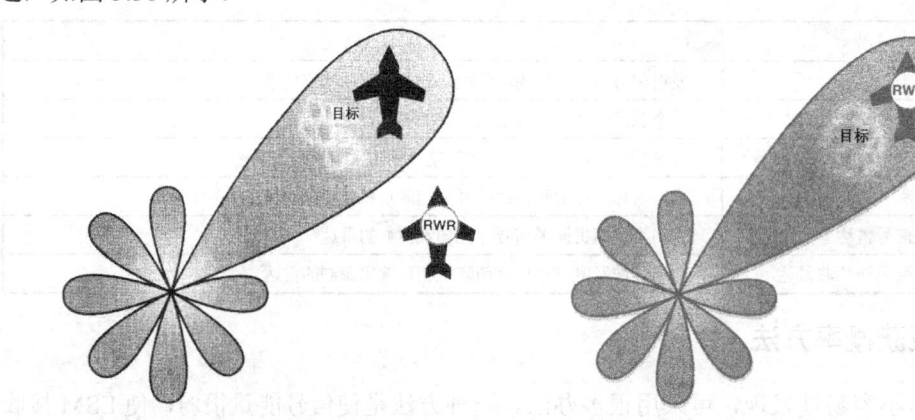

图3.37 LPI不太严格的定义是雷达可在一距离处探测到目标，同时不会被在同样距离处的位于雷达主瓣外的接收机探测到

图3.38 最具挑战性的LPI定义是"寂静"雷达。它能在一距离处深测到目标，同时不会被在同样距离处的位于目标的接收机探测到

接收机探测雷达信号的能力取决于其噪声系数和带宽。在后面的分析中，我们通常假设雷达接收机的噪声系数和截获接收机的噪声系数是相同的，截获接收机的带宽可以根据其功能最优化。我们采用 ESM 接收机作为通用的称谓来涵盖机载雷达告警接收机、舰载 ESM 接收机及地面告警和目标定位接收机等。

3.9.3 LPID 雷达

如图 3.36 所示，一个 ESM 接收机根据威胁雷达的参数对其进行识别。典型的 ESM 处理器都具有一个威胁识别（TID）表，其中包含每个预期威胁信号的类型在其各个工作模式中的参数。该处理器还设法区别可能接收到的友方雷达和其他非威胁信号。处理器识别信号前，必须先将特定信号从当前的许多其他信号中分离出来。对脉冲雷达而言，这称为"去交错"。对所有的信号，都涉及测频、调制参数、到达方向及根据参数值分选数据等。一旦分选出单个信号，处理器将其参数与 TID 表进行比较以查明是否与某个威胁或非威胁信号相匹配。然后，ESM 接收机将所识别的威胁类型、工作模式和位置报告给座舱显示器。

如果一部雷达采用的参数与友方雷达类型相似，ESM 就很可能将其识别为友方雷达，因此即使接收到其信号也不报告存在威胁。另一种方法是引入捷变参数。ESM 识别具有固定参数的威胁信号是很容易的。捷变信号，特别是如果捷变引起参数的随机变化，那么即使已获知参数也需要有额外的分析时间。

LPID 方法的缺点是由于 ESM 的处理变得更先进，雷达需要确定的调制信息来完成任务。现代 ESM 接收机的处理能力不断提高，使其能更有效地处理捷变参数，并对不符合 TID 表的信号进行功能和模式分析。更先进的处理技术和精确辐射源定位技术也将使未来的 ESM 接收机能完成位置相关及运动分析，将友方信号与敌方平台伪造的友方信号相分离。

3.9.4 探测与可探测性

雷达可探测到目标的距离由下式给出：

$$R_{DR} = \text{Antilog}\{[P_T + 2G - 103 - 20\log(F) + 10\log(\sigma) - S_R]/40\}$$

其中，

R_{DR} =雷达探测距离（km）；
P_T =雷达发射机的输出功率（dBm）；
G =雷达天线的最大主瓣增益（dB）；
F =雷达的工作频率（MHz）；
σ =目标的雷达截面积（m²）；
S_R =雷达接收机的灵敏度（dBm）。

接收机可探测到雷达信号的距离由下式给出：

$$R_{DRCVR} = \text{Antilog}\{[P_T + G_{R/RCVR} - 32 - 20\log(F) + G_{RCVR}]/20\}$$

其中，

R_{DRCVR} =接收机的探测距离（km）；
P_T =雷达发射机的输出功率（dBm）；
$G_{R/RCVR}$ =接收机方向上的雷达天线增益（dB）；

F =雷达的工作频率（MHz）；
G_{RCVR} =接收机天线增益（dB）；
S_{RCVR} =接收机灵敏度（dBm）。

这些方程用于图 3.37 和图 3.38 的情况。选一些值代入这些方程并指定带宽和处理增益值，就能研究实际情况下 LPI 雷达的性能。

3.9.5 LPI 品质因素

一部雷达的 LPI 品质因素可以被认为是该雷达探测到目标的距离与其信号被 ESM 接收机探测到的距离之比。

接收机探测距离与雷达探测距离之比随着接收机天线增益的提高而提高，随着目标截面积的增大而减小。它也随着接收机灵敏度电平与雷达的灵敏度电平之比下降而提高。

为了避免在灵敏度问题上的混淆，记住灵敏度电平就是接收机能够接收信号并完成工作的最低信号。这样，随着灵敏度的提高，灵敏度电平就下降。在前面两个距离方程中，灵敏度的数字都是大的负数（灵敏度电平），这样，随着每个灵敏度提高，相应的探测距离就增加了。

3.9.6 影响探测距离的其他因素

在距离方程中，有两个因素没有考虑。一个是雷达的探测距离，其实不是由其峰值功率控制的，而是由目标反射并被雷达相干处理的能量确定的。另一个就是有几个因素会影响到灵敏度。

3.9.6.1 来自目标的相干处理能量

对接收到的能量的雷达距离方程也有一个在目标上时间的因素，就是雷达能够相干集成回波信号的时间。这样，雷达距离能够表示为平均功率和目标上时间的一个函数。只要目标还在雷达的天线波束内同时回波能够被相干集成，那么提高功率或者延长信号的持续时间都能提高雷达的探测距离。

雷达的另一个制约因素就是它解析到目标距离的能力是由脉冲宽度决定的。距离分辨率通常被定义为：

$$\Delta R = \tau c/2$$

其中，

ΔR =距离分辨率；
τ =脉冲宽度；
c =光速。

对信号的调制可以在任意给定的信号持续时间内得到更好的距离分辨率。这种调制可以是 3.5 节中所描述的调频（线性调频）或反相（二相移相键控）。雷达也可以采用其他的调相，比如四相移相键控（QPSK）或更高阶的调相。

由于用于探测的接收机是根据雷达信号的峰值功率来探测雷达的，所以雷达采用较低的功率、更长持续时间的信号，以及可以获得足够距离分辨率的一些调制，就可以在探测距离上获得优势（如图 3.39 所示）。

3.9.6.2 灵敏度因素

我们通常将接收机灵敏度作为带宽、噪声系数及所需的信噪比的函数。如图 3.40 所示，以 dBm 为单位的灵敏度（即接收机能接收到并能完成其功能的最低信号）是 kTB（dBm）、噪声系数（dB）及所需的信噪比（dB）之和。在雷达分析问题中，所需的信噪比通常设为 13dB，而 kTB 通常取：

$$kTB = -114\text{dBm} + 10\log(BW)$$

其中，kTB 是热噪声（dBm）

BW 是接收机的有效带宽（MHz）

但是，对于 LPI 信号的内容，考虑另一个有用的因素，那就是处理增益。处理增益具有通过信号调制某些方面的优势，将接收机的有效带宽变窄的效果。当雷达的接收机能够获得处理增益，而敌方接收机不能时，这种优势就显现出来了。

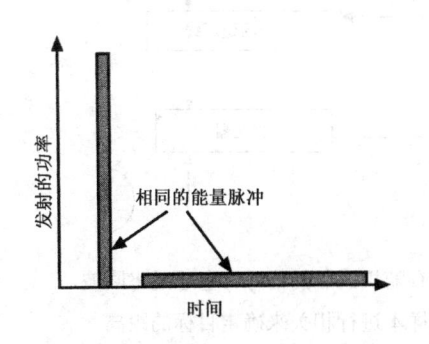

图 3.39 通过提高脉冲持续时间，雷达能够降低其发射功率电平，而不会减少其在目标上的能量

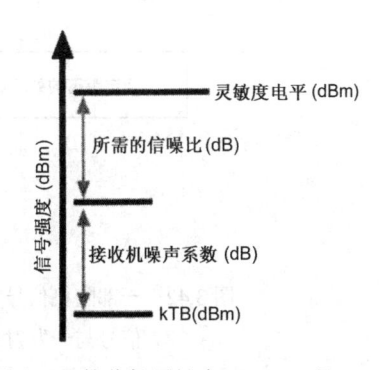

图 3.40 接收机灵敏度（dBm）是 kTB、噪声系数和所需的信噪比之和

一部雷达相对于一部截获接收机的带宽优势是因为其接收机及处理能与自身的信号更好地匹配，而截获接收机必须接收大量信号而且通常需要进行详细的参数测量对它所接收到的信号进行识别。例如，一部脉冲雷达仅需确定脉冲往返用的时间，同时能够积累几个脉冲来确定这个时间。它不关心接收到的脉冲的形状，这样它的有效带宽（包括处理增益）就要比脉冲宽度的倒数小很多。另一方面，截获接收机必须确定脉冲宽度。这就需要具有清晰前沿和后沿的脉冲，换句话讲，所需的带宽是脉宽倒数的 2.5 倍或以上，如图 3.41 所示。

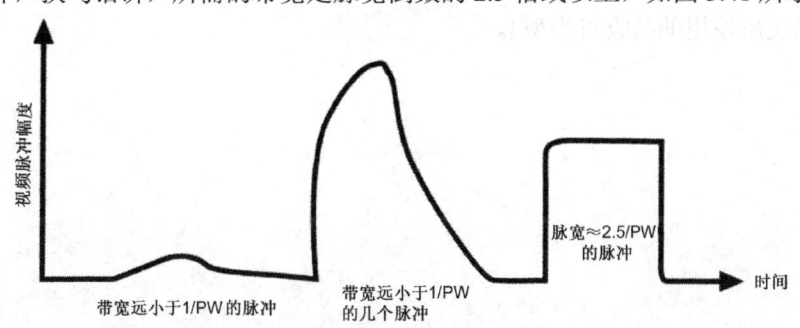

图 3.41 如果一部接收机的带宽小于脉宽的倒数，那么脉冲参数是非常难测量的，但对这样的脉冲可以进行积累以确定脉冲的到达时间。若带宽大于脉宽的倒数，则可以测量脉冲的参数

3.9.6.3 相干探测

一部电子战接收机不能对雷达信号进行相干探测，但一部 LPI 雷达可以，因为其发射机通常是与接收机位于同一处的。当信号调制存在随意性时，这就变得更加突出。这种效应最极端的例子就是使用真实的噪声来调制雷达信号。采用噪声调制的 LPI 雷达被称作随机信号雷达（RSR）。随机信号雷达采用多种技术，将回波信号与图 3.42 中所示的发射信号的延迟样本进行相关。最大相关所需的延迟量决定了目标的距离。由于发射的信号是完全随机的，截获接收机是没有办法对发射信号进行相关的，它只能通过能量探测技术来确定雷达的存在，而不是对调制特征进行探测。这同雷达接收机的处理过程相比是非常低效的。

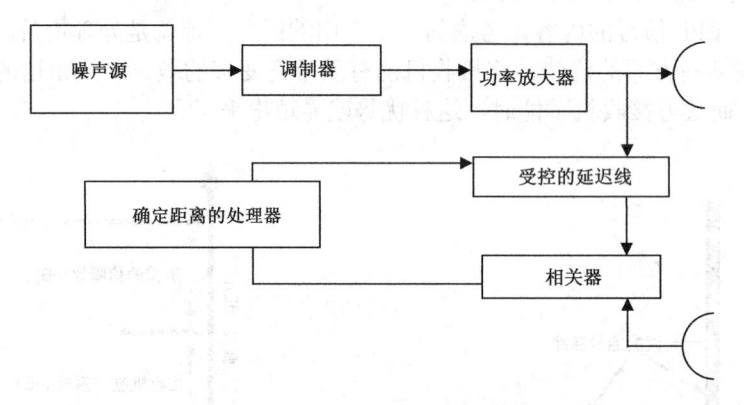

图 3.42 一部随机信号雷达发射具有随机调制的信号。它通过将回波信号与一发射信号的延迟样本进行相关来确定目标的距离

3.9.6.4 当前的 LPI 雷达

在过去 20 年中，已经研制并部署了几种被认为是低截获概率的雷达。它们使用调频和相位编码来取得距离分辨率，同时通过发射长持续时间/低功率信号来降低可探测性。另外，还有几种这样的系统正在研制中，而随机信号雷达还只出现在技术文献中。

在所有例子中，雷达的 LPI 的级别是通过距离探测比，以及所涉及的各种交战参数（比如目标截面积）来描述的。它们也通过"告警时间"（敌方目标携带的接收机探测到雷达与雷达探测到该目标间的时间）来描述。此外，交战参数必须是特定的（比如目标逼近速度、雷达截面积及所使用的接收机类型）。

第4章 电子战中的红外和光电问题

电子战的目的就是阻止敌方利用电磁频谱同时让己方利用电磁频谱获得优势。很容易进入一个误区就是只考虑电磁频谱的射频部分,然而大量的电子战活动也是在电磁频谱的红外、可见光及紫外部分进行的。在本章中,我们将讲述这部分频谱的通用特征、工作在该频率范围内的系统,以及对这些系统实施对抗的特征。

4.1 电磁频谱

图 4.1 显示了电磁频谱中电子战领域最感兴趣的部分。虽然我们一般采用频率来定义频谱的射频部分,但在更高的频谱通常是使用波长。注意波长和频率的关系通过下式中的光速得以表现:

$$c = f\lambda$$

其中,

c＝光速（3×10^8 m/s）;
f＝频率（Hz）;
λ＝波长（m）。

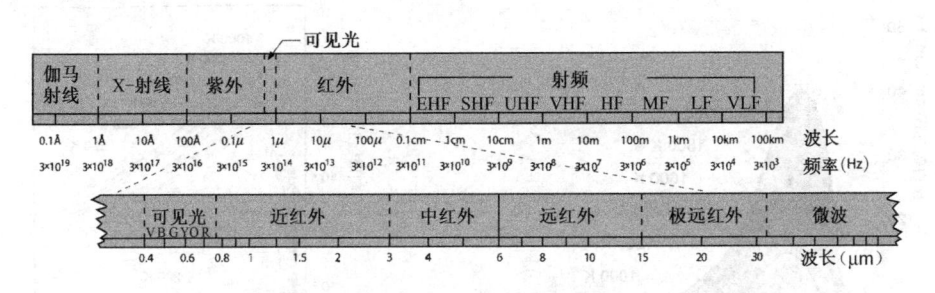

图 4.1 电磁频谱包括射频、红外、可见光及可见光之上的频率

低于 300GHz 的频率（即波长大于 0.1cm）是处于射频范围内的。高于该频率,我们就只讲波长。波长的通用单位是 μm（10^{-6}m）,简写为 μ。对于很短的波长,可以使用单位埃（10^{-10}m,简写为 Å）。

- 从约 30μ 到约 0.75μ 是红外域;
- 从约 0.75μ 到约 0.4μ 是可见光域;
- 从约 0.4μ 到约 0.01μ 是紫外域;
- 比这些更短的波长是 X 射线和伽马射线（这些区域是交叠的）。

4.1.1 红外频谱

红外域一般分为以下四个更细分的范围:
- 近红外的波长范围从可见光的上端（约 0.75μ）到 3μ;

- 中红外的范围是 3μ 到 6μ；
- 远红外的范围是 6μ 到 15μ；
- 极远红外的波长范围大于 15μ。

总体上讲，热源目标辐射的大部分红外能量是处于近红外区域。这包括对飞机发动机的后视（从下往上后视）。太阳的大部分红外能量也是处于近红外范围。相对稍冷的目标（如飞机发动机外部的热金属部分及发动机的羽烟）辐射的大部分红外能量处于中红外区域。常温下的物体（如飞机的蒙皮、车辆、云和地球等）是在远红外区域辐射能量。

4.1.2 黑体辐射

黑体是一种理论上最理想的红外辐射体，对于红外系统及其对抗的研究是非常有用的。尽管真正的"黑体"是不存在的，但辐射红外能量的每个物体都以类似于黑体模式的某种样式进行辐射。红外辐射是以数瓦每 $cm^2μ^{-1}$ 的量级进行的。现实世界材料的红外辐射率是通过在一给定温度下黑体辐射量的百分比来定义的。一般而言，辐射率的值在 2%～98% 之间变化。辐射率的典型值是：抛光的铝在 100℃时是 5%，普通的彩色油漆在 100℃时是 94%，雪在 −10℃时是 85%，人体皮肤在 32℃时是 98%。

黑体相对于波长的辐射是辐射体温度的一个函数。如图 4.2 所示，对较高温度而言，曲线下有更多的能量。总能量是随温度的四次方而变化的。同样，随着温度的提高，曲线的峰值也移向较低的波长。图 4.3 显示了辐射对波长在较低温度下的对数曲线。注意这两个黑体图的曲线所针对的温度是开氏温标，所以 300K 大约是室温。令人感兴趣的是太阳表面温度是大约 5900K，这导致它的辐射在可见光谱内达到最大。

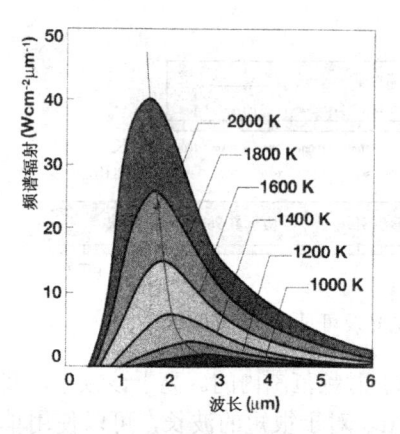

图 4.2 来自黑体的辐射根据其温度不同具有不同的辐射-波长分布

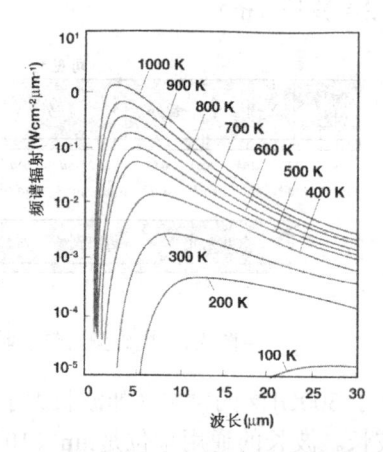

图 4.3 黑体辐射曲线持续到低温

4.1.3 红外传输

图 4.4 显示了在大气范围内作为波长函数的相对红外传输。注意存在着来自各种大气气体的吸收线，但在近红外、中红外和远红外区域有主要的传输窗口。

在红外传输中，相对距离的发散损耗是通过将接收孔径从其距离处投射到围绕发射机的一个单位球体上计算的，如图 4.5 所示。发散损耗就是覆盖了接收孔径的图像的单位球体表面与整个球体表面积之比。这与我们通常计算射频信号的发散损耗的方法是一样的。但

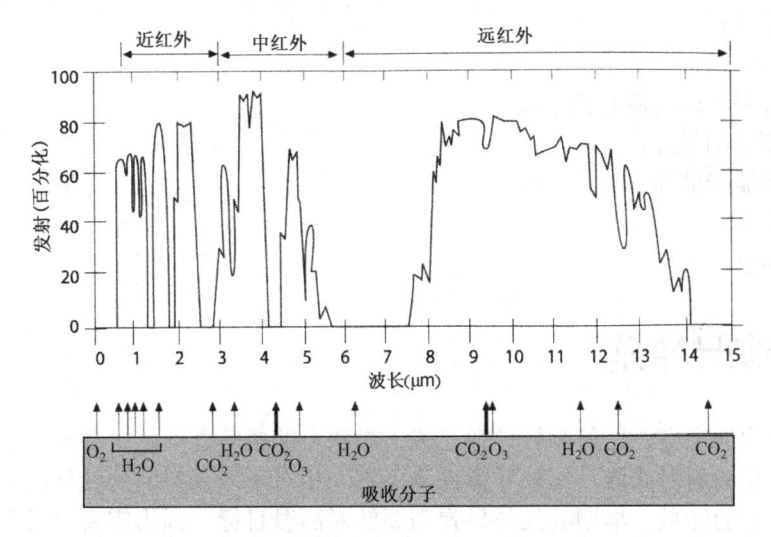

是，在射频方程中，是通过假设各向同性的天线得到距离和频率项的。

图 4.4 这是 17mm 的降水，通过 6000 英尺的大气层在海平面的百分比传输

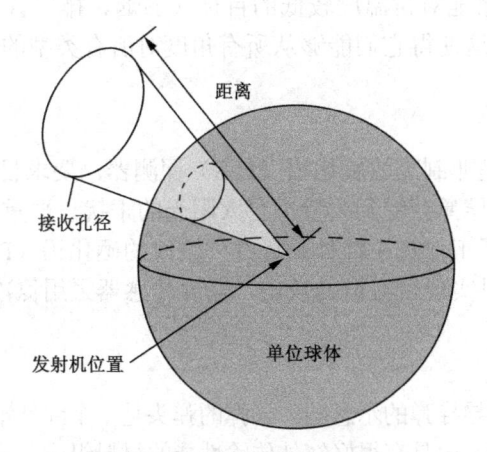

图 4.5 红外传输的发散损耗是投射到一个发射源四周的单位球体的接收孔径与球体表面积之比

4.1.4 红外范围内的电子战应用

电子战系统和威胁通过接收红外能来探测、识别、定位并引导导弹攻击辐射体。这些系统和威胁包括：红外线探测仪、前视红外（FLIR）及红外制导导弹等。

当然也存在对抗所有这些系统的措施。传感器能够被（暂时或永久性地）致盲，或者通过曳光弹或红外干扰机挫败红外制导导弹的攻击。

4.1.5 光电设备

在这里我们对红外和光电（EO）设备进行一个有点武断的区分，将接收辐射的红外能量设备与其他感兴趣的领域独立出来。这样一些红外设备工作在红外频谱内。在本章中讨论的光电系统及其应用（包括光电对抗）包括：

- 激光通信；
- 激光雷达；
- 激光测距仪；
- 用于导弹攻击的激光指示仪；
- 成像制导的导弹；
- 高功率激光武器；
- 微光电视；
- 日光电视。

4.2 红外制导导弹

在最近几次冲突中，红外制导导弹已成为最致命的威胁之一。主要是空空导弹、地空导弹及一些小型的肩射武器。红外导弹探测飞机（相对于冷天空）的红外特征并锁定三个红外波段之一中的能量。早期的红外导弹需要针对高温目标，因为需要"看到"飞机发动机内部发热部分才能取得较好的性能。这样就限定了它们只能从喷气式飞机尾部实施攻击。最近研制的导弹能够有效地对付温度较低的目标（羽烟、排气管、机翼加热的翼段或者飞机自身的红外图像等）。这使得它们能够从所有角度对所有类型的飞机发起攻击。

4.2.1 红外传感器

最初的导弹使用的是非制冷的硫化铅（PbS）探测器，要求目标位于 2～2.5μm 内（近红外波段）。这种类型的导弹会受到大量来自太阳光的干扰，严重制约了其空空作战战术。

现代的导引头使用了工作在中红外和远红外波段的硒化铅（PbSe）、碲镉汞（HgCdTe）等材料。这些导引头可以实现全方位的攻击，需要传感器采用氮冷却至约 77K。

4.2.2 红外导弹

图 4.6 是一个红外制导导弹的示意图。导弹的弹头是一个红外罩。这是一个用于遮盖导引头光学设备的球体防护物，由具有很好红外传输性能的材料组成。导引头感知红外源的角度位置并将误差信号发送至导引控制部分，通过送至陀螺舵的控制指令调整导弹使其对准目标。

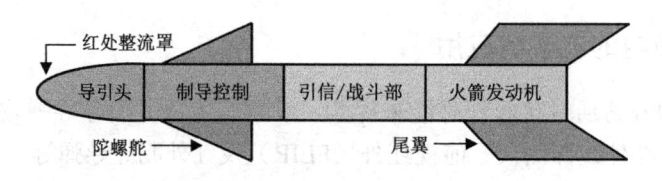

图 4.6 一枚热寻的导弹是由红外传感器的输入制导的

图 4.7 显示了一个简单红外导引头（以横截面的形式）的功能。两个镜面（一个主反射体和一个从反射体）围绕光轴是对称的。它们通过一个光环将能量聚集到红外传感单元上。图中没有显示的是滤波器，它限制了通过光环的信号的频谱，以及有可能使用的传感器冷却装置。

图 4.8 显示了一个旋转光环的样式。它通常称为"朝阳"方式，围绕着导引头的光轴旋

转。光环的上半部分分为非常高的传输部分和非常低的传输部分。红外目标显示在一个高传输部分。光环的另一半具有50%的传输率。这减少了红外传感器所需的动态范围。在光环旋转时，进入红外传感器的来自目标的红外能量将部分以方波的形式变化，如图4.9所示。波形的方波部分随着光环上半部分开始通过目标而开始。由于传感器知道光环的角度位置，所以在波形的方波部分计时它就能感知目标的方向。这使得导引能够进行纠正，调整导弹使其对准目标。

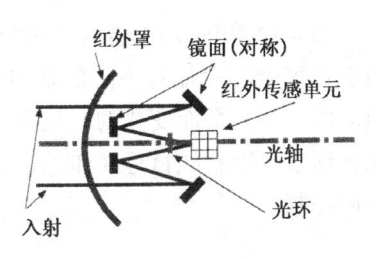

图4.7 红外导引头将接收到的红外辐射能通过光环聚焦到一个感知单元中

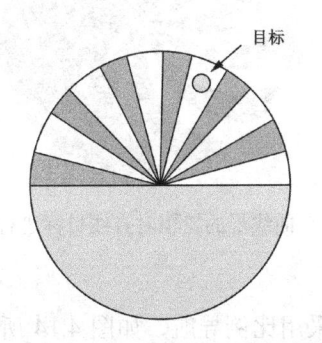

图4.8 光环对来自目标热源的能量调制成其位置相对于导引头的一个函数

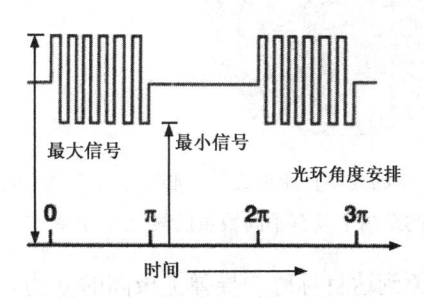

图4.9 旋转的光环产生了一个确定热源纠正方向的样式

图4.10显示了最大信号功率值，它与目标到传感器光轴的角度偏移量有关。当目标接近中心时，高传输部分不接纳整个目标。随着它远离中心，有更多部分的目标会通过。一旦整个目标都通过了，到红外传感器的峰值能量电平将不再增加。这意味着当目标距离光环中心相当近时，传感器将只提供成比例的纠正输入。这也意味着导引头没有办法鉴别接近光环外沿的高能量假目标。

图4.11显示了一个具有"马车轮"样式的非旋转的光环。为了生成控制信息，进入导引头的能量是下垂推动光轴的。如果目标位于光轴上，它将导致一个恒定幅度的能量方波到达传感器。但是，如果目标脱离了圆心，那么图像就要在一个如图所示的偏置圆上移动。这就造成了图下方显示的不规则的方波。控制组然后确定导弹必须在偏离窄脉冲的方向进行调整。

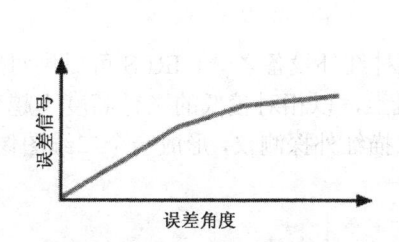

图4.10 一旦高传输部分足够宽能够通过整个目标，图4.8中来自光环的误差信号就将变平

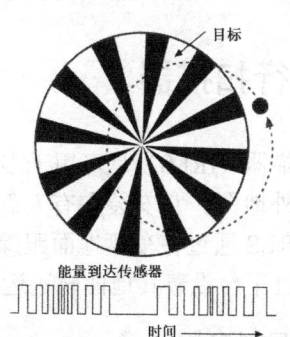

图4.11 "马车轮"光环保持固定，尽管固定目标的图像是下垂的，当目标远离光轴时导致一个不规则的脉冲样式

图 4.12 和图 4.13 显示了两个更复杂的光环类型。图 4.12 所示为一个多频率旋转光环。由于在每个环中都有不同数量的段，传感器所见到的脉冲的数量是以从光轴到目标的角度距离的一个函数而变化的。这支持了按比例控制。图 4.13 显示了一个具有曲线轮廓的旋转的光环以区别直线目标（如地平线），在不同的偏移角上有不同数目的轮辐以实现按比例的方向控制。

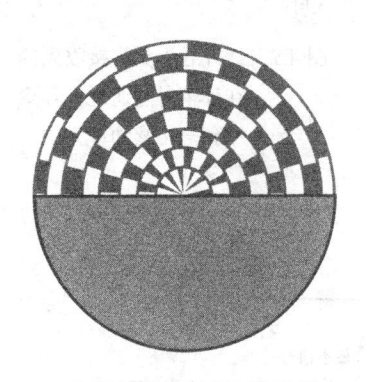

图 4.12　多频率的光环在距离旋转中心不同的距离上具有不同数量的段

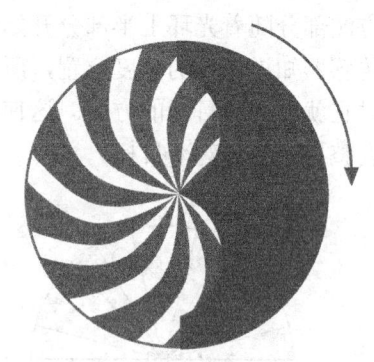

图 4.13　曲线形的轮辐对直线目标进行鉴别

为了避免到达目标时，导弹上极高的 g 力，导弹采用比例导航，如图 4.14 所示。如果飞机和导弹速度都是固定的，导弹速度矢量和其导引头光轴的一个固定偏移角（θ）将造成最合适的截获。如果导弹和飞机其中一个在加速（比如目标正在进行规避），要将导弹回归到适宜的偏移角必须进行修正。

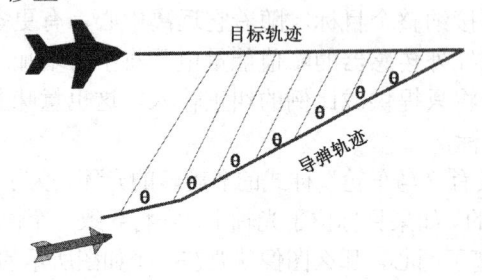

图 4.14　比例导航可以让导弹以最小 g 力去截获目标

4.3　红外行扫描器

红外行扫描器（IRLS）是可用于多种侦察应用的几种红外设备之一。IRLS 可提供对所覆盖区域的红外地图。它安装在有人驾驶飞机或无人机上，以相对较低的飞行高度飞越感兴趣的地区。IRLS 通过在车辆地面跟踪的角度增量上扫描红外探测仪，形成一个二维图像，而第二维是通过平台沿着其地面轨迹运动而提供的。

4.3.1　地雷探测应用

IRLS 有多种军事和民用用途，通过探测和定位地雷可以很好地理解 IRLS 的特点和局限性。这种探测地雷的方法是切实可行的，因为埋在地下的地雷将以与周围土壤（或沙地）

不同的速率获得或散失热量。这样，地雷在一天温度变化的时段中，比如在太阳刚落山后，就具有与四周不同的温度。但是，红外传感器的分辨率必须足以将地雷的温度同土地的温度区分开来，同时必须具有足够的角度分辨率，将其同埋在地下的其他物体（比如岩石）区分开来。

4.3.1.1 范例

假设埋藏的地雷直径大约 6 英寸，则传感器必须具有 3 英寸的分辨率才能以足够高的精度识别地雷。另外，假设飞机或无人机以 100 海里/小时（节）的速度飞行，IRST 按图 4.15 所示在地面径迹内扫描一个 60°的区域。最后，假设红外传感器具有 0.25mrad 的孔径，同时红外能量电平是采用 8 比特进行数字化的。因为土壤会具有一个相对很宽的温度范围，所以是需要这样的高分辨率的，而且可能需要进行任务后的分析以发现地雷与在此温度范围内任何一点土壤之间细微的温度差别。

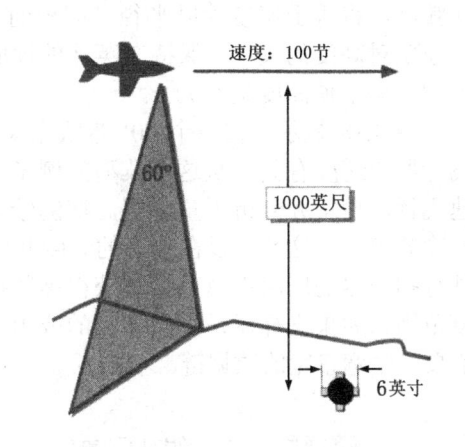

图 4.15　一架有人驾驶飞机或无人机正沿着其地面径迹对条状区域进行搜索，其红外传感器能够探测到 6 英寸大小的地雷。飞行器以 100 节的速度在距离地面 1000 英尺的高度飞行

首先，让我们确定飞机能够飞多高，仍能从传感器中获得所需的 3 英寸的分辨率。所要求的高度是：

$$\text{地面分辨率距离比} \sin(\text{传感器孔径角度})$$

在 0.25mrad 孔径角度，我们在 1000 英尺获得 3 英寸的分辨率。图 4.16 所示为 0.25mrad 传感器瞬时视野的地面分辨率与高度的比。

飞行物能够以任何速度飞行，但扫描率必须足够快，能够沿着飞行路径每 3 英寸就进行一个跨径迹的扫描。以我们所选定的 100 节的速度，该飞行物以 169 英尺每秒的速度飞过地面：

100×（6076 英尺/小时）/（3600 秒/小时）= 169 英尺/秒

每 3 英寸扫描一次需要每英尺扫描 4 次或者是在 100 节速度时每秒扫描 676 次。

红外传感器的采样也必须针对传感器在地面上以跨径迹扫描的方式每移动 3 英寸进行一次。跨径迹的地面覆盖宽度（条状宽度）是：

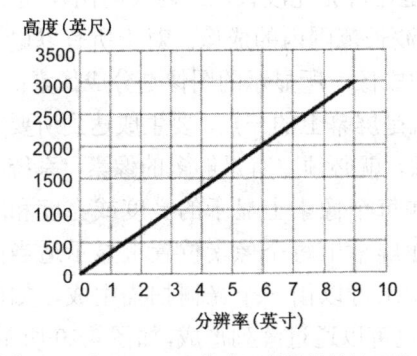

图 4.16　由 0.25mrad 传感器所提供的地面分辨率显示为所搜索地区上空高度的一个函数

2×sin(1/2×扫描角)×高度=2sin(30°)×1000 英尺=1000 英尺

每 3 英寸一个样本需要每个扫描进行 4000 次采样。采样率是 676×4000=270 万样本每秒。每个样本 8 比特，其数据率就达到 21.6Mbps。考虑通常 16%的数据上浮，这就变成了 25Mbps。

速度对高度的比值（V/H）是一个影响所需数据率的工作参数，用弧度每秒表示。为了理解这个单位的选取，考虑从飞机下方地面上的一个固定点来观察飞机。记住，弧度是半径沿着圆的周长运动，从圆心观察得到的角度。这样，对应的每个单位时间的角度，转换成弧度，将等于速度除以半径（即地面上的高度）。图 4.17 显示了一个 V/H 为 0.174rad/s 的速度对高度的关系（保持 3 英寸的地面分辨率距离，同时对特殊的地雷分辨率载荷以特定的数据率使高度最小）。

图 4.18 显示了在一个 60°带状宽度上获得地雷分辨率数据所需的数据率，它与高度和飞行器的速度有关。从这个典型的例子中可以看出，探测埋藏的地雷需要机载平台低空慢速飞行，搜集并分析大量数据。探测较大的目标（比如地下掩体中的坦克）需要小一些的角度分辨率。这就可以在较高的高度并以较快的速度和/或大的条状宽度进行。但是，在红外行扫描器的应用中总是希望获得高数据率的，因为需要获得细微的温度分辨率和大的温度范围。如果飞行器是无人驾驶的或由于其他原因，数据是链接到一个地面站的，那么就需要一个宽带宽的数据链。

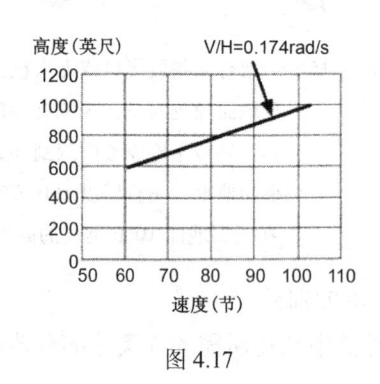

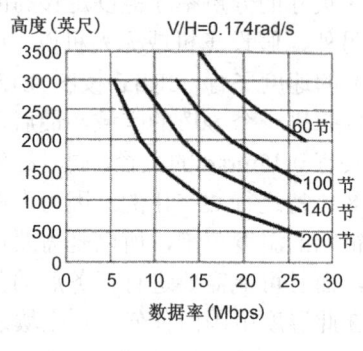

图 4.17

图 4.18

4.4 红外成像

成像包括对一个二维图像的捕获和显示。这可以是在可见光波长范围内（电视），也可以在不可见光波长范围内。这里我们关注的是在红外波长范围内的成像。对于所有以电子手段实现的成像，所显示的图像是分成像素的。一个像素就是屏幕上的一点。要生成达到所要求品质的图像，就必须要有足够多的像素。系统捕获并存储在每个像素上显示的亮度或亮度和颜色，然后在屏幕上每个像素位置上显示适当的值。屏幕显示可以由一个光栅扫描生成，如图 4.19 所示，也可以通过阵列形成，如图 4.20 所示。

如果一个成像系统是对地面成像，那么像素和地面上可分辨距离的关系如图 4.21 所示。如果系统是水平或向上成像，也可以应用同样的关系，但可分辨距离就是到各个观测物体的距离的函数。

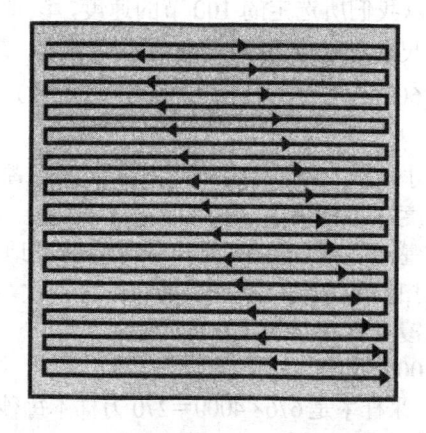

图 4.19 光栅扫描覆盖了一个二维场。每根扫描线上

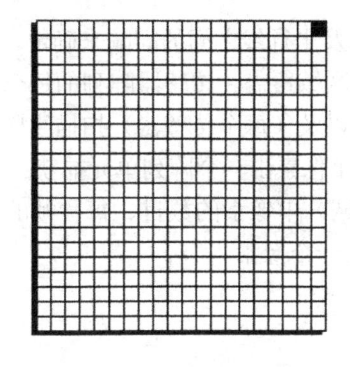

图 4.20　一组显示点可以形成一幅图，例如，液晶显示器部分。每个单元提供一个像素

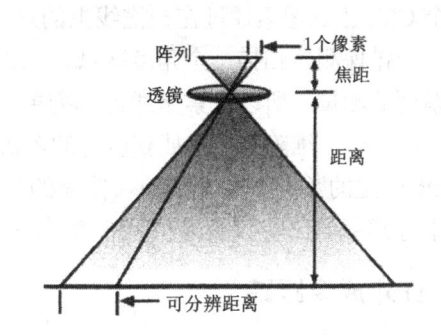

图 4.21　在一个成像显示器（或光栅）上的每个像素都代表了在观测物体距离上的一个可分辨距离

4.4.1　前视红外

前视红外（FLIR）系统捕获并显示一个二维温度场。它在远红外域工作，在这个区域任何物体都会辐射红外能量。通过区分物体和背景的温度，FLIR 可以让操作员探测并识别常见的物体。显示是单色的，每个像素的亮度代表了在所观测的场中该位置的温度。FLIR 相对可见光电视系统具有某些优势，就是它们能日夜工作。另外，由于它们能区分物体间的温度或红外辐射率，它们通常能发现在树丛或隐蔽物后的不为可见光电视所发现的具有军事意义的物体。

FLIR 可以采用如图 4.22 所示的串行或并行处理，即二维红外阵列。通过串行处理，FLIR 采用镜面在一个二维视角范围内以光栅扫描的方式扫描单个红外传感器的指向。整个场景出

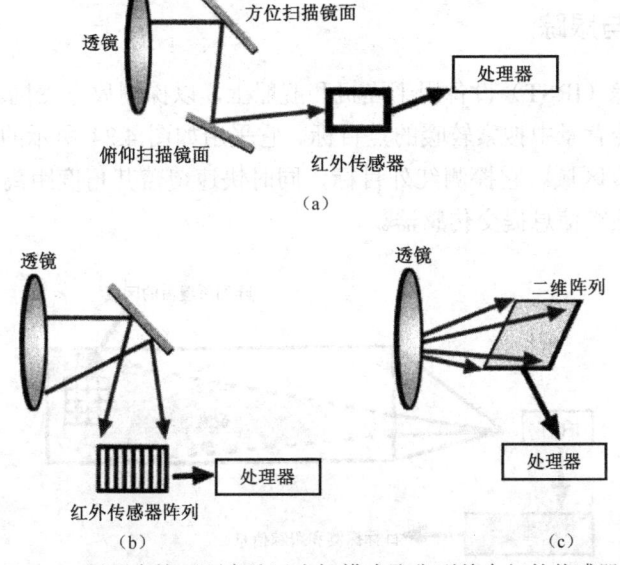

图 4.22　(a) 串行处理 FLIR 用两个镜面顺序地以光栅模式聚焦到单个红外传感器上。(b) FLIR 采用并行处理用旋转镜面在一个场景中扫描一个线性阵列，从而在每个传感器中生成一系列像素。(c) FLIR 使用一个二维红外传感器阵列瞬时捕获正在观测的整个场景

现在一个 CRT 上。像素通过在扫描线上的采样数量，以及平行线之间的间隔来确定。通过并行处理，一排探测器扫描一个角度区域，以提供二维的区域覆盖。传感器阵列的每个单元都进行一系列的测量，所以像素是通过阵列单元的数目，以及（每个传感器）扫描线样本的数目确定的。一个二维阵列一次捕获所有的覆盖区域，每个像素由一个阵列单元捕获。

FLIR 产生的数据率是一个帧（覆盖的二维角度区域）中像素的数目、每秒帧的数目和每个样本分辨率的比特数的乘积。注意，一个样本形成一个像素。

4.4.2　红外成像跟踪

一些现代的面对空导弹采用成像制导。在这种方法中，接近目标的区域是由一个工作在远红外区域的二维红外阵列观测的。中等温度的物体在这个区域辐射，所以该阵列观察较暖的飞机和较冷的天空之间的对比。处理器将观察来自阵列的大量像素的形状，显示出适当的对比度（如图 4.23 所示）。然后确定该像素分布证实为目标，并调整导弹朝向相应的方向。只需要一些像素就可以确定目标大致的大小和形状，并将它从更小的诱饵中区分出来（与需要大量像素形成高质量的图像不同）。

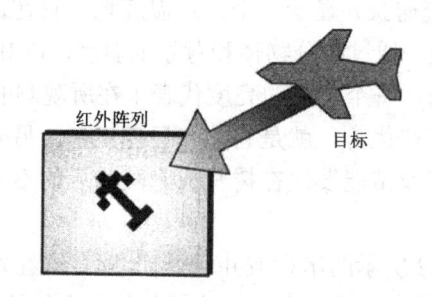

图 4.23　一个成像制导系统根据一些像素将其跟踪的目标区分出来

4.4.3　红外搜索与跟踪

红外搜索与跟踪（IRST）设备用于飞机和舰船上，以探测敌方飞机。IRST 并不采用成像，但也是在一个冷背景中搜索较暖的点目标。它采用如图 4.24 所示的一个红外传感器阵列扫描一个大的角度区域。它探测红外目标，同时快速覆盖其角度距离。然后，它提供必需的数据，将目标跟踪信息提交传感器。

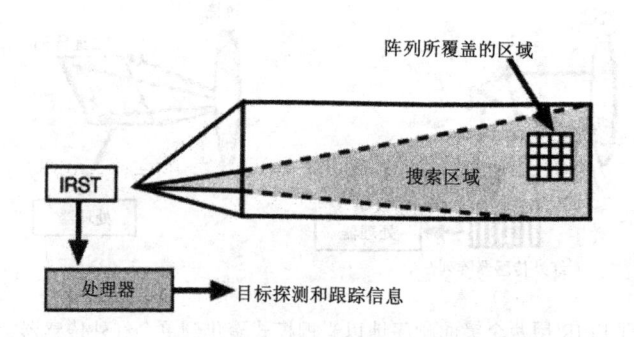

图 4.24　一个 IRST 传感器以小型阵列扫描宽角度区域，探测并跟踪冷环境下较暖的点目标

4.5 夜视设备

"沙漠风暴"行动于 1991 年 1 月 15 日夜晚开始。选择在那个特殊的日子开战毫无疑问有着复杂的政治和军事考虑。但是，当你意识到当天夜晚漆黑无月，就可以发现其中很明显的一个因素就是盟军具有在完全无光的黑夜作战的能力，而伊拉克的作战能力只能在白天才能发挥。

盟军在其部队中部署使用了大量夜视设备，并且经常进行战术训练。这些夜视设备有三代产品，完全是无源的，能放大非常弱的可见光，即使在有云层覆盖的无月的夜晚。

4.5.1 设备类型

夜视设备包括微光电视（L³TV）、卡车和坦克驾驶员的取景器、武器瞄准器，以及飞行员和地面部队所使用的夜视目镜等。这些设备与前视红外的区别在于前视红外接收物体辐射的红外能量，而夜视设备是放大物体反射的光。前视红外可以在完全黑暗中工作，而夜视设备需要一些（尽管很少）光。

光放大设备具有比前视红外便宜的优点，因此应用也广得多。另外，由于它们是在可见光范围内工作，为飞机和地面车辆的机动及部队在地面的移动提供了必要的线索。但是，由于夜视设备没有提供周围视觉，所以需要进行大量训练才能进行有效的战术应用。

4.5.2 传统的夜战

夜战一直都是军事行动的一部分，但这要取决隐身和个人感知的扩展。例如，考虑每个新入伍的步兵最不喜欢的训练演习——步兵排的夜间进攻。其过程就是在黑暗中尽可能地机动接近敌人。部队单列行进，每个士兵跟随队列中前一位士兵帽子后面钉的铝带。部队通过只使用红灯来阅读地图来小心地保护部队的夜视。要训练部队人员使他们的眼睛不断转动，同时使用对光更敏感的间接视力。如果你直接盯着黑暗中的一个物体（如同打枪瞄准那样），就可能削弱你的视觉。最理想的情况就是，部队能够在被发现之前就悄悄接近敌方，进入最后的攻击阵地（面向敌人）。然后，发射的照明弹将照亮战场，从而可以使用白天的战术（完全破坏其中每个人的夜视）。

拥有了现代夜视设备，部队就可以在完全黑暗中更快地移动，并且更精确地开火。

4.5.3 发展历史

在研制光放大设备之前，有一种叫做"狙击手瞄准镜"的装置使用了红外聚光灯和红外传感瞄准镜，在"完全黑暗"（指没有肉眼能够感受到的光）中发射武器。部队要求在聚光灯开启之前打开瞄准镜，这样就可以看见每一次闪光，打死那些不走运的敌人。你可以发现这些设备有着明显的缺陷，但目前还在战术车辆上使用。

在越南战争期间，被称作"星光瞄准镜"的第一代光放大设备投入使用，可以提供几百码距离的可见度，但要发出"鸣鸣"的声音同时在遇到一个明亮光源的情况下会因"开花"而遮住整个图像。

第二代技术（1980 年）包括安装在头盔上的目镜，用于直升机飞行员，以及机枪和其他由机组成员使用武器的瞄准镜。这些设备增大了作用距离，能从光饱和中快速恢复。但是，它们的管子寿命短，并且容易被驾驶舱中的灯光所饱和。需要使用蓝/绿仪表灯光并且在目镜上加装相应的滤光器。

第三代技术提高了灵敏度，减小了体积，延长了管子寿命，减少了"开花"现象，并且将可见度延伸到近红外区。红外功能让夜视目镜能够看见 1.06μm 的激光指示器。

4.5.4 频谱响应

图 4.25 显示了人眼对波长的相应反应，将第二代和第三代光放大设备的响应进行了比较。

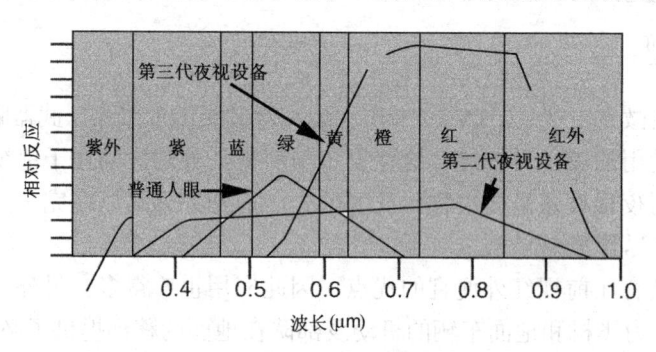

图 4.25　第三代夜视设备在可见光和红外区域中工作

4.5.5 实施

图 4.26 显示了第一代光放大设备的工作原理。光进入特别覆盖了电极的屏幕（倍增极）导致电子辐射，通过高压在真空中加速并且通过磁场保持聚焦。这些加速的电子通过撞击荧光屏被转换回光图像。要获得所要的放大需有三级。

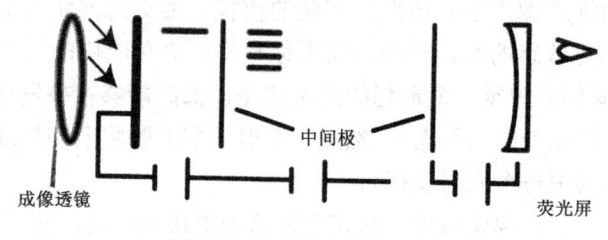

图 4.26　第一代光放大设备在倍增极中进行放大

图 4.27 显示出了第二代设备的工作原理。它们综合使用了真空设备和微通道板以取得必要的增益。

微通道板是具有 10^6 量级引导线孔的玻璃片。电子撞击管壁，撞出次级电子。次级辐射导致每个初级电子产生大约 $3×10^4$ 出射电子。这些次级电子被加速并在荧光屏上聚焦进行显示。

第三代设备在微通道板上取得所有的放大效果，如图 4.28 所示。管子是倾斜的，以确保原电子与管子的引线撞击。

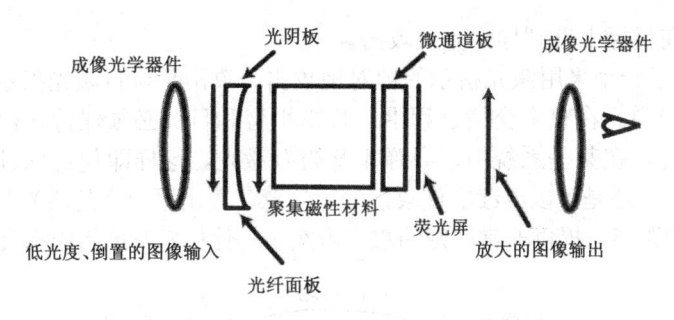

图 4.27　第二代夜视设备包含了真空和微通道技术

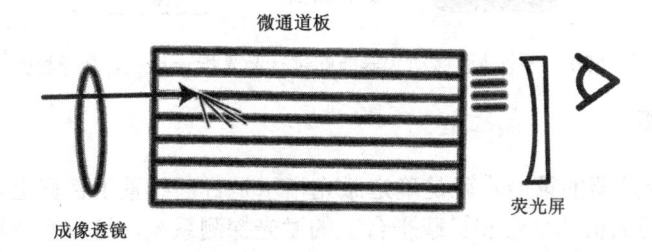

图 4.28　第三代夜视设备在一个微通道板上生成所有的增益

4.6　激光目标指示

激光指示器和测距仪长期以来都用于对付固定或机动的地面目标，目前也是直升机和固定翼飞机的巨大威胁。

4.6.1　激光指示器的工作

当激光照射到一个物体上时，来自物体表面激光闪射中就存在大量能量。具有激光接收机的导弹能够对这些闪射进行制导，实现特别精确的目标交战。通常，激光照射器（称作指示器）是编码的，提高了导弹中接收机对太阳闪光和其他能量干扰源的鉴别能力。

导弹必须要采取某种制导方案（多传感器、移动光环等），以提供到达目标的角度误差信号。其接收机设计用于只接收指示器波长的激光能量。它的处理电路以适当的编码进行量化并把角度误差信号转换为制导指令。

如图 4.29 所示，指示器并不需要位于攻击平台上。在这种情形下，一架飞机或无人机对目标进行指示，如果目标是移动的则还对目标进行跟踪。另一架飞机发射导弹，对来自目标的指示闪射进行制导。导弹是发射后不管的武器，可以让攻击飞机对多个目标进行交战同时在导弹发射后能够尽快离开该区域。进行目标指示的飞机必须与目标保持在视线范围内，

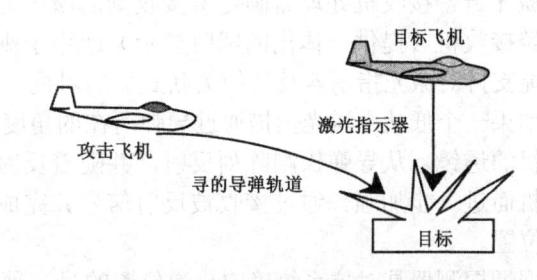

图 4.29　飞行平台置于目标上的激光指示可以让来自另一个平台的导弹对目标的闪射进行制导

从而使指示保持在目标上直到导弹完成攻击。

图 4.30 显示了一个采用激光指示的地对地攻击。攻击平台将激光指示置于目标上，同时发射激光制导导弹。在整个交战过程中，攻击平台和目标必须保持在视距内，以将指示置于目标上。但是，在某些系统中，导弹本身带有激光。这样即使目标进行机动以躲避处于攻击平台视线内，还是可以继续实施攻击的。注意，攻击平台上的激光测距仪能够非常精确地确定到目标的距离，提供非常严密的攻击方案——使任何对抗措施都会变得更加复杂。

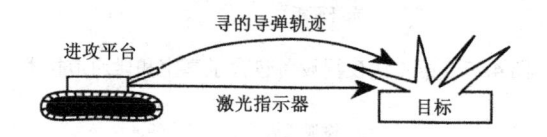

图 4.30 一个地面移动武器能够进行激光指示并发射制导导弹

4.6.2 激光告警

对抗激光制导武器的第一步就是确定激光指示是否已经置于目标上。这包括使用如图 4.31 所示的用于地面机动平台和机载平台上的激光探测系统。这些系统通常具有四个或六个传感器，分布在平台上。由于每个传感器覆盖视轴上 90°的范围，四个传感器就能提供 360°水平覆盖和大约±45°的俯仰覆盖。对于地面车辆，这样的覆盖范围通常已经足够。飞机通常具有六个传感器，基本上提供球形（4 球面度）覆盖。

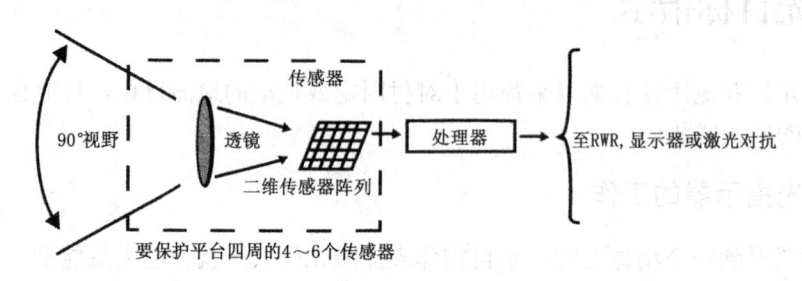

图 4.31 激光告警接收机探测激光指示器的存在、激光的类型及辐射源的方向

每个传感器具有一面透镜，能将入射激光聚焦到一个二维阵列上，该阵列能将激光的方向定位到一个单独的像素上（每个阵列 1 个像素部件）。如果使用多个传感器输出作为一个干涉仪的部件，那么就能取得更高的定位精度。

激光告警接收机处理器确定所接收到的激光的类型及到达方向。它将该信息传递给雷达告警接收机（提供一体化的威胁显示）或用于驱动其自身的威胁显示器。激光告警接收机也能支持对激光指示器及其相关联武器的对抗。

如果一个低功率激光扫描通过导弹所在的角度空间（如图 4.32 所示），激光将通过导弹接收机的透镜，从导弹探测阵列反射，并随着反射返回通过导弹透镜到达被防御设备上的接收机而进一步加强。通过接收被反射信号并完成到达方向分析，对抗系统将确定导弹的角度位置。

羽烟探测器是对抗系统确定导弹位置的另一种方法。

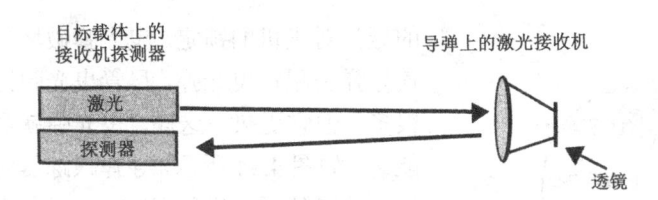

图 4.32 来自敌方接收机探测器的激光反射将由于两次通过敌方接收机的透镜而得到加强

4.6.3 对激光寻的导弹的对抗

对激光寻的导弹有有源对抗和无源对抗两种措施。

有源对抗（如图 4.33 所示）包括对导弹或指示器的对抗。由于导弹的位置可以通过探测其羽烟或者来自其寻的接收机的激光反射来确定，从而可以生成一个发射反导弹导弹的方案。指示器必须与目标位于视线距离内，这样精确的激光告警接收机将提供一个导弹发射方案去攻击指示平台（地面或空中的平台）。

导弹也能够通过使用高功率激光进行电子攻击，迷惑导弹接收机（饱和其传感器）或破坏其传感器。

如果一个较低功率的激光具有欺骗干扰信号，使导弹接收机将未校正的误差信号传递给导弹制导，将导致导弹偏离目标。

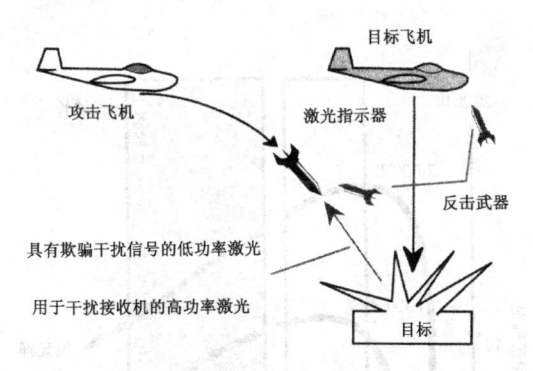

图 4.33 激光有源对抗包括对指示器或导弹的干扰、对抗，或迷惑其导弹接收机

无源对抗措施使目标模糊，让攻击平台难以对目标进行攻击并使激光难以正确地瞄准。模糊也降低了激光照射到目标上闪射的能量。最后，模糊将减少传送到导弹接收机的激光信号，使其不能获得制导必需的误差信号。

生成烟雾以模糊红外、可见光或紫外信号是一个重要的对抗措施。向地面目标喷水也可以在被保护的平台附近生成浓密的烟雾——这也会有效地对宽谱信号频率进行保护。

4.7 红外对抗

对红外制导导弹的对抗措施包括曳光弹、干扰机、诱饵和红外箔条。

4.7.1 曳光弹

对红外制导导弹的主要对抗措施是飞机投掷的高温曳光弹，它可以打破当前多种类型的导弹对飞机的锁定。曳光弹破坏导弹对飞机的锁定使导弹去跟踪曳光弹。尽管曳光弹比要保护的飞机小很多，但它更热。这样，曳光弹就会辐射更多的红外能量。如图 4.34 所示，导弹跟踪器对在其视野范围总红外能量的质心进行跟踪。由于曳光弹具有更多的能量，所以能量质心更靠近曳光弹。当曳光弹从被保护的飞机分离时，质心被拖引。一旦飞机离开了导弹的视野，导弹就去跟踪曳光弹。

较新型的武器采用所谓的"双色"跟踪器来克服曳光弹的能量优势。图 4.2 所示的黑体曲线显示出针对每个目标温度都存在一个独特的能量与波长的曲线。如图 4.35 所示，曳光弹在 2000K 时的频谱辐射相对于波长，同温度低得多的被跟踪飞机相比，具有差异非常大的形状。通过测量并比较两个波长的能量（即颜色），传感器能够有效确定所跟踪目标的温度。双色跟踪能够使其分辨更热的曳光弹并继续跟踪目标。这就极大地提高了所需对抗措施的复杂度。为了诱骗双色跟踪器，有必要使用一个大型的、处于正确温度下的投掷式物体，或是以其他方式诱骗导弹传感器，使其在所测的两个波长处接收到适当的能量比。

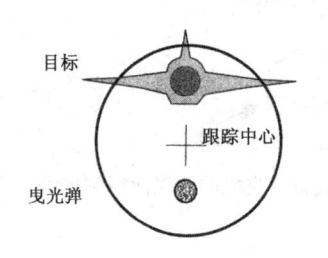

图 4.34 曳光弹具有比目标更多的红外能，导弹朝着其跟踪器中的红外能的中心进行调整。这样，导弹就被诱骗脱离目标

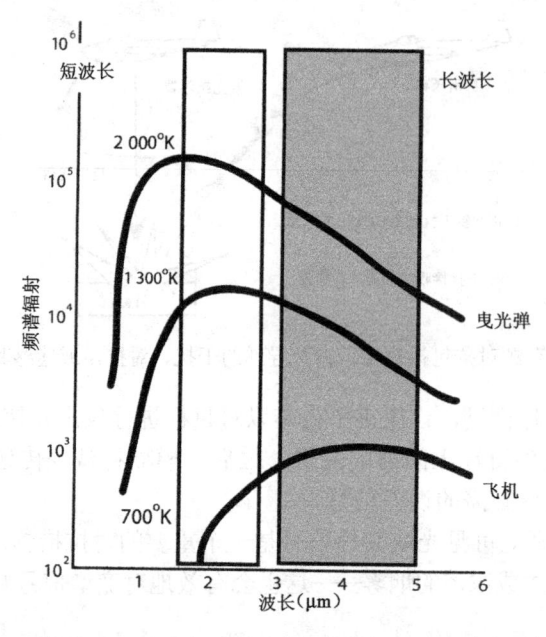

图 4.35 双色传感器通过在两个频率上比较能量从而确定目标的温度

曳光弹的不足之处在于它们是一次使用的，这样就限制了其使用数量。同样，由于它们非常热，具有很大的安全危害性，使其不能在民用飞机上使用。

4.7.2 红外干扰机

红外干扰机产生红外信号去攻击传递给红外制导武器上传感器的制导信号。它们提供与 4.2 节中所描述的通过光环的目标的红外能生成的红外信号相似的信号。当干扰信号和调制目标能量信号被导弹的红外传感器所接收时，它们就导致跟踪器产生不正确的制导命令。

红外干扰机的优化使用需要得到被干扰导弹导引头的旋转-遮断（spin-and-chop）频率。这可以通过用激光扫描导弹跟踪器来测量。红外探测器的表面是反射的，透镜给予了激光双重的优势（在进入和返回的途径上都要进行放大）。由于光环在传感器上移动（参见 4.2 节），反射信号的电平也要随之变化。这就让处理器能够重构到达武器红外传感器的能量方向图的波形和相位。

一旦确定了导弹的跟踪信号，红外干扰机能够产生一个如图 4.36 所示的错误的脉冲样式，它将使导弹跟踪信号生成不正确的控制命令，其方式与欺骗式射频干扰机的效果相类似。即使没有关于特定攻击导弹跟踪的直接信息，也要产生并发射通用的虚假跟踪信号。

红外干扰信号包括红外能的脉冲，它能够以几种方式生成。其中一个方式就是照射氙灯或弧灯。另一个方式就是将大量热材料（也叫"热砖"）按时间控制的方式暴露，如图 4.37 所示。机械快门让热砖暴露以产生所需的干扰信号。所有这些技术都在一个很宽的角度范围生成干扰信号以进行较全面的防护。

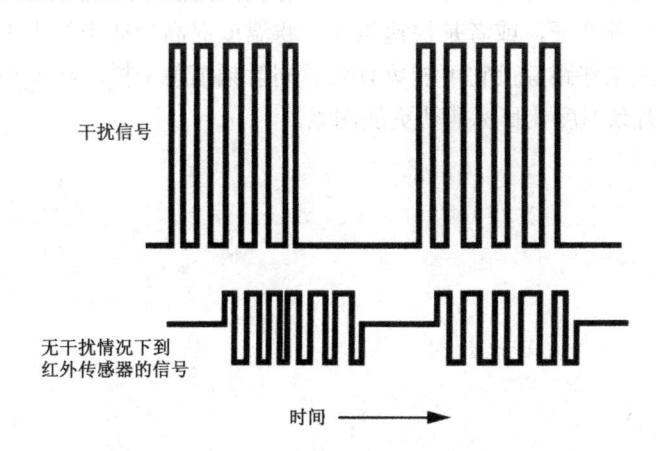

图 4.36　更强的干扰信号在导弹红外接收机中结合了目标的红外
特征，破坏了由导弹导引头处理的角度跟踪信号

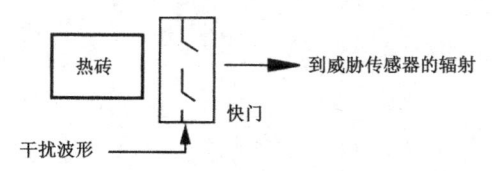

图 4.37　红外干扰机能够通过开启机械快门向威胁传感器
顺序地暴露"热砖"的热量从而形成干扰信号

第三种方式就是通过红外激光器来生成干扰信号。激光容易调制，能够产生很高电平的干扰信号，但是在带宽上很窄。这样，它必须要精确地指向它所要干扰的跟踪器。这就需要由具有高角度分辨率的红外传感器控制的波束调整。传感器通常对携载有跟踪器（比如导弹）的平台的红外特征进行探测。由于接收机端的高信号电平，红外激光干扰就能保

护大型平台。

注意，如果位于被保护目标上的干扰机不能欺骗导弹跟踪器，那它就反而会成为一个信标，提高导弹跟踪的精度。

4.7.3 红外诱饵

红外诱饵能够用于让各种被保护的平台摆脱红外导弹的跟踪。诱饵可以是固定的，也可以是机动的，从而对武器的跟踪器进行最优化的欺骗。在某些条件下，它们可以比曳光弹更大，以在较低温度下提供更多的能量。

诱饵辐射的红外能与固定或机动地面设备辐射的红外能在数量级上是相同的，能够饱和敌方的目标瞄准能力。

4.7.4 红外箔条

如果从飞机上或通过舰船发射的火箭投掷的材料具有很强的红外特征，它就像雷达箔条针对雷达控制的武器一样针对红外制导武器具有相同的防护能力。红外箔条能够燃烧或闷烧以生成适当的红外特征，或者是快速氧化，将温度提高到适当的水平。由于箔条云占据大片区域，在对抗某些跟踪上它可能更有效。同射频箔条一样，红外箔条能够用于打破导弹的跟踪或提高背景温度让目标捕获更加困难。

第 5 章 对通信信号的电子战

本章中,我们将讲述与通信信号有关的电子战,内容包括无线电传播、威胁环境的性质和各个信号的特征,还包括与通信信号相关的搜索、截获和干扰等问题的讨论。在战场态势中,战术通信环境是非常密集的,这是在所有通信电子战活动中都必须考虑的重要问题。

5.1 频率范围

战术通信主要在高频(HF)、甚高频(VHF)和超高频(UHF)频段进行,如图 5.1 所示。但是,固定的点对点、卫星和空地数据链通信信号也必须看做通信信号。表 5.1 列出了每种类型中通信链路的典型应用。

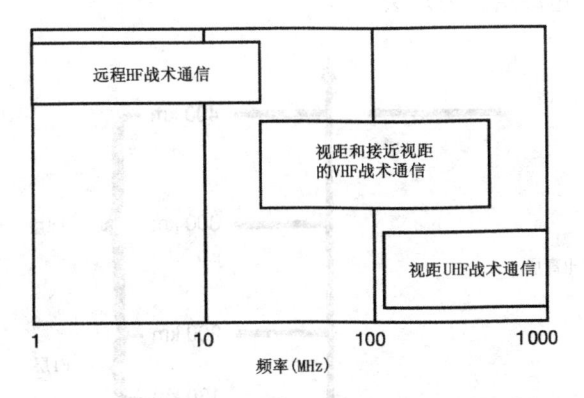

图 5.1 战术通信通常在 HF、VHF 和 UHF 频段中进行

一般而言,频率越高,通信链路就越依赖于发射机与接收机之间明晰的视线,但带宽也越大。对每个波段都有特殊的考虑。

表 5.1 通信链路

军事应用	链路类型	频率范围
战术指挥与控制(地面)	地面点对点和空地	HF、VHF 和 UHF
战术指挥与控制(空中)	空地和空空	VHF 和 UHF
无人机指挥和数据	空地、空中中继和卫星	微波
战略指挥与控制	卫星	微波

5.2 HF 传播

本节只是提供了一个对复杂 HF 传播的总体理解。HF 传播的特征会随着影响电离层的时间、季节、地点和条件(比如太阳黑子的活动)的变化而变化。Richard Groller 于 1990

年在《电子防御杂志》上发表了一篇非常优秀的文章"单站定位 HF 测向",这被认为是进行深入研究的起点。另外也可以阅读诸如《无线电工程师参考数据》这样的手册,这本手册包括了 HF 传播的典型曲线。最后,对于特殊的电离层条件、传播参数和其他范例,"联邦通信委员会"的网站上还有一些数据(http://www.fcc.gov)。

在本节中,我们将讨论电离层、电离层反射、HF 传播途径和单站定位设备的运行等。本节主要的参考文献就是 Groller 先生的文章及《无线电工程师参考数据》手册。

HF 传播可以通过视线、地波或天波进行。在存在视线的情况下,可以通过 5.3 节中的关于 VHF 和 UHF 的传播公式对传播进行预测。围绕地球的地波,与传播路径表面的品质密切相关。"联邦通信委员会"的网站上对这种传播模式有一些曲线。如果超过 160km,HF 传播就依靠电离层反射的天波。

5.2.1 电离层

电离层即为地表上空 50~500km 处的电离气体区域。它反射中高频范围的无线电传输信号。如图 5.2 所示,电离层分为几层:

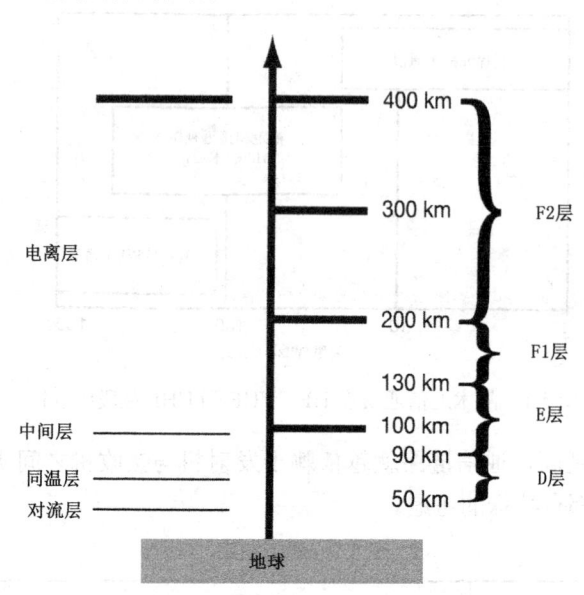

图 5.2 电离层被分为 D、E、F1 和 F2 层

- D 层位于地球上方 50~90km 处。它是吸收层,其吸收量随着频率的上升而降低。它在中午时分吸收量最大,日落后吸收量最小。
- E 层位于地球上方 90~130km 处。它在白天反射近、中距离的 HF 传播的无线电信号,其强度与太阳辐射有关,并随季节和太阳黑子的活动而变化。
- 离散 E 层是引发短期暂时性电离层的环境,它出现于夏天,主要位于东南亚和南中国海。它会导致 HF 传播的短期变化。
- F1 层从地球上空约 175km 处延伸到 250km 处。它只存在于白天,而且在夏季和太阳黑子活动剧烈期最强。这在中纬度地区最明显。

- F2层从地球上空约250km处延伸到400km处。它比较持久但变化很大，HF传播可在该层远距离、夜间传播。

5.2.2 电离层反射

电离层反射的特点是有效高度和临界频率。有效高度（如图5.3所示）是信号在电离层中明显的反射点。该高度可由声波探测器测得，它向上垂直发射信号并对往返传播时间进行测量。随着频率提高，有效高度增大，直到抵达临界频率为止。在临界频率处，传播信号将通过电离层。如果有更高一层的电离层，有效高度也就更高。

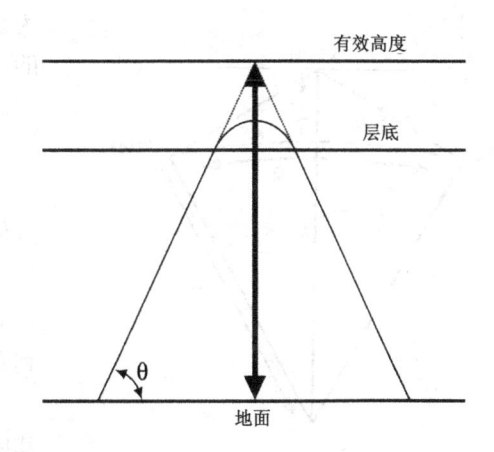

图5.3 电离层的有效高度是HF发射信号的明显反射点

发生反射的最大频率还与仰角（图5.3中的θ）和临界频率（F_{CR}）有关。最大可用频率（MUF）由下式确定：

$$MUF = F_{CR} + \sec(\theta)$$

5.2.3 HF传播路径

如图5.4所示，在一个发射机与一个接收机之间根据电离层环境不同而存在几条不同的传播路径。如果天波通过一个电离层，它可能被更高一层的电离层反射。E层可能有一次以上的反射，这取决于传播距离。如果穿透了E层，那么F层反射的次数可能达一次以上。在夜晚，可能会经F2层反射；而在白天，会经F1层反射。根据当地上空各电离层的密度，还可能从F层反射到E层，再反射到F层，最后回到地球。

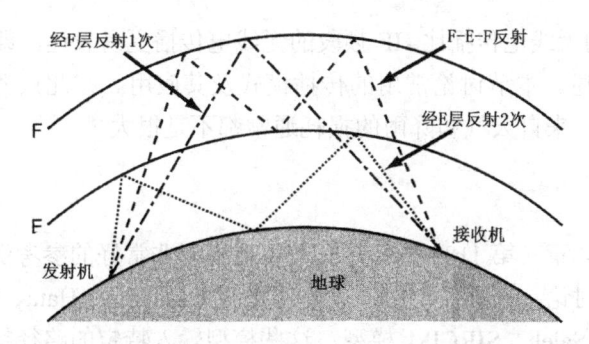

图5.4 从发射机到远处接收机存在几条可能的传播途径，这取决于信号频率、电离层条件及发射机/接收机的位置

所接收的天波传播功率可通过下式预测：

$$P_R = P_T + G_T + G_R - (L_B + L_i + L_G + Y_P + L_F)$$

其中，P_T为发射功率；G_T为发射天线增益；G_R为接收天线增益；L_B为发散损耗；L_i为电离层吸收损耗；L_G为地面反射损耗（多次反射）；Y_P为其他损耗（聚焦、多径、极化等）；L_F

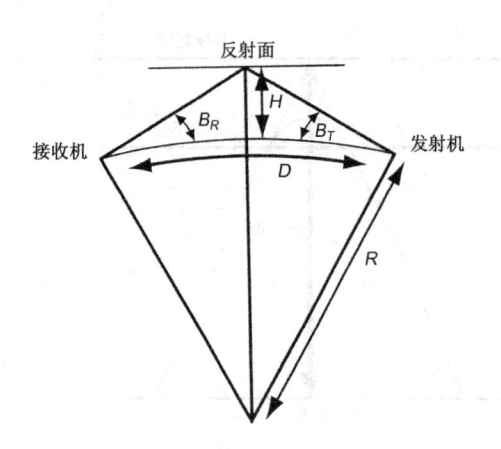

图 5.5 反射的地面距离与电离层高度、发射和接收的仰角范围有关

为衰减损耗。公式中所有项都是以分贝为单位的。

5.2.4 单站定位系统

单站定位系统（SSL）通过测量到达信号的方位和仰角来确定 HF 发射机的位置。测得的仰角是来自电离层的反射角。如图 5.5 所示，发射机的仰角与接收机的仰角相同，从单站定位系统到发射机的距离可由下式计算得出：

$$D=2R[\pi/2-B_R-\sin^{-1}(R\cos B_R/\{R+H\})]$$

其中，D 为从单站定位系统到发射机的地表距离；R 为地球半径；B_R 为在接收机处测得的仰角；H 为反射信号的电离层有效高度。

5.2.5 机载系统的辐射源定位

目前已有大量机载电子战和侦察系统设计用于通过视线来截获并定位 HF 发射机。视线信号和天波信号都抵达飞机，但路径长度上的差异将导致严重的多径干扰。这将使截获变得困难同时对辐射源定位系统的工作造成严重影响。

对这个问题的一个解决方案就是采用增益方向图在顶端为零的天线。例如，水平环状天线。由于视线辐射源离飞机相对较近，天波信号到达的仰角将非常高。这样，它们就会被天线增益方向图极大地衰减。

5.3 VHF/UHF 传播

VHF/UHF 频段的无线电传播比 HF 频段的无线电传播更易表述，即 VHF 和 UHF 传播可以更好地用公式描述。本节讨论常用的传播模式及其应用。在此只考虑与链路位置有关的损耗。在本频段内，来自大气和降雨的损耗通常都不是很大。

5.3.1 传播模型

《通信手册》第 84 章（第 1182 页）是有关传播模型非常好的参考资料。它对简单模型和复杂模型都进行了讨论。它涵盖了用于户外传播的 Okumura、Hata、Walfish、Bertoni 模型和用于户内传播的 Saleh、SIRCIM 模型。这些模型输入特定的路径特征，因此能为固定站通信提供有价值的信息，但它们在电子战中用处不大。电子战传播通常要应对包含大量真实和潜在链路的动态场景。因此，在电子战应用中通常采用自由空间、双线或刀刃绕射传播模型。

5.3.2 自由空间传播

如图 5.6 所示，自由空间传播（有时称为视线传播）模型适合于没有太大反射路径的传播。这种情况一般出现在高频和高空，在窄波束天线降低反射路径对传播的影响时也会发生。

自由空间传播的传播损耗由下式给出：

$$L=(4\pi)^2 d^2/\lambda^2$$

其中，L 为直接损耗；d 为距离（m）；λ 为发射信号波长（m）。

该方程广泛采用的 dB 形式为：

$$L=32.44+20\log(f)+20\log(d)$$

其中，L 为损耗（dB）；f 为发射频率（MHz）；d 为距离（km）。

注意，采用常数 32.44（通常也四舍五入为 32）需要距离以 km 为单位。如果距离是英里，常数则是 36.57（通常简化为 37），如果是海里，常数则为 37.79（通常简化为 38）。

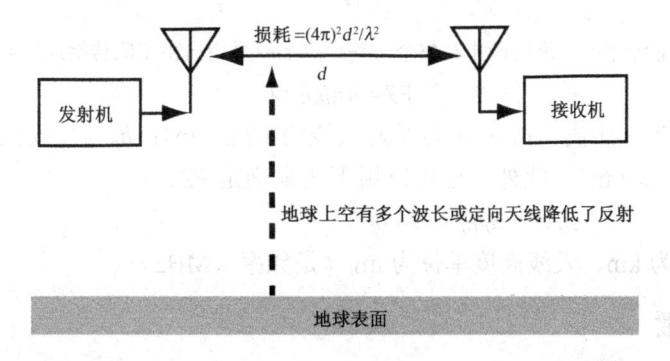

图 5.6 自由空间传播模型通常应用于高频和/或高空情况

5.3.2 双线传播

传播经地球反射一次时，一般采用双线模型。如图 5.7 所示，这种情况发生在信号频率较低和发射接近地球表面时。双线传播的传播损耗与频率无关，它可由下式求出：

$$L = d^4 / h_t^2 h_r^2$$

其中，L 是直接损耗；d 是链路距离（m）；h_t 是发射天线的高度（m）；h_r 是接收天线的高度（m）。

该方程的 dB 形式如下：

$$L=120+40\log(d)-20\log(h_t)-20\log(h_r)$$

其中，L 是损耗（dB）；d 是路径距离（km）；h_t 是发射天线的高度（m）；h_r 是接收天线的高度（m）。

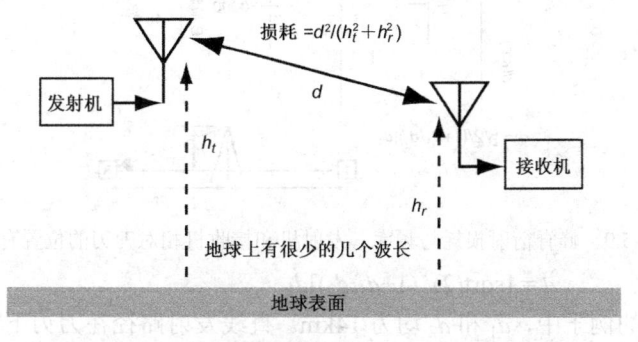

图 5.7 双线传播模型通常应用于较低的频率和高度

如图 5.8 所示，通过计算菲涅尔区（FZ）来确定采用哪一种传播模型。如果路径距离小于 FZ，则采用自由空间模型；如果路径大于 FZ，则采用双线模型。所选择的模型用于整个路径长度。注意，当距离等于 FZ 时，两种模型的传播损耗相同。计算菲涅尔区距离的公式如下：

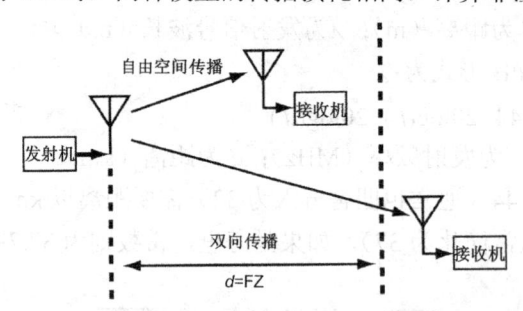

图 5.8 菲涅尔区距离可确定在整个传输距离上应采用自由空间传播还是双线传播

$$FZ = 4\pi h_t h_r / \lambda$$

其中，FZ 为菲涅尔区距离（m）；h_t 为发射天线的高度（m）；h_r 为接收天线的高度（m）；λ 为发射信号的波长（m）。此外，还可以用下式来确定 FZ：

$$FZ = (h_t h_r f) / 24\,000$$

其中，FZ 的单位为 km，天线高度单位为 m，f 是频率（MHz）。

5.3.4 刀刃传播

当传播路径接近峰脊线或没有完全越过它时，除了前面所述的传播损耗之外，还有一种损耗。这种损耗可以用图 5.9 所示的刀刃传播模型近似表示。注意，在刀刃的接收机一边的距离 d_2 必须等于或大于发射机一边的距离 d_1。距离 d 须由下式计算得出：

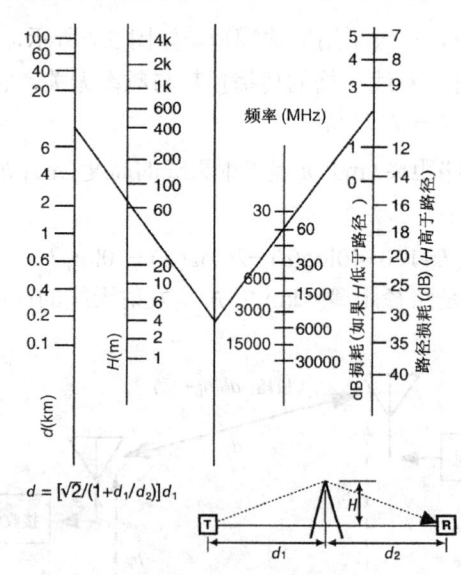

图 5.9 峰脊衍射损耗与频率、发射机和接收机相对刀刃的位置有关

$$d = [\text{sqrt}(2)/(1+d_1/d_2)]d_1$$

在图 5.9 所示的例子中，d_1 和 d_2 均为 14km。直线发射路径在刀刃下方 40m 处通过，发射频率为 150 MHz。

d 计算所得为 10km，所以从 10km 处开始经 40m 处画一条线到标示线。从第一条线的标示交点通过 150 MHz 频率在右边的刻度线上画出第二条线。这条线穿过 10dB，所以除了无障碍路径传播损耗外还有 10dB 的刀刃损耗。注意，发射路径从刀刃上方 40m 处经过而不是从刀刃下方 40m 处通过时，刀刃损耗为 2dB。

5.4 传播介质中的信号

在描述通信链路时，我们将离开发射天线的信号定义为有效辐射功率，单位为 dBm。从字面上来讲这是不正确的，因为 dBm 只定义在电路中。在传播介质（大气层或空间）中，信号是根据场强精确定义的，正确的单位为微伏/米（μV/m）。但是，用 dBm 来描述通过整个链路的信号电平非常方便，因此我们可采用一种方法使其可行，即采用由全向天线接收的以 dBm 为单位的功率来描述空间的信号电平，如图 5.10 所示。如果该理想天线接收到信号传输路径中任何位置的信号，那么天线的输出单位就是 dBm。

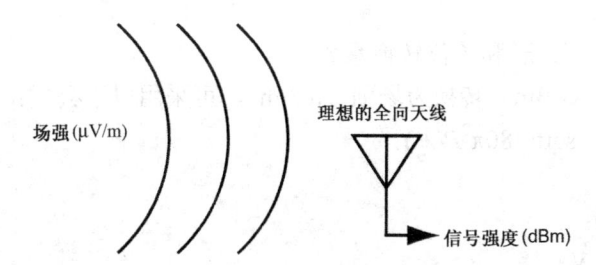

图 5.10 通过计算理想的全向天线所接收到的场强，将其转化为信号强度

由于接收机灵敏度和其他一些重要项可以用 μV/m 来描述，我们有时需要在场强和等效信号强度之间来回转换以方便解决传播问题。转换是通过将场强值平方，再乘以全向天线的等效面积，然后除以自由空间的阻抗来进行的。

天线的等效面积由下式求得：

$$A = G\lambda^2/4\pi$$

其中，

A = 天线面积（m^2）；

G = 天线增益（不以 dB 为单位）；

λ = 信号波长（m）。

对全向天线而言，增益为 1，所以其有效面积仅为 $\lambda^2/4\pi$。

天线面积的 dB 形式方程为：

$$A = 39 + G - 20\log(f)$$

其中，

A = 有效面积（dBsm）；

G = 增益（dB）；

f = 频率（MHz）。

39 是常数（dB），它包括光速的平方、4π 和单位转换系数。对全向天线而言，增益为 1（0 dB），因此有效面积（dBsm）为 39−20 log(*F*)。自由空间的阻抗为 120π。
以天线面积乘以场强的平方，再除以自由空间的阻抗即可获得下式：

$$P = E^2\lambda^2/480\pi^2$$

其中，

 P=信号强度（W）；

 E=场强（μV/m）；

 λ=波长（m）。

 注意，自由空间阻抗（单位：Ω）为分母部分。

 该方程的 dB 形式如下：

$$P = -77 + 20\log(E) - 20\text{Log}(f)$$

其中，

 P = 天线输出功率（dBm）；

 E =场强（μV/m）；

 f =频率（MHz）。

 −77 (dB) 包括了 c^2、π^2 和单位转换系数

 为了将信号强度（dBm）转换为场强（μV/m），可采用以下公式：

$$E = \text{sqrt}(480\pi^2 P/\lambda^2)$$

其中，

 E=场强（μV/m）；

 P = 信号强度（W）；

 λ=波长（m）。

 注意，欧姆单位在分子部分。

 该方程的 dB 形式如下：

$$E = \text{Antilog}\{[P+77+20\log(F)]/20\}$$

其中，

 E = 场强（μV/m）；

 P = 信号强度（dBm）；

 f=工作频率（MHz）。

 表 5.2 所示为各种频率在各种场强下的信号强度（dBm）。

表 5.2 各种场强、各种频率下的信号强度（dBm）

场强（μV/m）	信号强度@10MHz	信号强度@50MHz	信号强度@100MHz	信号强度@250MHz	信号强度@500MHz
1μV/m	−97dBm	−111dBm	−117dBm	−125dBm	−131dBm
3μV/m	−87.5dBm	−101.4dBm	−107.5dBm	−115.4dBm	−121.4dBm
5μV/m	−83dBm	−97dBm	−103dBm	−111dBm	−117dBm
10μV/m	−77dBm	−91dBm	−97dBm	−105dBm	−111dBm
50μV/m	−63dBm	−77dBm	−83dBm	−91dBm	−97dBm
100μV/m	−57dBm	−71dBm	−77dBm	−85dBm	−91dBm

5.5 背景噪声

图 5.11 所示为各种环境下背景噪声与频率的关系。它之所以被称为外部噪声是因为它并不是在接收机内部产生的。外部噪声是许多低功率干扰信号（如引擎火花塞、有轨电车、电机等）的辐射组合。注意，外部噪声在中频和高频段（MF 和 HF）是非常强的，同时会随着频率的升高而降低。

图 5.11 中的数据来自用全向天线在 10kHz 带宽内测量的数据。如果所接收的"噪声"功率用 μV/m 表示（同某些外部噪声图中的一样），那么就必须对它进行调整以使其适应接收机的带宽。由于该图表代表大于 kTB 的 dBm 值（包括带宽），所以它对所有的带宽都有效。

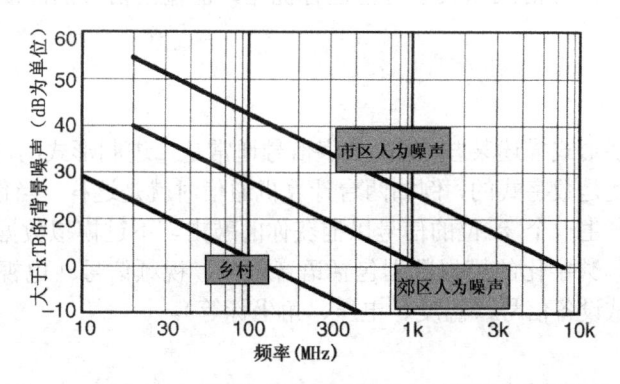

图 5.11　外部噪声电平与频率和接收机所处地区的特征有关

- 大气噪声主要来自闪电的放电。它与频率、一天中的时间、天气、季节及地理位置有关。
- 宇宙噪声来自于太阳和其他恒星。在银河行星中它是最高的。
- 市区和郊区噪声是来自引擎发动、电机、电子开关和高压线泄漏所造成的人为噪声。

外部噪声通过接收天线进入接收机，如图 5.12 所示。（注意 kTB 是在接收机内部产生的。）如果接收天线为鞭状天线、偶极子天线或具有 360°角度覆盖的类似天线，则图 5.11 是适用的。但对窄波束天线而言，通常低得多的电平更适用。在确定接收信号所能达到的信噪比时，可将外部噪声加到内部 kTB 噪声上。

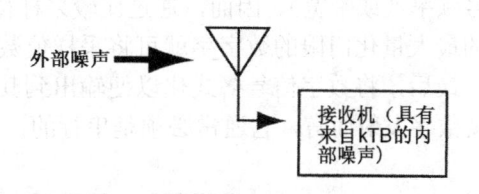

图 5.12　外部噪声加到接收机内的 kTB 噪声上，以确定接收信号时可达到的信噪比

5.6 数字通信

越来越多的通信正在变为数字通信。计算机之间的通信当然是数字式的，但目前的话音通信系统和视频通信系统通常也以数字信号的方式发射。

高度保密的加密信号和某些类型的扩谱发射需要采用数字通信。数字信号可以被有效地放大并发送至一个或多个预定的接收方，还可以采用各种检错和纠错方法来防止它受到有意或无意的干扰。

数字通信的好处在于只要维护得当，通过改变格式、顺序链路传输，以及存储/读取周期等多种方法都可以维持信号的质量不变。其缺点是，一旦信号被数字化，尽管经过处理可以针对特定应用对信号格式和表示特性进行优化，但输出信号的品质在经过后续处理后不会变得更好。

5.6.1 数字信号

数字信号以数字形式描述某些信息。数字信号通常是二进制形式的，即一连串的 1 和 0。有些发射信息本来就是数字式的，例如两台计算机通信时就是这样。当你敲击 PC 键盘上的按键时，计算机就产生一个 8 位的信号以捕获你的敲击。不过模拟数据也被转换为数字形式进行发射。通常，数字化的模拟数据包括语音信号、视频信号（电视、红外扫描仪输出或雷达输出）和测试设备信号（温度、电压、角坐标等）。

5.6.2 数字化

数字化是一个复杂的领域，在此仅涉及非常基本的层次以支持后面对传播和电子战的讨论。有许多非常好的资料对数字化进行了更详细的介绍，Phillip Pace 所著的《数字化接收机的先进技术》一书就是其中之一。

"数字转换器"一般称作模数变换器，即 ADC。如图 5.13 所示，模拟信号的数字化从信号的采样开始。所采用的采样速率决定了可以在数字数据中保存的采样信号中的最大输入信号频率（或带宽）。因而，通过比较采样值（即信号幅度）与量化门限，并生成描述所超越的最大量化门限的数字字就可将采样值数字化。然后，将采样电路清零以接收另一个样本。最后，将数字信号格式化以便输出到其他电路。它既可以是并行的，也可以是串行的。就数字发射而言，它通常必须是串行的，即用一连串连续的 1 和 0 表示每个样本。

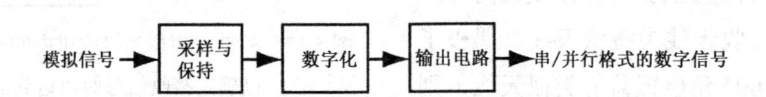

模拟信号 → 采样与保持 → 数字化 → 输出电路 → 串/并行格式的数字信号

图 5.13 模拟信号的数字化包括采样、采样信号幅度的数字化，以及串/并行数字信号的格式化

图 5.14 给出了在图示点进行采样并数字化为 4 位分辨率或 16 个量化值的模拟信号。换句话说，在每个采样点的模拟信号的幅度用 4 位数字字来表示。注意，模拟曲线用下面几个数字值表示：0000，0000，0011，0100，0101 等。该图有几个重点：

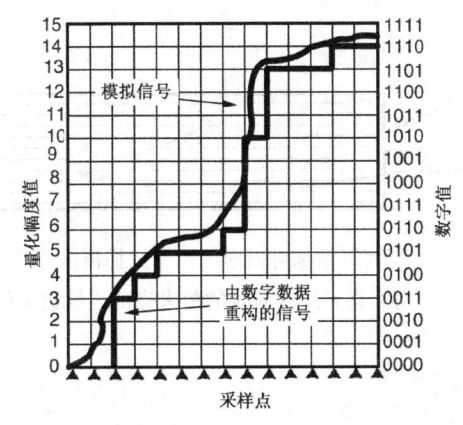

图 5.14 一旦信号被数字化，其精度就会受到量化分辨率的限制

- 采样速率决定了所捕获曲线的最大频率分量。描述这种结果的另一种方法是假定采样速率足够快，能捕获所关注曲线的任何特征。一旦该曲线被数字化，它只能被精确地再现为阶梯型"重构"曲线。虽然可以去除该曲线的拐点，但却无法精确再现原来的模拟信息。
- 每个字的位数限定了捕获输入信号幅度的分辨率。这将决定重构信号的"信噪比"和动态范围。信噪比之所以用引号标示，是因为尽管本文使用了这个术语，但它实际上是信号－量化值之比。
- 每个样本的位数还确定了数字化信号的动态范围。动态范围是最大信号与当最大信号出现时也能恢复的最小信号间的比值。因此，如果所构成的系统使最大信号为 1111，则所捕获的最小信号必须至少为 0001，即幅度的最低有效位为 1。

下面给出一些有关上述值的公式。

最大捕获频率（或带宽）与采样速率（称为奈奎斯特速率）的关系：

$$f_{max} \text{ 或 } BW_{max} = \frac{1}{2} \text{（采样速率）}$$

等效输出信噪比：

$$SNR = 3 \times 2^{2m-1}$$

其中，SNR 的单位不是 dB，m 为每个样本的位数。该方程的 dB 形式如下：

$$SNR(dB) = 5 + 3(2m-1)$$

动态范围为：

$$DR = (2^m)^2$$

其中，DR 为动态范围（单位不是 dB），m 为每个样本的位数。该方程的 dB 形式如下：

$$DR(dB) = 20 \log_{10}(2^m) = 20 \log_{10}(\text{量化电平数})$$

5.6.3 数字化图像

如图 5.15 所示，图像区域一般用 TV 摄像机或类似设备扫描以观测整个屏幕，每次一个小点。捕获的每个点就是一个像素。每个像素的信号值均被数字化，例如，TV 摄像机在每个像素处捕获红、绿、蓝幅度值。所以，数字信号对位于每个像素的每种颜色的幅度都有一个数字字。

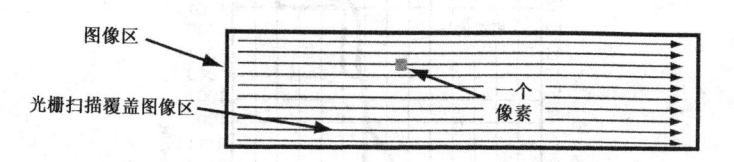

```
        图像区
           ↘
    ┌─────────────────────────────┐
    │ ━━━━━━━━━━━━━━━━━━━━━━━━━━▶ │
    │ ━━━━━━━━━━━━━━━━━━━━━━━━━━▶ │
    │ ━━━━━━━━━━━━━━━━━━━━━━━━━━▶ │
    │ ━━━━━━━━━━━━■━━━━━━━━━━━━━▶ │ ← 一个
    │ ━━━━━━━━━━━━━━━━━━━━━━━━━━▶ │   像素
    │ ━━━━━━━━━━━━━━━━━━━━━━━━━━▶ │
    │ ━━━━━━━━━━━━━━━━━━━━━━━━━━▶ │
    └─────────────────────────────┘
         ↗
光栅扫描覆盖图像区
```

图 5.15 任何图像都可以通过光栅扫描覆盖并数字化
每个像素所观测到的值来完成连续数字化

5.6.4 数字信号格式

发射数字信号时，需要附加信息才能正确复原信号。

- 由于发射数据是连续的 1 和 0 数字流，所以必须有同步的方案以便接收设备判定是哪一位，同步后，发射被编组为帧和子帧。同步只需要在发射开始或发射几个帧后周期进行。
- 当数据流包含的数据用于一种以上用途时，如到特定操作者的信息或到特定读出器的数据，地址位要将数据指向正确的接收机。
- 数据位包含要发射的信息（一段语音、图像、计算机数据等）。
- 增加奇偶校验位以探测发射过程中引入的不正确位。还可以在接收机中采取一些措施来校正错误位，有关这个问题将在后面章节中详细讨论。

图 5.16 所示为数字数据发射的一种典型格式。发射位中除数据位外的部分通常被称为"附加位"。附加位的典型位数为全部发射位数的 10%到 50%以上。

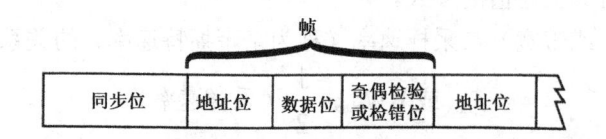

```
                    ┌──── 帧 ────┐
  ┌──────┬──────┬──────┬────────┬──────┐
  │同步位│地址位│数据位│奇偶检验│地址位│
  │      │      │      │或检错位│      │
  └──────┴──────┴──────┴────────┴──────┘
```

图 5.16 发射的数字数据必须附带有用于同步的附
加位，通常还有寻址和纠错的附加位

5.6.5 数字信号的射频调制

为了发射，数字信号必须加调在射频（RF）或激光载波信号之上。我们将重点讨论射频调制，但它同样适用于红外或光波的发射信号。本节的目的并非要全面讲述数字调制，而是对后面讨论探测、干扰并截获数字威胁信号，以及保护己方数字信号提供足够的支撑信息。

5.6.5.1 数字调制

图 5.17 所示为一个简单数字调制的例子。这是一个移幅键控（ASK）调制。射频载波是调幅（AM）的，以便携载数字信息。在这种情况下，发送"1"期间的信号幅度大于发送"0"期间的信号幅度。接收机检测到该调幅信号时，其视频输出与一门限进行比较评估

以重新生成原始数字信号。当然，每个发射位通常都存在多个周期的射频载波信号。

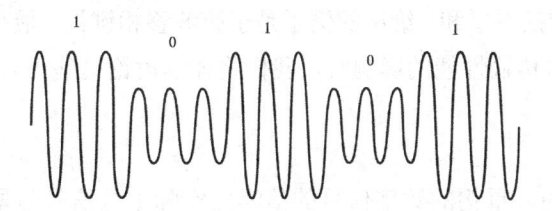

图 5.17　在移幅键控（ASK）信号中，射频波形是调幅的以携带数字调制信息

同样，移频键控（FSK）信号在一个频率上发射"1"，在另一个频率上发射"0"。移频键控信号既可以是相干的（两个频率均源自一个振荡器），也可以是非相干的。

相位调制也广泛应用于数字通信中。这种调制要求接收机有一个基准振荡器。它可以确定入射信号是否与该振荡器同相或与所接收信号的瞬时相对相位同相。图 5.18 所示为一个二进制移相键控（BPSK）信号。由于它是二进制的，因此两个发射相位相隔 180°。根据定义，相位调制必须是相干的。

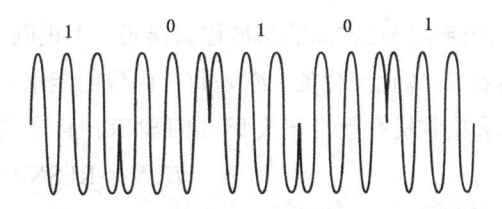

图 5.18　在二进制移相键控信号中，射频波形的一个相位携带"1"，另一个相差 180°的相位携带"0"

还有两个以上指定相位的移相键控信号。图 5.19 所示为正交移相键控（QPSK）信号。它有四个确定的相对相位（0°、90°、180°和 270°），每个相位代表两位数据。图中的 0°代表"1，1"，90°代表"1，0"，180°代表"0，1"，270°代表"0，0"。在发射信号相位期间，每个周期称为一个波特（baud）。在先前的例子中，一波特携带一位数字数据，而在 QPSK 信号中，一波特携带两位数字数据。更复杂的相位调制有许多特定相位，因此一波特可携载更多位数的数字数据。例如，如果有 32 个特定相位，每一波特将发射 5 位。这叫做"32 进制移相键控"。

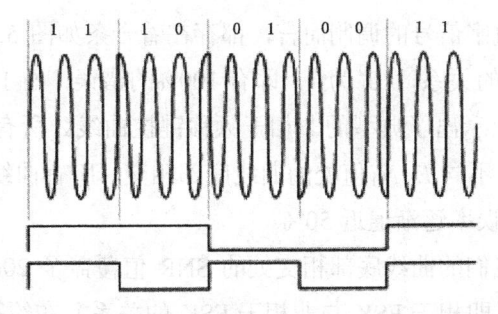

图 5.19　在正交相移键控信号中，射频波形可以有四个相位。每个相位代表两位数字信息

5.6.5.2　频率有效的数字调制

在这些例子中，所示信号波形均在"1"和"0"调制状态之间瞬时移动。因此，需要

很大的射频带宽来携带调制信息（处理快速转换的频率内容）。还要有许多频率有效的调制方法，以使状态间的转换更平和。给出的例子是正弦波移相键控、最小移动键控等。在 5.6.8 节论述所需带宽对信号传输性能的影响时，我们将详细讨论这些内容。

5.6.6 信噪比

正如前面所讨论的，重构的数字信号的信噪比实际上是信号与量化噪声之比。它与描述信号波形的量化位数有关。在前面所有对信号发射的讨论中，接收机的灵敏度是通过所需要的检波前的信噪比来定义的（我们称作 RFSNR，在大多数技术文献中它也被称作 CNR）。对于数字信号，接收机的输出信噪比由信息的初始数字化设定。但是，除非所接收的位数与发射位数相同，否则无法恢复该数字信息。

未能正确接收到的位被称为误码。不正确的位与所有发射位的比被称作"误码率"，它是随着 E_b/N_0 而变化的。E_b 是每一码位的能量，N_0 是每赫兹带宽的噪声。这个关系是通过比特率和接收机有效带宽改变的 RFSNR。其公式为：

$$E_b/N_0 = \text{RFSNR} \times \text{带宽}/\text{比特率}$$

采用 dB 形式则为：

$$E_b/N_0(\text{dB}) = \text{RFSNR(dB)} \times 10\log(\text{带宽}/\text{比特率})$$

在任何数字传输系统中，所要求的误码率是特定的。但是，它可以用不同的方式进行描述。比如，它可能是"每小时一个不正确的标准信息"。通过用标准信息来考虑比特数及信息发送时的速率将其转换为误码率。

5.6.7 误码率与 RFSNR 的关系

接收到的信号噪声会导致接收信号调制电平的变化，例如，使正交相移键控信号的相位不是精确的 0°、90°、180° 或 270° 相位值。这意味着在接收机确定相位时，有时候会出错。信噪比（噪声是随机的）越低，错误率越高。

对每一种用于携带数字信号的调制而言，都存在着一条如图 5.20 所示的曲线。它表示误码率与接收机中 E_b/N_0 的关系，10^0 为 1，即有 100% 的错误，而 10^{-6} 为每百万个接收位中有一个错误。该图实际上示出了典型的非相干频移键控曲线。所有的曲线都具有差不多同样的形状，但是它们将在不同 E_b/N_0 值处的曲线底部相交。所有曲线都具有一个特性，即随着 E_b/N_0 变得很大，其错误率逐渐逼近 50%。

各种调制的曲线与我们的曲线底部相交处的 SNR 值覆盖了 20dB 以上的范围。重要的是特定调制的相干形式（即相干 FSK 与非相干 FSK 的关系）在约小于 1dB SNR 处将提供相同的误码率。注意达到特定误码率所需要的 E_b/N_0 与相移键控（相反信号）的差别要比频移键控（正交信号）所需要的要小 3dB。

这些曲线也与检波前信噪比（RFSNR）有关。按这种方式绘制曲线时，是假定存在理想的比特率和带宽之比。

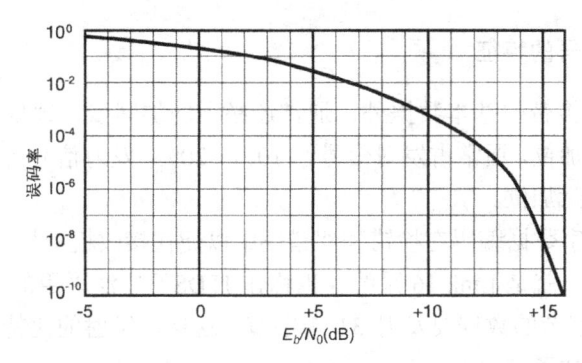

图 5.20 数字调制射频信号的检波前信噪比决定了从信号复原的数字数据的误码率。
对于每一种用于携带数字信号的射频调制，都定义了类似的曲线

5.6.8 数字信号需要的带宽

数字调制的射频信号的频率扩展具有这样一个特点，其形状取决于发射数据的比特率。数据率越高，发射所需的频率带宽就越大。

5.6.8.1 数字调制频谱

图 5.21 是在频谱分析仪上所显示的一个二进制移相键控信号的发射射频频谱。频率响应的主瓣位于图形两端两个零点之间。

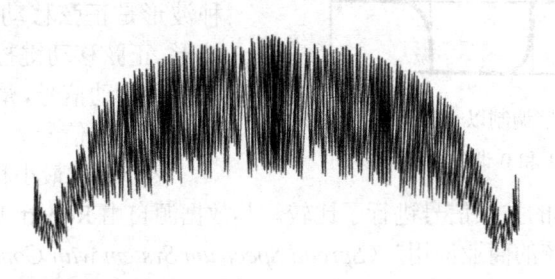

图 5.21 数字调制射频信号具有一个由比特率确定的特征形状

该信号有一个 sinx/x 型的频谱图。如图 5.22 所示，主瓣的宽度为"两倍比特率"（以 1Hz/bps 的速率转换为射频）。频率副瓣是主瓣宽度的一半，且与主瓣相距一频率间隔。该图只示出了主瓣和第一副瓣。数字信号的带宽通常取主瓣中能量较峰值（载频）低 3dB 处的两个频率间距离。但是，所接收的比特形状取决于发射信号的高频分量，因此需要更大的发射带宽。

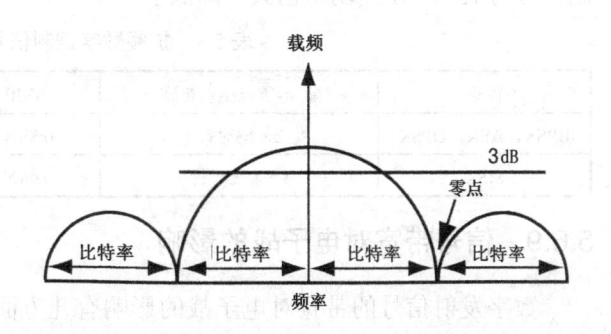

图 5.22 典型的数字调制信号零点到零点的频率带宽是比特率的两倍，以 1Hz/bps 的速率进行转换

5.6.8.2 扩谱信号的特征

数字比特流除了携带的基本数据外，通常还必须增加同步、地址和奇偶校验位。这些额外增加的位称为附加位，通常占发射信号的10%～20%。发射信号的带宽由实际发射的比特率决定，包括这些附加位。

有时，需要将数字数据编码在检错和纠错码中以便在接收机中校正发射中引入的误码。这种码的典型代表之一就是 Link 16 系统（也称作 JTDS）广泛采用的 31/15 "里德/所罗门" 码。这种码对 15 个字节的数据要发射 31 个字节。这样，发射的比特率增加了两倍多，所需要的带宽也相应增加了。

5.6.8.3 有效频率调制

在 5.6.5 节我们讨论了移幅键控（ASK）、二进制移相键控（BPSK）和正交移相键控（QPSK）调制。对它们只以所调制的信号携带 "1" 和 "0" 值的方式进行了表述。假设调制在两个值之间迅速移动，那么将导致调制中出现非常高的频率分量，从而导致频谱的副瓣携带大量的能量。

图 5.23 所示为两种旨在降低较高频率分量的调制，从而在较小的带宽中能携带较高质量的信号。在时域中所示出的两种波形是正弦移动键控和最小移动键控波形。正弦移动键控以正弦方式在二进制值之间移动信号，最小移动键控沿最小能量曲线移动信号。

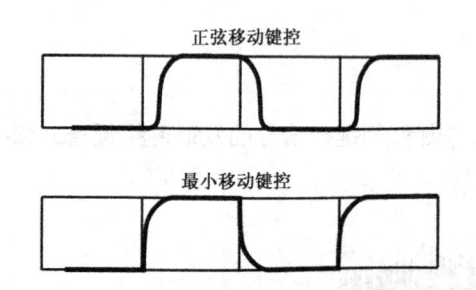

图 5.23 频率有效的数字调制以一种降低高频部分电平的方式在 1 和 0 调制值之间移动

表 5.3 对最小移动键控信号的扩频信号和其他数字调制波形的扩频信号进行了比较。其数据源自由 Robert Dixon 所著的一本非常优秀的教科书《扩谱系统的商业应用》（*Spread Spectrum System with Commercial Applications*）。注意，BPSK，ASK 和 QPSK 的 3dB 带宽等于时钟速率的 88%（与零点-零点主瓣带宽的两倍时钟速率相比）。对 MSK 信号而言，零点-零点带宽和 3dB 带宽只有携带同样数据率的常规调制信号的 75%，副瓣功率也大大降低了。

表 5.3 扩频数字调制信号波形的比较

波形	零点-零点主瓣带宽	3dB 带宽	第一副瓣	滚降率
BPSK，ASK，QPSK	2×码时钟	0.88×码时钟	−13dB	6dB/倍频程
MSK	1.5×码时钟	0.66×码时钟	−23dB	12dB/倍频程

5.6.9 信号带宽对电子战的影响

数字发射信号的带宽对电子战的影响有几方面。其中最明显的是接收机带宽是其灵敏度的主要决定性因素。接收机灵敏度是接收机可以接收并能正常工作的最小信号。接收机灵敏度等于 kTB、接收机噪声系数和所需信噪比之和。在大气层中，kTB（接收机的热噪声）可用下式计算得出：

$$kTB = -114\text{dBm} + 10\log(\text{带宽}/1\text{MHz})$$

这样，较宽的带宽，通过降低其灵敏度，需要额外的发射功率在任意给定的作用距离上提供充分的通信。

当（在电子支援或电子情报系统中）接收敌信号时，灵敏度决定了可正确截获并确定辐射源位置的距离。

另外，更细致一些的是必须采用低截获概率（LPI）特征保护通信系统。LPI 特征包括有意扩展发射频率的带宽。LPI 扩展系数越大，信号就越难被捕获、定位或干扰。由于高速率数字信号占据的带宽较大，所以很难在突破放大器和天线带宽限制前获得较大的 LPI 扩展比。对 LPI 信号，在 5.7 节中将有专门的讨论。

检错码降低了某些类型的干扰对数字信号的影响。尽管纠错码可以提高通信接收机中的信噪比，但是，纠错码所需的额外带宽对性能的破坏通常大于提高 EDC SNR 对性能的改善。但是，当通信中存在一些诱错因素时（来自低误码率的干扰或影响），EDC 通常有较大优势。在本章后面，我们将详细讨论这些码及其对通信干扰的影响。

5.7 扩谱信号

在本节中，我们先概述一下低截获概率信号，然后讨论如何对其实施干扰。这些信号将它们的能量（伪随机地）扩展到比将信息从发射机传送到接收机所需频率更宽的频率范围内。因此，它们又称为扩谱信号。通信传输所需的最小带宽是"信息带宽"，"传输带宽"为信号被扩展的频率范围。

理想的扩谱信号接收机要具有与发射机中的扩展电路同步的扩展能力，使接收机能够处理未扩展的原始信号，如图 5.24 所示。敌方接收机不具备同步扩展能力，从而使其实施信号截获、干扰和辐射源定位更加困难。接收机的噪声功率与其有效带宽成正比。因此，以足够的带宽来接收扩谱信号的敌接收机的噪声功率将会很大，足以掩盖真实信号。

有三种基本的扩谱信号类型：跳频、线性调频和直接序列，每种均可扩展信号。但是，由于功率分布与频率和时间的关系不同，每种调制都会不同程度对截获、定位和干扰存在弱点。

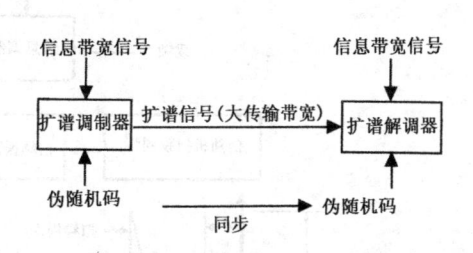

图 5.24 扩频方案发射的带宽比被发射信号的信息带宽大得多

5.7.1 跳频信号

如图 5.25 所示，跳频（FH）信号定时地将携载了信息的信号移动到随机选择的、不同的发射频率处。己方接收机随发射机跳变，但敌接收机并不知道跳变序列。跳变周期通常小于 10μs 甚至更短。由于信号可以扩展得非常宽，所以跳频是重要的军事通信技术。

跳频信号必须携带数字调制信息，所以输出信号可以重新定时以避免丢失，而跳变合成器（如图 5.25 所示）决定每个新的发射频率。一个"慢跳变"信号每跳变一次就发射多位数据，而一个"快跳变"信号在每个数据位多次变换频率。目前大部分跳频系统都是慢跳变的；快跳变需要非常复杂的合成器。

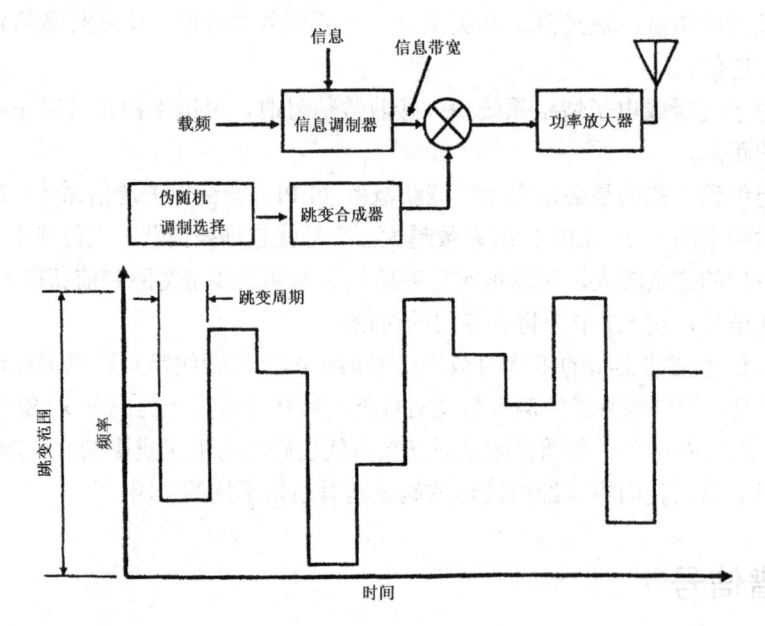

图 5.25　跳频信号在一个很宽的频率范围内在随机选择的频率间跳变

5.7.2　线性调频信号

图 5.26 所示为线性调频信号的扩谱调制，以及产生该信号的方式。对信号的检测通常要求该信号位于接收机带宽内至少一段时间，此时间为接收机有效带宽的倒数（例如，若

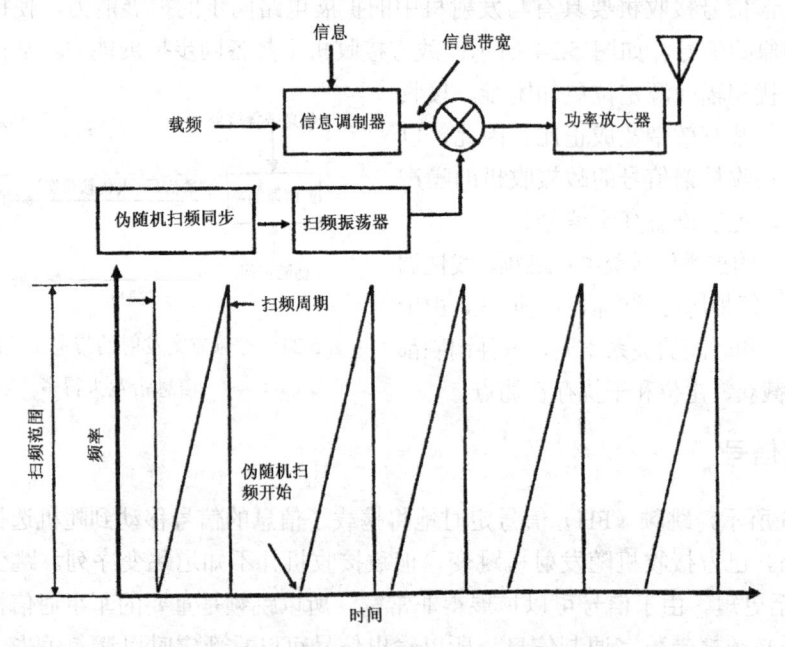

图 5.26　线性调频信号快速扫过一个比发射信号信息带宽大得多的频率范围

带宽为 1MHz，则此时间为 1μs）。线性调频发射机的调谐时间比这短得多，因此带宽很窄

的接收机将无法探测到信号,即使接收机带宽足够大、能接收到整个线性调频范围的信号,其信噪比也不够。

己方的接收机随发射机同步扫描,因此可以采用接近信息带宽的带宽。每次扫描的起始时间可以是随机的,扫描斜率也可以是非线性的,从而使敌接收机很难与发射机同步。

5.7.3 直接序列扩谱信号

如同 5.6.8 节中所描述的一样,数字信号对频率的占有与比特率成正比。如果以高得多的比特率对数字信号进行二次调制,则信号能量被相应地扩展在更大的频率范围内,如图 5.27 所示。该过程称为直接序列扩谱(DSSS)调制。扩谱波形的位数称为"码片"(chips)。如图所示,该信号连续占有很宽的频谱。实际上,图中这部分有点欺骗性,因为对于任何数字信号,真实频谱分布将是图 5.22 中所示的 sinx/x 曲线。携载信息的数字信号的零点-零点带宽将是比特率的两倍,而直接序列扩谱信号的零点-零点带宽将是(更高的)码片速率的两倍。

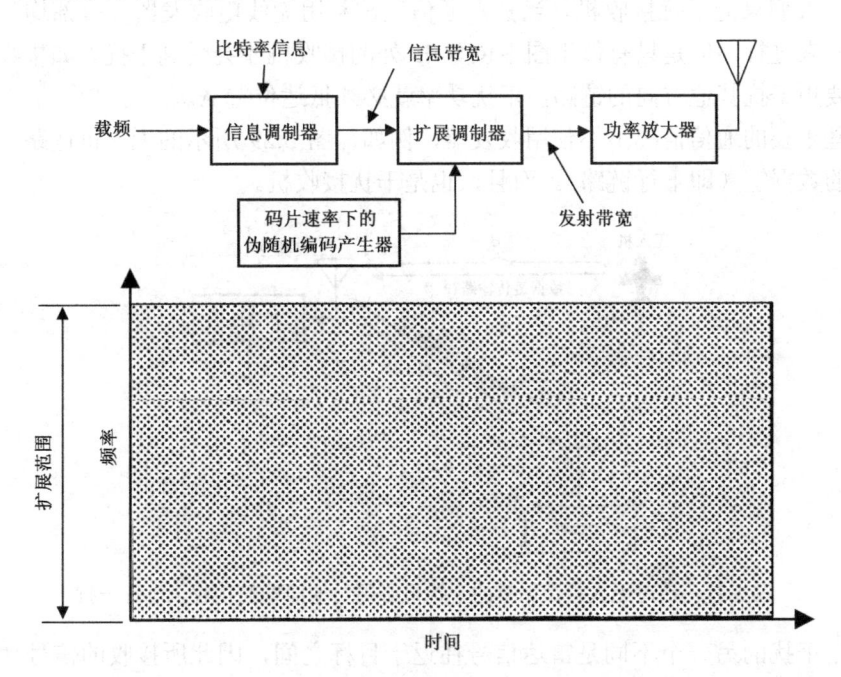

图 5.27 直接序列扩谱信号在一个远大于发射信号信息带宽的频率范围内连续扩展

5.8 通信干扰

雷达干扰与通信干扰的最大差别是其几何位置不同。图 5.28 显示了通信干扰的几何位置。但是,典型的雷达在同一位置既有发射机,又有相关的接收机。而通信链路的任务是将信息从一处传送到另一处,所以其接收机总是位于与发射机不同的位置处。

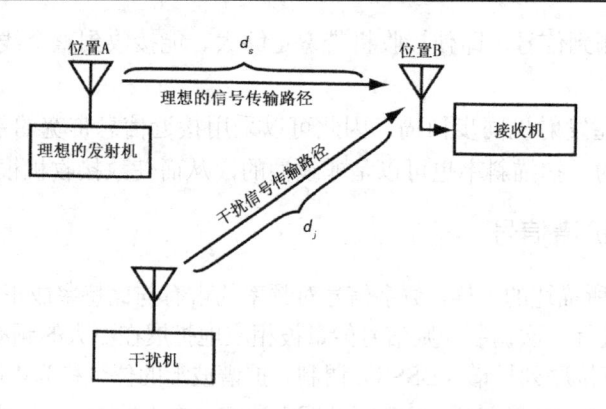

图 5.28　通信干扰的几何位置从理想的发射机和
干扰机到接收机之间存在单向的链路

注意，人们只能干扰接收机。当然，通信通常利用无线电收发器（每部均包含发射机和接收机）来进行，但是只有位于图中位置 B 处的接收机才会受到干扰。如果收发机正在使用中，要想干扰其他方向的链路，干扰功率就必须抵达位置 A。

在某些重要的通信情况下不使用收发器，例如，图 5.29 所示的无人机链路。该图示出了被干扰的数据链（即下行链路）。而且，也是干扰接收机。

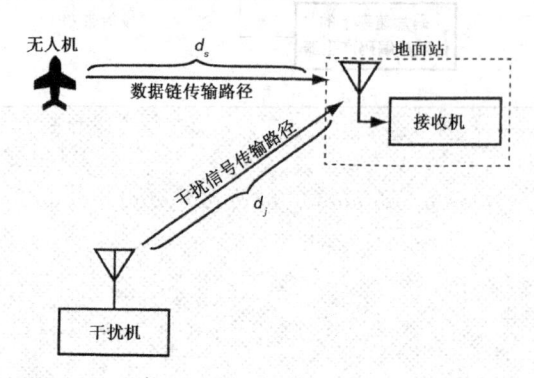

图 5.29　针对无人机数据链的干扰机必须对地面站的接收机进行干扰

与雷达干扰的另一个不同是雷达信号往返于目标之间，因此所接收的信号功率比发射功率要小距离的四次方（常称为–40log 距离）。由于干扰机功率是单向发射的，所以它只降低了距离的平方倍。在通信干扰中，发射机的功率和干扰机的功率都降低了其各自距离的平方倍。

5.8.1　干信比

通信干扰的干信比（J/S）方程如下：

$$J/S = (\text{ERP}_J)(G_{RJ})(d_S^2)/(\text{ERP}_S)(G_R)(d_J^2)$$

其中，

ERP_J = 干扰机的有效辐射功率（任意单位）；

ERP_S = 己方发射机的有效辐射功率（同一单位）；

d_J = 干扰机至接收机的距离（任意单位）；

d_S = 己方发射机至接收机的距离（同一单位）；
G_{RJ} = 指向干扰机的接收天线增益（不用 dB）；
G_R = 指向己方发射机的接收天线增益（不用 dB）。
该方程的 dB 形式如下：

$$J/S = \text{ERP}_J - \text{ERP}_S + 20\log(d_S) - 20\log(d_J) + G_{RJ} - G_R$$

各项含义与上面的相同，但 ERP 的单位为 dBm 或 dBW，增益的单位为 dB。

在上述两个方程中，ERP 为指向接收机的有效辐射功率。它是发射机输出功率与在接收机方向的发射天线增益的乘积（在 dB 形式的方程中为总和）。

在战术通信中，使用收发器的所有方均采用鞭状天线，接收天线的增益在方位上是对称的。因此，指向干扰机的增益将与指向己方接收机的增益相同，所以最后两项（G_{RJ} 和 G_R）相互抵消。

5.8.2 近地面工作

以上两个方程均基于视距传播损耗模式，其中假设发射机和接收机距地面几个波长。因此，每个信号的发散损耗由下式（dB 形式）给出：

$$L_S = 32.44 + 20\log(d) + 20\log(F)$$

这是在 5.3.2 节中所描述的视距损耗方程（d 以 km 为单位，F 以 MHz 为单位）。

在 5.3.3 节中，还有描述发散损耗的方程，其中有一个重要的反射体（如水面或地球）。如果发射机与接收机的距离小于"菲涅尔区"距离，则视距损耗方程是适用的。这种情况发生在高频端，同时天线的高度为多个波长和/或窄波束天线阻止了来自地面的大量反射。

如果干扰机或己方发射机远离"菲涅尔区"，则双线传播损耗模型适用。

$$L_S = d^4/h_t^2 h_r^2$$

其中，L_S 为直接损耗；d 为链路距离（m）；h_t 为发射天线高度（m）；h_r 为接收天线高度（m）。

该方程的 dB 形式（d 和 h 的单位相同）如下：

$$L_S = 120 + 40\log(d) - 20\log(h_t) - 20\log(h_r)$$

其中，L 为损耗（dB），d 是以 km 为单位的链路距离，天线高度以 m 为单位。

干信比将与合适的传播损耗模型成正比。例如，如果干扰机和己方发射机均远离菲涅尔区，则 J/S 方程如下：

$$J/S = (\text{ERP}_J)(d_S^4)(h_J^2)(G_{RJ})/(\text{ERP}_S)(d_J^4)(h_S^2)(G_R)$$

该方程的 dB 形式如下：

$$J/S = \text{ERP}_J - \text{ERP}_S + 40\log(d_S) - 40\log(d_J) + 20\log(h_J) - 20\log(h_S) + G_{RJ} - G_R$$

这两个方程的单位均与视距方程的单位相同。此外，天线高度的单位为 m（h_J 为干扰机天线的高度，h_S 为己方发射机天线的高度）。

5.8.3 其他损耗

尽管发散损耗是主要因素，且 J/S 方程通常以这种形式表示，但干扰与理想信号的传播路径也存在大气损耗，而且也会有非视距损耗或雨损耗。如果两个距离或视距条件间有很大不同，则应进行这些运算并相应调整 J/S。

5.8.4 数字信号与模拟信号的关系

干扰模拟调制通信信号时，通常需要有较高的干信比。这是必需的，因为接收机操作人员有足够的能力进行"自适应"监听。在模拟语音或存在视频的通信中，我们可以通过前后内容来弥补低质量辐射中的空白。这在以相当严格的格式发送重要信息的战术军事通信中尤其如此，如老式的五段操作指令和语音字母。

在对数字调制通信信号进行干扰时，我们尽力以使数字解调器不可读的方式来攻击信号。既可以干扰同步也可以产生误码。由于同步通常是很鲁棒的，所以基本的方法是产生误码。

从图 5.20 可以知道，随着信号质量下降，误码曲线接近 50%。一般而言，这是假设接收信号的质量不会随着 J/S 值大于 1（即 0dB）而进一步下降。

此外，如果信号在三分之一的时间内不可读，则该信号被认为是无用的。当跳频电台发现其三分之一的跳频信道被强信号占据时就会发生这种情况。

这意味着干扰数字信号只需要在三分之一的时间内使其 J/S 为 0dB，而干扰模拟信号则需要在 100%的时间内使其 J/S 大于 0。在 5.9 节中将讨论部分带宽干扰及纠错码对干扰效果的影响。

5.9 对扩谱信号的干扰

扩谱信号同样适用与其他信号相同的干扰方程，但是扩谱信号的协作接收机压缩频谱的能力可为其提供一个"处理增益"从而降低干扰的效果。通常，处理增益的优势与扩展比（即发射带宽/信息带宽）相同。它也被定义为（在直接序列扩谱信号中）码率（用于扩谱）与数据率之比。另一个适用的术语是"干扰余量"（jamming margin），由下式确定：

$$M_J = G_P - L_{SYS} - \text{SNR}_{OUT}$$

其中，
M_J = 干扰余量（dB）；
G_P = 处理增益（dB）；
L_{SYS} = 系统损耗（dB）；
SNR_{OUT} = 所需输出信噪比。

扩谱信号几乎总是以数字的形式携带信息。因此，在 5.8.4 节中的讨论适用于对任何类型的扩谱信号的干扰。这样就可以采用一些技术来克服扩谱信号的抗干扰能力。

5.9.1 干扰跳频信号

如果将窄带干扰信号施加到跳频接收机上，那么只有当接收机碰巧跳到那个频率处时才能收到干扰信号。这将使干扰效果大大降低。例如，如果将连续波干扰信号施加到"美洲虎 V"接收机（在最多 2320 个信道间随机跳变），该接收机将只能在 0.043%的时间范围内收到干扰信号。如果将干扰信号扩展在 2320 个信道频率上，每个信道的干信比（J/S）将下降 33.65 dB。因此，对付跳频信号需要更先进的干扰机。

5.9.1.1 跟随干扰

在 5.8 节中给出的通信干扰方程可直接用于慢跳变的跳频信号。但是，由于跳频信号在一个跳变周期内只停留在一个频率上，所以干扰系统必须确定发射频率并在足够多的跳变周期内对目标接收机施加干扰以阻止成功通信。正如前面所讨论的，只有在 33%的时间内采用 0dB 的干信比才能够对数字信号进行干扰。这意味着干扰跳频信号需要适中的功率，假设干扰机具备接收和处理能力，可以探测到跳频信号并在小于 57%的跳变周期内（即在 15%的合成器稳定时间之后剩余的 67%跳变周期内）设定干扰。其时间关系如图 5.30 所示。

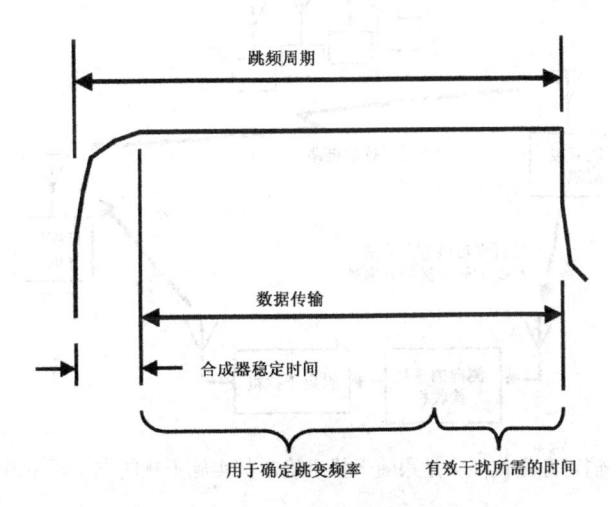

图 5.30　跟随干扰机必须确定跳变频率并在
67%的数据传输时间内设定干扰频率

干扰每个跳频的干扰机被称为跟随干扰机。它所需的接收和处理子系统相当复杂，但却是目前最先进的数字接收机技术。

数字接收机的组成框图如图 5.31 所示。其中，射频前端可使接收机在扩展的频率范围内进行调谐。模数变换器（ADC）对中频带进行数字化，最后的数字数据被输入到计算机。然后，计算机软件完成接收机的其余功能：滤波、解调、解调后处理和输出格式化。

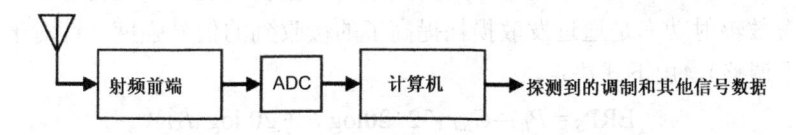

图 5.31　数字接收机包括射频前端、数字化器和计算机

总的来说，计算机能够完成硬件电路所能完成的任何功能。但是，它会受到 ADC 输出分辨力和精度及计算机能力（速度与内存容量）的限制。计算机实际上是许多独立的、执行并行或顺序任务的计算机或数据处理器。

数字接收机还可以完成硬件很难或无法完成的功能，例如，同时测量许多频率或时间压缩信号的幅度和/或相位。快速傅里叶变换（FFT）软件或处理器能提供可迅速重构以使信号处理最佳化的超大规模信道化仪。

利用 FFT，数字计算机在跳变信号到达新的跳变频率后几微秒的时间内就可确定跳变信号的频率。当然，这需要其他的分析能力去跟踪固定频率的辐射源以便识别新的跳变频率。然后，将干扰机设定在跳变的频率上。特别要考虑的是，接收机可能会发现多个跳频网。这通常要求跟随干扰机与辐射源定位能力相结合。以发射机的辐射信号频率，在确定包含有跳变频率的位置处干扰接收机，如图 5.32 所示。

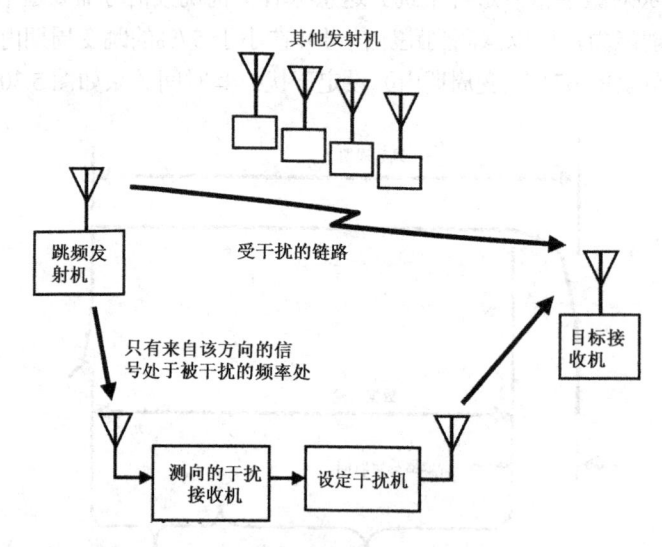

图 5.32 辐射源定位能力是跟随干扰机确定其实施干扰的准确频率所必需的

5.9.1.2 部分带宽干扰

另外一种干扰跳频信号的方法就是部分带宽干扰。采用这种技术，就必须确定接收机的有效信号电平。然后，将干扰功率扩展到最大的频率范围以使接收机中的干扰功率等于每个跳变频率处的有效信号功率。

如图 5.33 所示，如果已知目标信号发射机的位置，测量干扰接收机的信号强度就可以计算出有效辐射功率。在这个例子中，假设发射机有一个鞭状天线或若干其他类型的 360°方位覆盖的天线。当被干扰的链路采用定向天线时问题会更复杂，但仍可以解决。目标信号发射机的有效辐射功率是通过发散损耗提高了的接收到的信号强度（针对干扰机接收天线增益进行了调整），由下式决定。

$$\mathrm{ERP}_S = P_{RJ} - G_{RJ} + 32 + 20\log F + 20\log d_{TJ}$$

其中，

ERP_S 为目标信号发射机的有效辐射功率（dBm）；

P_{RJ} 为干扰接收机的接收功率（dB）；

G_{RJ} 为干扰机接收天线的增益（dB）；

F 是有效信号频率（MHz）；

d_{TJ} 为目标信号发射机至干扰机的距离。

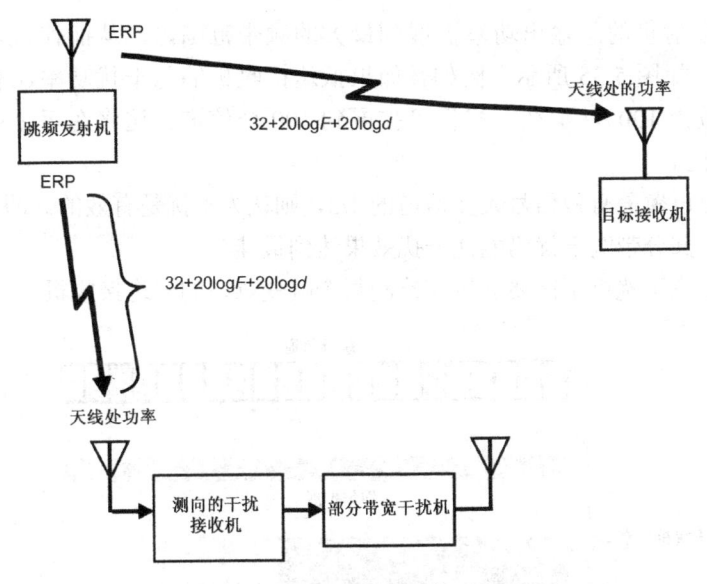

图 5.33 如果发射机位置已知，那么干扰接收机就可以根据
所接收到的信号功率确定发射机的有效辐射功率

如果合适的话，计算出的 ERP_S 可根据大气损耗和雨水等自然条件，以及发射天线的方向性进行调整。然而，发散损耗将是主要损耗因素。

如果被干扰的通信链路采用无线电收发机，就可以确定被干扰的接收机的位置。借助于接收机的位置，就可能计算出从发射机到目标接收机的距离。然后，利用扩谱损耗公式就能计算出所接收的有用信号功率。

$$L_S = 32 + 20 \log F + 20 \log d$$

如图 5.34 所示，根据干扰机和接收机间的距离可以计算出在任何跳变频率处获得 0dB 的干信比（即接收的干扰功率＝接收的有效信号功率）所需要的干扰机有效辐射功率。

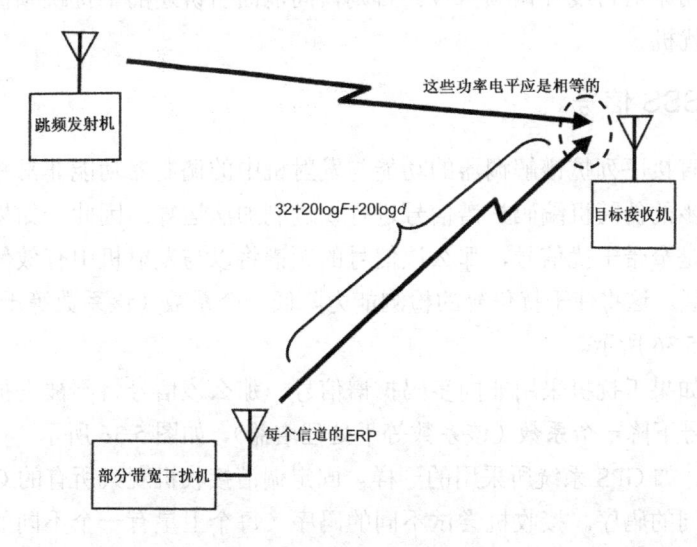

图 5.34 每个信道的干扰机有效辐射功率将在目标接收机天线
处提供一个信号，其功率等于到达的所需信号的功率

然后将干扰发射机的总输出功率扩展到最大的频带范围内，从而使该功率分布到每一个跳变频率处，如图 5.35 所示。例如，如果抵达接收机的总干扰功率比有效信号功率大 20 dB（即系数为 100），那么干扰机可扩展到 100 个信道。这将在每个被干扰信道中提供 0dB 的干信比。

如果干扰机可以覆盖有效信号跳变信道的 1/3，则认为干扰是有效的。即使干扰机没有覆盖那么多信道，部分带宽干扰仍能使干扰效果达到最佳。

注意：部分带宽干扰机不需要能迅速检测每个跳变频率的先进接收机。

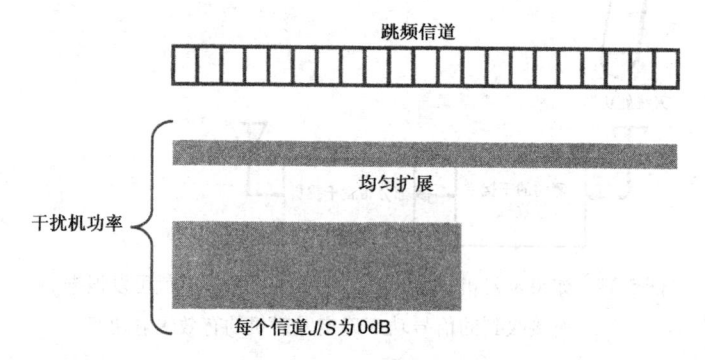

图 5.35　部分带宽干扰机将分散其功率以在被干扰的接收机处每个被干扰的信道中取得 0dB 的干信比

5.9.2　干扰线性调频信号

应用于线性调频接收机的窄带干扰信号将只在带宽内停留一小段时间，从而大大降低了其干扰效果。

如果可以确定并复制线性调频的调谐斜率，并且可以探测每次扫频的起始时间，那么跟随干扰机就可用来对付线性调频信号。否则，同前面所讲述的干扰跳频信号一样，可以采用部分带宽干扰机。

5.9.3　干扰 DSSS 信号

接收机中的直接序列扩谱解调器的功能与发射机中的调制器功能非常相似。它对与发射机使用的码同步的伪随机编码扩谱信号进行二进制加法运算。因此，如果施加到直接序列扩谱解调器的是窄带干扰信号，那么该信号的频谱将以与发射机中有效信号的扩展方式相同的方式被扩展。这将使干扰信号的检测能力降低一个系数（该系数等于处理增益），即扩展系数，如图 5.36 所示。

另一方面，如果干扰机采用非同步码扩谱信号，那么该信号将不被去扩展，而且将比去扩展的有效信号下降一个系数（该系数等于处理增益），如图 5.36 所示。在码分多址方法中正是这样做的，如 GPS 系统所采用的一样。固定调谐接收机观察所有的 GPS 卫星信号，每个信号都有不同的码序。接收机尝试不同的码序（每个卫星有一个不同的码）直到找到对应的码，从而接收信号并确定所接收的卫星传输信号。

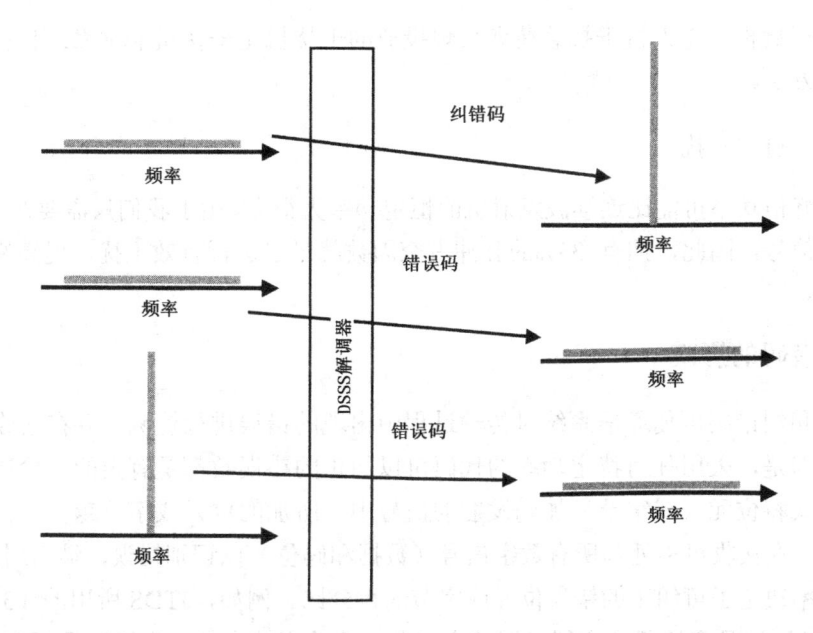

图 5.36　直接序列解调器同发射机的直接序列调制器一样扩展窄带信号

有几种干扰技术可以用于对付 DSSS 信号，包括近距离干扰和脉冲干扰。

5.9.3.1　近距离干扰

连续波干扰机非常简单，相对于复杂的接收机，它能产生的有效辐射功率更大。该技术包括只将干扰功率增加到足以克服接收机处理增益的程度。如果信号扩展 1000 倍，则需要 30dB 的干信比以在扩谱解调器后产生 0dB 的干信比从而有效干扰数字传输。如果干扰机远离接收机，这可能很难做到，因为发射信号被衰减了从发射机（此处是干扰机）至接收机距离的平方倍。但是，如果该距离衰减 31.6 倍，则到达接收机的信号为 30dB，如图 5.37 所示。

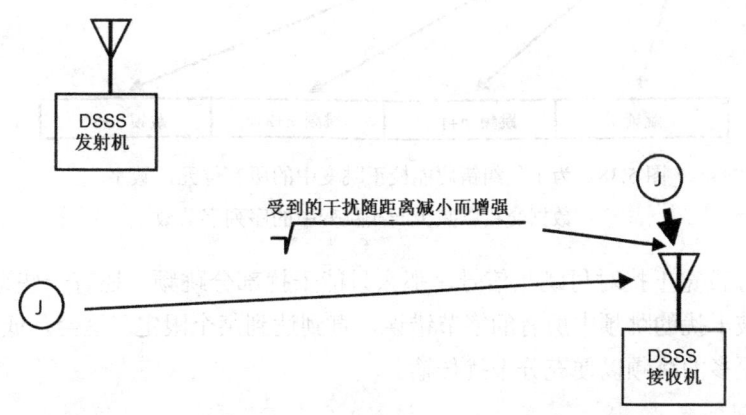

图 5.37　如果干扰机距离接收机很近，它就能克服直接序列扩谱信号接收机的处理增益

投掷式干扰机、无人机干扰载荷和火炮投放的干扰机是干扰机非常靠近目标接收机时采用的一些方法。

5.9.3.2 脉冲干扰

脉冲的峰值功率可能比连续波发射机的恒定功率大很多。由于我们只需要在 1/3 的时间内干扰数字信号，因此，拥有 33%的脉冲占空因数就足以进行有效干扰。提高峰值功率可改善干信比。

5.9.4 纠错码的影响

检错码和纠错码可使通信系统对传输过程中出现的错误进行检测，并在接收机中纠正这些错误。但是，采用任何特定功率的代码可以纠正的错误数都是有限的。检错和纠错码以系统的方式将位元（或字节）加到发射的信号中。所加的位元或字节越多，代码功率就越高。然后，在接收机中处理所有数字信号（数据和码位）以识别错误，继而纠正错误。

代码功率决定了可纠正的错误位元或字节的百分比。例如，JTDS 所用的（31, 15）RS（里德/所罗门）码是字块码。它纠正了整个字节（无论字节中一位出错还是所有位出错）。该代码是传输码率的两倍多，能纠正每 31 个发送字节中的 8 个错误字节。因此，只要接收的字节错误率小于 25.8%，那么输出的字节错误率就为 0。

在此，假设错误是随机分布的，但实际情况并不会总是如此。考虑一个跳变到被一个单信道大信号所占据的频率处的跳频信号。它在跳频期间将有 100%的错误位。为了解决这个问题，要将数字信息进行交错，如图 5.38 所示。该过程旨在使每次跳变时每 31 个字节中只有不超过 8 个字节被发射。

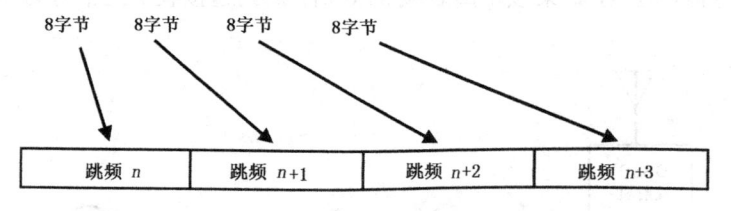

图 5.38 为了使纠错码能校正跳变中的所有位元，数字数据交错以减少一次跳变中的序列字节数

如果用部分带宽干扰对付跳频信号，那么只能干扰部分跳频，还有一些无法干扰。接收机可以校正被干扰的跳频中所有的字节错误，直到达到某个限定。这会降低干扰的效果，因此需要干扰更多的跳频以便充分干扰传输。

5.10 对扩谱发射机的定位

总体上讲，将在 6.2 节介绍的任何一种辐射源定位方法都可以用于定位扩谱发射机。不过，对三种扩谱方法而言，分别都有一些特殊的问题需要考虑。但是，要将 6.3 节中介绍的一些辐射源精确定位技术用于扩谱信号却是相当困难的。

5.10.1 跳频发射机定位

跳频发生器是最易定位的扩谱发射机，因为它是将其辐射功率在几毫秒时间内全部集中在一个频率上。难点是要在发射机跳变到另一个不同频率前要确定该频率的值。有两种基本方法可以解决这个问题。一个是采用简单扫频接收机/测向仪来确定辐射期间几个跳变中信号的到达方向。另一种方法是采用非常快速的数字接收机/测向仪来确定每次跳变期间的信号到达方向。

5.10.1.1 扫描接收机方法

该技术广泛应用于中等价格的辐射源定位系统中，每个测向站都有一个接收机，其框图如图 5.39 所示。接收机通常以极高的速率扫描，但每次中止一段时间以确定信号是否出现。如果在某个频率上存在信号功率，则接收机停止足够长的时间来测量该信号的方向。

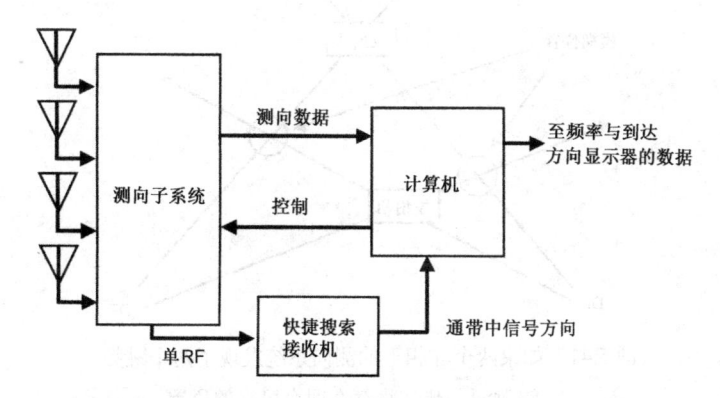

图 5.39 用于跳频发生器的扫描测向系统包括一个检测已占用通道的快速搜索接收机。当测向完成后停止搜索

数据被收集在计算机的文件中，有时通过如图 5.40 所示的频率与到达角显示器显示给操作员。该显示器上的每个点均代表一个接收到的信号。注意，在同一角度、不同频率处有多个截获点，这就是跳频发生器的特性。如果在信号传输期间探测到同一到达角有几个截获点（通常指很短时间内），则可报告得出跳频发生器的到达方向。同样的过程在第二个（最好是第三个）测向站中重复以便用三角测量法来确定发射机的位置。

如同在本章开头所介绍的，在战术军事环境中的通信信号密度可能非常高。通常在系统指标中假设通道占有率为 10%，这意味着在任何时刻下都有 10% 的通道被占用。如果将数据积累几分钟，则接近 100% 的通道将被占用。多部跳频电台可以工作在一个信号网络中，也可以工作在多个独立网络中，这就使三角测量法更加复杂。在此，我们考虑一个非常简单的环境：用两个测向系统测量两个跳频辐射源，如图 5.41 所示。在这种简单情况下，存在着四个可能的辐射源位置，而在实际情况中的可能性更多。

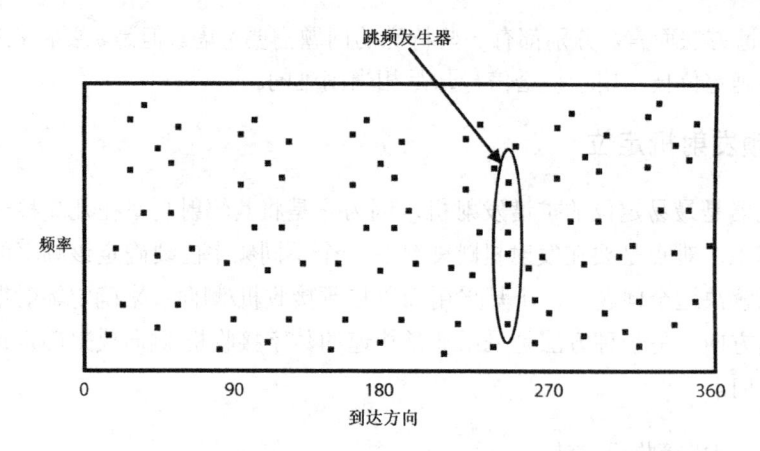

图 5.40　当所搜集的到达方位数据显示在一个到达角内存
在多个频率时，即可判断存在跳频发生器

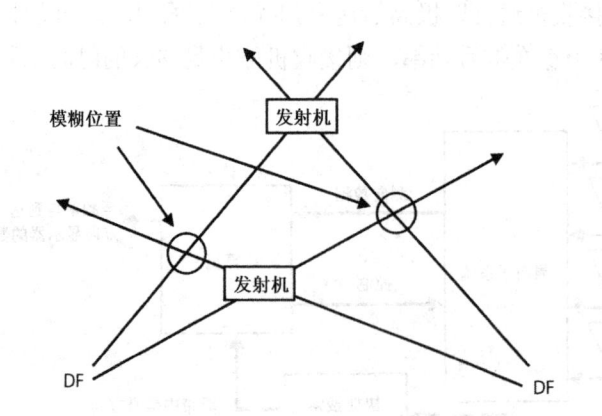

图 5.41　如果两个非相干的测向系统发现了两个跳频
辐射源，那么将存在四个可能的位置

解决方法是使两个系统一同步进。每个跳频发生器可以任何指定步进位于其频段中的任何频率处，但如果两部接收机被一起锁定，那么它们将始终观测同一频率，因此将捕获到同一跳变的同一辐射源。

5.10.1.2　高速数字接收机方法

在 5.9.1 节中讨论的数字接收机可以用作测向仪。采用两部连接有不同天线的数字接收机，每个快速傅里叶变换（FFT）通道中的接收功率可以实现比幅测向，从而确定存在环境中所有信号的到达角。跳变到不同频率但具有相同到达方向的信号即可被识别为跳频发生器。两个这样的测向站可以联网以便使用三角测量法来确定固定频率与跳变频率的辐射源位置。

如果每部接收机中有两个并联的 FFT 处理器，其中一个处理器的输入信号延迟了四分之一个波长，则接收机在每个 FFT 通道中可以生成 I/Q 样本。这就保持了每个通道中的接收信号相位，使多通道干涉仪测向系统得以实现。

最终的辐射源位置数据可以支持跟随干扰，并且可以满足在包含跳频发生器的环境中的战斗序列报告需求。

5.10.2 线性调频发射机定位

如果在比幅测向系统中采用以足够大的带宽搜集适当频率扫描的接收机，即可测定线性调频信号的到达方向。在 6.2.3 节中讲述的沃特森·瓦特测向系统已经成功地实现了这点。

5.10.3 直接序列发射机定位

直接序列扩谱发射机的位置可以采用片码检测和能量检测技术来确定。

片码（用于扩展信号的数字位）必须有高度可预知的转移时间。采用硬件或软件方式以片码率产生分段延迟线可以积累该片码的转移能量。这就使比幅技术可以用于测量到达方向。使用两个这样的系统即可对辐射源位置进行三角测量。

Robin 和 George Dillard 所著的《扩谱信号的探测》一书对于能量探测技术进行了深入的讨论。检测的能量电平使得用窄波束天线测量到达方向成为可能。它们还可构成多天线比幅测向系统。

5.10.4 精确辐射源定位技术

采用 6.3 节中介绍的辐射源精确定位技术来确定扩谱辐射源的位置是非常困难的，因为通信信号采用连续波调制（如调幅、调频和调相），因此需要的相关时间远大于跳变时间。线性调频信号和直接序列扩谱信号的伪随机参数也使相关很难实现。

第 6 章 辐射源定位精度

从大型的固定设施到单个的飞机、车辆或小规模的部队，几乎每一种军用资源为了完成其任务都必须发射这种或那种的信号。尽管这些资源在夜间、有雾或烟的情况下，或是经过伪装后，以及在视线之外都是看不见的，但其发射机的位置是与其物理位置相对应的。对来自该位置的发射信号进行分析通常可以判别出资源的类型（武器、军事部队、飞机、舰船）。对这些资源的定位和识别可以对下列军事活动提供支持：

- **攻击逼近告警**：通过对处于交战范围内的敌方武器平台（飞机、舰船、火炮单元）进行定位，可以确定可能会发生哪种类型的攻击及武器逼近的方向。
- **威胁规避**：如果知道与发射机相关的威胁系统的位置，就可以规避这些区域，或者至少在进入这些区域时预先得到告警。
- **电子对抗选择和实施**：一个威胁的位置和属性将决定哪种对抗措施对它将会是有效的，以及该何时启动这些措施。
- **制定电子战斗序列**：由于不同的部队具有不同类型的发射机（不同的频率和调制），所以辐射源能以某种精度识别敌方部队的类型。通过知道敌方部队的位置和属性及他们最近的活动，就有可能估计出敌方兵力结构甚至预测他们的活动。（如相对于防御态势而言，实施进攻就需要一定类型和数量的部队。）
- **目标瞄准**：利用非常精确的辐射源定位信息，就可以用武器去攻击视距外的敌方设施。通过相关的辐射源确定军事设施比单独适使用光学技术能实现更精确的目标识别。
- **引导窄视场的侦察设备**：光学传感器为了获得足够的分辨率通常会在视野上做出较大的让步。这样它们通常被称作"吸管"型传感器（即像是通过吸管观察事物）。通过扫描这个窄的视野，可能要花很长时间才能发现敌方的设施。电子辐射源定位系统通过提供目标大致的位置，缩小搜索区域。

本章首先将讲述辐射源定位方法，但所涉及的深度只限于支持对辐射源定位系统精度的讨论和测量。对辐射源定位系统在上册（EW101）的第 8 章进行了更详细的讨论。

精度通常是借助于系统的均方根（RMS）误差来描述的，这是一个被广泛接受用于定义系统有效精度的一个计算值。均方根误差是通过在许多频率、角度搜集大量角度误差或位置误差数据来确定的。每个数据值都进行平方，然后计算平方后平均值的平方根。（在 6.4.1 节中有更多关于 RMS 误差的讨论。）

6.1 基本辐射源定位方法

如图 6.1 所示，有三种基本的辐射源定位方法。该图所示为二维辐射源（如地球表面上的辐射源）定位方法。当然，所有的方法均可扩展为三维。第一种方法［图 6.1（a）］是三角测量法，即通过测定从两个（或两个以上）已知位置到辐射源的方位线来确定辐射源位置，这些方位线的交点就是辐射源的位置。第二种方法［图 6.1（b）］通过测定一个距离和一条方位线来确定辐射源位置。第三种方法［图 6.1（c）］用于精确定位系统，通过测定交叉穿过辐射源位置的两条曲线来确定辐射源位置。

虽然也可以通过测量距两个或两个以上已知位置的距离来确定辐射源位置，考虑到实际情况，该方法通常仅限于对协作辐射源的定位。由于电子战系统是确定非协作敌辐射源位置，所以在此不考虑这种方法。

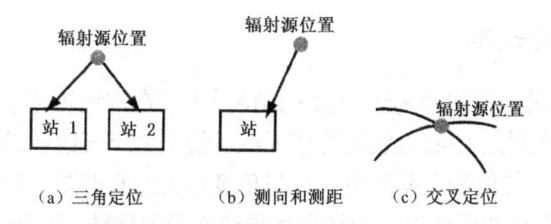

图 6.1 辐射源定位有三种基本方法：（a）三角定位，（b）角度与距离测量，（c）对数学推导曲线的交叉定位

6.2 角度测量方法

在前两种方法中，必须确定从已知位置到辐射源位置的方位线。这是通过测量信号的到达方向（DOA）来完成的，常称为测向（DF）。基本的测向方法包括：
- 旋转定向天线；
- 多天线比幅；
- 沃特森·瓦特；
- 多普勒；
- 干涉仪。

6.2.1 旋转定向天线

如图 6.2 所示，旋转天线的增益方向图与天线视轴的角度有关。将天线旋转经过辐射源，即可根据天线方位随时间的关系来确定信号的到达方向。有一点很重要，即天线增益曲线的形状是很好描述的，所以两次或多次主瓣内的截获就足以确定信号位于天线视轴的方位。具有较窄波束的大型天线能提供非常高的到达方向测量精度（为波束宽度的十分之一量级）。这种方法在适合采用大型天线的海军电子战系统中非常通用。

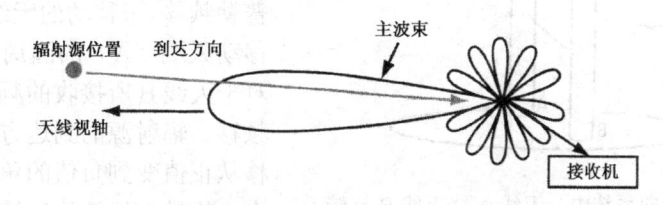

图 6.2 接收天线的增益图随距天线视轴的角度而变化

6.2.2 多天线比幅

如图 6.3 所示,当两个指向不同的天线截获了同一信号时,其增益图给出一输出信号幅度比。由幅度比可以计算出信号的到达方向。该技术广泛应用于飞机和小型舰船上的雷达告警接收机,因为它不需要大型天线而且足以迅速地确定单个脉冲的到达方位。它的精度通常较低(在 5°~15°量级)。

6.2.3 沃特森·瓦特技术

沃特森·瓦特技术是由罗伯特·沃特森·瓦特爵士(在雷达领域享有盛名)提出的,该技术采用排成一线的三个天线。中心天线是传感天线,边上两个天线相距约四分之一波长。来自边上两个天线的信号之和与信号之差产生一个与角度有关的心形图,如图 6.4 所示。如果边上有几对对称的天线,则在这些天线对之间转换将导致心形图旋转,从而计算出信号的到达方向。这种技术广泛应用于辐射源定位系统,能提供适中的到达方向精度(约为 2.5°均方根值)。

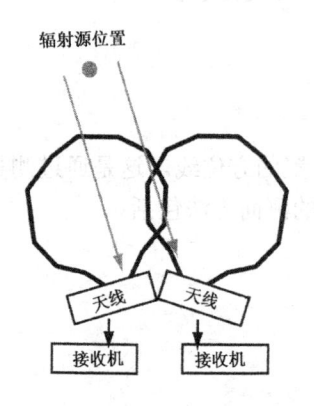

图 6.3 两个天线的增益图提供了到两个接收机的功率比

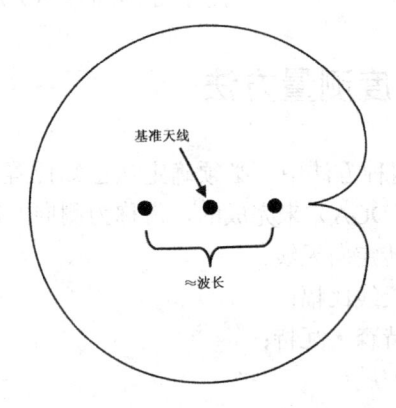

图 6.4 在沃特森·瓦特测向系统中,边上的两个天线的和与差方向图生成了一个心形方向图

6.2.4 多普勒技术

多普勒技术测量两个天线的接收信号频率,其中一个天线围绕另一个天线旋转,如图 6.5 所示。移动天线接收到的信号频率是与发射的频率不相同的,因为移动天线具有与传输距离变化率成正比的多普勒频移。未移动的天线接收发射频率。移动天线(A)的圆周运动导致产生相对于天线 B 所接收的频率的正弦多普勒频移。辐射源的到达方向就是多普勒频移从正值变到负值的角度。在实际系统中,旋转天线被依次接入接收机的圆形天线阵替代。随着天线变换,比较相邻天线的信号相位以便计算频率。这种方

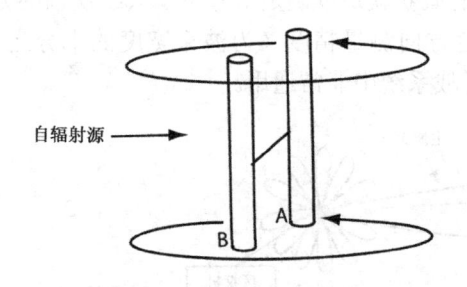

图 6.5 在多普勒测向系统中,天线 A 绕天线 B 旋转,产生相对天线 B 接收到的频率的正旋频率偏移

法广泛用于民用船只的无线电测向系统中，其均方根精度通常为 3°以上。

6.2.5 测距技术

如果发射功率电平和接收功率电平都是已知的，就可能计算出信号发射的距离，如图 6.6 所示。由于该技术只用于不需要高精度测距的一些电子战系统中，所以通常忽略除发散（即空间）损耗外的所有因素。发散损耗由下式计算：

$$L_S = 32.4 + 20\log F + 20\log d$$

其中，

L_S 为发散损耗（dB）；

F 为发射频率（MHz）；

d 为传输路径长度（km）。

可由下列公式求得 d：

$$d = \text{antilog}\{[L_S - 32.4 - 20\log(F)]/20\}$$

antilog(fn)实际上是 10^{fn}。

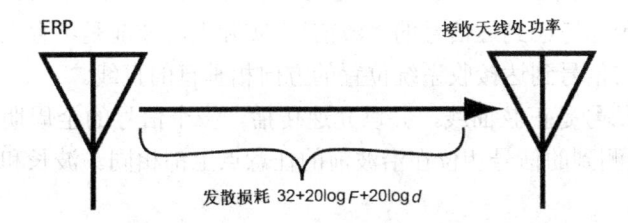

图 6.6 接收天线处的功率比有效辐射功率下降的程度与频率和距离有关

例如，如果一部工作频率为 10GHz 的雷达其有效辐射功率为+100dBm，以–50dBm 的功率抵达接收天线，则发散损耗为 150dB。将此值代入公式中得出距离约为 76km。

在实际系统特别是飞机中，这种测量的精度可能不会优于测量距离的 25%。

一个更精确的方法是测量传播时间。信号以接近光速的速度传播，这非常接近 1 英尺/纳秒。因此，如果知道信号离开发射天线的时间和到达接收天线的时间，则由下式可求出准确的传播距离：

$$d = tc$$

其中，

d = 传播距离（m）；

t = 传播时间（s）；

c = 光速（3×10^8 m/s）。

例如，如果传播时间为 1ms，则该距离为 300km。

这是雷达测距的方法，比较简单，因为发射机和接收机一般是并置的。但是，这种方法用于单向通信时比较困难。难点在于需要精确确定发射时间和到达时间。到达时间主要由非常精确的基于 GPS 的时钟得出，但发射时间只能在协作的系统中（如 GPS）确定。

正如在 6.3 节中讨论的，重要的辐射源精确定位（对敌辐射源）技术之一是基于两个接收站的信号的到达时差。

6.2.6 干涉仪测向

当测向系统的精度确定为 1°RMS 时，通常要采用干涉仪测量的方法。这种方法测量两个天线所接收信号的相位，并从这两个相位之差推导得出信号的到达方向。图 6.7 所示的干涉仪三角测量法很好地说明了干涉仪测向方法的基本原理。

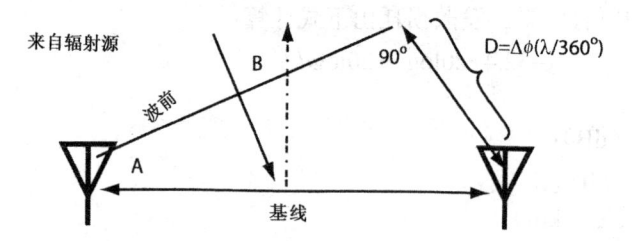

图 6.7 干涉仪三角测量法示出了两个天线形成的基线，以及在两个天线处信号的相位差确定到达角的方法

两个天线形成一个基线。假定系统知道这两个天线的位置，那么就可以精确计算出它们的距离和指向。现在考虑到达信号的"波前"。实际上，波前是不存在的，但这是个有用的概念。它是一条与信号到达接收系统位置的方向相垂直的直线。

我们认为发射信号是正弦曲线，并以光速传播。一个信号的全周期长度（波长）包含了 360°的相位。观测到的信号相位在沿波前的任意点上都相同。波长和频率间的关系由下式给出：

$$c = \lambda F$$

其中：

c=光速（3×10^8 m/s）；
λ=波长（m）；
F=信号频率（Hz）。

在干涉仪三角测量法中，波前到达一个天线且距另一个天线的距离为 D。基线、波前和 D 构成了一个直角三角形。D 与波长之比等于相位的度数除以 360。因此，两个天线接收的信号间的相位差等于 D 与波长之比（当然，它也可以根据测得的接收信号的频率算出）。

D 与基线长度之比为角 A 的正弦，角 A 等于角 B。与基线垂直被认为是干涉仪的角度为零，所以角度 B 即为测得的到达角。该处的到达角也包含了基线的指向。

在"单基线"干涉仪系统中（即一次只使用一个基线），基线为 $0.1 \sim 0.5\lambda$。小于 0.1λ 的基线不能提供足够的精度，而大于 0.5λ 的基线将产生模糊结果。

若天线覆盖 360°，则仍存在所谓的"前/后模糊"。从镜像方向到达的信号将会在天线间引起同样的相位差。可利用高前后比的天线或多基线来解决这个问题。图 6.8 所示为许多干涉仪系统中采用的四偶极子阵。从顶视图，可以发现该阵列中有六对天线（即六条基线）。正确的到达角必须对来自不同基线的数据进行关联。

同样也存在相关干涉仪，采用的基线长于 0.5λ，它将来自几个基线的数据进行相关以解决模糊问题。多基线精确干涉仪同时搜集来自三个或更多基线的数据，这些基线都是多个半波长，两个基线长度相差 0.5λ。它们能够从数学上解决大量模糊度的问题。

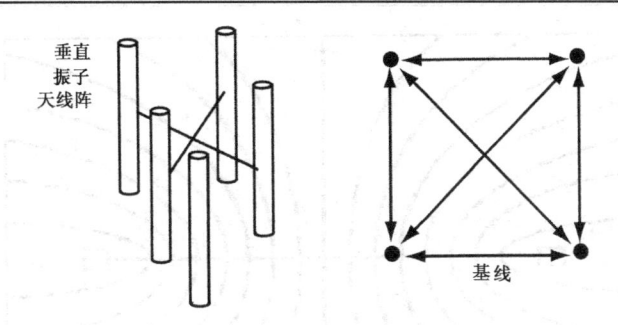

图 6.8　在干涉仪测向系统中通常使用阵列中的四个垂直偶极子以形成六条基线

6.3　精确辐射源定位技术

辐射源精确定位技术通常指能足够精确进行目标瞄准，所提供的位置精度为数十米的定位技术。有两种辐射源精确定位方法：到达时差（TDOA）法和到达频差（FDOA）法。这两种方法经常一起使用，而且常与精度较低的定位系统配合使用。首先我们讨论 TDOA 方法。

6.3.1　到达时差法

6.2.5 节讨论了根据信号传播时间计算传播距离的方法。由于信号以光速传播，所以如果已知信号离开发射机的时间和到达接收机的时间，就能算出信号的传播路径长度。在处理协作信号（如 GPS 信号）时或己方的数据链时，信号上的编码可以确定信号发射的时间。然而在对付敌辐射源时，由于无法知道信号离开发射机的时间，所以唯一可测的信息就是信号的到达时间。但是，通过确定信号抵达两个站的到达时差（TDOA），就可以获知发射站是位于双曲线上的。如果测得的 TDOA 值非常精确，那么辐射源位置将非常接近双曲线。但是，由于双曲线无限长，所以位置问题仍未解决。

图 6.9 所示为两个接收站接收来自一个发射站的信号的情况。两个站构成了一条基线，不确定区是可能包含了感兴趣辐射源的区域。注意从两个距离之差就可确定到达时差。图 6.10 所示为一些双曲线，每条曲线均代表一特定的到达时差，称为等时线。

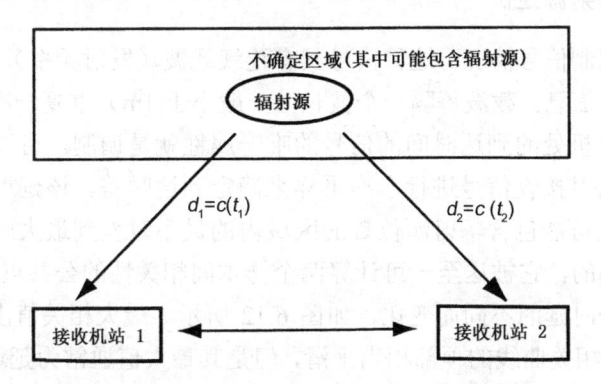

图 6.9　两个接收站形成一条基线，根据传播时间差可以计算出两个站至辐射源的相对距离

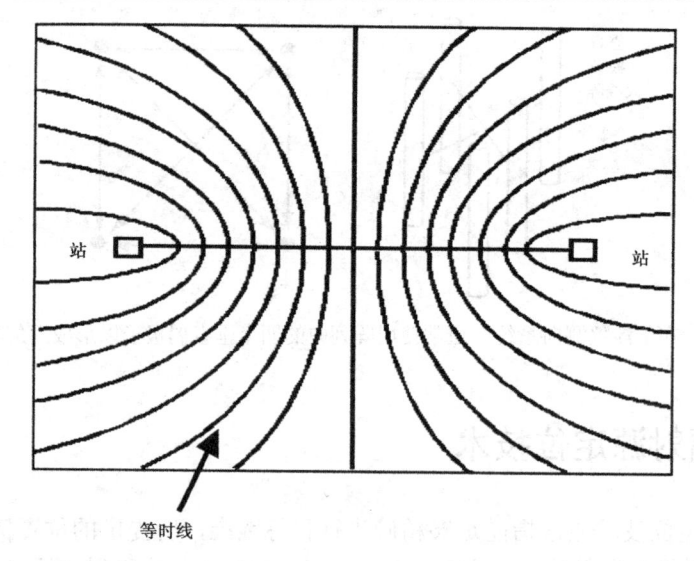

图 6.10 等时线是一条双曲线，它包含了辐射源所有可能的位置。该辐射源可以
通过至两个接收站传播路径的固定差所形成的信号固定到达时差来定位

6.3.1.1 脉冲辐射源定位

如果发射的信号是脉冲信号（假设每个接收机位置有一个非常精确的时钟且测得的时间可以发送至一共同地方），则到达时差非常容易确定。如图 6.11 所示，脉冲前沿可提供可靠的时间测量结果，关键是两个接收机必须对同一个脉冲进行测量。由于要确定辐射源位置只需测量少数脉冲，所以将到达时间数据送到计算 TDOA 值的处理站所需的数据链带宽也非常小。

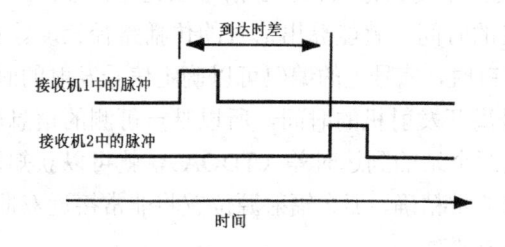

图 6.11 如果能以精确时钟测得每部接收机的脉冲到达时间，那么到达时差的计算就非常简单

6.3.1.2 模拟辐射源定位

现在考虑模拟调制信号情况。这种信号具有连续载波（发射频率），并以载波调频、调幅或调相的方式传送信息。载波每隔一个波长（一般小于 1m）重复一次，所以可以进行相关以确定在两个接收机处的到达时间的信号的唯一属性就是调制。可以在其中一部接收机中以不同的延迟时间对接收信号进行多次采样来确定到达时差。该延迟时间的变化范围必须足够大，以覆盖在可能包含辐射源位置的区域内的最小时差到最大时差。采样的样本是数字化的、时间编码的，它被送至一可计算两个样本间相关性的公共点。

相关性随着差分时延的不同而变化，如图 6.12 所示。最大相关值出现在差分时延值等于到达时差时。注意相关曲线的顶部相当平滑，但是其最大值通常为延迟增量的 1/10 量级。

因为必须采集许多样本，所以模拟信号的 TDOA 处理相对较慢。为了获得足够的定位精度，每个样本需要的比特数很大，因此该处理需要很大的数据传输带宽。

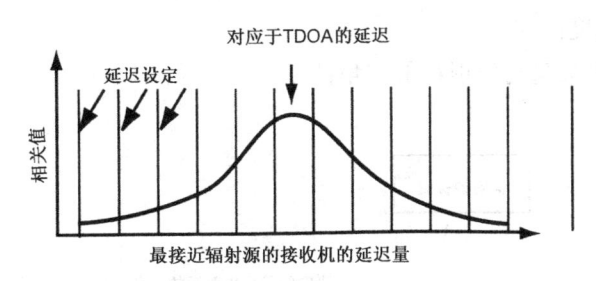

图 6.12 到达两个接收机的信号间的相关性与其中一个接收机的信号延迟相关,最大相关值位于延迟值等于到达时差处。对于模拟信号,该曲线具有平稳的最大值

6.3.1.3 定位

要确定辐射源实际位置还需要第三个接收站,以形成至少两条基线。如图 6.13 所示,每条基线构成一双曲线型的等时线。这两条双曲线在辐射源位置处相交。两条双曲线相交在两个位置,因此存在着位置模糊。但是,其中只有一个位置位于不确定区域(如图 6.9 所示)。

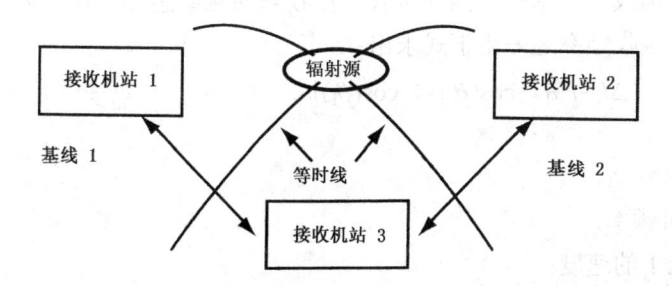

图 6.13 三个接收站可以形成两条基线。两条基线的等时线在辐射源位置处相交

为了提供精确的辐射源位置,必须获知接收站的精确位置。借助 GPS,可获得小型车辆其至徒步操作员的准确位置。当然,如果接收机是运动的,那么在计算等时线和辐射源位置时必须考虑接收机的瞬时位置。

6.3.2 FDOA 辐射源精确定位技术

到达频差(FDOA)法是获得辐射源精确位置的方法之一。它需要测量两部移动接收机接收的来自单部发射机(通常是固定的)的信号频率之差。由于接收信号的频率差是因多普勒频移不同而产生的,所以 FDOA 也称为差分多普勒(DD)。

如果接收机是运动的,首先考虑来自固定发射机的接收信号频率。如图 6.14 所示,接收到的信号频率取决于发射频率、接收机速度,以及发射机与接收机速度矢量之间实际的球面角。接收到的信号频率由下式得出:

$$F_R = F_T \{1 + [V_R \cos(\theta)/c]\}$$

其中,

F_R =接收频率;

F_T = 发射频率;

V_R = 接收机速度;
θ = 接收机速度矢量与发射机的夹角;
c = 光速。

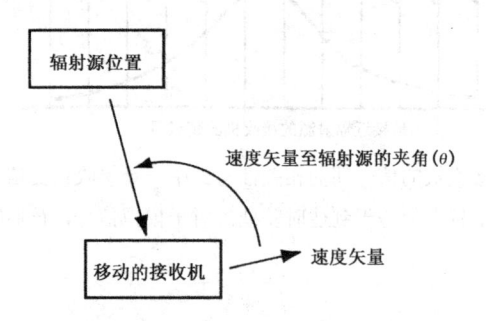

图 6.14　一个移动的接收机接收来自一固定辐射源的信号,该信号
随着与速度和角度 θ 有关的多普勒频移的变化而变化

现在讨论两部移动接收机接收来自不同位置的同一信号的情况,如图 6.15 所示。两部接收机的瞬时位置构成一条基线。两部接收机接收到的频率之差与 θ_1、θ_2 之差和接收机速度矢量有关。两个接收频率之差由下式求出:

$$\Delta F = F_T [V_2 \cos(\theta_2) - V_1 \cos(\theta_1)]/c$$

其中,

ΔF = 频差;
F_T = 发射机频率;
V_1 = 接收机 1 的速度;
V_2 = 接收机 2 的速度;
θ_1 = 接收机 1 的速度矢量与发射机的夹角;
θ_2 = 接收机 2 的速度矢量与发射机的夹角;
c = 光速。

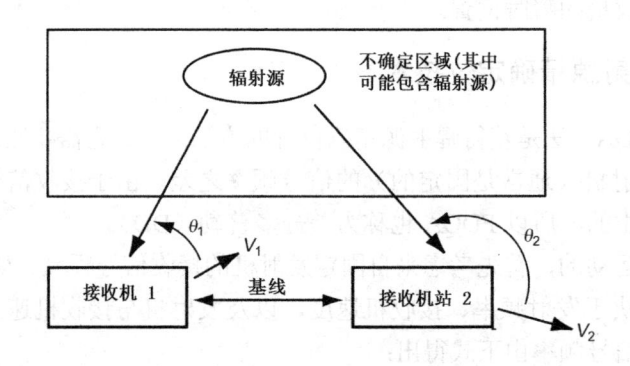

图 6.15　两部移动接收机根据其速度矢量和截获
位置对接收到的不同频率进行测量

存在着一个定义了所有发射机可能位置的三维曲面,它将在现有条件下产生测量频差。如果观察该曲面与一平面(如地球表面)的相交处,那么所得到的曲线常称为等频线。两

部接收机可以不同速度在不同方向运动,系统计算机能在每个速度/位置/频差条件下提取适当的等频线。但是,为简化表达,图 6.16 所示为两部以同一速度在同一方向运动(不一定是头尾相随的情况)的接收机在各种频差下的一组等频线。注意,这组曲线充满了所有空间,就像磁力线一样(如同两部接收机位于一根磁棒的两端)。

同到达时差一样,两部接收机测量的频差不能确定辐射源位置,只能确定一条包含潜在辐射源位置的曲线,即等频线。但是,如果测量的频差较精确,那么发射机位置就非常接近等频线(50m 量级)。借助第三部移动接收机,就可以获得三条测量基线,每条基线都可以收集 FDOA 数据并能计算等频线。那么,由两条以上的基线形成的等频线的交点即可确定发射机的位置。

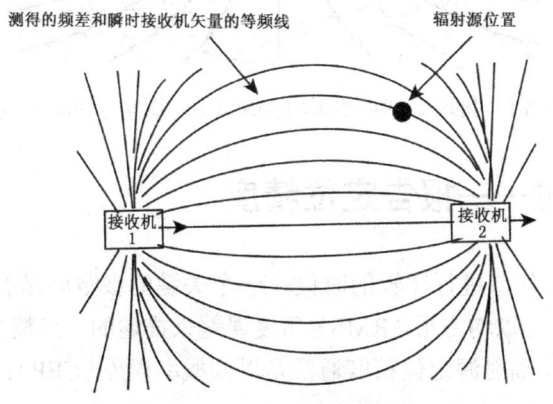

图 6.16 采用两部接收机,FDOA 系统就确定了一条通过辐射源位置的曲线(等频线)

6.3.3 针对运动发射机的 FDOA 法

用 FDOA 方法(采用移动接收机)定位运动发射机位置时存在着一个很大的问题。测得的频差是由精确已知的两部接收机的速度矢量所引起的多普勒频移产生的。如果发射机也在运动,那么它产生的多普勒频移与移动接收机产生的多普勒频移处于同一量级,但是发射机的速度矢量是未知的。这就在辐射源定位计算中引入了另一个变量。尽管可以用数学方法解决这个问题,但所需的运算(即计算能力和计算时间)就更复杂了。因此,通常认为 FDOA 法只适用于由机载移动接收机来确定固定或运动非常缓慢的发射机位置。

6.3.4 FDOA 和 TDOA 的组合

由于测频和测时均需要高精度的频率基准,所以最好由两部相同的接收机完成两个功能。在许多精确定位系统中都是如此。在图 6.17 中,示出了 TDOA 法的一组等时线和 FDOA 法的一组等频线(用两部接收机构成的一条基线计算的)。注意,发射机位置位于等时线与等频线的交点。因此,用两部接收机形成的一条基线就可确定辐射源的精确位置。

实际上,定位系统通常采用三个或更多的平台,因而有多种计算方法:TDOA、FDOA、TDOA 和 FDOA 组合方法等。方法的多样性使得在不同工作条件下获得精确的定位结果成为可能。

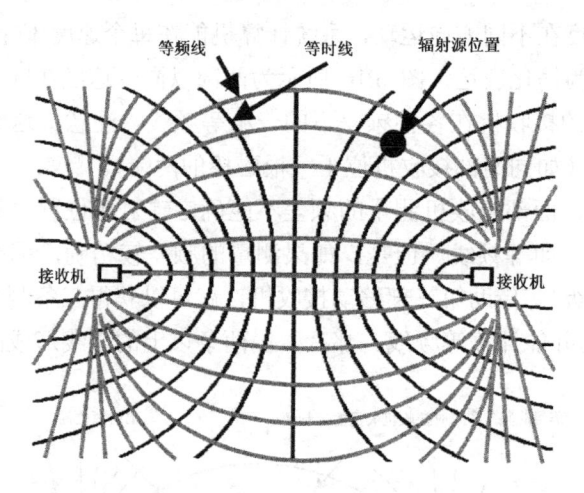

图 6.17　从两部相同的移动接收机采用 TDOA 和 FDOA 就可以确定辐射源位置

6.4　辐射源定位——报告定位精度

在对测向系统的工作值进行比较的时候，一个关键的参数就是有效的精度。对于到达角系统，这个精度通常是以均方根（RMS）角度误差来描述的。在整个辐射源定位系统（如多个到达角测向站）中，辐射源定位精度通常是以圆概率误差（CEP）或椭圆概率误差（EEP）来描述的。

当一个辐射源位置报告给要根据此信息做决策的人员（如一个要确定敌方设施位于何处的指挥员）时，CEP 或 EEP 定义了来自辐射源定位系统报告的测量中的位置不确定性。在地图上显示绘制的圆或椭圆在决策过程中是非常有用的。

6.4.1　均方根误差

在任何到达方位或辐射源位置测量过程中总是会有一些误差，但我们需要能够评估并谈论系统中的"有效"误差。如果每次单独的测量都小于某个特定的角度误差，那么最大误差将会是确定的。不过，在实际测向系统中，特别是在那些瞬时覆盖 360°的测向系统中，会存在一些特殊的角度和频率，在这些点上所测得的误差要比平均误差大很多。在外场试验中这也总是存在的，其中低电平的干扰信号或点反射器可以导致峰值误差，而这与系统的性能本身是没有关系的。如果这个峰值误差（来自于系统内部或系统外部）只发生在几个角度/频率组合上，通常就不会将其作为对该系统使用有效性的一次适当测试。因此，我们常常要考虑对系统用均方根（RMS）误差更好表示的有效误差。

为了确定 RMS 误差，在整个系统的角度范围内（通常是 360°）许多不同角度上，以及按系统整个频率覆盖范围内的规则增量提取数据。测得的每个到达角要与实际的到达角进行比较以确定误差角度。实际的角度是通过系统所放置的转台位置、飞机的导航系统、系统所安装的舰船，或者其他独立的角度参照物确定的。然后，对每个误差进行平方，再取平均值，对均值取平方根。其公式如下：

$$\text{error}_{\text{RMS}} = \sqrt{\frac{\sum_{i=1}^{n}(\text{error}_i)^2}{n}}$$

通常认为 RMS 误差有两部分——平均误差和标准偏差。平均误差是对所有测量误差进行直接平均，它能够在所有输出数据中进行纠正。如果平均误差已从每个数据点减去，标准偏差就是所计算的 RMS 误差（实际上是没有平均误差分量的 RMS 误差）。RMS 误差、平均误差和标准偏差之间的关系是：

$$\text{RMS} = \sqrt{\mu^2 + \sigma^2}$$

其中，

μ＝数据点的平均；

σ＝标准偏差。

如果愿意试一下这些公式，就可以发现 1、4、6、8 和 12 这五个数的平均是 6.2，标准偏差是 3.7，RMS 是 7.22。

6.4.2 圆概率误差

圆概率误差是一个火炮和轰炸用语。如果大量炮弹或炸弹瞄准标杆发射，测量从标杆到每一次弹着点的距离。这种情况下 CEP 就是以所计算的辐射源位置为圆心的一个圆的半径。真实的辐射源位置位于这个圆内有 50% 的可能性，通常也叫做 50% CEP。如果该圆提供 90% 的机率包含该辐射源，就叫做 90% CEP。

考虑如图 6.18 中辐射源的几何位置。这是一种理想的布局，因为两个测向站距离辐射源等距，同时从辐射源点观察相互间隔 90°。

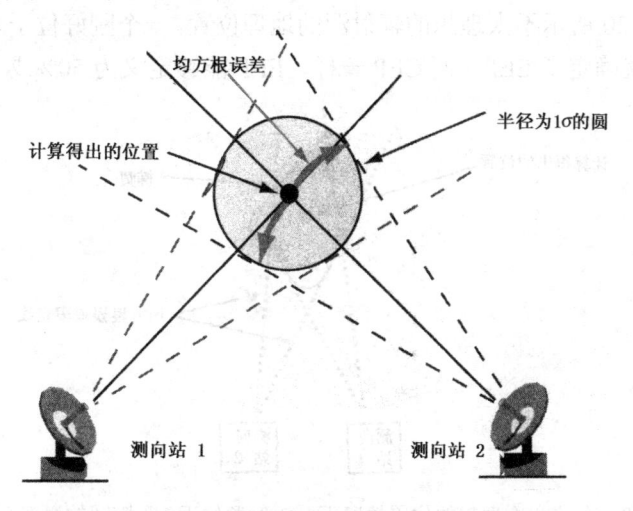

图 6.18 相隔 90°，辐射源位于计算得出的以辐射源位置为圆心的 1σ 圆内的概率为 46.5%

假设每个测向接收机的误差是具有零平均误差的正态分布，定义了 RMS 误差值的直线包括了辐射源沿着中心线的测向读数中的 68.2%。这是因为正态分布的曲线到标准偏差点的面积是 0.341。这样，在这种几何布局中刚好适合 RMS 线的圆将有 46.5% 的概率包括真实的辐射源位置（0.682×0.682≈0.465）。但是如果这个圆的半径提高到先前圆半径的1.036倍，它将有50%的机会包括辐射源。这是因为正态分布曲线到1.036标准偏差的面积是图6.19中所示的35.36%（[0.3536×2]^2=0.5）。

为了验证先前所讲的概念，考虑真实的辐射源位置有70.7%的概率位于从每个测向站观测的±1.036σ 误差极限范围内。处于两个最佳指向测向站相同极限内的概率是0.707的平方，即0.5。

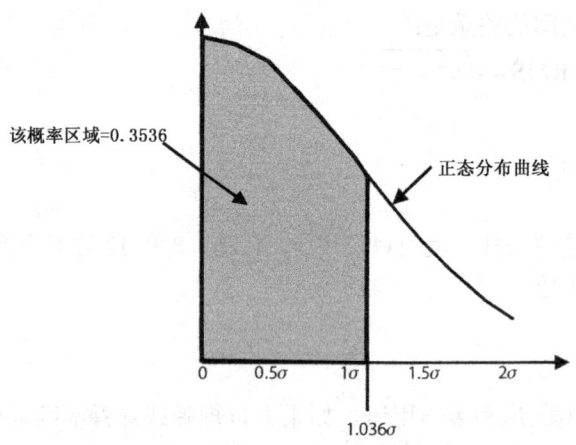

图6.19 对于具有零平均误差的正态分布误差，高斯曲线的面积确定了真实位置位于一给定半径内的概率

6.4.3 椭圆概率误差

现在考虑图6.20所示不太理想的辐射源的地理位置。一个刚好位于RMS误差线内的直径103.6%的椭圆就确定了EEP。同CEP一样，EEP能够定义为50%或90%的概率。

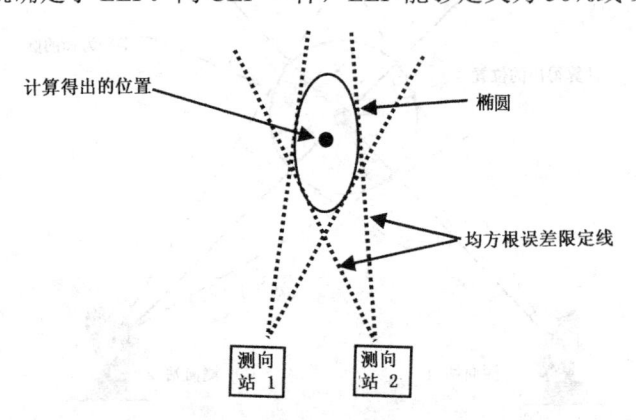

图6.20 在这个不理想的位置情况下，辐射源位于1σ椭圆的概率有46.5%

6.5 辐射源定位——误差估计

辐射源定位系统中最重要的价值尺度一般认为是定位精度。在系统指标中，必须考虑

会引起误差的所有因素，这称为误差估计。某些因素是多种辐射源定位方法共有的，但是有许多因素也只与其中一种方法有关。

6.5.1 复合误差

辐射源定位误差有多种：有些是随机误差，有些是固定误差。总之，如果误差是随机的且互相独立，则可以用统计方法将这些误差合成。总误差等于各分量平方和的平方根，即：

$$总均方根误差=[误差_1^2+误差_2^2+误差_3^2+误差_4^2+\cdots+误差_n^2]^{1/2}$$

其中包含了 n 个独立的随机误差。

但是，如果误差不是随机的，则必须直接对这些误差求和。

正如以前所讨论的，均方根误差是平均误差和标准偏差的和，它能非常精确、完善地度量系统误差，如在测量靶场上。利用统计平均误差值来补偿所有的位置测量或到达方向测量是可行的。因此，系统的均方根误差将等于测量误差值的标准偏差。注意，这里假设没有较大的位置误差，而且主要的误差源都与平台有关。机载平台的到达方向系统通常具备这种特性，因为机身的反射会引起较大的到达角误差，而更远处的多径反射器生成更小的测量误差。

6.5.2 反射对到达角误差的影响

从目标辐射源至 AOA 测量站路径附近的反射器因产生多径效应而会引起误差。AOA 站测量到达其天线的直接路径分量与所有多路径分量的矢量和。如图 6.21 所示，目标辐射源附近的反射器使多路径信号以相对小的偏移角到达，从而引起的误差也较小（通常在机载系统中）。但是，靠近 AOA 站的反射器将产生到达角相当大的多径信号。这些反射器产生的误差比较大。地基 AOA 系统受附近地形的影响相当大。不过，所有的 AOA 系统都有较大的来自其安装平台（空中或地面）的多径误差，其侧面（靠近或背对信号到达角的面）反射产生的误差最大。

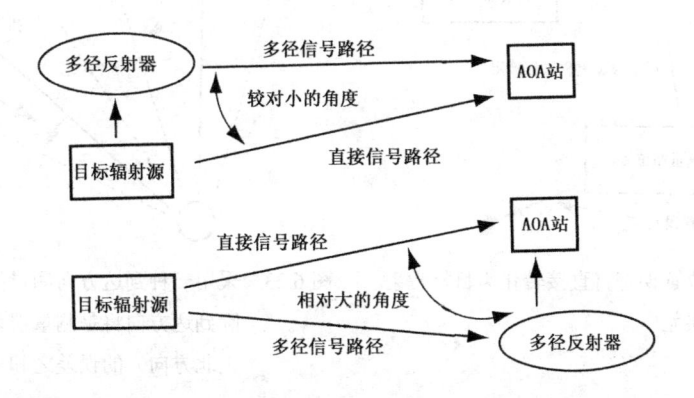

图 6.21 靠近目标辐射源的发射器生成的到达角测量误差小，而靠近 AOA 系统的发射器产生的到达角误差大

6.5.3 测量站位置精度

对任何一种辐射源定位方法而言，测量站的位置误差必须直接加到辐射源定位误差中，如图 6.22 所示。如果采用机载、舰载或地面移动测量系统，则可由平台上的惯性导航系统（INS）获得测量站位置。几年前，飞机惯性导航系统的定位精度会随着飞机离开机场或航母等固定位置的时间增长而下降。然而，现代惯性导航系统采用 GPS 基准不断进行位置校准，这就大大提高了飞机长时间飞行的位置精度。由于舰船具有极好的导航性能，所以舰载测量站的定位误差极小。

固定地面测量站的位置精度要求相当高。定位误差基本上只源自静止或动态弯曲的塔台。但地面移动测量站的定位能力在采用 GPS 之前相对较差，这是因为低价值平台所用的惯性导航系统不行，为了获得精确的站位置，测量站必须设立在已知位置上。然而，GPS 接收机体积很小，能提供极好的位置精度，因此即使是位于卡车内的测量站或由徒步单兵携载的测量点都可以定位在几米的范围内。

6.5.4 到达角辐射源定位方法误差估计项

AOA 系统测量信号到达测量站的方向与基准角之间的夹角（方位和/或仰角）。误差估计分量包括测角精度和方向基准精度，如图 6.23 所示。由于仰角是相对于本地垂线或水平线而言的，所以在基准方向很容易获得非常高的精度。然而方位基准（通常为正北方）很难确定。在高价平台（如舰船和飞机）中，角度基准取自惯性导航系统。虽然惯性导航系统具有定向陀螺仪，但是现代系统计算 GPS 位置间的方位矢量以更新角度基准从而获得长期的精度。目前低价平台采用体积小、重量轻的惯性导航系统。这些平台采用光纤陀螺仪作为角度基准，采用 GPS 进行定位。尽管这种小型惯性导航系统没有大型惯性导航系统精确，但它们能提供高质量的方向基准和定位。

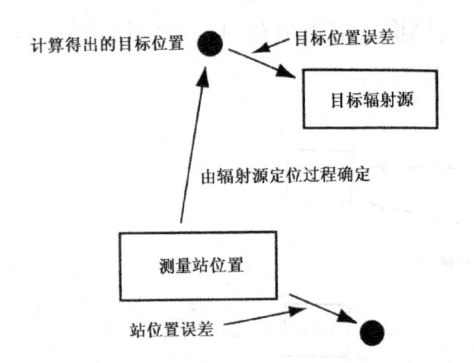

图 6.22 测量站的位置误差将直接转化为目标辐射源的定位误差

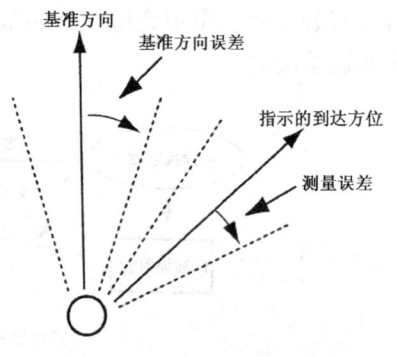

图 6.23 采用一种到达方向测量技术时，信号的实际到达方向将是测量误差和基准方向（如正北方向）的误差之和

在早期地基移动平台中，必须采用磁力计作为指北基准。这种装置能感知地球磁场，它被认为是能以电子方式读取的磁罗盘。磁力计安装在测量系统的天线阵中，因此即使阵列随风或随金属线的牵引而有所移动也可测得它的实际方位。但是，磁力计存在着与手动

罗盘同样的问题，如偏差随位置而变，所以精度非常低（约为 1.5°RMS）。

AOA 系统中的另一个误差源是天线阵相对于角度基准的方位。除非将角度基准装置安装在天线阵上，否则当天线阵每次展开（若安装在天线杆上）或安装在机载平台上时将产生偏移误差。

6.5.5 与信噪比有关的误差

定位精度通常针对一个接收强信号的系统，但是，该系统也必须能处理较弱的信号。确定测向系统灵敏度的方法之一是增加接收信号强度进行一系列测量（通常为 5～10 次）。对于强信号，所有 AOA 的测量是非常接近的（一般是相同的）。但是，随着信号强度下降，信噪比降低，从而导致所测的 AOA 变化。系统灵敏度常表述为测量标准偏差等于 1°时的接收信号强度。还可以计算由任何特定信噪比引起的均方根角度误差分量，但这会随特定系统的配置而变化。

6.5.6 校准误差

所有高精度的 AOA 系统都要进行校准以消除因天线安装位置、载体反射和处理而产生的固定误差。校准包括在某些精确靶场测量 AOA 并在后续操作中校正测量数据以消除校准期间的测量误差。校准数据的精度是角度误差的另一个来源。

6.5.7 AOA 系统的误差组合

前面所讲的各种误差因素（站的位置除外）通常可以认为是独立和随机的。这样，它们就可以统计在一起以确定整个的误差估计。但是，在一些情况中还必须额外考虑其他的误差。例如，如果存在一个没有得到纠正的平均误差，那么它就应当被当做是附加误差。在一些系统中，也有一些是到达角固定函数的计算误差。这些误差并不是随机的，如果在处理中没有得到纠正，就要当做附加的误差。

6.6 到达角误差转换为定位误差

关于辐射源定位系统的应用，最重要的是其对一个辐射源的定位精度。对任何一种定位系统而言，定位精度主要取决于测量精度和交战位置。当前，我们只讨论到达角系统。

6.6.1 测量精度

标准偏差是统计标准误差偏离平均误差的角度。从统计上看，34%的到达角读数误差小于标准偏差。但是，由于误差既可能小于平均误差，也可能大于平均误差，所以两个标准偏差角包含了 68%的测量误差数据。

因为平均误差受搭载 AOA 系统的（空中、地面、海上）平台反射的影响较大，所以采用系统校准可以消除它对最终的系统均方根（RMS）误差的大部分影响。因此，在一个经过校准的 AOA 系统中，RMS 误差主要是校正数据的标准偏差。

如图 6.24 所示，单个 AOA 测量站只能确定位于扇形区的辐射源位置。如果用两条 RMS

线作为标准偏差线，那么就认为辐射源位于该角度区域内的概率为 68%。如果 RMS 误差较低，该扇形区就很窄，因此角度精度就更高。但是，线性误差也与 AOA 站的距离有关。误差区的宽度可由下式计算：

$$W = 2D \tan(\theta)$$

其中，

W = 从真实角到 RMS 误差线的距离（任意单位）；
D = 从 AOA 站到被定位辐射源的距离（单位同上）；
θ = RMS 角度误差。

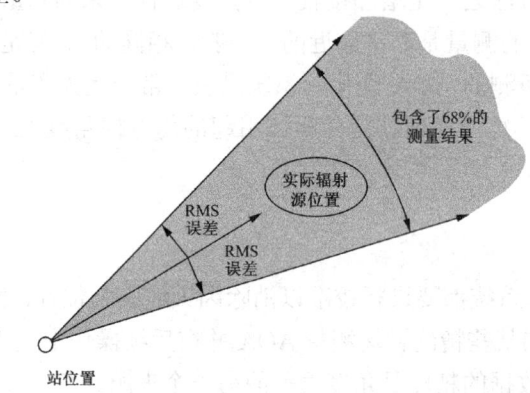

图 6.24　两条 RMS 误差线之间的角度区域包括了 68% 的测量结果，其计算误差是正态分布的，其标准偏差等于去掉了平均误差的 RMS 误差

利用两个 AOA 测量站，即可用三角测量法确定辐射源的位置。图 6.25 所示为两个站的角度交集区。理想情况下，从被定位辐射源观测到两个站的位置间隔 90°，这将使位置不确定区域最小。该图给出了一种更通用的情况，即两个站的位置是非理想的。这时被定位辐射源位于两个扇形交集的像风筝一样的区域的概率为 68%。

如果对这两个站测定的辐射源位置进行多次计算机仿真（随机选择误差值），那么辐射源位置图将构成一个椭圆区域，椭圆中心处的位置密度高，随着至中心处的距离增大，位置密度下降。图 6.26 的椭圆将包含 46.5% 的辐射源位置。

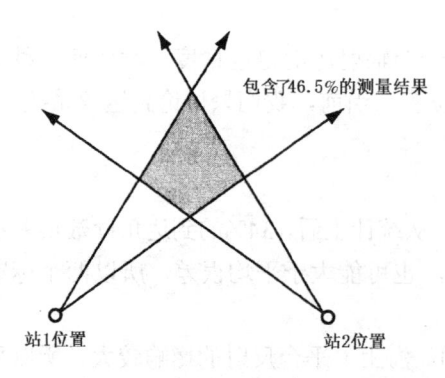

图 6.25　处于两个 RMS 误差线之间的风筝状的区域包含辐射源位置的概率为 68%

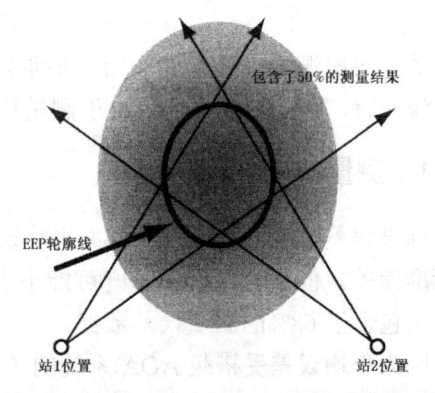

图 6.26　根据对测量误差为正态分布的辐射源位置进行多次仿真绘出的位置图构成了椭圆散射图，其中 50% 的值位于 EEP 椭圆内

6.6.2 圆概率误差

圆概率误差（CEP）在 6.4.2 节中进行了定义。对辐射源定位系统（即多个 AOA 传感器和必要的三角测量处理）而言，可以用图 6.26 中的椭圆来确定其 CEP。

首先，需要将椭圆的大小从包含 46.5%的辐射源位置调整到包含 50%的辐射源位置。为此，通过各乘一个系数 1.036 来增大椭圆的长轴和短轴，这就使椭圆包含辐射源的概率变为 50%。注意，该椭圆可由 AOA 站的特性和截获位置算出，常称为"椭圆概率误差"。

接着，由下式计算该椭圆（如图 6.27 所示）的半长轴和半短轴的矢量和：

$$CEP = 0.75(\sqrt{a^2 + b^2})$$

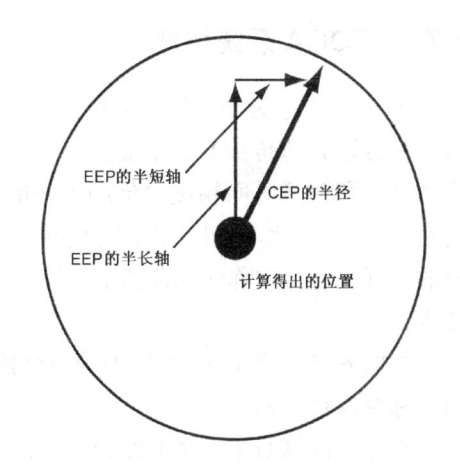

图 6.27　CEP 是以所测得的辐射源位置为圆心的圆的半径，该圆包含实际辐射源位置的概率为 50%

其中，

CEP = 圆概率误差的圆半径（任意单位）；
a =椭圆的半长轴（单位同上）；
b =椭圆的半短轴（单位同上）。

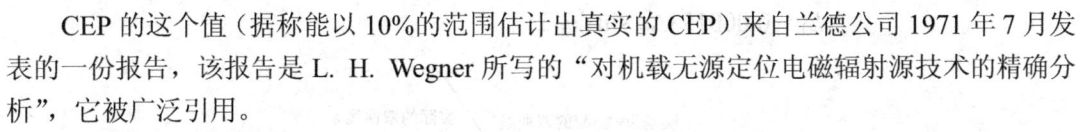

CEP 的这个值（据称能以 10%的范围估计出真实的 CEP）来自兰德公司 1971 年 7 月发表的一份报告，该报告是 L. H. Wegner 所写的"对机载无源定位电磁辐射源技术的精确分析"，它被广泛引用。

正如在辐射源定位系统中一样，计算出的椭圆误差也可围绕所测的辐射源位置绘制在地图显示器上。然后假定辐射源位于椭圆内的概率为 50%。该信息对军事分析人员是非常有价值的，军事分析人员可以将其他战术态势和最近的历史信息结合起来从而以适当的精度确定战术态势。

另外，CEP 在评估真实场景中不同的系统和战术时是最有用的。

6.7　精确定位系统中的定位误差

到达时差（TDOA）和到达频差（FDOA）均为辐射源精确定位方法，在 6.3 节中进行了讨论。

TDOA 和 FDOA 系统计算辐射源位置的精度通常是用圆概率误差（CEP）表述的。但是，CEP 是根据计算等时线和等频线的精度来确定的。同讨论过的到达角（AOA）系统的定位精度一样，TDOA 和 FDOA 系统的 CEP 取决于测量精度和位置。精度计算是建立在进行了多次独立测量的假设之上的。因此，精度是以统计方法确定的。

6.7.1 TDOA 系统精度

图 6.28 所示为一个辐射源位置和两个 TDOA 接收站。等时线是包含了产生 TDOA 测量值（信号以光速传播）的平面上所有可能位置的曲线。导致位置误差的因素包括接收站的位置精度和测量时间精度。借助下面的公式可计算出精度的标准偏差（假设接收站的位置是精确的）。因此，它只取决于截获位置和测量时间精度，在此假设测量时间误差是高斯分布的。有时这就被称作双曲线的"厚度"。我们不是将其带入一个大公式中，而是分几步来完成。

如图 6.28 所示，在 X 轴上的两个接收站相距 B_1。辐射源位于位置 X、Y 处，距离站 1 的坐标原点数千米。

首先，计算两个信号的路径长度：

$$D = \text{sqrt}(X^2 + Y^2)$$
$$F = \text{sqrt}([B_1 - X]^2 + Y^2)$$

然后，计算三角形的边长和的一半（S_1）。

$$S_1 = (D + F + B_1)/2$$

接着，计算从辐射源观测的站 1 与站 2 之夹角 θ_1 的一半的正弦值：

$$\sin(\theta_1/2) = \text{sqrt}([S_1 - D] \times [S_1 - F]/[D \times F])$$

现在，写出测得的双曲线偏离经过辐射源的实际双曲线的标准偏差（1σ）的方程（偏离该信号位置的距离称为 E_1）。Δt 为 1σ 的 TDOA 测量误差。

$$E_1 = 0.00015 \times \Delta t / \sin(\theta_1/2)$$

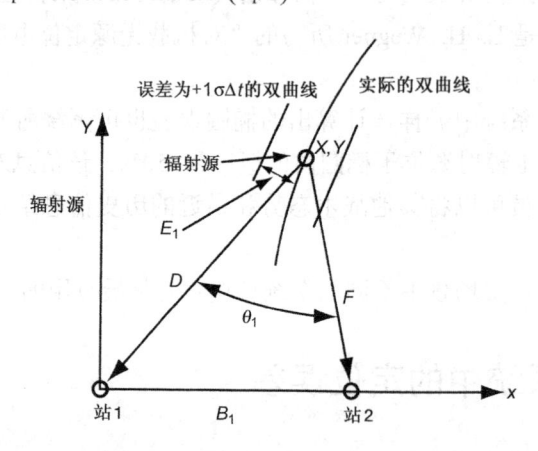

图 6.28 到达站 1 和站 2 的信号的 TDOA 确定了通过辐射源的双曲线。1σ TDOA 误差导致双曲线移动距离 E_1

正如 6.3.1 节所描述的，双曲线是恰好通过辐射源位置的一条线，第二条双曲线必须根据另一条基线得出，从而求出交点的位置。图 6.29 所示为利用第三个截获站的情况。我们将根据第二条基线计算出双曲线的偏移值并画出最终的误差区。为简单起见，我们将第三个站设在 X 轴上、至站 2 的距离为 B_2 处。首先计算第三条信号的路径长度：

$$G = \text{sqrt}([B_1 + B_2 - X]^2 + Y^2)$$

第 6 章 辐射源定位精度

然后计算第二个三角形的边长和的一半（S_2）：
$$S_2 = (F + G + B_2)/2$$
接着计算从辐射源位置观测的站 2 与站 3 之夹角 θ_2 的一半的正弦值：
$$\sin(\theta_2/2) = \text{sqrt}[(S_2-D)\times(S_2-F)/D\times F]$$
现在，我们可以写出测量双曲线偏离（单位为 km）经过辐射源位置的实际双曲线的标准偏差（1σ）的方程（偏离该信号位置的距离称为 E_1）。Δt 项为 1σ 的 TDOA 测量误差。
$$E_2 = 0.00015\times\Delta t/\sin(\theta_2/2)$$

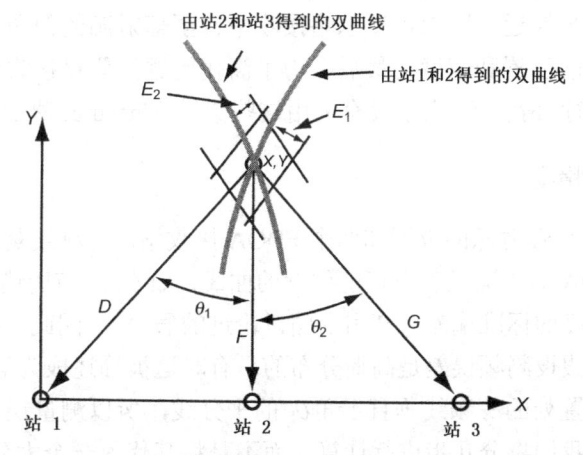

图 6.29　借助第三个站构成第二条双曲线。两条双曲线在辐射源
　　　　位置处相交。由基线 B_1 可计算出一组 $\pm 1\sigma$ 的双曲线偏差

辐射源位置处的每条双曲线的 $\pm 1\sigma$ 误差线相交所包围的区域为平行四边形，如图 6.30 所示。在到达角圆概率误差计算中，采用随机的 TDOA 测量误差（高斯分布）进行计算机仿真将生成如图 6.31 所示的椭圆形的点密度散射图。包含了 50% 测量结果的椭圆就是椭圆概率误差（EEP），根据椭圆概率误差可以计算出圆概率误差，这在 6.6.2 节中进行过讲述。

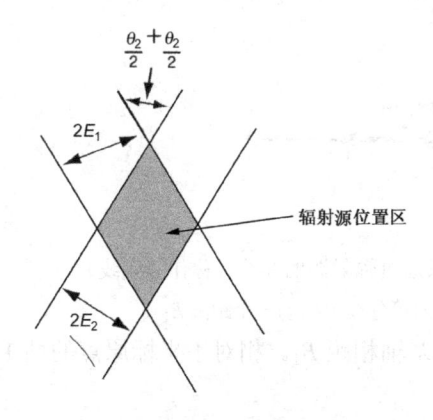

图 6.30　来自 TDOA 两条基线的 $\pm 1\sigma$ 误差线以一个
　　　　角度相交，该角度是从辐射源所观测到的
　　　　至各测量站的两个半角之和，构成了一个
　　　　称之为椭圆概率误差

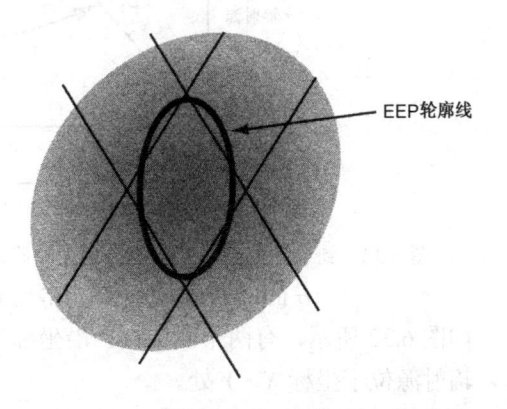

图 6.31　从许多具有正态分布误差值的仿真
　　　　TDOA 测量中画出的位置形成了一个
　　　　椭圆形状。该椭圆包括了结果的 50%，
　　　　平行四边形

6.7.2 FDOA 辐射源定位系统中的定位误差

与前面讨论的到达时差（TDOA）系统一样，FDOA 系统的精度也可用圆概率误差（CEP）或椭圆概率误差（EEP）来表示。同 AOA 和 TDOA 一样，系统的精度计算同样假设进行了多次独立的测量。

此处给出的等频线精度公式是以 Paul Chestnut 博士在 1982 年 3 月 IEEE Transactions on Aerospace and Electronic Systems 上发表的一篇经典的文章为基础的。此处的公式假设了辐射源距离传感器平台足够远，因而可以忽略接收平台至辐射源的俯角。同时还假设已经精确获知每个接收平台的位置和速度，最后，为了简化问题，假设接收平台以同样的速度沿水平基线路径直线飞行（请注意，由于没有采用这些假设，Chestnut 博士的公式要复杂得多）。

6.7.2.1 等频线精度

图 6.32 所示为一个辐射源的位置和两个 FDOA 接收站。等频线是包含了在此截获情况下获得所测得的 FDOA 的平面上所有可能位置的曲线，如 6.3.2 节所述。下面的方程可计算出曲线绘制所具有精度的标准偏差（利用上面讨论过的假设）。因此，标准偏差只与截获位置和测频精度有关。假设测频误差是高斯分布的。有时这被描述成为等频线的"厚度"。注意，在真实辐射源位置处的等频线垂直于角 θ_1 的平分线，所以测量误差会使该等频线在此角平分线方向移动。我们将分几步进行计算，而不是将其代入一个大公式中。

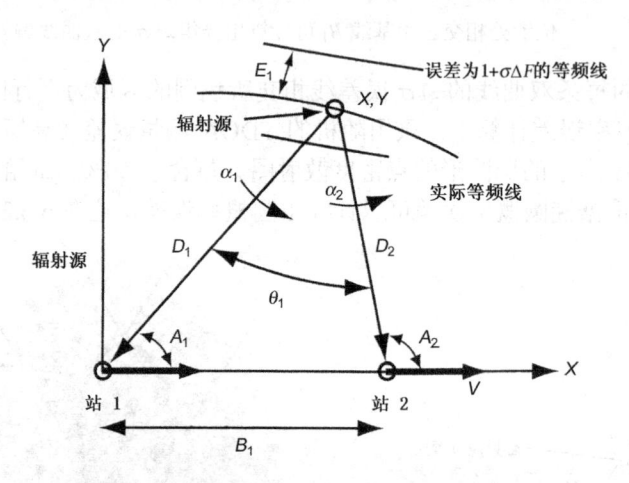

图 6.32 到达站 1 和站 2 信号的 FDOA 确定了一条通过辐射源的曲线（称作等频线）。$\pm 1\sigma$ 的 FDOA 误差将导致该等频线在角 θ_1 的等分线上移动一个距离 E_1

如图 6.32 所示，有两个测向站，沿坐标系统的 X 轴相距 B_1。相对于坐标原点的站 1 而言，辐射源位于坐标 X、Y 处。

首先，利用 6.7.1 节中用于 TDOA 的公式计算两个信号路径的长度：

$$D_1 = \text{sqrt}(X^2 + Y^2)$$
$$D_2 = \text{sqrt}([B_1 - X]^2 + Y^2)$$

然后，计算辐射源方向与每个接收平台的速度矢量之间的夹角：

$$A_1 = \text{arc cos}(X/D_1)$$

$$A_2 = \text{arc cos}([B_1-X]/D_2)$$

接着，计算从辐射源到每个运动接收平台的线的角速度（$\hat{\alpha}$）：

$$\hat{\alpha}_1 = V\sin(A_1)/D_1$$
$$\hat{\alpha}_2 = V\sin(A_2)/D_2$$

现在可以得出关于 E_1 的方程，即测量等频线偏离经过辐射源的真实等频线的标准偏差（1σ）（km），其中 F 为发射频率（Hz），ΔF 为 FDOA 测量的 1σ 误差（Hz）。

$$E_1 = (3\times10^5 \times \Delta F)/(F \times \text{sqrt}(\hat{\alpha}_2^2 - 2\hat{\alpha}_1\hat{\alpha}_2 - \hat{\alpha}_1^2))$$

注意真实等频线和测量等频线都垂直于角 θ_1 的平分线。

$$\theta_1 = A_2 - A_1$$

6.7.2.2 DOA 位置的圆概率误差

如图 6.33 所示，由于需要利用第三个测量站生成第二条等频线，并与穿过辐射源位置的第一条等频线相交来定位，因此需要计算 D_3、A_3、$\hat{\alpha}_3$、θ_2 的值：

$$D_3 = \text{sqrt}[(B_1+B_2-X)^2 + Y^2]$$
$$A_3 = \text{Arc cos}[(B_1+B_2-X)/D_3]$$
$$\hat{\alpha}_3 = V\sin(A_3)/D_3$$
$$\theta_2 = A_3 - A_2$$

根据下式可以计算第二条等频线的误差：

$$E_1 = (3\times10^5 \times \Delta F)/(F \times \text{sqrt}(\hat{\alpha}_3^2 - 2\hat{\alpha}_2\hat{\alpha}_3 - \hat{\alpha}_2^2))$$

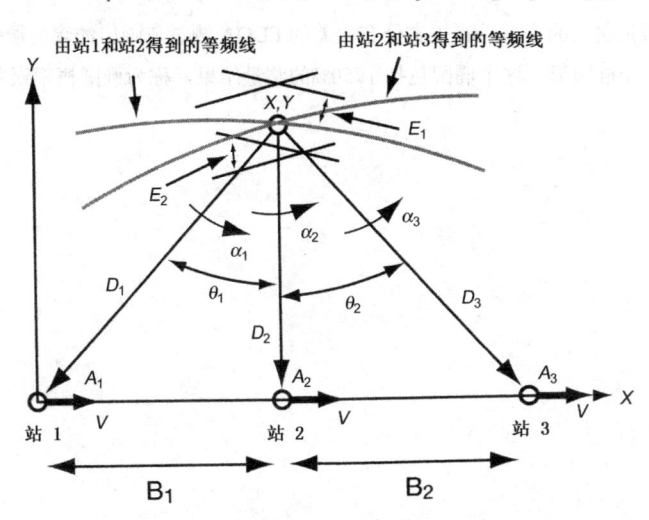

图 6.33 利用第三个站确定第二条等频线。两条等频线在辐射源
位置处相交。由基线 B_2 可计算出一组 $\pm 1\sigma$ 曲线偏差

图 6.34 的平行四边形示出了根据两条 FDOA 基线得出的 $\pm 1\sigma$ 的误差等频线。由于误差（E_1 和 E_2）是高斯分布的，那么测量值处于 $\pm 1\sigma$ 误差线内的概率为 46.5%。如果将 E_1 和 E_2 的值乘以 1.036，则最后的平行四边形将包含一半的数据点。就 AOA 和 TDOA 系统而言，用高斯分布的 FDOA 测量值进行计算机仿真将产生椭圆形的点密度散射图，如图 6.35 所示。

该椭圆包含了 50%的测量结果,对于 AOA 的情况,就可以计算出椭圆概率误差(EEP)和圆概率误差(CEP)。

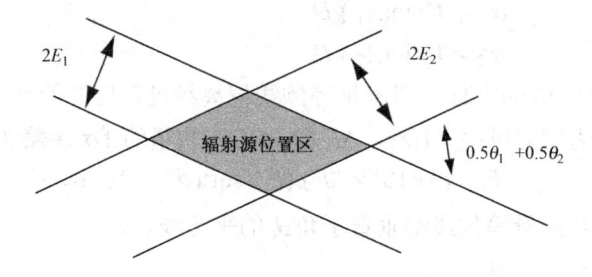

图 6.34 由两条 FODA 基线得到的±1σ 误差线相交成一个角,该角度等于从辐射源观测到的至测量站的两个半角之和,它们形成了一个平行四边形

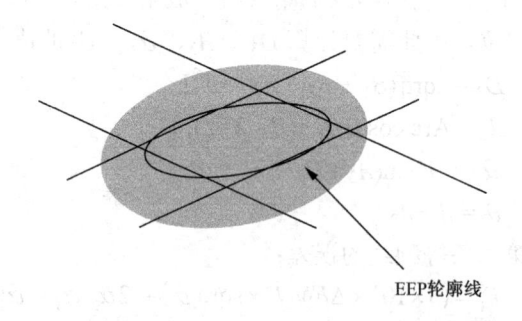

图 6.35 根据仿真的许多具有正态分布误差的 FDOA 测量值画出的辐射源位置形成了一个椭圆形。这个椭圆包括了 50%的测量结果,称为椭圆概率误差(EEP)

第7章 通信卫星链路

通信卫星是电子战的重要组成部分。系统通过卫星链路相互通话，敌方的卫星链路自然也是截获或干扰的目标。如图7.1所示，通信卫星通常在位于地面或接近地面的终端间传送信息。链路方程针对上行链路、下行链路和终端之间整个路径。尽管卫星链路涉及的物理规则与地对地和空对地通信相同，但通常用不同的表达式对其进行设计和描述。空间环境性质和通信卫星方式的不同导致了其中的差异。

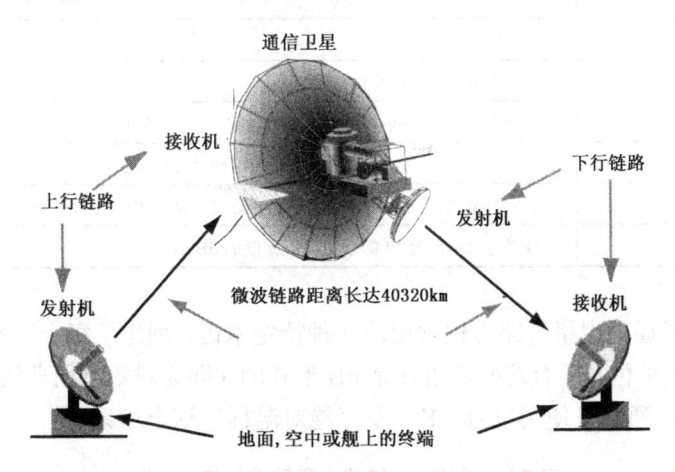

图 7.1 通信卫星通过微波链路在 40 320km 远的距离上、在地面或接近地面的点之间传送数字信息

7.1 卫星通信的特性

在常用的电子战方程（适用于大气层中）中，均假设所有的设备和传输介质都处于290K绝对温标中。这是因为绝对温标可以下降到绝对零度，且在链路中任一方向足以产生 1dB 变化的温度变化远远大于导致人死亡的温差。可是，太空的温度通常很低（接近绝对零度），这就需要以不同的方式来考虑接收机的灵敏度。

通信卫星链路的带宽通常很大，可以同时为多个用户（每个用户只购买了所需要的一部分带宽）提供服务，这就使得在形式上与带宽无关的链路方程非常有用。此外，通信卫星以数字形式传送信息，因而有关方程常采用数字通信项。

其他的差别就是卫星通信领域的人员采用稍微有些不同的术语。

在本章中，我们将：
- 综述有关的术语和定义；
- 计算一个接收机的噪声温度；
- 讨论卫星轨道；
- 描述上行链路和下行链路的链路方程形式；

- 讨论卫星链路对干扰的易损性;
- 将通信卫星链路方程和等效的地面形式联系起来。

7.2 术语和定义

表 7.1 列出了用于卫星通信链路的 dB 定义。存在这些特定 dB 单位的理由将会在讨论其应用的术语和定义中变得明晰。它们将用于通信卫星的链路方程中。

表 7.1 通信卫星的 dB 定义

单 位	定 义
K	绝对温度的缩写
dBHz	单位为 Hz 的频率或带宽的 dB 值
dBW/K	单位为 W 的功率值与单位为 K 的温度值之比的 dB 值
dBi/K	各向同性天线增益与单位为 K 的温度值之比的 dB 值
dBW/HzK	单位为 W 的功率值与单位为 Hz 的带宽值乘以单位为 K 的温度值之比的 dB 值
dBW/m²	每平方米单位为 W 的信号功率密度的 dB 值

表 7.2 定义了通信卫星链路方程常用的几种特定术语,列出了每一种术语的符号、定义和所用的 dB 形式单位。所有这些术语都是 dB 形式的(即为对数型而非线性型)。注意,当涉及绝对温度时,通常只使用符号"K"及"绝对温标"这个术语。

表 7.2 通信卫星链路方程采用的特定术语

符 号	定 义	单 位
C	接收的载波功率	dBW
k	玻耳兹曼常数	dBW/HzK
C/kT	载波及热噪声及 k 之比	dBHz
C/T	载波与热噪声之比	dBW/K
E_b/N_0	每比特能量与每单位带宽的噪声之比	dB
EIRP	各向同性等效辐射功率	dBW
G/T_s	品质因数	dBi/K
PFD	功率通量密度	dBW/m²
Q	系统品质因数	dB(W/K)
W	照射电平	dBW/m²

C 表示抵达接收机的射频(检波前)信号功率。由于它也代表载波,所以稍微有点混淆。实际的射频信号包含一个载波(名义上的发射频率)和几个调制边带(携带信号)。在这种情况下,载波实际上并不只指载波,而是表示包括载波和边带的整个信号。

k 代表玻耳兹曼常数(1.38×10^{-23} W·s/K)。采用小写字母 k 是为了避免和绝对温度所用的大写字母 K 混淆。由于 Hz 的实际单位为 1/s,所以玻耳兹曼常数既可用线性形式的单位

W/HzK、也可用 dB 形式的单位 dBW/HzK 来表述。dB 形式的波耳兹曼常数（更通常使用的数字）为：

$$-228.6\text{dBW/HzK}$$

C/kT 表示每 Hz 带宽所接收的载波与噪声功率之比。在电子战接收机的灵敏度计算中，通常认为 kT 即为省略了带宽的 kTB。C/kT 的线性形式单位为 $\text{W}/[(\text{W}\cdot\text{s/K})(\text{K})]$，简化为 $1/\text{s}$ 或 Hz，因此，其 C/kT 的 dBHz 单位是以分贝形式表示的。

C/T 是所接收的信号功率与测量载波的环境中的热噪声温度之比。如果分母变为 kTB，该比值将变为载波与热噪声之比。

E_b/N_0 并不是通信卫星计算中所独有的，它作为信噪比的数字等效式广泛应用于全数字通信中。它常被认为是数字接收机在 1Hz 带宽内的输出信噪比与比特率之比。N_0 是每 Hz 带宽的热噪声（即 kT），E_b 是 1 比特的能量（即信号功率与比特持续时间之积）。由于分子分母的单位相同（$\text{W}\cdot\text{s}$），所以其单位为 dB。

EIRP 代表各向同性等效辐射功率，即从发射机到各向同性发射天线的实际发射功率。它也是有效辐射功率（ERP）的另一种表达方式。两者均是将发射机输出功率增加了天线增益倍的信号强度值，其单位为 dBW。

G/T_s 是接收机的品质因数，是通信卫星接收机系统设计中接收机最有意义的术语。它是接收天线增益与接收系统的噪声温度之比。如果信号等于噪声，且与带宽无关，则该品质因数与必须到达卫星或地面站的信号电平直接相关。其单位是 dBi/K。

PFD 是在空间的功率通量密度。相关术语 PFD_B 是特定带宽内的功率通量密度。由于从卫星辐射到地球表面的功率通量密度是由国际无线电咨询委员会（CCIR）根据每 4kHz 带宽的通量密度定义的，所以 PFD_B 的单位通常为每 B_{CCIR}（即每 4kHz 带宽）的 dBW/m^2。

Q 是将 EIRP 与接收机品质因数结合在一起的系统品质因素（$\text{EIRP}+G/T_s$）。在不考虑传播损耗时，它与接收信号质量有关（与带宽无关）。这是把损耗从其他链路问题中分离出来的一种便利方式。注意：单位为 dBW 和 dB/K 的数字之和的单位为 dB（W/K），因为后者的分子中的 dB 是无单位比值。

W 是到达接收天线的功率通量密度。其单位与 PFD 的单位相同（dBW/m^2）。

7.3 噪声温度

在大多数电子战应用中，发射机、接收机和所有的传播路径都处于大气层中，因此，我们假定所有的物体都处于（或接近于）290K 的绝对温度。这意味着接收机灵敏度（以 dBm 为单位）与 kTB、接收机系统噪声系数和所需的信噪比有关。用下式可以计算出 kTB：

$$kTB = -114\text{dBm} + 10\lg\text{（接收机有效带宽/1MHz）}$$

正如前面所讨论的，卫星链路方程通常不这样考虑接收机的灵敏度，但是要在天线的输出中包括接收机系统的噪声温度。

7.3.1 系统噪声温度

接收机噪声温度（T_S）由下式计算：

$$T_S = T_{ANT} + T_{LINE} + (10^{L/10}) T_{RX}$$

其中，

T_S=系统噪声温度（K）；
T_{ANT}=天线噪声温度（K）；
T_{LINE}=线路到接收机的噪声温度（K）；
T_{RX}=接收机的噪声温度（K）。

这三部分温度将在以下几节中确定。

7.3.2 天线噪声温度

天线噪声温度由天线波束内的温度决定。若天线指向太阳，则噪声温度会非常高以致在太阳离开波束前系统无法正常工作。若天线波束完全被地球或雨水占据，则天线的温度接近290K。假如全天线波束位于地平线以上，那么天线的副瓣远小于主瓣增益；假如天空清朗，那么天线温度由图7.2所示的曲线图确定（该图源自 L.V.Blake 所著的 Radar Range Performance Analysis 一书，以及美国海军研究实验室早期的一些报告）。

注意：该曲线图给出的噪声温度与接收天线的仰角和接收机的调谐频率有关。在较低频率处，银河系的恒星所发出的噪声是很重要的，会增加天线的温度。银河位于我们星系的边缘，因而具有最大的噪声温度。

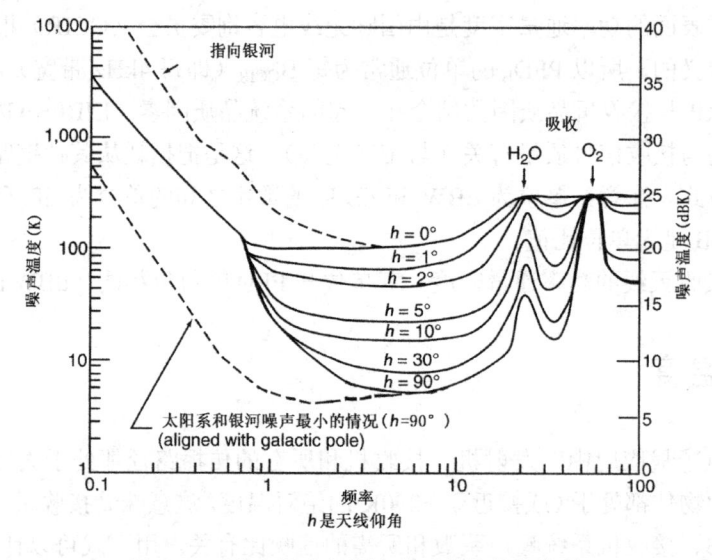

图7.2 天线和温度与频率和天线的仰角有关

7.3.3 线路温度

天线与接收机间损耗的噪声温度会对系统的噪声温度产生影响，如下式所示：

$$T_{LINE} = [10^{(L/10)} - 1] T_M$$

其中，

L=接收机前的损耗量（dB）；

T_M=损耗装置的环境温度（典型值是 290K）。

注意，该公式通常写成：

$$T_{LINE}=[T_{ANT}+(L-1)T_M]/L$$

其中，L 是（相对于 dB）线性形式的衰减。

注意，天线温度可以比衰减器的外部温度低很多。

7.3.4 接收机噪声温度

接收机系统噪声系数可根据下式由其噪声系数算出：

$$T_{RX}=T_R[10^{(NF/10)}-1]$$

其中，

T_{RX}=接收机的噪声温度（K）；

T_R=基准温度（典型值：290K）；

NF=接收机噪声系数（dB）。

如果基准温度为 290K，则噪声温度可利用表 7.3 由噪声系数得出。

在具有多个增益单元的接收机中，接收机的噪声温度主要是由第一单元的噪声温度决定的。每个下级的噪声温度降低了一个值，即上一级的增益倍。在图 7.3 所示的三级接收机中，接收机噪声温度可用下式求得：

$$T_{RX}=T_1+(T_2/G_1)+T_3/G_1G_2$$

其中，

T_1=第一级的噪声温度；

G_1=第一级的增益（单位不为 dB）。

以此类推。

对每一级而言，噪声温度是由上述 T_{RX} 公式决定的。

表 7.3 噪声系数与噪声温度

噪声系数（dB）	噪声温度（K）	噪声系数（dB）	噪声温度（K）
0	0	4.5	527
0.5	35	5	627
1	75	5.5	739
1.5	120	6	865
2	170	6.5	1 005
2.5	226	7	1 163
3	289	7.5	1 341
3.5	359	8	1 540
4	438	8.5	1 763

续表

噪声系数（dB）	噪声温度（K）	噪声系数（dB）	噪声温度（K）
9	2 014	16	11 255
9.5	2 295	17	14 244
10	2 610	18	18 088
11	3 361	19	22 746
12	4 306	20	28 710
13	5 496	21	36 219
14	6 994	22	45 672
15	8 881		

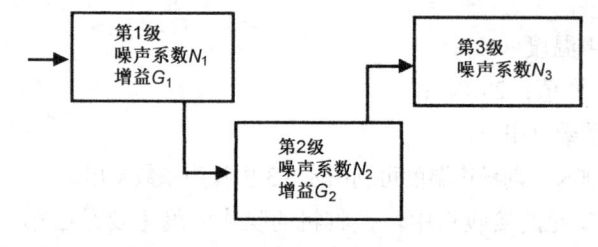

图 7.3 该三级接收机的噪声温度主要由第一级的噪声温度决定

7.3.5 一个噪声温度的例子（译者注：原文计算有误）

考虑图 7.4 所示的地面站接收系统。由于它处于大气层中，所以基准温度将为 290K。接收机工作在 5GHz，其天线仰角为 5°，所以可以从图 7.2 确定天线温度为 30K。在接收机前有 10dB 的损耗，因而线路温度为 9×290K，即 2610K。第一级接收机的噪声温度为 438K，第二级接收机的噪声温度为 865K，接收机总的噪声温度为 1303K。

系统的噪声温度为 30K+2610K+1303K=3943K。

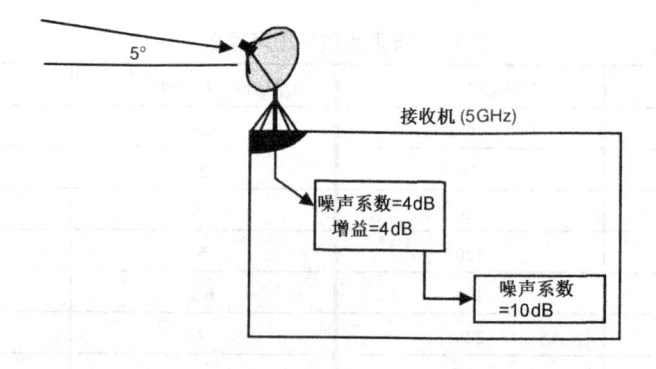

图 7.4 这个例子中接收机系统具有一个仰角为 5° 的天线，天线和接收机之间的损耗为 10dB，两级接收机调谐到 5GHz

7.4 链路损耗

卫星通信链路所涉及的距离相当远，因而链路损耗也非常大。由于大部分链路路径位于地球大气层外，所以在计算某些损耗时考虑的因素也有所不同。在此我们将讨论发散损耗、大气损耗和雨雾损耗。在大多数情况下，这些损耗之和（dB）被认为是总的链路损耗。天线未对准时的损耗将单独处理。每种损耗都适用于卫星和地面站间的链路，以及星载接收机载荷所截获的地面发射机的损耗。

7.4.1 发散损耗

我们将根据两个各向同性（即 0dB 增益）天线间的转移函数来计算发散损耗。它与视距链路所用的方程相同：

$$L_S = 32 + 20\log F + 20\log d$$

其中，

L_S＝两个各向同性天线间的发散损耗（dB）；
F＝发射频率（MHz）；
d＝发射天线与接收天线间的距离（km）。

7.4.2 大气损耗

由于卫星通信链路通过整个大气层，因此与地面链路不一样，我们不考虑每千米的链路损耗。穿过整个大气层的损耗与频率和仰角有关，如图 7.5 所示（该图源自 L.V.Blake 所著的 Radar Range Performance Analysis 一书，以及美国海军研究实验室早期的一些报告）。较低

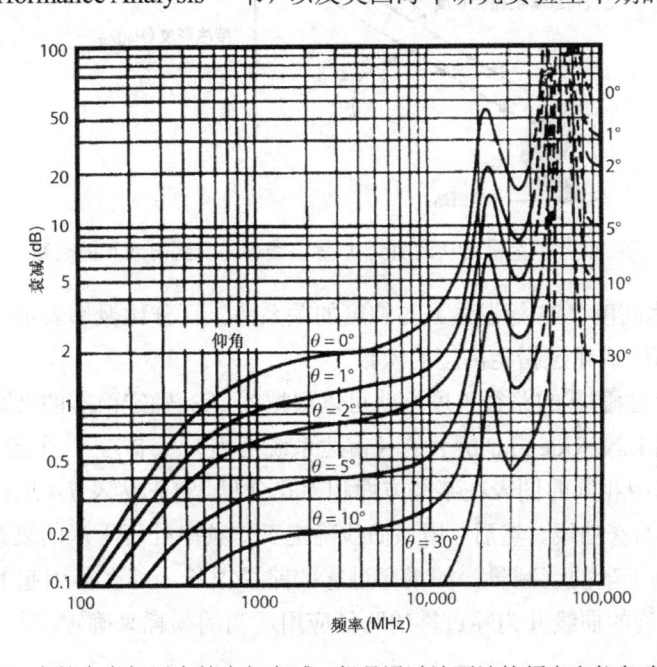

图 7.5 在整个大气层中的大气衰减一般是通过地面站的频率和仰角确定的

的仰角大气损耗更大，因为其路径更多地处于大气层中。该图中的曲线包括水气损耗和氧损耗。水气损耗在频率为 22GHz 时最大，氧损耗在频率为 60GHz 时最大。在 60GHz 频率附近的损耗极大，这使得该频率成为卫星间通信的最佳频率，因为在此频率处不会受到地基信号的干扰。

例如，在 10GHz 频率处，仰角为 0°时的大气损耗为 3dB，仰角为 5°时的大气损耗为 0.5dB。

7.4.3 雨雾衰减

雨雾衰减比以上讨论的两种损耗更复杂，它与雨雾的密度、频率和受雨雾侵袭的路径距离有关。路径长度的几何关系如图 7.6 所示。地面站的发射信号穿过雨雾到达 0℃ 等温线（在此高度，水开始结冰）。在此高度以上，降落的不是水而是冰，因此衰减小得多。雨/雾路径长度由下式给出：

$$d_R = H_{0deg}/\sin El$$

其中，

d_R = 穿过雨或雾的路径长度；
H_{0deg} = 0° 等温线的高度；
El = 仰角。

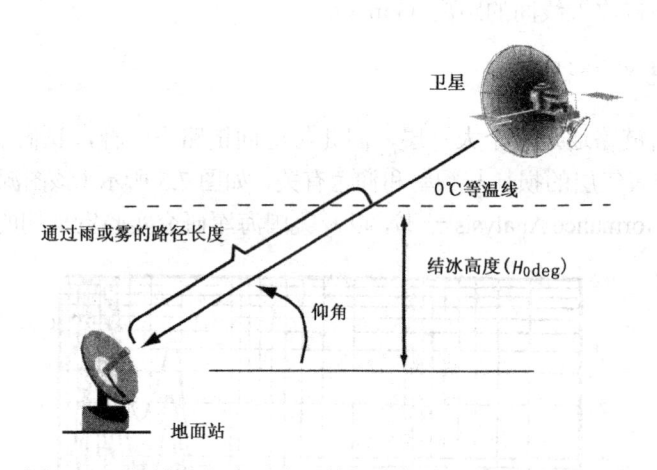

图 7.6　卫星链路从地面到 0° 等温线容易受到雨或雾的衰减

图 7.7 是结冰高度（0° 等温线）与纬度的关系图。百分比概率表示在一年时间内结冰高度发生在指定高度或超过指定高度的次数。

一旦确定了穿过雨/雾的路径长度，就可以根据图 7.8 确定雨雾的衰减量。该图源自多个参考文献（包括 L.N. Ridenour 所著的《雷达系统工程》一书）。这个图并不是十分精确，因为在不同的文献中相同的图表在某些方面相差几分贝。首先从表 7.4 选择正确的雨曲线或从表 7.5 选择正确的雾曲线。然后，用该曲线确定工作频率处每千米的衰减量（dB）。最后，以路径长度乘以每千米的衰减量。如果穿过雾的路径很长，那么雾引起的衰减就可以通过从表 7.5 中选择正确的曲线并为穿过雾的路径应用适当的损耗来确定。

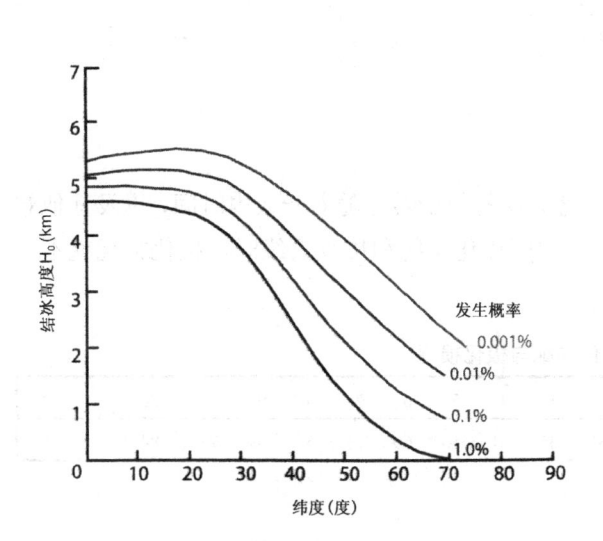

图 7.7 水可能结冰的高度与纬度相关

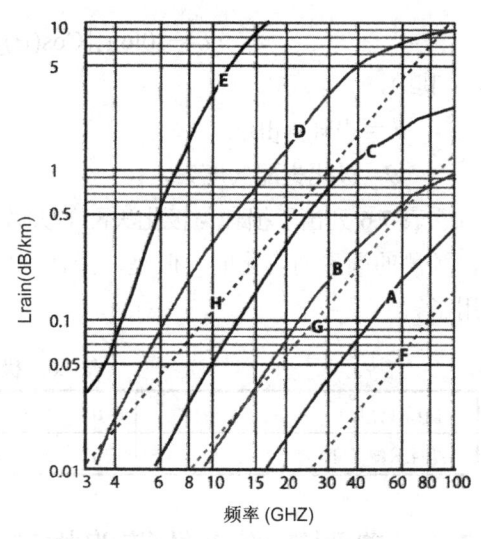

图 7.8 雨或雾的衰减与雨或雾的密度和发射频率相关。每条曲线都对应表 7.4 的一个雨密度或表 7.5 的一个雾密度

表 7.4　图 7.8 中曲线的雨密度

A	0.25mm/h	细雨
B	1mm/h	小雨
C	4mm/h	中雨
D	16mm/h	大雨
E	100mm/h	暴雨

表 7.5　图 7.8 中曲线的雾密度

F	0.032gm/m^3	能见度大于 600m
G	0.32gm/m^3	能见度约为 120m
H	2.3gm/m^3	能见度约为 30m

例如，如果纬度为 40°，考虑的概率为 0.1%，则结冰高度假定为 3km。如果仰角为 30°，则穿过雨或雾的路径长度为 6km（3km/sin30°）。如果链路工作在 10GHz，且处于大雨中，则衰减为 2dB（使用曲线 D，衰减为 0.33dB/km×6km）。

7.4.4 法拉第旋转

法拉第旋转是由于地球磁场引起的，导致穿过电离层的信号在极化上发生旋转。这个效应与 1/频率^2 成正比，所以频率越低，所导致的极化损耗就越大。法拉第效应所造成的非常大的损耗可能会发生在 VHF 和 UHF，频率超过大约 10GHz 后损耗通常就很小了。

由接收信号的线性极化与接收天线的线性极化失配所造成的损耗（dB）可由下式获得：

$$L = -10\log\{[\cos(\theta)]^2\}$$

其中，

　　L＝损耗（dB）；

　　θ＝极化失配（度）。

表 7.6 列出了损耗与极化失配的大致关系。法拉第旋转是随着一天内时间，以及其他难以预测的因素而变化的。但是，当使用匹配的圆极化发射和接收天线时，极化损耗就不适用了。

表 7.6　极化失配与极化损耗

损耗（分贝）	0	1	2	3	4	5	6	7	8	9	10	20
极化失配（度）	0	27	37	45	51	56	60	63	67	69	72	84

7.5　典型链路中的链路损耗

考虑两种典型的卫星通信系统，一种采用同步卫星，另一种采用低轨卫星。这两种系统的结构将是后面计算链路吞吐量的基础。

7.5.1　地球同步卫星

轨道的平均半径（地球中心位于其一个焦点的椭圆的半长轴）与轨道周期是有关系的。如果轨道是圆的（即椭圆的偏心距为零），位于地球赤道面内，高度为 36 000km，那么卫星将每隔 23 小时 56 分 4.1 秒绕地球一圈。这就使卫星能够保持在地球表面上空某一点，从而成为与地球"同步"的卫星（地球需要在 24 小时内转动 360°多一点，地面上的一处于每天中午面对太阳）。地球同步卫星的最大优势是，不需要重复调整地面表面上的定向天线就能使其始终对准卫星。

如图 7.9 所示，如果卫星在本地地平线上空 5°处，则从地面站到同步卫星的距离为 41 348km。这是利用正弦定律对地面站、卫星和地球中心所形成的三角形的边和角进行计算得出的。

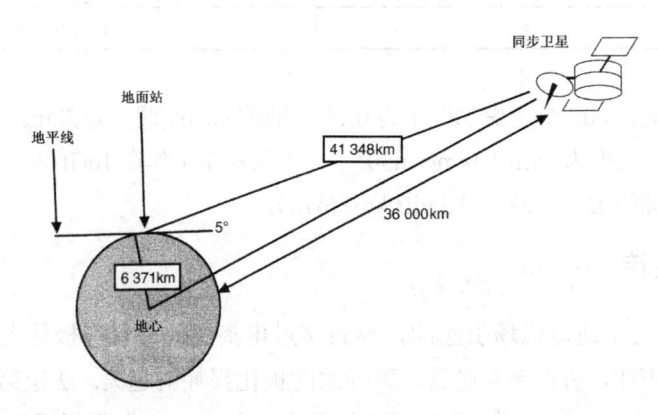

图 7.9　位于地面站上空 5°处的地球同步卫星距地面站的距离为 41348km

7.5.1.1 地球覆盖天线

在同步卫星上采用图 7.10 所示的地球覆盖天线通常较为方便。这就使信号能够在卫星与其可观察到的地球上的地面站间传输。从由地球中心、地球表面的 0°仰角点和卫星所形成的三角形很容易证明来自地球同步轨道的波束宽度为 17.3°。如果这是 3dB 波束宽度，且天线的效率为 55%，那么地球覆盖天线的增益将为 19.9dB。

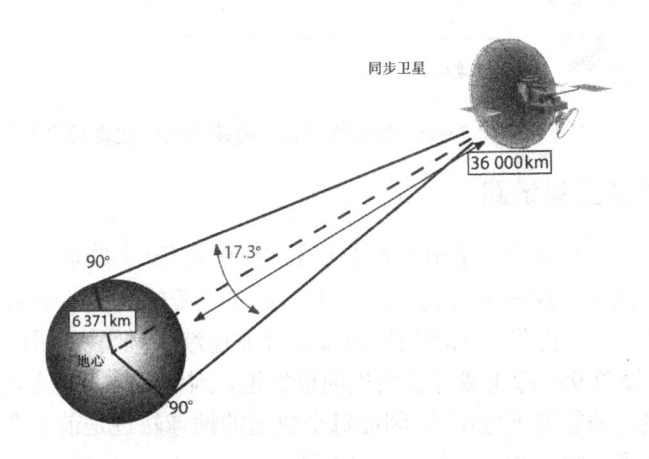

图 7.10　地球同步卫星的地球覆盖天线的波束宽带为 17.3°

7.5.1.2 到同步卫星的链路损耗

到卫星的链路损耗包括发散损耗、大气损耗、雨损耗和一些混杂损耗（将在后面章节中讨论）。发散损耗由下式得出：

$$L_S = 32 + 20\log(d) + 20\log(f)$$

其中，

L_S = 发散损耗（dB）；

d = 链路距离（km）；

f = 频率（MHz）。

对仰角为 5°的地球同步卫星来说，距离为 41348km，因此在 15GHz 频率处，发散损耗为 210.2dB。

大气损耗和雨损耗由 7.3.2 节和 7.3.3 节中介绍的方法确定。仰角为 5°时，通过整个大气层的大气损耗在 15GHz 频率处为 1dB，如图 7.5 所示。如果卫星链路设计工作在中雨中，地面站位于 50°纬线处，可靠性为 0.01%，则雨衰减可以通过表 7.7 和表 7.8 确定。0°等温线（可靠性为 0.01%）距 50°纬度线的高度在图 7.7 中为 3km。如图 7.11 所示，至 5°仰角处 3km 高度的斜距为 34.4km。从图 7.8 中可以看到中雨在 15GHz 频率处产生 0.15dB 的衰减，因此 5°仰角链路的雨衰减将为 5.2dB。

总的链路传播损耗为 216.4dB。

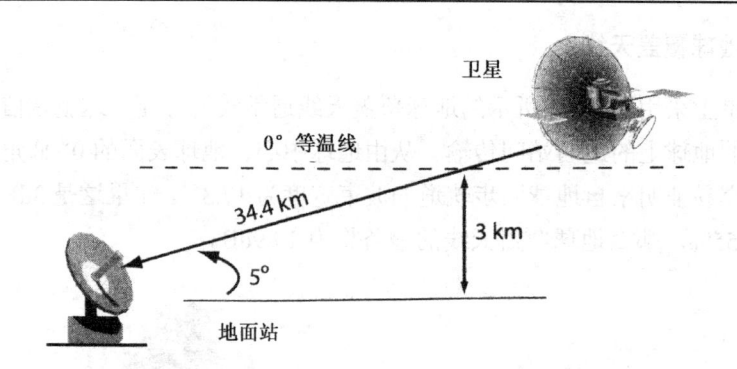

图 7.11 对于 5°卫星仰角和 3km 0°等温线而言，链路在雨中被衰减的距离约为 34.4km

7.5.2 低地球轨道卫星链路

低地球轨道卫星的优势是，它到地面站的传播路径很短。但是，在任意给定时间内，它们只能被很小范围的地球表面看到，需要采用定向天线的地面站必须连续改变天线指向才能始终锁定卫星。为了提供大范围的地面覆盖（非连续），低轨卫星的轨道通常相对于地球赤道是倾斜的。倾斜 90°即生成通过两极的极轨道，因而可覆盖整个地球（以几个轨道）。由于地球在低轨卫星的轨道下方旋转，因此每个轨道的地球轨迹是前一个轨道西移 360°（纬度）乘以卫星轨道周期除以 23 小时 56 分 4.1 秒。

如图 7.12 所示，到 1698km 高度（即轨道周期 2 小时）的 5°仰角卫星的距离为 4424km。这就导致了 190.8dB 的空间损耗。因为大气和雨损耗只出现在大气层中，对 5°仰角而言，在不考虑卫星距离时它们是相同的。因此，在地球同步轨道卫星中求得的 1dB 和 5.2dB 也将适用于低轨卫星。

总的传播损耗为 197dB。

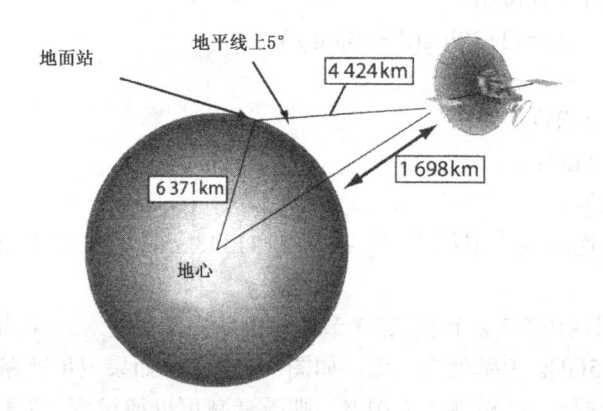

图 7.12 轨道周期为 2 小时，位于地面站地平线上空 5°的卫星距离地面站 4424km

7.6 链路性能计算

本节讨论上行链路、下行链路和两个地面站之间通信吞吐量的链路计算。将以两个实例来说明，一是通过同步卫星进行通信；二是通过环地轨道为 2 小时的卫星进行通信。链路距离和链路损耗的计算已在 7.5 节进行过讨论。

7.6.1 同步卫星链路

如图 7.13 所示，卫星至每个地面站的距离是 41348km，地面发射站与接收站到卫星的仰角均为 5°。进入上行链路发射天线的功率为 500W（+27dBW），天线增益为 31dB。

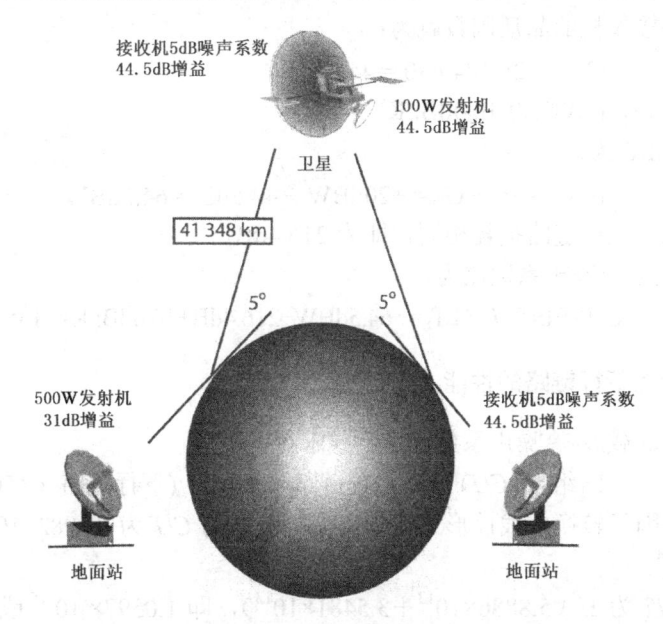

图 7.13 位于发射站和接收站之上 5°处的同步卫星提供点对点的通信

卫星上行链路接收天线和下行链路发射天线的增益为 44.5dB。包括天线的所有线路损耗，卫星接收系统的噪声系数为 5dB。

卫星下行链路发射功率为 100W（+20dBW）。我们将假设上行链路和下行链路的工作频率均为 15GHz。地面接收站的天线增益为 44.5dB，接收机噪声系数为 5dB。

正如 7.5.1 节所计算的，每个链路的损耗为 216.4dB，其中发散损耗为 210.2dB，大气损耗为 1dB，雨损耗为 5.2dB。

7.6.1.1 上行链路性能

从表 7.3 可知，卫星上行接收机的噪声温度是 627K。由于上行接收天线的主波束完全对准地球，所以天线的噪声温度为 290K。这意味着上行链路接收系统的噪声温度是天线噪声温度与接收机噪声温度之和，即为 917K。

首先求出上行链路接收系统的品质因数（G/T_S）。上行链路接收天线的增益（44.5dB）的线性形式为 28184。将该值除以 917K 所得出的 G/T_S 值为 30.7。将其变换为 dB 形式则为 14.9dBi/K。

$$EIRP = P_T + G_T = +27dBW + 31dB = +58dBW$$

上行链路的载波-热噪声系数比由下式确定：

$$C/T = EIRP - L + G/T$$
$$= +58dBW - 216.4dB + 30.7dBi/K = -127.7dBW/K$$

7.6.1.2 下行链路性能

现在，求出下行链路的 C/T 值。由图 7.2 可知，仰角为 5°，频率为 15GHz 时，下行链路接收系统的天线噪声温度为 13K，接收机的噪声温度（包括线路效应）为 627K。这意味着下行链路接收系统的噪声温度等于天线的噪声温度与接收机的噪声温度之和，即为 640K。

那么下行链路接收机的品质因数就为：

$$G/T_S = 28\ 184/640 = 44$$

将此值转换为 dB 形式则为 16.4dBi/K。

下行链路的 EIRP 为：

$$\text{EIRP} = P_T + G_T = +20\text{dBW} + 44.5\text{dB} = 64.5\text{dBW}$$

下行链路损耗与上行链路损耗相同，即为 216.4dB。

下行链路的载波-热噪声系数比为：

$$C/T = \text{EIRP} - L + G/T_S = +64.5\text{dBW} - 216.4\text{dB} + 16.4\text{dBi/K} = -135.5\text{dBW/K}$$

7.6.1.3 综合上下行链路的性能

往返传输线路的载波-热噪声系数比由下式求得：

$$1/(\text{组合 } C/T) = 1/(\text{上行链路 } C/T) + 1/(\text{下行链路 } C/T)$$

这需要将 C/T 因子转换成线性形式。那么上行链路的 C/T 为 1.6982×10^{-13}，下行链路的 C/T 为 2.8184×10^{-14}。

所以组合的 C/T 为 $1/(5.8886 \times 10^{13} + 3.5481 \times 10^{13})$，即 1.0597×10^{-15} 或 -149.8dBi/K。

为了使此值有意义，需要确定它所提供的输出信噪比。

首先，为了求出带有 k 的载波-热噪声系数比，需要考虑带宽为 1Hz 时的 kTB 值，该值为 -228.6dBW/HzK，因此：

$$C/kT = C/T - 1\text{Hz 带宽的 } kTB = -149.8 + 228.6 = +78.8\text{ dBK}$$

其次，设定带宽，如采用 1MHz 的带宽。

$$C/N = C/kT - 10\ \text{Log}\ B$$

其中，B 为带宽，单位为 Hz。

$$C/N = 78.8\text{ dBK} - 10\ \text{Log}\ (10\ 000\ 00) = 78.8 - 60 = 18.8\text{ dB}$$

7.6.2 低轨链路

此例采用低轨道卫星，如图 7.14 所示。卫星高度为 1698km。上行链路和下行链路的工作频率为 15GHz，发射站和接收站均可看到仰角为 5° 的卫星。与卫星地面站天线一样，卫星的上行链路天线和下行链路天线的增益均为 30.5dB。上行链路发射机与下行链路发射机的输出功率各为 10W（+10dBW）。接收机的噪声系数各为 5dB（包括到天线的线路损耗）。正如 7.5.2 节中所讨论的那样，上行链路损耗和下行链路损耗分别为 197dB。

7.6.2.1 上行链路

首先，计算上行链路接收系统的品质因数（G/T_S）。因为对同步卫星来说，天线的噪声温度与接收的噪声温度是一样的，所以接收系统的噪声温度为 917K。线性形式的上行链路接收天线增益（30.5dB）为 1122。为求得 G/T_S 值，将该增益除以 917K 得到 1224。将此转换为 dB 形式即得 0.9dBi/K。

$$\text{EIRP} = P_T + G_T = +10\text{dBW} + 30.5\text{dB} = +40.5\text{dBW}$$

上行链路的载波-热噪声系数比为：

$$C/T = \text{EIRP} - L + G/T_S = +40.5\text{dBW} - 197\text{dB} + 0.9\text{dBi/K} = -155.6\text{dBW/K}$$

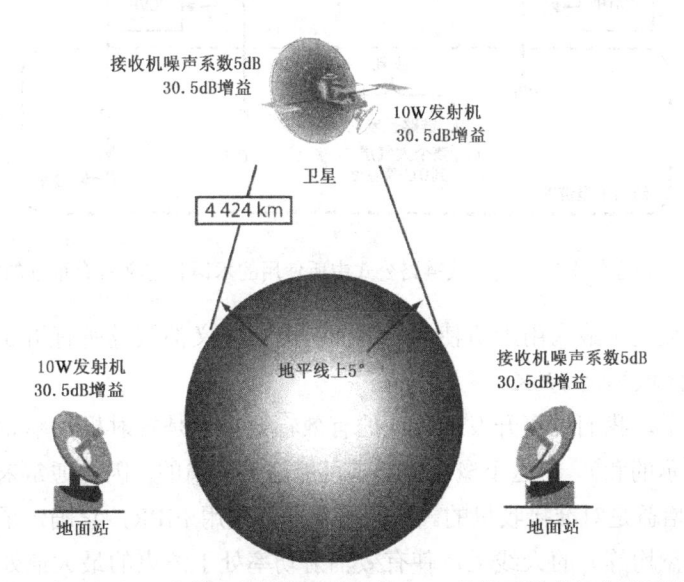

图 7.14 轨道周期为 2 小时、位于发射站和接收站地平线上 5° 处的卫星到每个地面站的距离为 4424km

7.6.2.2 下行链路

下行链路接收系统的噪声温度为 640K，天线增益为 30.5dB，与同步卫星的情况一样，接收机的品质因素也是 0.9dB。

正与上行链路一样，EIRP 为 +40.5dBW。

$$C/T = \text{EIRP} - L + G/T_S = +40.5 - 197 + 0.9 = -155.6\text{dB}$$

7.6.2.3 综合上下行链路性能

组合 C/T-152.6dB（转换成线性形式的上行链路和下行链路 C/T 的倒数之和的倒数）。

$$C/kT = C/T - \text{带宽为 1Hz 时的 } kTB = -152.6 + 228.6 = +76\text{dBK}$$

$$C/N = C/kT - 10 \log B$$

在 100kHz 带宽中，该值为 16dB。

7.7 相关的通信卫星和电子战公式

图 7.15 显示了一个具有地面和通信卫星链路值的链路。它们具有很强的相似性，但在用于通信卫星的计算上步骤要更多。

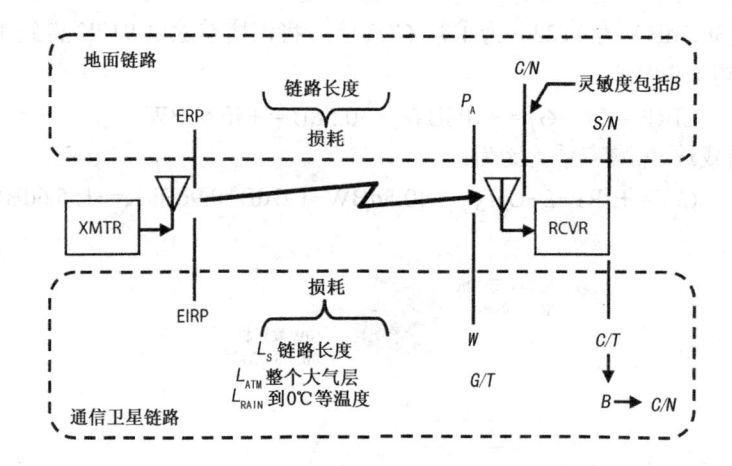

图 7.15 在通信卫星和电子战链路公式中所使用的术语和定义具有很强的相似性

我们在大多数电子战应用上所使用的地面链路的定义都假设所有组成部分以及落在天线波束内的覆盖区域都是290K。

在地面链路中，我们说离开发射天线的有效辐射功率是发射机功率和天线增益的乘积（或以 dB 形式表示的和）。在这个概念上还是可能产生混淆的，因为通常未讲明的假设是天线方向图的最大增益是对准接收机的。通信卫星链路使用 EIPR，它确定了功率将输入到一个各向同性（增益均等）的天线上，使有效辐射功率处于波束的最大值处。天线指向误差是另行处理的。

链路损耗只有在它们所经过的路程上是不同的。对于地面链路，在整个链路路径上每千米大气损耗通常被认为是恒定的，而对于通信卫星链路，其路径将穿过整个大气层，所以对于任意给定频率和仰角，损耗都是一个固定量。

地面链路的降雨损耗取决于降雨的密度和链路路径上降雨密度分布的模型，而卫星通信链路只受链路路径上从0℃等温线到地面站之间降雨的影响。两种情况下的发散损耗都使用视线传播模型。不过，对低于微波频率的地面链路而言，可以应用不同的传播损耗。

对地面链路，确定到达接收机位置的功率有时也是有用的。这是通过接收到的场强（单位为μV/m）或者 dBm（使用了在该点的一个理想的各向同性天线所产生的功率的方法）确定的。对通信卫星链路而言，我们用 dBW/m^2 来定义照射电平"W"。

从这点开始，所使用的术语就开始不同了。我们在地面链路中将接收到的功率定义为离开天线并输入到接收系统的功率，将灵敏度定义为在有效接收机带宽中的 kTB、接收机噪声系数和所需的检波前 SNR（通常也记作 C/N，但也可以叫做 FRSNR）。接收机的解调输出的质量是通过 SNR（通常以 dB 为单位）来描述的。

对于通信卫星链路，我们将接收机品质因素应用到照射电平上。这个品质因素是天线增益除以接收系统的噪声温度。这可以让我们计算载波与噪声温度之比，该比值与接收机带宽无关。然后，应用带宽来获得载波噪声比（C/N）。

7.8 对卫星链路的干扰

在电子战中,我们既要考虑己方卫星通信链路对干扰的易损性,同时也要考虑对敌方卫星通信链路的干扰。为方便起见,在这里我们从干扰机的角度考虑问题。

同其他类型的干扰一样,需要干扰的是接收机而非发射机。之所以会产生这种误解,是因为对雷达而言,其发射机和接收机是处于同一位置的。卫星通信则是另一个极端,因为接收机和发射机彼此相隔很远。由于大多数卫星链路都是双向的,发射机的位置能够告诉我们(不辐射信号的)接收机的位置。这是很重要的信息,因为所涉及距离的缘故,在大多数情况下需要采用定向干扰天线。

注意,通信卫星信号几乎总是使用数字调制的,所以第 5 章中对数字信号的干扰讨论在这里也是适用的。

7.8.1 下行链路干扰

图 7.16 显示了对卫星通信干扰位置的考虑。首先,干扰下行链路(从卫星到地面站)。地面站天线在大多数情况下都是一个波束相当窄的定向天线。这样,我们必须非常靠近地面站,或是具有足够大的干扰功率,通过可能非常窄的副瓣取得足够大的 J/S。接收机处的干扰功率必须能引起足够的字节错误。如果干扰机远离地面站,那么就需要很强的干扰功率。下行链路也可能具有一些程度的扩谱调制,用于抗干扰,也可能具有纠错编码。这些特征都提高了需要产生足够字节误差密度从而进行有效干扰的干扰功率的值。补偿因素就是来自卫星的信号,由于发散损耗的缘故可能电平很低。

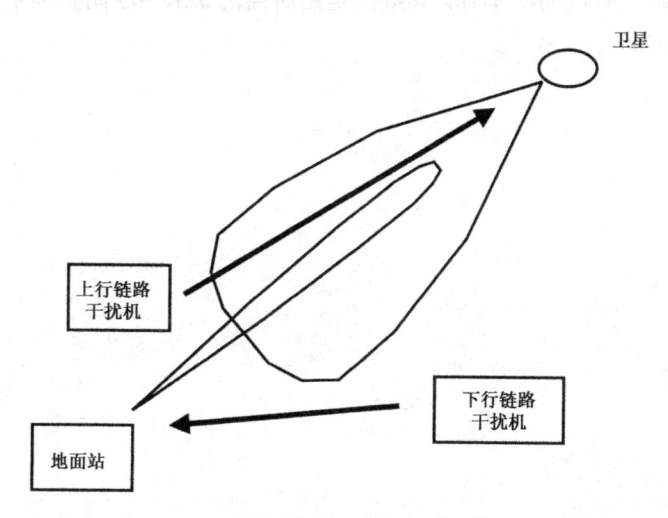

图 7.16 通信卫星对干扰的易损性与干扰的位置是密切相关的

对卫星蜂窝电话的干扰和对 GPS 的干扰是两个重要的例子,需要进行不同的考虑。

从逻辑上讲,卫星蜂窝电话预计会有全向的天线方向图。窄波束天线是难以移动的,必须对准卫星。由于来自同步卫星的发散损耗,蜂窝电话会与低轨道卫星一起工作,从而使卫星跟踪变得不现实。这意味着干扰机预计可能遇到同朝向卫星一样的接收天线增益。

但是干扰机也能够采用一个定向天线来优化其朝向接收机位置的功率。这样，扩谱和纠错码的抗干扰（A/J）防护就是卫星蜂窝电话唯一可行的电子防护措施。

GPS 并不是一个卫星通信项目，但它是一个值得讨论的非常重要的电子战领域。所接收到的 GPS 信号非常弱，大约在-150dBm 的量级，所以如果干扰机能够位于其视距范围内，那么要产生足够强的干扰信号是非常容易的。GPS 信号有两种级别的频率扩展，公众可以使用的 CA 码和获取受到严格限制的 P 码。CA 码信号对使用公开码有大约 40dB 的抗干扰防护，仍可以用相对较弱的信号进行干扰。通常讲，可以用很小的功率干扰 CA 码，但这也只是用于干扰机具有很好的视线情况下。

P 码信号具有额外的频率扩展，使用了保密编码，所以具有额外的 40dB 的抗干扰防护。这样，干扰信号必须具有足够强的功率来克服 80dB 的 A/J 防护并产出足够的 J/S。

7.8.2 上行链路干扰

对卫星通信上行链路进行干扰从地理位置上讲要比干扰下行链路容易，因为卫星上的接收天线是指向地球的。对于一个具有地球覆盖天线的同步卫星而言，干扰机位于地球 45% 的表面上的任何位置都能够对主瓣进行干扰。即使是来自同步卫星或低轨道卫星的窄波束天线也要覆盖大量区域，所以只有扩谱和纠错码是可靠的电子防护措施。如果下行链路使用了一个窄波束天线，而干扰机不能位于该天线地面覆盖范围内，除了上行链路的 A/J 特征之外，干扰机还必须克服天线的副瓣隔离。

在所有情况下，由于到卫星的距离很远，要干扰一个卫星的上行链路需要克服大量的发散损耗。这通过上行发射机在同样远的距离上传播得以均衡。干扰机的有效辐射功率因此必须要比上行链路发射机的功率强，其数值是由所需的 J/S、A/J 防护因素及天线隔离（如果采用了的话）确定的。

附录 A 问题与解答

本部分附录了 EW101 和 EW102 的问题和解答。利用相关的公式，对每个问题都做到 1dB 的分辨率。文中在适合使用列线图解或图表的地方，都使用了这些方法来解决问题。

当天线增益给定时，如果没有特别指出，那么所指的就是在接收机方向上（对发射天线），以及在发射机方向上（对接收天线）以 dBi 为单位的增益。

在所有问题和解答中，"log"都意味着"$\log_{10}$"。

记住，分贝形式的公式需要所有的输入项都采用正确的单位。这些单位在相关的章节中都做了描述。

A.1 EW101 中的问题与解答

所有的问题都来自于 EW101，其中的章节号也都是 EW101 中的章节号，从那里可以找到相关的公式和解释。

问题 101-1: 将 4W 转换为 dBm。

★2.1.2 节

> 4W/1mW=4000
>
> $10\log_{10}(4000)$=36dBm

问题 101-2: 将 70dBW 转换为 dBm。

★2.1.2 节

> 1W = 1000mW
>
> 10log(1000)=30dB
>
> 70dBW+30dB=100dBm

问题 101-3: 计算 1GHz 信号在 50km 处的视线扩散损耗。

★2.2.2 节

> L_S=32+20log(d)+20log(F)
>
> =32+20log(50)+20log(1000)
>
> =32+34+60
>
> =−126dB

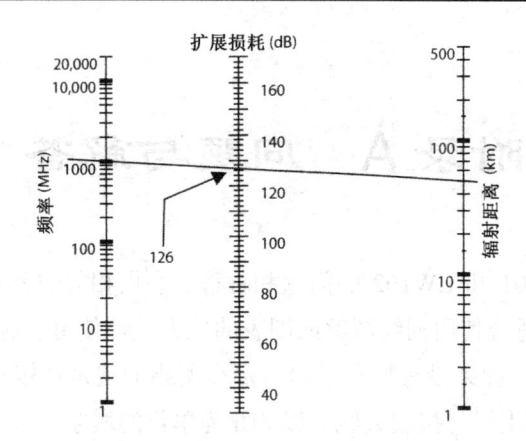

另外，也可以使用图 2.2 中的列线图解。

从频率（MHz）画一条线到距离（km）。该线穿过中心刻度（以 dB 为单位的扩展损耗）处为 126dB。

问题 101-4: 求出 10GHz 信号在 20km 处的大气损耗。

★2.2.2 节

对于这个问题，我们需要使用图 2.3。

从图中横坐标的频率 15GHz 处开始。注意，这是一个对数刻度，所以 15 大约在 10 和 20 的 0.7 处。向上与曲线相交，然后向左到纵坐标，得到每千米距离的大气衰减为 0.04dB。

由于距离是 20km，所以大气衰减就是 $0.04 \times 20 = 0.8$dB。

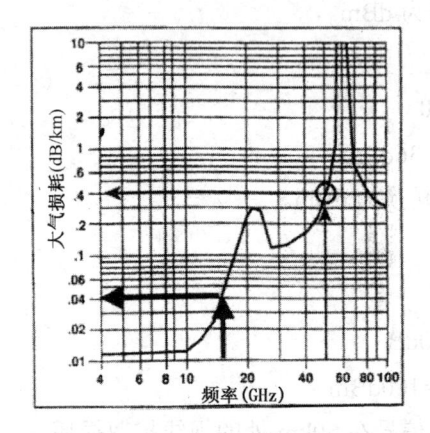

问题 101-5: 计算针对 2GHz、10W 的发射机所接收到的信号强度，该发射机朝向接收机，天线增益为 10dB，距离接收机 27km。接收天线增益（朝向发射机）为 20dB。

★2.2.1 节

$$10W = 10\,000mW$$
$$10\log(10\,000mW) = +40dBm$$
$$P_R = PT + GT - 32 - 20\log(d) - 20\log(F) + G_R$$
$$= +40 + 10 - 32 - 20\log(27) - 20\log(10\,000) + 20$$
$$= 40 + 10 - 32 - 29 - 80 + 20 = -71dBm$$

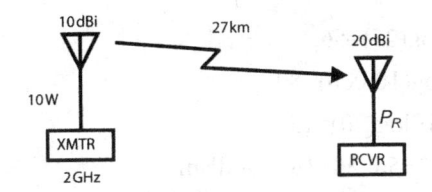

问题 101-6：确定一个灵敏度为-80dBm，天线增益为-10dBi（天线对着发射机）的接收机能在多远的距离接收到一个 5GHz 的信号，发射机功率为 100kW，朝向接收机的天线增益为 10dB。

★2.2.4 节

100kW=100 000 000mW

10log（100 000 000mW）=+80dBm

设定 P_R=Sens=P_T+G_T-32-20log(d) -20log(F)+G_R

则 20log(d)=P_T+G_T-32-20log(F)+G_R-Sens

=+80+10-32-20log(5 000)+(-10)-(-80)

=+80+10-32-74-10+80

=54

d=antilog(54/20)=antilog(2.7)=501km

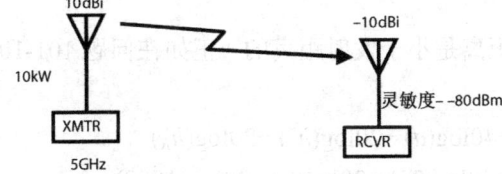

问题 101-7：确定一个 100MHz、1μV/m 的接收机的灵敏度。

★2.3.2 节

P=-77+20log(E)-20log(F)

=-77+20log(1)-20log(100)

=-77+0-40

=-117dBm

问题 101-8：在 50MHz 时，接收机灵敏度为-100dBm，求出其以μV/m 为单位的灵敏度。

E=antilog{[P+77+20log(F)]/20}

=antilog{[-100+77+34]/20}

=antilog{0.55}=3.5μV/m

问题 101-9：如果发射机功率为 10kW，天线增益为 30dBi，频率为 10GHz，目标距离 25km 远，目标的 RCS 为 20m^2，那么雷达接收机中接收到的功率是多少？

★ 2.3.3 节

P_R=P_T+2G-103-40log(D)-20log(F)+10log(RCS)

P_T=10kW

10log(100 000 000)=+70dBm

$40\log(D)=40\log(25)=56$

$20\log(F)=20\log(10\,000)=80$

$10\log(RCS)=10\log(20)=13$

$P_R=70+60-103-56-80+13=-96\text{dBm}$

问题 101-10：如果发射机距离地面 2m，接收机位于地面 1000m 上，对于 100MHz 的信号，其菲涅耳区的距离是多少？

★ 2.3.5 节

$FZ=(h_T \times h_R \times f)/24\,000$

$\quad = 2 \times 1000 \times 100/24\,000$

$\quad = 8.3\text{km}$

FZ 的另一个公式为：

$FZ = 4\pi \times h_T \times h_R/\lambda$

一个 100MHz 信号的波长是 $3 \times 10^8 \text{m/s}/10^8 \text{Hz} = 3\text{m}$。

$4\pi \times 2 \times 1000/3 = 8377\text{m}$

这种计算更加精确，因为 24 000 是为了简便而经过了四舍五入处理的。

问题 101-11：求出从一个 2m 高发射天线到 1000m 高接收天线的（相距 25km）100MHz 信号的扩展损耗，采用双线模式。

★ 2.3.5 节

注意，由于菲涅耳区距离是小于发射距离的（正如在问题 101-10 中计算得出的），所以采用双线模式是合适的。

$L_S = 120 + 40\log(d) - 20\log(h_T) - 20\log(h_R)$

$\quad = 120 + 40\log(25) - 20\log(2) - 20\log(1000)$

$\quad = 120 + 56 - 6 - 60$

$\quad = 110\text{dB}$

问题 101-12：接收机天线增益为 2dB，天线高度为 100m，距离一个 1W、50MHz 的发射机 20km，发射机天线增益 2dB，天线高度 2m，求出接收机接收到的功率。

★ 2.3.5 节

$FZ = 2 \times 100 \times 50/24\,000$

$\quad = 0.417\text{km}$

由于链路比菲涅耳区距离更长，所以应该使用双线模式。

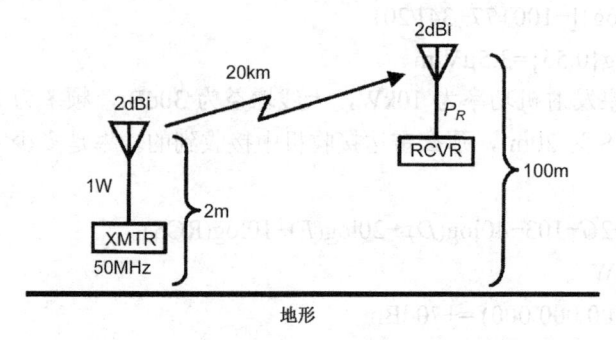

$P_R=P_T+G_T-[120+40\log(d)-20\log(h_T)-20\log(h_R)]+G_R$

=+30dBm+2dB−120−40log(20)+20log(2)+20log(100)+2dB

=30+2−120−52+6+40+2

=−92dBm

问题 101-13：在球面三角形中（其中大写字母表示角度，而小写字母是与相应大写字母相对的边），如果 a 是 35°，A 是 42°，B 是 52°，那么 b 是多少？

★ 2.4.3 节

在任意球面三角形中，sin(a)/sin(A)=sin(b)/sin(B)=sin(c)/sin(C)

sin(b)=sin(a)×sin(B)/sin(A)

b=arcsin[sin(a)×sin(B)/sin(A)]

=arcsin[0.574×0.788/0.669]

=arcsin[0.676]

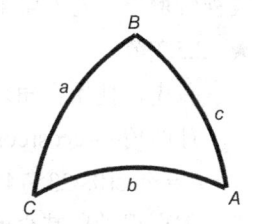

=42.5°

问题 101-14：在同一球面三角形中，如果 b 为 37°，c 为 45°，A 是 67°，求 a 是多少？

★ 2.4.3 节

cos(a)=cos(b)×cos(c)+sin(b)×sin(c)×cos(A)

a=arccos[cos(b)×cos(c)+sin(b)×sin(c)×cos(A)]

=arccos[0.799×0.707+0.602×0.707×0.391]

=arccos[0.731]=43.0°

问题 101-15：在同一球面三角形中，如果 A 为 120°，B 为 35°，c 是 50°，求 C 是多少？

★ 2.4.3 节

cos(C)=−cos(A)×cos(B)+sin(A)×sin(B)×cos(C)

C=arccos[−cos(A)×cos(B)+sin(A)×sin(B)×cos(C)]

=arccos[0.5×0.819+0.866×0.574×0.643]

=arccos[0.729]=43.2°

问题 101-16：在一直角球面三角形中，边 C 对着 90°，其他两个边为 a 和 b，A 和 B 是相应边对着的角，如果 a 为 47°，b 是 85°，求 c 是多少？

★ 2.4.4 节

cos(C)=cos(a)×cos(b)

c=arccos[cos(a)×cos(b)]

=arccos[0.682×0.087]

=arccos[0.059]=86.6°

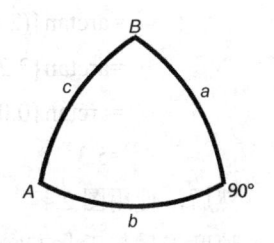

问题 101-17：在同一三角形中，如果 A 为 80°，b 是 44°，求 c 是多少？

★ 2.4.4 节

cos(A)=tan(b)×ctn(c)

$$ctn(c)=cos(A)/tan(b)$$

注意，ctn＝1/tan，所以，

$$tan(c)=tan(b)/cos(A)$$
$$c=\arctan[\tan(b)/\cos(A)]$$
$$=\arctan[0.966/(0.174)]=\arctan[5.563]=79.8°$$

问题 101-18：雷达告警接收机直角扇形天线的增益随着偏离天线视轴而降低，每偏离一度减少 0.2dB（直到 90°），辐射源相对天线视轴的仰角是 42°，方位角是 65°。相对天线视轴增益，对着辐射源的天线增益是多少？

★ 2.5.2 节

首先，使用直角球面三角形的奈培定律，求出辐射源与视轴间的球面角。

$$球面角=\arccos[\cos(Az)×\cos(El)]$$
$$=r\cos[0.423×743]=\arccos[0.314]=71.7°$$

偏离视轴所减少的增益为 71.7°×0.2dB/度=14.3dB

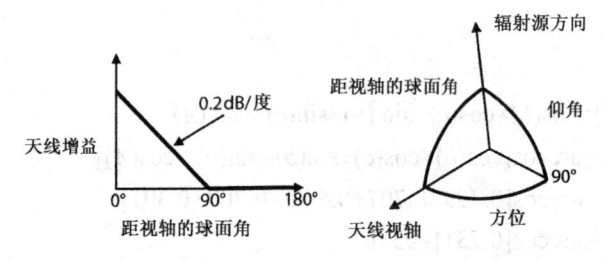

问题 101-19：确定一个移动发射机发射到固定接收机的信号的多普勒频移。发射机位置是北 5km，东 7km，向上 1km。接收机位置是北 25km，东 15km，向上 2km。在 20°仰角、5°方位角的情况下，发射机的速度矢量是 150m/s。发射频率是 10GHz。

★ 2.5.2 节

注意，东是正 X 轴方向，北是正 Y 轴方向，而 Z 轴是向上。

$$Az_R=\arctan[(X_R-X_T)/(Y_R-Y_T)]$$
$$=\arctan[(15-7)/(25-5)]=\arctan[0.4]=21.8°$$
$$El_R=\arctan\{(Z_R-Z_T)/\text{sqrt}[(X_R-X_T)^2+(Y_R-Y_T)^2]\}$$
$$=\arctan\{(2-1)/\text{sqrt}[(15-7)^2+(25-5)^2]\}$$
$$=\arctan\{2/21.5\}$$
$$=\arctan\{0.093\}$$
$$=5.3°$$

然后，使用图 2.14。

速度矢量与正北方向间的球面角为：

$$\cos(d)=\cos(Az_V)×\cos(El_V)$$
$$d=\arccos[\cos(Az_V)×\cos(El_V)]=\arccos[\cos(5°)×\cos(20°)]$$
$$=\arccos[0.996×0.940]=\arccos[0.936]=20.6°$$

e=arccos[cos (Az_R)×cos(El_R)]=arccos[cos(21.8°)×cos(53°)]
=arccos[0.925]=22.4°

角 A 和角 B 由下式求出：

A=arcctn[sin (Az_R)/tan (El_V)]=arcctn[sin(5°)/tan(20°)]
= arcctn[0.087/0.364]=arcctn[0.239]=arcctn[1/0.239]
=arcctn[4.18]=76.5°

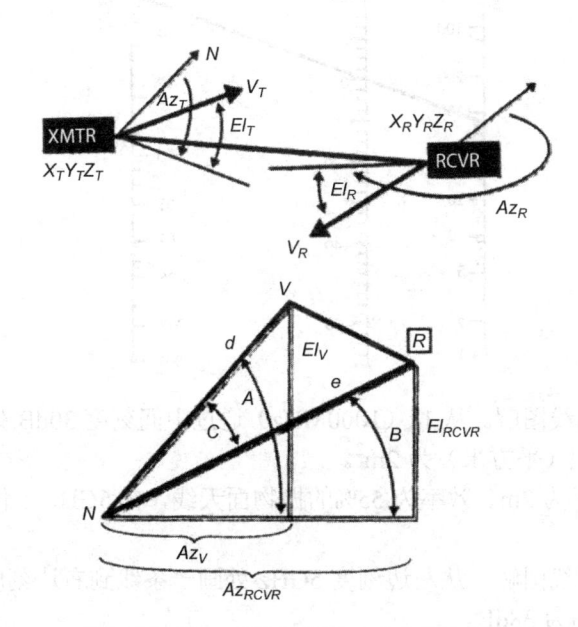

B=arcctn[sin (Az_R)/tan (El_R)]=arcctn[sin(21.8°)/tan(5.3°)]
=arcctn[0.371/0.0928]=arcctn[4.0°]=arctan[0.250]=14.0°

角 C 为 $A-B$=76.5°−14.0°=62.5°。

然后，求出从接收机到速度矢量的球面角：

VR=arccos[cos(d)×cos(e)+sin(d)×sin(e)×cos(C)]
=arccos[cos(20.6°)×cos(22.4°)+sin(20.6°)×sin(22.4°)×cos(62.5°)]
=arccos[0.936×0.925+0.352×0.381×0.462]
=arccos[0.928]=21.9°

在接收机和发射机之间的距离变化率是：

$V_{REL}=V\cos(VR)$=(150m/s)×0.928=139.2m/s

多普勒频移为：

$\Delta f = f \times V_{REL}/c = 10^{10}$Hz×139.2m/s/3×10^{8}m/s=4640Hz

问题 101-20：天线的视轴增益在 1GHz 时为 30dB，其有效面积是多少？

★ 3.3.2 节

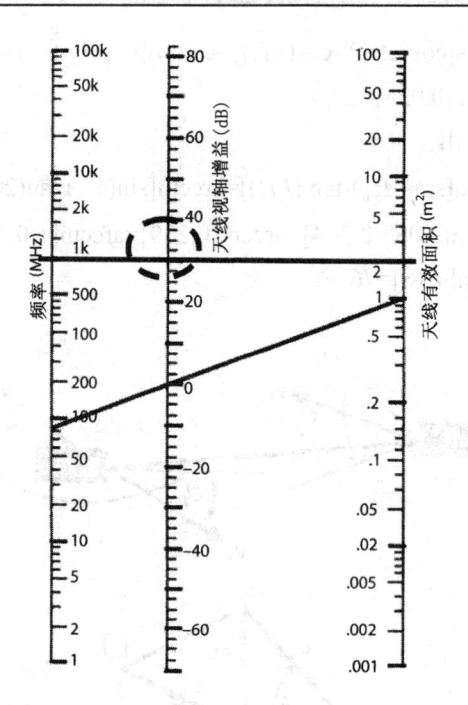

使用图 3.5 进行列线图解。从 1k（1000MHz）通过中间刻度 30dB 处画一条线，读出右手边刻度上的有效面积（平方米）为 $2m^2$。

问题 101-21：直径为 2m、效率为 55% 的抛物面天线，在 5GHz 工作时的增益是多少？

★ 3.3.3 节

使用图 3.6 进行列线图解。从左边刻度 5GHz 处画一条线到右边刻度线的 2m 处。读出中间刻度上的增益大约为 38dB。

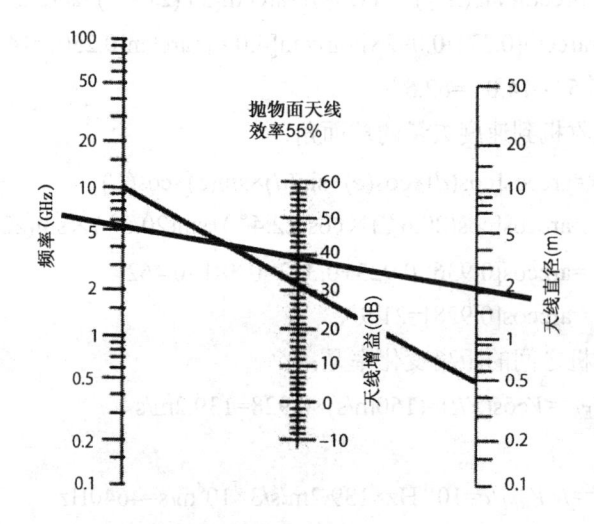

问题 101-22：效率为 55% 的抛物面天线，具有 10° 仰角和 25° 方位角的 3dB 波束宽度，其增益是多少？

★ 3.3.4 节

增益（不以 dB 为单位）= 29 000/(10×25) = 116

增益（以 dB 为单位）=10log(116)=20.6dB

问题 101-23：接收机的带宽为 10MHz，噪声系统是 5dB，所要求的信噪比是 13dB，求其灵敏度是多少？

★ 4.11.2 节

$$kTB(dBm)= -114+10\log(带宽/1MHz)=-114+10\log(10)$$
$$=-114+10=-104dBm$$

$$灵敏度=kTB(dBm)+NF(dB)+SNR(dB)$$
$$=-104dBm+5dB+13dB=-86dBm$$

问题 101-24：如果接收机系统的前置放大器的噪声系数为 3dB，增益为 25dB，求接收机系统的噪声系数？前置放大器前的损耗为 1dB，前置放大器和接收机之间的损耗为 13dB，接收机的噪声系数＝10dB 吗？

★ 4.11.2.2 节

使用图 4.17 找到纵坐标上的前置放大器增益+前置放大器噪声系数−接收机前的损耗：25+3−13=15。通过该点画一条水平线。

通过横坐标上接收机噪声系数画一条垂直线。

两条线在表明衰减的线上相交（此例中为 1dB）。

系统噪声系数=前置放大器前的损耗+前置放大器噪声系数＋衰减=1dB+3dB+1dB=5dB

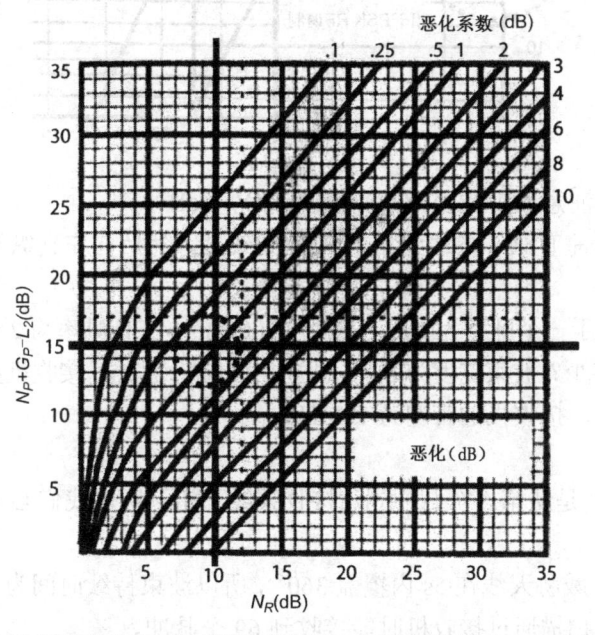

问题 101-25：锁相环鉴频器接收到调频信号，其调制指数为 5，检波前的信噪比是 4dB，所得到鉴频后的信噪比是多少？

★ 4.12 节

FM 信号对一个大于门限的信号的改善因子是：

IF_{FM}(dB)=5+20log(调制指数)=5+20log(5)=5+14=19

检波后的 SNR 为：4dB+19dB=23dB。

问题 101-26：对于以每个样本 5 位进行数字化的信号，其检波后的信噪比（实际上是信号-量化比）是多少？

★ 4.13.1 节

SQR(dB)=5+3(2m−1)

m=位数/样本=5

SQR(dB)=5+3(9)=32dB

问题 101-27：对于一个 E_b/N_0 为 8dB 的相干相移键控（PSK）调制信号，其误码率是多少？

★ 4.13.2 节

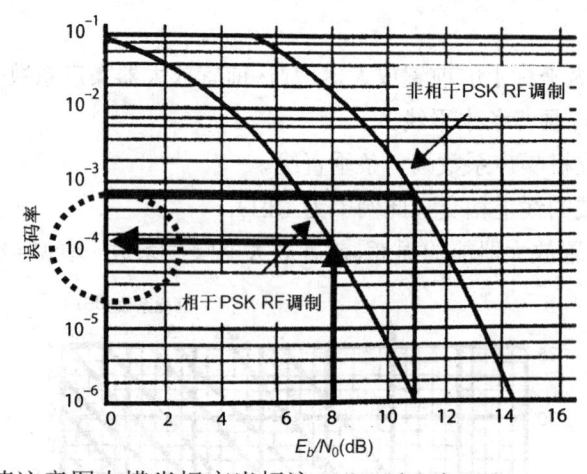

使用图 4.20。请注意图中横坐标应当标注 E_b/N_0（dB）。

从横坐标 8dB 处垂直画一条线到相干 PSK 曲线处，然后向左到纵坐标，读出误码率大约是 1.2×10^{-4}。

问题 101-28：对于一个脉宽为 1μs、PRF 为 1000pps、工作频率为 2～4GHz 的雷达信号，1s 内的截获概率是多少？波束宽度为 5°，圆周扫描周期为 5s。接收机灵敏度足以看见雷达的整个 3dB 波束宽度，接收机的带宽为 10MHz。

★ 6.2 节

所允许的 1s 时间是从第一个脉冲到达接收天线开始，所以我们必须在第一个波束中发现信号。

波束宽度是 5°，威胁天线在 5s 内覆盖 360°，所以波束持续时间为 5s(5/360)=69.4ms。这意味着我们在波束扫描通过接收机时能接收到 69 个脉冲。

如果我们以最大速率进行步进调谐，我们的带宽必须在 1/带宽或 100ns 内处于一个频率。脉冲为 2μs 宽，所以我们能够在脉冲期间（覆盖 20×10MHz=200MHz）观测 20 次。每个脉冲的截获概率是：

200MHz/2000MHz＝10%

如果对于 69 个脉冲间隔在每个间隔（1ms）步进一个带宽，那么就将覆盖 69×10MHz

=690MHz。69 个脉冲的截获概率为：

$$690\text{MHz}/2000\text{MHz}=34.5\%$$

注意，下面所讲的超出了本书的范围，但它是另外一种解法。如果我们尽可能快地进行扫描，它可得到一个或多个脉冲的概率，考虑我们进行了 69 次尝试。在 69 次中至少成功 1 次的概率是：

$$1-(1-p)^{69}$$

其中，p 是一次尝试的成功概率。由于 $p=10\%$，69 次中成功的概率是 $1-0.9^{69}=0.993$ 或 99.93%。

问题 101-29：如果发射机使用 100m 高的天线，而接收机位于 2000m 高度的飞机上，那么发射机和接收机之间的最大视距是多少？

★ 6.3.2 节

最大视距为：

$$D = 4.11 \times \left[\sqrt{H_T} + \sqrt{H_R}\right]$$

$$= 4.11 \times (1+44.7) = 224.8\text{km}$$

D 的单位为 km，H 的单位为 m。

问题 101-30：若干扰机的发射功率是 100W，其天线增益为 10dB，至接收机的距离为 30km，（理想发射机距接收机 10km，其发射功率为 1W EPR，接收机采用鞭状天线），那么干信比 J/S 为多少？

★ 9.2.3 节

$$J/S = P_J - P_T + G_J - G_T - 20\log(D_J) + 20\log(D_S) + G_{RJ} - G_R$$

P_T 和 G_T 的和等于发射机的 1W EPR＝30dBm。G_{RJ} 和 G_R 相等，所以这两项相互抵消。

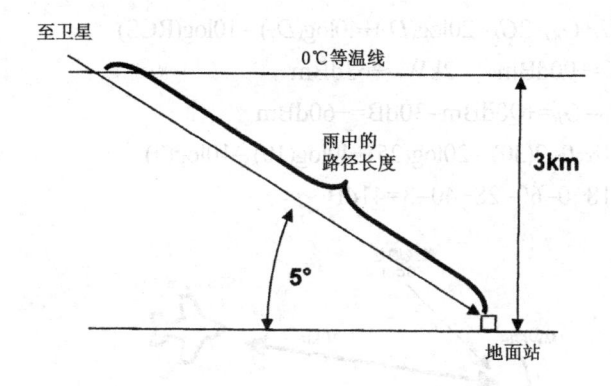

因此：

$$J/S = P_J + G_J - \text{ERP}_T - 20\log(D_J) + 20\log(D_S)$$

$$= +50 + 10 - 30 - 20\log(30) + 20\log(10)$$

$$= 50 + 10 - 30 - 30 + 20 = 20\text{dB}$$

问题 101-31：若一部自卫干扰机的 EPR 是 1kW，与 ERP 为 1MW 的雷达相距 15km，问干信比（J/S）是多少？目标的雷达截面积是 2m^2。

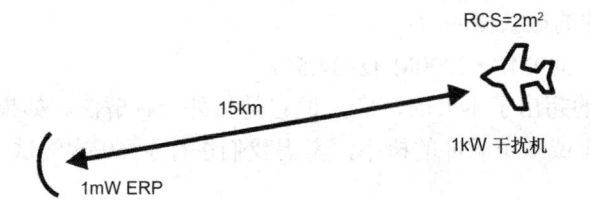

★ 9.2.3 节

$J/S=71+P_J-P_T+G_J-G_R+20\log(D_T)-10\log(RCS)$

$P_J+G_J=ERP_J$, $P_T+G_T=ERP_R$, 1kW=+60dBm, 1MW=+90dBm

所以,

$J/S=71+ERP_J-ERP_R+20\log(D_T)-10\log(RCS)$

$=71+60-90+20\log(15)-10\log(2)=71+60-90+24-3=62$dB

问题 101-32: 如果烧穿发生在 J/S 为 0dB 时, 求上述雷达、干扰机和目标的烧穿距离?

★ 9.3.5 节

首先, 求 $20\log(D_T)$ 的 J/S 等式。

$20\log(D_T)=-71-ERP_J+ERP_R+10\log(RCS)+J/S$

$\qquad\qquad =-71-60+90+2+0=-39$

D_T=antilog[-39/20] =0.0112km=112m

问题 101-33: 一部防区外干扰机的发射功率为 2kW, 天线增益为 18dB, 距离雷达 25km, 问获得的 J/S 是多少? 雷达有效辐射功率为 1MW, 包括 30dBi 的主波束天线增益。防区外干扰机位于 0dBi 的副瓣。目标飞机距离雷达 10km, 其 RCS 为 $2m^2$。

★ 9.3.4 节

$J/S=71+P_J-P_T+G_J+G_{RJ}-2G_R-20\log(D_J)+40\log(D_T)-10\log(RCS)$

$\qquad$ 1MW=+90dBm 2kW=+63dBm

$P_T=ERP_R-G_R=+90$dBm-30dB$=+60$dBm

$J/S=71+63-60+18+0-2(30)-20\log(25)+40\log(10)-10\log(2)$

$\quad =71+63-60+18+0-60-28+40-3=41$dB

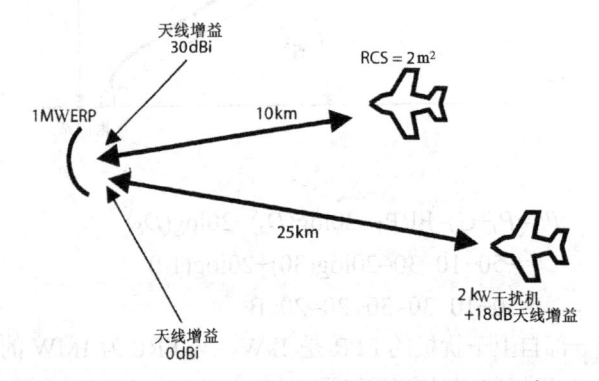

问题 101-34: 计算上述雷达、目标和防区外干扰机的烧穿距离。

★ 9.3.4 节

注意, 所谓烧穿距离是指从雷达到目标的距离。防区外干扰机处于距雷达一恒定距离处。所需的 J/S 为 0dB。

用防区外干扰 J/S 等式求出 $40\log(D_T)$ 的值。

$40\log(D_T)=-71-P_J+P_T-G_J-G_{RJ}+2G_R+20\log(D_J)+10\log(\text{RCS})+J/S$

$\qquad =-71-63+60-18-0+60+28+3+0$

$\qquad =-1$

$\qquad D_T=\text{antilog}[-1/40]=0.944\text{km}=944\text{m}$

问题 101-35：如果雷达到目标的距离是 15km，3dB 的波束宽度是 2°，脉冲宽度为 2μs，则雷达分辨单元的尺寸是多少？

★ 9.9.2 节

单元的深度是：$0.5(c\times\text{PW})=0.5\times3\times10^8\times2\times10^{-6}=300\text{m}$

单元的宽度是：$2R[\sin(\text{BW}/2)]=2\times15\,000\times\sin(1°)=2\times15\,000\times0.0175=524\text{m}$

问题 101-36：如果一个有源诱饵以-30dBm 增益接收到 5GHz 的信号并发射 1kW 的回波信号，其模拟的 RCS 是多少？

★ 10.7.3 节

1kW 为+60dBm。

有效增益是：+60dBm-(-30dBm)=90dB

$\qquad \text{RCS(dBsm)}=39+G-20\log(F)=39+90-20\log(5000)=39+90-74=55\text{dBsm}$

$\text{RCS(m}^2)=\text{antilog}(55\text{dBsm}/10)=316\,000\text{ m}^2$

A.2 EW102 中的问题与解答

所有这些问题都源自本书下篇，所列出的章节号也是本书下篇中的章节号，从这些章节可以找到相关的公式及其注释。

问题 102-1：雷达的脉冲重复频率是每秒 5000 个脉冲，求其最大非模糊距离。

★ 2.5.1 节

PRI=1/PRF=1/5000=200μs

$R_{\text{MAX}}=0.5\times\text{PRI}\times c=0.5\times2\times10^{-4}\text{s}\times3\times10^8\text{m/s}=30\,000\text{m}=30\text{km}$

问题 102-2：如果雷达的脉冲宽度为 10μs，求其最小距离。

★ 2.5.1 节

$R_{\text{MIN}}=0.5\text{PW}\times c=0.5\times10^{-5}\text{s}\times3\times10^8\text{m/s}=1500\text{m}=1.5\text{km}$

问题 102-3：如果雷达的峰值功率为 1kW，占空比为 10%，主波束最大增益为 30dB，工作频率为 5GHz，针对 50km 远的一个 1m² 的目标，在 5s 的圆周扫描内波束宽度为 2°，计算雷达接收到的信号能量。

★ 3.2 节

平均功率是：100kW×0.1=10kW。

波长（λ）$=c/F=3\times10^8\text{m/s}/5\times10^9\text{Hz}=0.1\text{m}$

天线增益（30dB）=1000

对准目标的时间等于目标位于雷达波束内的时间。

目标位于波束内的时间为:(2°/360°)×5s=27.8ms。
(注意,其中假定目标在雷达波束照射时间内没有发生明显的距离变化。)

$$SE = \left[P_{AVE}G^2\sigma\lambda^2T_{OT}\right] \Big/ \left[(4\pi)^3 R^4\right]$$

$$= [10\text{kW} \times 10^6 \times 1\text{m}^2 \times 0.01\text{m}^2 \times 2.7 \times 10^{-2}\text{s}]/[1.98 \times 10^3 \times 6.25 \times 10^6]$$

$$= 2.7 \times 10^6/1.23 \times 10^{10} = 2.2 \times 10^{-4}\text{W} \cdot \text{s}$$

问题 102-4:使用 dB 形式表示的公式,计算进入到上述雷达接收机中的功率。

★ 3.2 节

峰值功率为:1kW=+60dBm。

$$P_R = -103 + P_T + 2G - 20\log(F) - 40\log_{10}(d) + \log_{10}(\sigma)$$
$$= -103 + 80 + 60 - 20\log(5000) - 40\log(50) + 10\log(1)$$
$$= -103 + 80 + 60 - 74 - 68 + 0 = -105\text{dBm}$$

问题 102-5:针对问题 102-3 中所描述的雷达,计算离开目标的功率与到达目标的功率之比。

★ 3.2.1 节

离开目标的功率/到达目标的功率实际上就是增益(G)

$$G = -39 + 20\log(F) + 10\log(\text{RCS}) = -39 + 20\log(5000) + 10\log(1)$$
$$= -39 + 74 + 0 = 35\text{dB}$$

注意,到达和离开的信号强度都归一化处理为目标表面理想的各向同性天线——信号通过目标的反射实际上并没有变得更大。

问题 102-6:对问题 102-3 中所描述的雷达和目标,求雷达探测距离。假设雷达接收机的灵敏度(包括处理增益)是–100dBm。

★ 3.2.2 节

设定接收到的功率等于灵敏度并求解 $40\log(d)$。

$$40\log(d) = -103 + P_T + 2G - 20\log(F) + 10\log(\sigma) - \text{Sens}$$
$$= -103 + 80 + 60 - 74 + 0 - (-100) = 63$$

$$d = 10^{[40\log(d)/40]} = \text{antilog}(63/40) = \text{antilog}(1.575) = 37.6\text{km}$$

问题 102-7:一部 RWR 带宽为 20MHz,噪声系数为 10dB,所需的信噪比为 13dB,计算其灵敏度。

★ 3.3.1 节

kTB = –114 + 10log(20MHz/1MHz) = –114 + 13 = –101

灵敏度 = kTB + 噪声系数 + 信噪比 = –101 + 10 + 13 = –78dBm

问题 102-8:如果 RWR 的灵敏度为–45dBm,天线增益为–3dBi,求其(在主波束的最大值)能够探测到问题 102-3 中所描述的雷达的距离。

★ 3.3.3 节

$$20\log(d) = P_T + G_M - 32 - 20\log(F) + G_R - \text{Sens}$$
$$= 80 + 30 - 32 - 74 + 3 - (-45)$$
$$= 52$$

$$d = 10^{[20\log(d)]/20} = \text{antilog}(52/20) = \text{antilog}(2.6) = 398\text{km}$$

问题102-9：一部ELINT接收机具有–10dBi的天线，10MHz带宽和3dB的噪声系数，以及13dB的SNR，求其能探测到问题102-3中雷达（0dB副瓣）的距离？

★ 3.3.3 节

kTB=–114+10log(10) –104

灵敏度=kTB + NF + SNR = –104+3+13=–88 dBm

20log (d)=P_T+G_{SL}–32–20log(F)+G_R–灵敏度

=80+0–32–74–10–(–88)=52

d=$10^{[20\log(d)]/20}$=antilog(52/20)=antilog(2.6)=398km

问题102-10：如果目标以200m/s的速度接近一部工作在10GHz的固定雷达，求该雷达观测到的多普勒频移？

★ 3.6.1 节

$$\Delta F=2(V/c)F=2(200/3\times10^8)\ 10^{10}=13.33\text{kHz}$$

问题102-11：如果仰角为35°，电离层高度是100km，计算从一个单站定位系统到一目标辐射源的地球表面距离。

★ 5.2.4 节

35°=0.6109rad

地球半径是6271km

d=2R[π/2–B_R–sin^{-1}(R cos B_R/{R+H})]

=26(6271)[π/2–0.6109–arcsin[6271cos(35°)/(6271+100)]

=12 542(0.9599–arcsin[0.8063]=12542[0.9599–0.9379]=276km

问题102-12：对于一个15km处的2GHz信号，计算其视线扩展损耗。

★ 5.3.2 节

L_s=32+20 log(F)+20 log(d)

=32+20log(2000)+20log(15)

= 32+66+24=122dB

问题102-13：对一个由2m高天线发射、200m高天线接收的120MHz信号，计算其菲涅尔区距离。

★ 5.3.3 节

FZ(km)=($h_t\times h_r\times F$)/24 000

=(2×200×120)/24 000

=48 000/24 000=2km

问题102-14：针对问题102-13中的信号，如果路径长度是15km，计算其扩展损耗。

★ 5.3.3 节

路径比菲涅尔区距离长，所以适合采用双线传播模型。

L_s=120+40log(d)–20log(h_T)–20log(h_R)

=120+47–6–46

=115dB

问题 102-15：对一个从刀刃 10km 发射并从刀刃 50km 处接收的 150MHz 信号，求其峰脊衍射损耗。刀刃比发射机和接收机之间的视线高 100m。

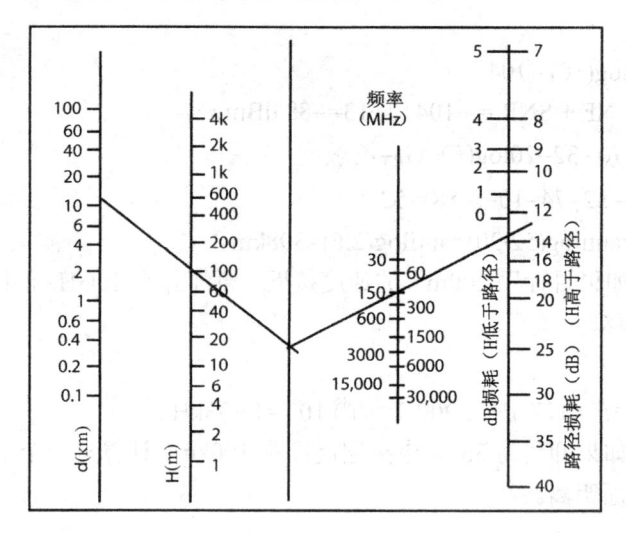

★ 5.3.4 节

使用图 5.9 用列线图解法计算损耗。

首先，计算归一化的距离 d。

$d = [\text{sqrt}(2)/(1+d_1/d_2)]d_1$

   $=1.414/(1+10/50)×10\text{km}$

   $=[1.414/12]×10\text{km}=11.8\text{km}$

通过列线图解，额外的峰脊衍射损耗（在视线损耗之上）为 13.5dB。

问题 102-16：求一个各向同性（0dB 增益）天线在 250MHz 时的有效面积。

★ 5.4 节

$A(\text{dBsm})=39+G-20\log(F)=39+0+20\log(250)$

   $=39+0-48=-9\text{dBsm}$

面积$(\text{m}^2)=\text{antilog}(-9/10)=0.13\text{m}^2$

问题 102-17：一部接收机在 500MHz 时的灵敏度为 15μV/m，其灵敏度是多少 dBm？

★ 5.4 节

$P=-77+20\log(E)-20\log(F)=-77+20\log(15)-20\log(500)$

   $=-77+24-54=-107\text{dBm}$

问题 102-18：如果接收机在 150MHz 时的灵敏度是 −100dBm，其灵敏度是多少 μV/m？

★ 5.4 节

$E=\text{antilog}\{[P+77+20\log(F)]/20\}$

   $=\text{antilog}\{[-100+77+20\log(150)]/20\}$

   $=\text{antilog}\{1.05\}=11.2μ\text{V/m}$

问题 102-19：对于一个 8 位量化信号，其信号与量化噪声比是多少？

★ 5.6.2 节

$\text{SNR(dB)}=5+3(2m-1)=5+3(15)=50\text{dB}$

问题 102-20：8 位数字转换器所能获得的动态范围(DR)是多少？

★ 5.6.2 节

DR=20log(2^m)=20log(256)=48dB

问题 102-21：一个信号如果检波前信噪比是 22dB，比特率为 10 000 比特/秒，带宽为 20kHz，计算其 E_b/N_0。

★ 5.6.6 节

E_b/N_0(dB)=RF SNR+10log(带宽/比特率)=22dBlog(20k/10k)

=22+3=25dB

问题 102-22：干扰机的 ERP 为 1kW，距离一个带 360°天线的接收机 50km，如果理想发射机的 ERP 为 10W，距离 10km 远，求 J/S 是多少？发射机、干扰机和接收机都处于微波频段，而且都远离地球。

★ 5.8.1 节

接收天线的增益对干扰机与对发射机是相同的，所以两个增益项抵消。

1kW 是+60dBm，1W 是+30dBm。

J/S=ERP$_J$–ERP$_S$+20 log(d_S) –20 log(d_J) + G_{RJ}–G_R

=ERP$_J$–ERP$_S$ + 20 log(d_S) –20 log (d_J)

=60–30+20 log(10) –20 log (50)

=60–30+20–34=16dB

问题 102-23：一部 10W ERP、150MHz 的发射机和一部接收机都位于 2m 有效天线高度，相隔 10km；发射和接收天线都覆盖 360°。一部 1kW ERP 干扰机位于 200m 有效天线高度，距离接收机 50km 远。求获得的 J/S 是多少？

★ 5.8.2 节

首先必须计算发射机和干扰机链路的菲涅尔区距离。

FZ(km)=(h_T×h_R×F)/24 000

对发射机，FZ=(2×2×150)/24 000=250m

对干扰机，FZ=(200×2×150)/24 000=2.5km

两个长度都需要采用双线传播模型。

J/S = ERP$_J$–ERP$_S$+40 log(d_S) –40 log(d_J) + 20log(h_J) –20 log (h_S) + G_{RJ}–G_R

由于接收天线对发射机和干扰机的增益相同，这两项增益抵消。

10W=+40dBm　　　　　　1kW=+60dBm

J/S = ERP$_J$–ERP$_S$ + 40 log(d_S) –40 log(d_J) + 20 log (h_J) –20 log (h_S)

= 60 – 40 + 40 log(10) –40 log (50) + 20 log (200) –20 log (2)

=60–40+40–68+46–6=32dB

问题 102-24：直接序列扩谱信号的码片速率（chip rate）为 1Mbps，比特率为 1kbps，系统损耗为 0dB，所需的输出 SNR 为 15dB，求其干扰余量是多少？

★ 5.9 节

用于扩展的码就是码片速率，它是比特率的 1000 倍，所以处理增益是 30dB。干扰余量即为：

$M_J = G_P - L_{SYS} - \text{SNR}_{OUT}$

  $= 30\text{dB} - 0\text{dB} - 15\text{dB} = 15\text{dB}$

问题 102-25：一部跳频发射机以 10W 的功率通过 2m 高的 2dB 天线发射。具有 2dB 鞭状天线的同步接收机距离 7km 远（2m 高）。跳频信道 25kHz 宽，跳频范围 58MHz。一部可变带宽的 2kW 噪声干扰机从 20km 远通过 30m 高的 12dB 对数周期天线对着接收机发射。适合采用双线传播模型。问什么样的干扰带宽能提供最佳的干扰，被干扰的接收信道有多少？

★ 5.9.1 节

  $\text{ERP}_J = +63+12 = +75\text{dBm}$ 　　　　$\text{ERP}_S = +40+2 = +42\text{dBm}$

从发射机接收到的功率为：

$P_R = \text{ERP}_S - [120 + 40\log(d) - 20\log(h_T) - 20\log(h_R)] + G_R$

  $= \text{ERP}_S - 120 - 40\log(d) + 20\log(h_T) + 20\log(h_R)] + G_R$

  $= 42 - 120 - 40 + 6 + 6 + 2 = -104\text{dBm}$

由于跳频器是数字信号，最佳的 J/S=0dB，所以干扰机应该向它干扰的每个接收机信道置入 −104dBm 位号。

跳频在 25kHz 信道内覆盖 58MHz，所以存在 2 320 个跳频信道。

进入接收机的总干扰功率是：

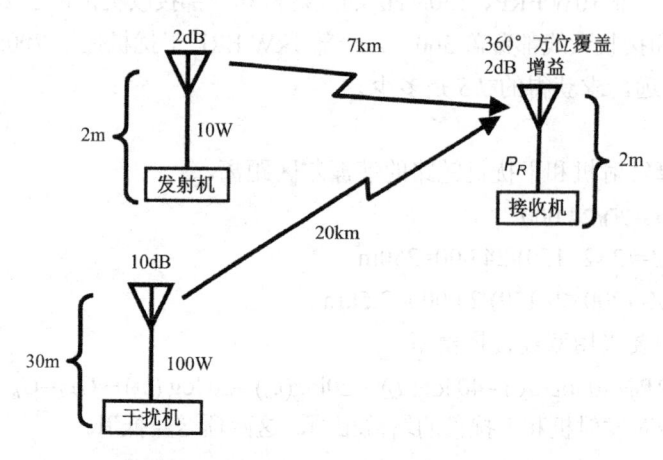

$P_{RJ} = \text{ERP}_J - [120 + 40\log(d_J) - 20\log(h_J) - 20\log(h_R)] + G_{RJ}$

  $= 75 - 120 - 40\log(50) + 20\log(30) + 20\log(2) + 2$

  $= 75 - 120 - 68 + 30 + 6 + 2 = -75\text{dBm}$

J/S 是 $-75 - (-104) = 29\text{dB}$。

29dB 是 antilog(29/10)=794 的因数。

干扰带宽将是 794×25kHz＝19.85MHz。

如果干扰噪声在 794 个信道中扩展，当跳频信号刚好跳到那个信道时，每个信道将具备 0dB J/S。

被干扰的信道比是 794/2320=34.2%。由于对数字信号而言,33%的干扰占空比就足够,所以该干扰机有效。

注意,你可能也会使用下列公式直接确定 J/S,然后在足够的信道中扩频,以使每个被干扰信道中的信号降低 29dB。

$$J/S=ERP_J-ERP_S+40\log(d_S)-40\log(d_J)+20\log(h_J)-20\log(h_S)$$

问题 102-26:如果测量是在整个频率范围内以随机分布频率、在整个 360°内以随机方位角进行的,求下列数据集的 RMS 误差、标准偏差和平均误差。所有数据点是从真实的到达角获得的测量误差角度。

1.1,−2.0,+0.5,+0.7,−3.3,−0.2,+1.2,+8,−0.1,+1.7

★ 6.4.1 节

首先,通过对误差值取平均求出平均误差:

平均误差=误差之和/10=7.6/10=+0.76°

然后对每个误差值平方,取平均,再求平均值的平方根。

1.21, 4, 0.25, 0.49, 10.89, 0.04, 1.44, 64, 0.01, 2.89

和是 85.22。误差平方的平均值是 8.522。均方根误差是 2.92°。

标准偏差(从每个测量误差中减去平均误差的 RMS)从下式得出:

$$\sigma=sqrt[RMS^2-mean^2]=sqrt[2.92^2-0.76^2]=sqrt[7.95]=2.81°$$

问题 102-27:如果卫星在水平面上 5°,信号为 5GHz,计算静止卫星和地面站之间的扩展损耗。

★ 7.4.1 节

从卫星到上述地面站的路径长是 41 408km。

$$L_S=32+20\log F+20\log d=32+20\log(5000)+20\log(41\ 408)$$
$$=32+74+92=198dB$$

问题 102-28:从地面站观察卫星在水平面上 5°处,计算卫星和地面站之间 15GHz 链路的大气损耗。

★ 7.4.1 节

使用图 7.9,从横坐标 15 000MHz 处垂直画一条线与 5°仰角曲线相交,然后向纵坐标水平画一条线,读出该链路的总的大气损耗:3.5dB。

问题 102-29:10GHz 的地面链路在中雨中通过 25km,求其雨损耗。

★ 7.6 节

使用表 7.4,确定在图 7.8 中要使用的正确曲线(曲线 C)。然后从图 7.8 的横坐标 10GHz 处垂直画一条线到线 C。然后水平画一条线到纵坐标,读出每千米的雨损耗。

该链路的雨损耗就是 0.05dB/km×25km=1.25dB

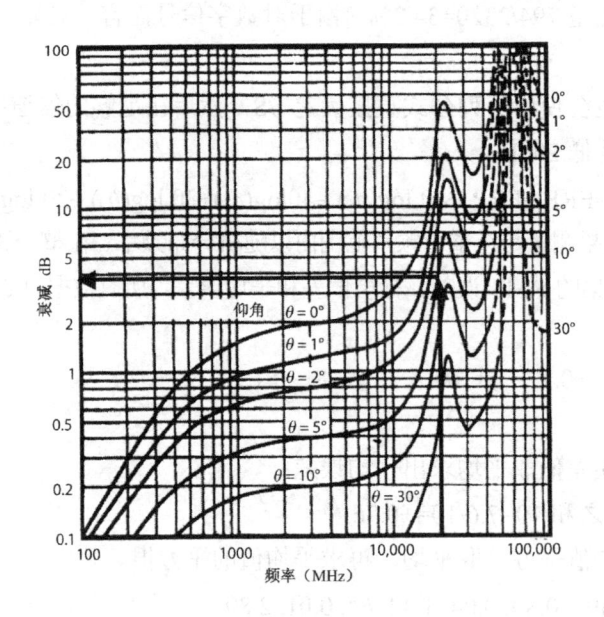

问题 102-28 图

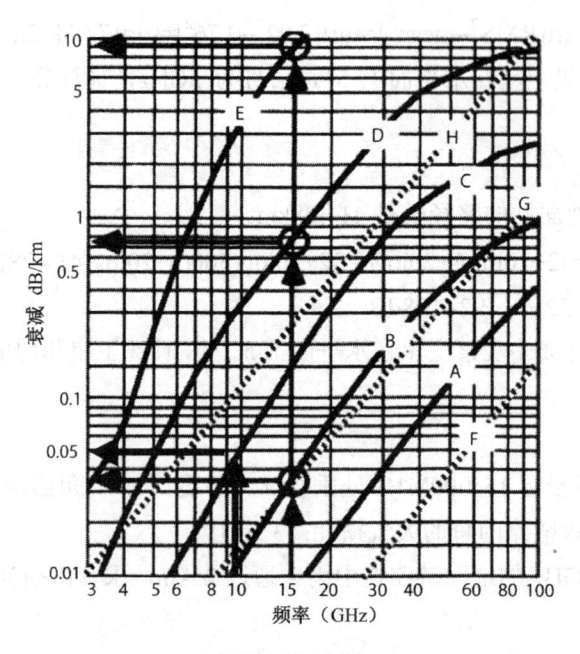

问题 102-29 图

问题 102-30：10GHz 的卫星到地面站链路（仰角为 5°）通过中雨，求其雨损耗。0°等温线高度是 3km。

★ 7.3.3 节

穿过降雨的路径是从 0°等温线到地面站，长度为：

$d_R = H_{0\text{deg}}/\sin E_1 = 3\text{km}/\sin(5°) = 3\text{km}/0.0872 = 34.4\text{km}$

从问题 102-29 得知，每千米的雨损耗是 0.05dB。

雨损耗就是：0.05dB/km×34.4km=1.7dB。

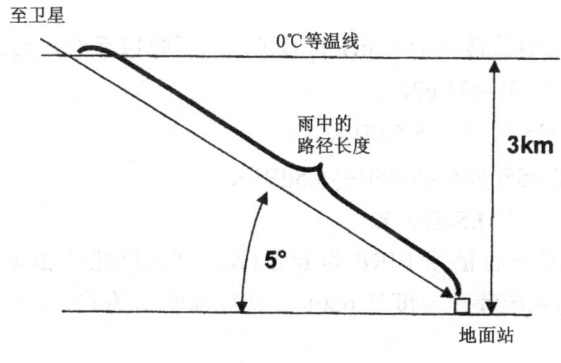

问题 102-30 图

问题 102-31：如果接收系统天线仰角为 30°，工作频率为 10GHz，线路损耗为 6dB，接收机噪声系数为 2dB，外界温度是 290K。求地面站系统噪声温度。

★ 7.2 节

从图 7.2 确定天线温度。从横坐标 10GHz 处垂直画一条线到 30° 仰角曲线，然后向左到纵坐标，读出天线温度（8K）。

线路温度：$T_{LINE}=[10^{(L/10)}-1]T_M=[10^{6/10}-1]290K$

$=[\text{antilog}(6/10-1)]\times 290K=[4-1]\times 290K=870K$

接收机噪声温度是：

$T_R=[10^{(NF/10)}-1]=290[\text{antilog}(NF/10)-1]=290[\text{antilog}(2/10-1)]$

$=290[1.58-1]=170K$

$T_S=T_{ANT}+T_{LINE}+T_{RX}=8K+870K+170K=1048K$

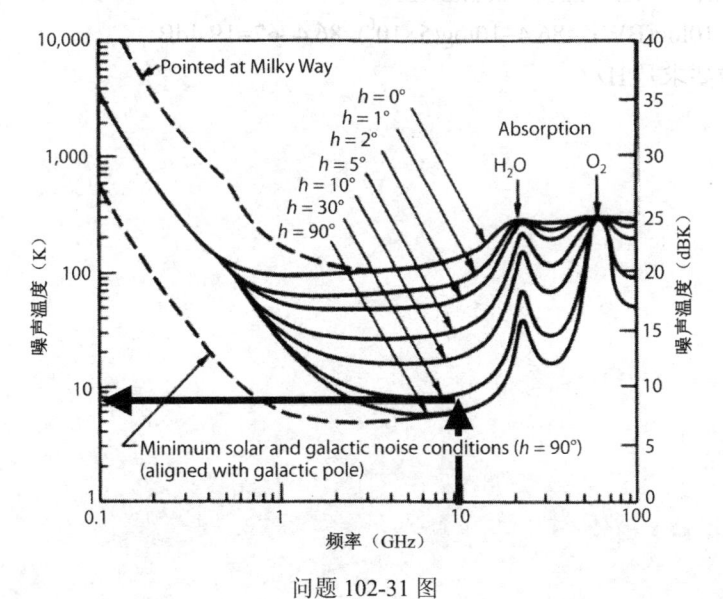

问题 102-31 图

问题 102-32：如果上行链路 EIRP=55dBW，链路损耗（扩散损耗+大气损耗+降雨损耗）是 200dB，接收天线增益是 45dB，卫星链路接收机的系统噪声温度是 900K，计算卫星中的 C/T。

★ 7.5.1 节

为求 C/T，将天线增益转换为非 dB 的形式，然后除以系统温度，再转换为 dB。

45dB 是 antilog(45/10)=31 622。

G/T_S=31 622/900=35.1，即 15.5dBi/K。

C/T=EIRP$-L+G/T_s$=55dBW$-$200dB+15.5dBi/K
　　=55$-$200+15.5=$-$129.5dBW/K

问题 102-33：如果下行链路 EIRP 为 60dBW，链路损耗是 204dB，地面站接收天线增益是 30dB，地面站的系统噪声温度是 600K，计算地面站的 C/T。

★ 7.5.1 节

G/T_S=antilog(30/10)/600=1.7dBi/K

C/T=EIRP$-L+G/T_S$=60dBW$-$204dB+1.7=$-$142dBW/K

问题 102-34：如果数据传输的带宽是 5MHz，上行链路和下行链路（问题 102-32 和问题 102-33）的综合信噪比是多少？

★ 7.5.1 节

综合 C/T 的倒数就是上行链路和下行链路 C/T 值倒数的和，但在这两个值相加之前必须转换为线性形式。

C/T 上行= $-$140dBW/K=antilog($-$130/10)=1×10^{-13}

C/T 下行= $-$91dBW/K=antilog(-142/10)=6.3×10^{-15}

1/C/T 综合=1/C/T 上行+1/ C/T 下行=10^{13}+1.6×10^{14}=1.685×10^{14}

C/T 综合=5.9×10^{-15}=$-$142.2dBW/K

C/kT= $C/T-kT$=$-$142.2+228.6=86.4dBHz

C/N= $C/kT-$10log(BW)=86.4$-$10log(5×10^6)=86.4$-$67=19.4dB

（BW 的单位要求是 Hz）

附录 B 参 考 书 目

Adamy, D., *EW 101*, Norwood, MA: Artech House, 2001, ISBN 1-58053-169-5.

Covers the RF aspects of the electronic warfare field using little math. Based on the *EW 101* columns in the *Journal of Electronic Defense*.

Adamy, D., *Introduction to Electronic Warfare Modeling and Simulation*, Norwood, MA: Artech House, 2003, ISBN 1-58053-495-3.

Broad introduction to EW modeling and simulation. Covers terms, concepts, and applications. Includes an introduction to EW sufficient to support the primary material.

Adamy, D., *Practical Communication Theory*, Atwater, CA: Lynx Publishing, 1994, ISBN 1-8885897-04-9.

Describes the one-way communication link and gives simple decibel formulas for working practical intercept problems.

Boyd, J., et al., (eds.), *Electronic Countermeasures*, Palo Alto, CA: Peninsula Publishing, 1961, ISBN 0-932146-00-7.

A compilation of in-depth technical papers on all aspects of EW by recognized experts. Originally a secret textbook prepared under a U.S. Army Signal Corps contract. Declassified in 1973.

Dillard, R., and G. Dillard, *Detectability of Spread Spectrum Signals*, Norwood, MA: Artech House, 1989, ISBN 0-89006-299-4.

Thorough coverage of energy detection approaches to the detection of spread spectrum signals.

Dixon, R., *Spread Spectrum Systems with Commercial Applications*, New York: John Wiley & Sons, 1994, ISBN 0-471-59342-7.

Overviews and mathematical characterizations of spread spectrum signals.

Fahlstron, P., and T. Gleason, *Introduction to UAV Systems*, Columbia, MD: UAV Systems, Inc., 1998, ISBN 995144328.

A very readable coverage of UAV systems: airframe, propulsion, guidance, mission planning, payloads, and data links.

Frater, M., and M. Ryan, *Electronic Warfare for the Digitized Battlefield*, Norwood, MA: Artech House, 2001, ISBN 1-58053-271-3.

Operational focus on the modern electronic battlefield and the appropriate EW techniques. Operational-level descriptions of important new communications EP.

Gibson, J., (ed.), *The Communications Handbook*, Boca Raton, FL: CRC Press, 1977, ISBN 0-8493-8349-8.

Papers on a wide range of communication subjects, including a thorough coverage of propagation models.

Hoisington, D., *Electronic Warfare*, Atwater, CA: Lynx Publishing, 1994, ISBN 1-885897-10-3.

A two-volume text on the whole electronic warfare field using very little math.

Knott, E., J. Shaeffer, and M. Tuley, *Radar Cross Section*, Norwood, MA: Artech House, 1993, ISBN 0-89006-618-3.

Thorough description of radar cross section. Includes the way RCS is modeled and its impact on radar and EW system operation.

Lothes, R., M. Szymanski, and R. Wiley, *Radar Vulnerability to Jamming*, Norwood, MA: Artech House, 1990, ISBN 0-89006-388-5.

Description of important ECM techniques and mathematical description of their effect on radar performance.

Neri, F., *Introduction to Electronic Defense Systems*, Norwood, MA: Artech House, 1991, ISBN 0-89006-553-5.

Nonmathematical coverage of whole EW field. Thorough functional description of threat transmitters.

Pace, P., *Advanced Techniques for Digital Receivers*, Norwood, MA: Artech House, 2000, ISBN 1-58053-053-2.

Graduate-level coverage of digital signals and receivers—design and performance analysis.

Poisel, R., *Introduction to Communication Electronic Warfare Systems*, Norwood, MA: Artech House, 2002, ISBN 1-58053-344-2.

Comprehensive coverage of communication signals and propagation as well as the principles and practice of EW against those signals.

Schleher, D. C., *Electronic Warfare in the Inforamtion Age*, Norwood, MA: Artech House, 1999, ISBN 0-89006-526-8.

Covers the electronic warfare field using both physical and mathematical characterizations. Includes many examples worked in MATLAB 5.1.

Simon, M., et al., (eds.), *Spread Spectrum Communication Handbook*, New York: McGraw-Hill, 1994, ISBN 0-07-057629-7.

Compilation of authoritative papers on spread spectrum communication by experts in the field.

Skolnik, M., *Introduction to Radar Systems*, New York: McGraw-Hill, 2001, ISBN 0072881380.

The authoritative book describing various types of radars and their performance.

Stimson, G., *Introduction to Airborne Radar*, Mendham, NJ: SciTech Publishing, 1998, ISBN 1-901121-01-4.

An extremely gentle yet thorough coverage of radar (not just airborne radar) for those who don't understand (or don't remember) anything about radar.

Vakin, S., L. Shustov, and R. Dunwell, *Fundamentals of Electronic Warfare*, Norwood, MA: Artech House, 2001, ISBN 1-58053-052-4.

Mathematical characterization of EW activities, including thorough coverage of chaff and decoys.

Vakin, S., L. Shustov, and R. Dunwell, *Fundamentals of Electronic Warfare*, Norwood, MA: Artech House, 2001, ISBN 1-58053-052-4.

Mathematical characterization of EW activities, including thorough coverage of chaff and decoys.

Van Brunt, L., *Applied ECM*, Dunn Loring, VA: EW Engineering, Inc., 1982, ISBN 0-931728-05-3.

A complete and rigorous coverage of electronic countermeasures in three volumes. Available only from the publisher (EW Engineering, Inc., P.O. Box 28, Dunn Loring, VA 22027).

Waltz, E., *Information Warfare Principles and Operation*, Norwood, MA: Artech House, 1998, ISBN 0-89006-511-x.

Comprehensive (nonmathematical) coverage of terms, concepts, and practice of information warfare.

Wiley, R., *Electronic Intelligence: The Interception of Radar Signals*, Dedham, MA: Artech House, 1985, ISBN 0-89006-138-6.

Thorough coverage of the qualitative and quantitative performance of receiving and emitter location systems against a wide range of radar signals.

Wolfe, W., and G. Zissis, (eds.), *The Infrared Handbook*, Washington, D.C.: Office of Naval Research, 1985, ISBN 0-9603590-1-x.

IR theory and practice with lots of tables and graphs characterizing transmission phenomena.

反侵权盗版声明

电子工业出版社依法对本作品享有专有出版权。任何未经权利人书面许可，复制、销售或通过信息网络传播本作品的行为；歪曲、篡改、剽窃本作品的行为，均违反《中华人民共和国著作权法》，其行为人应承担相应的民事责任和行政责任，构成犯罪的，将被依法追究刑事责任。

为了维护市场秩序，保护权利人的合法权益，我社将依法查处和打击侵权盗版的单位和个人。欢迎社会各界人士积极举报侵权盗版行为，本社将奖励举报有功人员，并保证举报人的信息不被泄露。

举报电话：（010）88254396；（010）88258888
传　　真：（010）88254397
E-mail：　dbqq@phei.com.cn
通信地址：北京市万寿路 173 信箱
　　　　　电子工业出版社总编办公室
邮　　编：100036